Karl Bischoff

Das Kupfer und seine Legirungen

Mit besonderer Berücksichtigung ihrer Anwendung in der Technik

Karl Bischoff

Das Kupfer und seine Legirungen
Mit besonderer Berücksichtigung ihrer Anwendung in der Technik

ISBN/EAN: 9783742869845

Hergestellt in Europa, USA, Kanada, Australien, Japan

Cover: Foto ©berggeist007 / pixelio.de

Manufactured and distributed by brebook publishing software
(www.brebook.com)

Karl Bischoff

Das Kupfer und seine Legirungen

Das Kupfer

und seine Legirungen.

Mit

besonderer Berücksichtigung ihrer Anwendung

in der

Technik.

Von

DR. CARL BISCHOFF,

ordentl. Lehrer am Köllnischen Gymnasium und an der Handelsschule in Berlin

Mit in den Text gedruckten Holzschnitten.

Berlin, 1865.

Verlag von Julius Springer.

Vorwort.

Während seit Riemann und Karsten das Eisen wiederholt speciell bearbeitet worden ist, so dass seine Literatur viele Bände füllt, ist das Kupfer in allen technologischen Werken bisher im Ganzen nur sehr oberflächlich behandelt worden, oberflächlicher jedenfalls, als es verdient. Seit Karsten in seinem System der Metallurgie, dieser unerschöpflichen Fundgrube metallurgischen Wissens, den Hüttenprocess des Kupfers, sowie die Darstellung des Messings und der Bronze geschildert hat, ist ein neueres selbständiges Werk darüber, so viel ich weiss, nicht erschienen. Das gesammte, in späterer Zeit bekannt gewordene Material ist in Zeitschriften und Encyclopädien zerstreut und geht eben durch diese Zerstreuung für die Benutzung fast vollständig verloren.

In den Jahren 1852 — 1856 Dirigent der Königlichen Provinzial-Gewerbeschule zu Iserlohn, hatte ich Gelegenheit genug, die grosse Wichtigkeit des Kupfers und namentlich seiner Legirungen kennen zu lernen und Veranlassung, mich eingehender damit zu beschäftigen. Ein Programm, welches ich 1857 als Lehrer der berliner Handelsschule unter dem Titel des vorliegenden Werkes schrieb, war das Resultat meiner Studien. Es erfreute 'sich einer für derartige Sachen sonst nicht allzu häufigen Anerkennung der Presse wie intelligenter Practiker, so dass die kleine, in einigen Hundert Exemplaren gedruckte Schrift in kürzester Frist vollständig vergriffen war. Einen blossen Neudruck, ohne Ergänzungen zu liefern, konnte ich mich nicht entschliessen. Bei weiteren Studien häufte sich das Material aber derartig an, dass jenes Programm wenig mehr als das Skelett des jetzigen Werkes ist. ·

Dass ich die mir irgend zugänglichen technischen Zeitschriften nach Kräften benutzt und keine Arbeit gescheut habe, um die hierher gehörigen Legirungen möglichst vollständig aufzuführen, wird, so hoffe ich, auch ein nur flüchtiger Blick in das Werk lehren. Die Angaben mussten natürlich sämmtlich auf Procente reducirt werden, da bei den ganz willkürlichen Zahlen eine Vergleichung sonst absolut unmöglich war. Man findet dieselbe Legirung nämlich in den einzelnen Zeitschriften und Werken oft unter drei, vier verschiedenen Namen mit scheinbar ganz abweichenden Gewichtsverhältnissen angegeben, die sich dann, nach Procenten berechnet, als ein und dieselbe Composition herausstellte.

Die Eintheilung der Legirungen in sieben Gruppen, je nach ihrer Zusammensetzung, ergab sich bei der Bearbeitung von selbst. Ich hatte diese Gruppeneintheilung bereits im erwähnten Programm vorgeschlagen und habe sie bei den weiteren Studien lediglich bestätigt gefunden.

Möchte meine Arbeit, der ich, namentlich auch für den ersten, antiquarischen Theil, nachsichtige Beurtheiler wünsche, keine überflüssige gewesen sein und dem betreffenden Lehrer höherer Lehranstalten, wie dem Techniker als brauchbarer Führer durch das Labyrinth der Kupferlegirungen dienen.

INHALTS-VERZEICHNISS.

F. Wirkung des Kupfers auf den menschlichen Körper.

Cap. 4. Zur Mineralogie des Kupfers.

Cap. 5. Kupferhüttenprocess.

I. Continentale Methode oder Schmelzen in Schachtöfen.

II. Englische Methode oder Schmelzen in Flammenöfen.

III. Anderweitige Verhüttungsmethoden.

Dritter Theil. Legirungen, die vorherrschend Kupfer und Zink
enthalten.

Cap. 8. Von den Legirungen im Allgemeinen.

4. Vorarbeitung des Messings unter Walze und Hammer.

a. Drahtfabrikation.

b. Blechfabrikation.

5. Weitere Verarbeitung des Messingbleches.

6. Das Beizen oder Gelbbrennen des Messings.

7. Vertrieb der Messingwaaren.

Cap. 10. Zweite Gruppe. Bronzeartiges Messing, d. h. Legirungen aus Kupfer-zink, mit untergeordneten Beimengungen von Zinn und Blei.

Die Bildgiesserei.

**Cap. 11. Dritte Gruppe. Lagermetalle, d. h. Legirungen aus Kupfer mit ziem-
lich ansehnlichen Mengen von Zinn und Zink und untergeordneten Beimengungen
anderer Metalle.**

Vierter Theil. Legirungen, die vorherrschend Kupfer und Zinn enthalten.

Cap. 12. Vierte Gruppe. Aechte Bronze.

1. Glockenmetall.

2. Kanonenmetall

3. Spiegelmetall.

4. Medaillenbronze.

Anhang zur Bronzegruppe.

Fünfter Theil. Edellegirungen.

Cap. 13. Fünfte Gruppe. Neusilber, oder Legirungen von Kupfer, Zink und Nickel.

XVI

Erster Theil.

Das Kupfer in der vorchristlichen Zeit.

Cap. 1. Die Verwendung des Kupfers.

§. 1. Allgemeine Bemerkungen.

Das Kupfer ist dasjenige Metall, welches nächst dem Gold und Silber dem Menschen am frühesten bekannt war und von ihm zu Zwecken des Krieges und Friedens verwendet wurde. Während die ältesten Bewohner aller Länder, so weit unsere Kunde von ihnen reicht, ihre Waffen, Beile. Messer u. s. w. aus harten Steinen schlugen oder schliffen, verwendeten deren Nachkommen das Kupfer zu gleichem Zwecke. Einer späteren Zeit erst blieb es vorbehalten. dem Kupfer durch Legirung mit Zinn, Zink oder Blei eine grössere Härte zu geben, bis endlich das Eisen auch diese Mischungen theilweise verdrängte.

§. 2. Aelteste Spuren des Kupfers in Asien.

Fragen wir, wo das Kupfer zuerst gebraucht worden ist, so scheint es, als würde man nach jenen hochgelegenen Theilen Asiens hingewiesen, die wir auch sonst als den Ausgangspunkt aller Culturverhältnisse anzusehen gewohnt sind.

Interessante Mittheilungen darüber macht E. v. Eichwald.[*] Nach ihm gehören die Urbewohner des nördlichen Asiens oder Tschuden, die Bewohner des südlichen Russlands oder Scythen, endlich die von Europa, die Celten, zu einem und demselben grossen Volksstamme und gleichen im allgemeinen unsern heutigen Lappen, Samojeden und Eskimos. In den ältesten Zeiten haben sie Steinwerkzeuge aus Diorit, später Werkzeuge von Kupfer, welches sie in den oberflächlichen Schichten des Altai erschürfen, in grossen Töpfen

---

[*] Bulletin de la société impériale des naturalistes de Moscou. Tom. 33. p. 377. an. 1860; — auch: Erman, Archiv für wissenschaftliche Kunde von Russland. Bd. 19. pag. 55.

schmelzen und zu Dolchen, Messern, Keilhauen, Beilen, Schmucksachen und Gefässen verwenden, die zum Theil ausgezeichnet sind durch Schönheit der Formen und Sorgsamkeit der Bearbeitung.

Noch jetzt dienen die Tschudenschürfe den russischen Bergleuten als Wegweiser, indem die Tschuden nur das an der Oberfläche sich findende Kupfer durch Schachte bis zu 5, ja sogar bis 20 Lachter Tiefe abbauten, die Schürfe aber verliessen, sobald die Kupfererze in grössere Tiefen hinabgingen. Da sie oft ohne Holzstützen arbeiteten, so kamen Einstürze nicht selten vor und begruben den Bergmann mit all seinen steinernen und kupfernen Werkzeugen. In diesen eingestürzten Stollen finden sich daher zuweilen die Skelette und gut erhaltenen Schädel der verunglückten Bergleute, ja sogar lederne Säcke, in denen sie das Kupfer zu Tage förderten, sowie Schweinsfänge, mit denen sie den goldhaltigen Ocker nach Lepechin*) abkratzten. Sie trennten das Gold dann aus dem Ocker durch Schlämmen in der Smejewka, wo man nach Rose**) noch jetzt Ueberreste dieser Schlammarbeiten findet, die so goldhaltig befunden worden sind, dass man sie gepocht und auf Planherden verwaschen hat.

Das Feuersetzen war den Tschuden unbekannt. Die Gänge sind so eng und niedrig, dass die Arbeit darin eine höchst beschwerliche sein musste. Die Schmelzung war unvollkommen. Nur reiche, mehr als 10procentige Erze wurden benutzt und zum Theil gleich in den Gruben geschmolzen, in deren einer man noch geschmolzenes Kupfer, und viele runde, aus weissem Thon gefertigte Schmelztiegel fand. Das meiste Erz wurde indessen ausserhalb der Gruben in kleinen Oefen aus rothen Backsteinen zu Gute gemacht, deren man im östlichen Sibirien über 1000 gefunden hat.

Die Zusammensetzung der tschudischen Bronze ergiebt sich aus folgenden Analysen von Göbel:***)

	Kupfer.	Zinn.	Blei.
Sarg aus einem Tschudengrabe von Altai	80.27	19.66	—
desgl.	73.3	26.74	—
Kleine Statuetten, eben daher	87.97	9.83	2.50
desgl.	91.50	6.75	1.75

Merkwürdig ist in diesen Legirungen der Zinngehalt, da dieses Metall, wie es scheint, im Altai nicht gefunden wird. Es weist dies also wohl auf sehr alte Handelsverbindungen mit China hin, dessen Legirungen stets Zinn enthalten.†)

*) Lepechin, Reise in Russland II. 89 und Gmelin, Reise in Sibirien II. 57.

**) Humbold etc., Reise nach dem Ural I. 556.

***) Kruse, Necrolivonica, Beilage F., pag. 10, — und Göbel, Einfluss der Chemie auf die Ermittelung der Völker der Vorzeit p. 27. 28.

†) Anmerkung. Wenn auch von alten chinesischen Legirungen keine Analyse bekannt ist, so wird man, gemäss den sonstigen Verhältnissen des himmlischen Reiches, doch an-

Die viel jüngeren Tschudengräber des Ural enthalten Kupfer und Blei. Als nämlich in viel späteren Zeiten um 200 vor Christus die alten tschudischen Stämme durch tartarische, nomadisirende Völkerschaften aus ihren Revieren verdrängt wurden, wanderten sie theils nach Norden, wo sie, der Ungunst des Klima's unterliegend, bald ausstarben, theils nach dem Ural, wo sie neue Bergwerke eröffneten, das Zinn in ihren Legirungen aber, da der Handelsverkehr mit China durch jene Horden unterbrochen war, durch Blei ersetzten. Die frühere Sitte, die Todten zu verbrennen (man findet daher von den alten Tschuden mit Ausnahme der verschütteten Bergleute keine Gebeine) musste der Beerdigung weichen; weshalb die Waffen u. s. w. am Ural namentlich in grossen aus Stein erbauten Gräbern angetroffen werden.

Jene frühern Minen am Altai aber verschütteten sie vor ihrem Weggange sorgsam. Da nun die rohen Tartaren sich nicht mit dem Bergbau beschäftigten, überhaupt nur nomadisirend lebten, so blieben die unerschöpflichen Reichthümer an edlen Metallen seitdem unberührt, bis zu der Eroberung der Thäler des Altai durch die Russen. Im Jahre 1573 liess Zar Iwan Wasiljewitsch durch schwedische Bergleute, die König Johann III. geschickt hatte, die Bergarbeiten im Altai beginnen. Klaproth*) bringt diese tartarischen Einfälle in Verbindung mit einer von dem ältesten chinesischen Historiker Se-ma-thsian erzählten Begebenheit, nach welcher das von Osten her andrängende Volk der Hiungnu jene scythischen Stämme theils nach südlicheren Bergländern, theils nach dem Balkasch See verdrängte.

Es steht übrigens fest, dass schon zu Herodot's Zeiten ein lebhafter Handel der Griechen mit den Tschuden des Ural und Altai, den Massageten, Issedonen, Argippäern und Arimaspen bestand. Der Handel ging im Süden des Ural durch die kaspische Steppenniederung nach dem Altai; später ging er an der Ostküste des schwarzen Meeres den Phasis aufwärts, durch

---

nehmen müssen, dass sie von den noch heut gebräuchlichen Compositionen nicht wesentlich abwichen. Diese Zusammensetzung ergiebt sich aus Folgendem:

	Kupfer	Zinn	Blei	Eisen	Zink	Antimon	Arsen
Gong-Gong nach Klapproth	78	22	—	—	—	—	—
nach Thomson	80	19.6	—	—	—	—	—
Münzen nach Klapproth	67.23	11.28	21.47	—	—	—	—
und	91	2.5	6.5	.—	—	—	--
Münzen, Tschen genannt, nach Pöpplein	59-64	0.5-2.7	1.5-6	1.3-4.8	26-35	—	—
andere Münze, Tschen ders.	55.5	0.3	1.0	2.4	32.5	3.2	3.4
andere Münzen, Patéc, ders.	51-60	5-8	31-42	0.5-1.4	0.6	—	—

Alle von Pöpplein untersuchten Münzen enthielten ausserdem Spuren von Nickel Kobalt und Silber. Sie sind gegossen, nie geprägt, sind sehr spröde und von schlechter Farbe. Die Legirung ist eine Art von Messing, welches wahrscheinlich durch Zusammenschmelzen der Metalle, nicht aber der Erze dargestellt ist. Das verwendete Kupfer ist sehr unrein, und enthält stets Eisen, zuweilen auch Antimon und Arsen.

*) Klaproth tableaux historiques p. 247.

1*

Iberien und Albanien zum Araxes, über das kaspische Meer zur Mündung des Oxus. Man brachte Gold und Silber, unverarbeitetes Kupfer und kupferne Waffen und Werkzeuge in den Handel, ja sogar natürlichen Kupferlasur,[*] der zum Malen benutzt wurde. Die Massageten, die nach Herodot (I. 202—204) und Strabo (XI. 8) das Gebiet vom kaspischen Meere bis zum Altai bewohnten, gehören nach Neumann[**]) zu der mongolischen Raçe. Sie waren reich an Kupfer und Gold, welches sie zu Geräthen, Schmucksachen und Waffen benutzten, scheinen aber jene Metalle nicht selbst gefördert, sondern von den Arimaspen, den Bewohnern der altaischen Gebirge, erhalten zu haben.

§. 3. Die Steinzeit in Europa.

Wenig jünger als jene tschudischen, mögen die in Europa aufgefundenen Alterthümer sein. Auch hier geht das steinerne Zeitalter dem kupfernen voran.

In der Normandie, an der Somme, bei Abeville und Amiens kommen steinerne Aexte, Messer, Pfeilspitzen und Keile mit einzelnen Knochen des Rhinoceros tichorhinus und Mastodon angustidens, an anderen Orten mit solchen von Elephas primigenius, Bos primigenius und Cervus sommensis gemeinsam vor, es werden aber noch keine Spuren von metallischen Werkzeugen gefunden.[***])

Die Beschaffenheit der Werkzeuge, deren scharfe Schneiden sich oft vortrefflich gehalten haben, beweist, dass man es hier wirklich mit einem der ältesten Wohnsitze des Menschengeschlechtes zu thun hat, welches hier vielleicht noch die letzten Bernsteinwälder gemeinsam mit jenen längst untergegangenen Thieren bewohnte, zu deren Ausrottung es sein gutes Theil beigetragen haben mag.

§. 4. Küchenabfälle, Hünengräber und Torfmoore in Jütland.

Derselben Zeit gehören die in den sogenannten Küchenabfällen, Torfmooren und Hünengräbern Dänemarks aufgefundenen menschlichen Kunstproduktionen an, die nach den Untersuchungen von Morlot†) theils in der einfachsten Art aus Stein, theils, wie Kämme, Pfriemen u. dergl. aus Knochen angefertigt sind. Erstere, die Küchenabfälle, finden sich überall an den Küsten der dänischen Inseln und des nördlichen Jütlands, welches damals wahrscheinlich ebenfalls noch Insel war und bilden Haufen von mehr als 10 Fuss Höhe. Sie enthalten namentlich Muscheln und Schnecken, die Hauptnahrung der damaligen Bewohner, sowie Reste von Fischen, Vögeln und Säugethieren. Unter letz-

---

[*]) Theophrastes de lapidibus 98—100.

[**]) Neumann, die Hellenen im Skythenlande I. 141.

[***]) Lartet, über das Alter des Menschengeschlechts, Compt. rend. 1860 p 790 ferner:

Schaafhausen, Auffindung von Kieselgeräthen in den Gruben von Abeville, nach Leonh. u. Bronn. 1861. p. 92, 106—108.

†) Leonhard u. Bronn, Neues Jahrbuch für Mineralogie 1860 p. 461 und Bulletin de la société Vaudoise des sc. nat. 1860, p. 263.

teren werden die Knochen von Bos primigenius, Edelhirsch, Wildschwein, Seehund, Luchs, Fischotter, Wolf. Fuchs und Hund erwähnt; Ziegen, Schafe, Hausschwein und Pferd dagegen fehlen, als Zeichen, dass diese Thiere in jener Periode noch nicht mit den nachrückenden Stämmen aus Asien eingewandert waren. Metallene Geräthe finden sich weder in den Küchenabfällen, noch in den ebenfalls der Steinzeit angehörigen Hünengräbern Dänemarks. Während unser Landvolk diese letzteren für Gräber eines längst ausgestorbenen Riesengeschlechts hält, findet man in ihnen, im direkten Gegensatz zu dieser Ansicht, Skelette, die einem sehr kleinen Menschenschlage angehören, der nach den Schädeln zu urtheilen, nicht kaukasisch war. Früher hielt man Finnen oder Lappen für die Erbauer dieser Gräber; nach Weinhold*) indessen ist dies unrichtig, da die Finnen ihren Hauptsitz im Norden und Osten von Europa hatten, während dort, mit Ausnahme der südlichsten Theile von Skandinavien, Hünengräber fehlen. Weinhold hält vielmehr die Iberer, .deren letzte Reste wir in den Basken der Pyrenäen erkennen. für die Urbewohner von ganz Mittel- und Westeuropa, und sieht in ihnen die Erbauer jener Denkmäler der Steinzeit.

Einen brauchbaren Maassstab zur Bestimmung des Alters jener Kunstprodukte gewähren nach Morlot die in Dänemark in grosser Verbreitung und bis zu 30 Fuss Tiefe vorkommenden Torfmoore, an deren Säumen sich, in grossen Zeitabschnitten auf einander folgend, vier verschiedene Wälder gebildet haben. Die erste und älteste Vegetation besteht aus Kiefern, denen dann von unten nach oben Wälder der Traubeneiche, Quercus Robur, später der Stieleiche, Qu. pedunculata, folgen. Auch diese ist jetzt in Dänemark nur noch in einzelnen Exemplaren zu finden und hat seit historischen Zeiten den herrlichen Buchenwäldern weichen müssen. Diese Torfgebilde sind nun so erfüllt mit Kunstprodukten, dass man nach Steenstrup wohl in keinem Theile des Landes eine Torfsäule von 1 ☐Mètre Grundfläche ausheben könnte, ohne wenigstens etwas darin zu entdecken. Doch sind Menschenspuren erst in oder über der Kiefernschicht vorhanden und zwar Steinwerkzeuge, die bis in die Vegetation der Traubeneiche allein vorkommen, in den untersten Schichten der Stieleiche durch Bronzegeräthe ersetzt werden, während die Buchenwälder nur der eisernen Zeit angehören. Steenstrup nimmt an, dass zu der Bildung eines solchen Torflagers von 10—12 Fuss Mächtigkeit etwa 4000 Jahre nothwendig gewesen seien.

Ueber die Bevölkerung während der Bronzezeit in Dänemark, wie in Europa im Allgemeinen, fehlen, da man die Todten verbrannte, alle Anhaltpunkte. Morlot nimmt indessen, da hier schon Rind, Pferd, Schaaf, Ziege und Schwein als Hausthiere vorkommen, die Einwanderung einer ganz neuen Bevölkerung von Süd-Osten her an, die den bisherigen Bewohnern wie an Geist, so an Körper überlegen war.

Es waren zuerst die Kelten, welche die Iberer verdrängten, und sich theil-

*) Weinhold, die heidnische Todtenbestattung in Deutschland, pag. 18. 19.

weise mit ihnen vermischten. Sie selbst mussten wieder den in einer späteren Zeit von Osten nachrückenden Germanen weichen. Die Zeit der Einwanderung beider Stämme ist unbekannt; nur das wissen wir sicher, dass zu Herodots Zeiten (Her. II. 33 und IV. 49) die Keltiberen bereits Spanien bewohnten, und dass im 4. Jahrhundert vor Christus Germanen am Südstrande der Ostsee bis gegen die mitteldeutschen Gebirge und gegen den Rhein hin sassen.

§. 5. Pfahlbauten in der Schweiz.

Im südlichen und westlichen Europa sind es die in den letzten Jahren namentlich in der Schweiz beobachteten Pfahlbauten,*) die gleich den Tschudenschürfen auf ein sehr hohes Alter des Menschengeschlechtes hinweisen und eine vortreffliche Erläuterung durch die von Herodotus V. 16 angeführten, dem eisernen Zeitalter angehörigen Pfahlbauten der Päonier im See Prasias in Thracien erhalten, die im Jahre 520 vor Christus allen Angriffen des persischen Feldherrn Megabazus in den Perserkriegen widerstanden. „Mitten in dem See stehen Pfähle, auf denen Bretter fest gemacht sind, zu denen man vom festen Lande nur auf einer einzigen schmalen Brücke kommen kann. — Es hat ein jeder auf diesen Brettern seine Hütte, worin er lebt, und in welcher eine Fallthüre durch die Bretter hindurch in das Wasser führt. Den kleinen Kindern binden sie einen Strick an die Beine, dass sie nicht in das Wasser fallen." — In der Schweiz wurden diese Pfahlbauten an den 10—15 Fuss tiefen Stellen der dortigen Seeen angelegt. Indem nun im Laufe der Zeit viele Gegenstände durch die Fugen des Rostes oder bei gelegentlichen Feuersbrünsten in's Wasser fielen, sammelten sie sich auf dem Boden des See's schichtenweise an. Man trifft in den ältesten Ansiedelungen, deren Pfähle man noch unter Wasser findet, zum Theil umschlossen und geschützt von jüngeren Torfbildungen, namentlich Gegenstände von Stein, Horn und Knochen. In solchen aus späterer Zeit, wie der Steinberg in Bielersee und die Bauten von Morges, findet sich massenhaft Bronze, die namentlich zu Schmucksachen, allen Waffen und Werkzeugen und zu Gefässen verwendet wurde und im Allgemeinen aus 80 Theilen Kupfer und 20 Theilen Zinn besteht. Noch später finden sich eiserne Geräthe und Münzen den Bronzesachen beigemengt, aus welchen letzteren man namentlich schliessen muss, dass die Pfahlbauten der Schweiz bis an die Zeit des Kaiser Augustus heranreichen. In Irland sollen sie sogar bis in das 16. Jahrhundert hinein vorkommen.

Wenn schon in der Steinzeit ein ausgedehnter Handel, namentlich mit Feuersteinen existirte, der, in der Schweiz nicht vorkommend, aus Frankreich und vom Ostseestrande herbeigeholt werden musste, so war dieser Verkehr in der Bronzezeit noch weit lebhafter und veranlasste eine grosse Uebereinstimmung

---

*) Verhandlungen der polytechnischen Gesellschaft zu Berlin. Jahrgang 23. p. 229: **Runge,** über Pfahlbauten in der Schweiz, und: Leonhard und Bronn, N. Jahrbuch für Min. 1860. p. 470.

in den Kunsterzeugnissen der verschiedensten europäischen Länder, mitunter selbst einen Transport solcher Kunstprodukte. Millefiori (Glaskugeln mit einem Kern von Mosaik oder Email, wie sie in den ägyptischen und etruskischen Gräbern vorkommen), vielleicht Erzeugnisse phönicischer Industrie, sind bis Dänemark und Schweden gelangt und wurden ausgetauscht gegen Bernstein, während wieder die Bewohner des norddeutschen Tieflandes und der dänischen Inseln ihren Kupferbedarf aus Skandinavien, Schweiz, vom Harz oder den böhmischen Grenzgebirgen beziehen mussten. Doch scheint man die letzteren beiden Localitäten erst in einer verhältnissmässig viel späteren Zeit aufgeschlossen zu haben.

§. 6. Schweizerische Bronzen nach Fellenberg.

Fellenberg[*]) hat eine grosse Zahl (über 100) von antiken Bronzen untersucht, von denen 83 in der Schweiz oder Savoyen zum Theil in Pfahlbauten aufgefunden wurden, während die übrigen zur Vergleichung herbeigezogenen Bronzen, theils griechischen oder römischen, theils keltischen Ursprunges aus dem nördlichen Deutschland, Frankreich, Irland oder Ungarn herstammen. Bei genauer Vergleichung dieser Analysen findet man nun folgende Resultate. Rechnet man die 5 untersuchten Kupferreguli (Massen von eingeschmolzenem noch unbearbeitetem Kupfer), sowie die 17 ausländischen, meist griechischen oder römischen Geräthe, Waffen und einen nur aus Kupfer bestehenden Kelt (no. 36) ab, so bleiben 77 Bronzen schweizerischen Ursprungs, die man übersichtlich als 24 Waffen (Aexte, Beile. Speere, Kelte, Messer), 44 Schmucksachen (Ringe, Ketten, Armspangen, Nadeln u. s. w.) und 9 Gefässe bezeichnen kann. Die Zusammensetzung ergiebt sich aus den folgenden Tabellen, in denen der Kürze wegen der überall gefundene Eisengehalt, sowie das unwesentliche ebenfalls häufig auftretende Silber weggelassen sind.

№	Bezeichnung des Gegenstandes.	Kupfer	Zinn nach Producten	Blei	Nickel und Kobalt.
	A.　Waffen.				
2	Axt bei Morsee im Genfersee	88.25	9.26	—	1.85
3	Messer bei Pierre à Nitow im See	87.97	8.66	—	—
7	Spiessspitze, Savoyen	87.10	9.99	—	1.00
11	Messerklinge, bei Stäffis im Neuenb. See . .	88.38	9.50	--	0.72
35	Kelt, Tinière bei Villeneuve	89.25	10.01	—	0.35
37	Kelt, Pfahlbauten bei Morsee	87.06	9.99	1.91	0.55
42	Beil v. d. Gwatt-Spiessstrasse	90.15	9.14	—	0.65
43	Beil, Ringolzwyl. bei Thun	88.97	8.05	—	2.21
45	Beil, Ligerz am Bielersee	88.48	10.53	0.27	0.47
49	Beil, Maikirck	83.19	16.06	—	0.67
58	Beil, Waugen bei Herzogenbuchsee	89.42	8.49	0.85	0.98
84	Schwert v. Ober-Illau, Luzern	89.30	6.71	0.28	0.52
94	Schwert v. Egg in Zürich	89.89	9.35	0.16	0.46
98	Messer, Lorcelletto	88.54	9.29	0.34	1.51

[*]) Mittheil. d. naturf. Gesellsch. zu Bonn 1860 u. 61: Fellenberg, Analysen antiker Bronzen.

№	Bezeichnung des Gegenstandes.	Kupfer	Zinn	Blei	Nickel und Kobalt.
		nach Procenten.			
	B. Schmucksachen.				
6	Armband, Sitten, Wallis	89.98	7.26	1.22	1.43
8	Armband, Wallis	85.21	6.09	4.53	4.17
10	Armspange, Stäffis	87.39	8.67	3.26	0.55
15	Kette, Kirchthurnen	83.15	8.20	5.88	0.68
24	Kette, Wyla	75.88	11.52	12.64	—
30	Armring, Sitten	90.45	7.34	1.05	0.83
31	Halsgeschmeide, Sitten	89.23	8.93	0.87	0.65
32	Armring, Sitten	82.07	14.47	2.29	0 15
52	Armring, Sitten	82.21	16.05	1.18	0.48
60	Spange, Morsee	81.65	12.42	5.06	0.65
63	Spange, Thonon, Savoyen	88.86	8.15	1.85	0.73
71	Schmuckkette, Oberhofen	74.66	8.34	16.62	0.28
82	Armring, Seebühl bei Thun	85.63	9.38	4.64	0.28
	C. Gefässe.				
13	Kessel aus ein Tumulus im Grauholze . . .	84.68	15.09	—	0.13
14	Vase im Grächwyl-Museum	89.31	9.57	—	—
17	Gefäss, Dotzingen	83.02	16.54	—	—
23	Vase v. Russicon	85.43	13.48	—	0.51
25	Gefäss, Pfäffikon	81.61	17.12	—	—
54	Vase, Ihringen im Breisgau	83.45	14.85	—	0.60
69	Vase, Ins	90.05	9.44	—	0.22
75	Urne, Rances	88.67	9.80	1.23	0.18
93	Vase, Russicon, gegossen	76.40	21.29	1.18	1.08

Aus diesen Tabellen geht nun mit Bestimmtheit hervor, dass man schon in jenen fernen Zeiten eine grosse Kenntniss von dem Einflusse des Bleies auf die Bronze hatte. Man vermied dasselbe so viel als möglich bei Waffen, für welche Härte und Festigkeit die nothwendigsten Eigenschaften waren und setzte dieselben im Ganzen aus 90 Th. Kupfer und 10 Theilen Zinn zusammen. Ohne Nachtheil, ja sogar zum Theil vortheilhaft, war ein Zusatz von Blei für Schmucksachen, bei denen er einmal das theuere Zinn ersparen half, dann die Composition leichtflüssiger machte und die weitere Bearbeitung des Geräthes durch Feilen, Schleifen und Ciseliren wesentlich erleichterte, ohne Farbe und Glanz zu beeinträchtigen.

Für Gefässe endlich verwendete man ungefähr 14 Theile Zinn auf 86 Kupfer, vermied aber den Bleizusatz in allen Fällen, da er die Bronze spröde macht und somit die Verarbeitung zu getriebenen Gefässen erschwert.

Nickel und Kobalt, namentlich aber ersteres, sind mit nur sehr einzelnen Ausnahmen in allen ächt schweizerischen Bronzen enthalten. Er beträgt im Durchschnitt nur 0.7 °/₀, steigt aber einmal bis 4.17 °/₀. Ist dieser Gehalt nun auch im Ganzen sehr unbedeutend, so ist er doch von ganz besonderem Interesse, weil er auf die Fundorte hinweist, von denen das Kupfer damals bezogen wurde, und in deren Nähe die fremden Metalle als Erze nothwendig vorkommen mussten.

Es sind dies die Gruben in den Thälern von Wallis, namentlich das Annivierthal, in denen noch jetzt Glanzkobalt, Weissnickelerz und Kupfernickel im Verein mit Kupfererzen gefunden werden und die uralten Halden auf den früheren Betrieb hindeuten.

Eisen ist in allen oder fast allen angeführten Fällen vorhanden; die Menge desselben beträgt aus den 100 Analysen im Mittel nur 0.43 %, also bedeutend weniger, als man in unserem heutigen Schwarzkupfer zu finden pflegt. Silber findet sich nur in 26 schweizerischen Geräthen; die Menge desselben beträgt im Mittel 0.15 %. Es ist ebenso wie das Eisen, Nickel und Kobalt nicht mit Absicht zugesetzt, sondern rührt von den angewendeten, zuweilen silberhaltigen Kupfererzen her. Merkwürdig ist das in 2 Fällen beobachtete Antimon. Es mag nur durch unabsichtliche Verwendung antimonhaltiger Erze in die Legirung gekommen sein.

§. 7. Aelteste Kunde vom ägyptischen Bergbau.

Wie überhaupt von den um das Mittelmeer herum wohnenden Völkern die Aegypter als die ältesten Träger der Cultur zu nennen sind, so haben sie natürlich auch in der Gewinnung und Verwendung der Metalle, ohne die eine irgend erhebliche Cultur nicht gedacht werden kann, den Anstoss gegeben.

Diodorus[*]) schildert mit lebhaften Farben das traurige Geschick der damaligen Bergleute in Aegypten und Asien. Die Gruben, im Besitz der Fürsten, wurden von zahlreichen Haufen von Kriegsgefangenen, Verbrechern und Sclaven bebaut, die gefesselt waren und in Höhlen verwahrt wurden, um ihr Entweichen zu verhindern. Man verfuhr gegen dieselben mit der äussersten Strenge und Grausamkeit. Sie waren vollkommen nackt und nicht Geschlecht oder Alter, nicht Krankheit oder Verstümmelung befreite sie von ihrem entsetzlichen Loose. Die stärksten mussten in den Gruben das Hauen des Gesteins, die unerwachsenen das Heraustragen der Erze (Fördermaschinen kannte man nicht), die über 30 Jahre alten das Stampfen derselben in Steinmörsern aus Granit oder eisenfarbigem, äthiopischem Marmor, Weiber und Greise endlich das Feinmahlen auf Handmühlen und das Waschen auf geneigten Tafeln besorgen. Bei dieser ununterbrochenen Arbeit wurden sie endlich so angegriffen, dass sie mitten unter der Last und dem Elende ihren Geist aufgaben.

Die Werkzeuge waren anfangs von Stein angefertigt und höchst unvollkommen, später verwendete man gehärtetes Kupfer zu Meisseln und Hämmern, in der mosaischen Zeit schon Eisen. Die Arbeit suchte man sich durch Feuersetzen zu erleichtern, das Einstürzen der Gruben durch Bergsäulen, die man stehen liess, zu vermeiden. Zuweilen wurden die Gruben ausgemauert. Die Beleuchtung in denselben wurde anfangs durch brennende Späne, später durch Grubenlampen, die die Arbeiter an der Stirn trugen, bewirkt.

---

[*]) Diodori Siculi Bibliothecn III. 12—15.

Wenn nun auch das Gesagte namentlich für die Gewinnung und Aufbereitung des Goldes und Silbers gilt, über das Kupfer aber weitere Nachrichten fehlen, so muss man doch annehmen, dass auch der auf dieses Metall
betriebene Bergbau im Wesentlichen damit übereinstimmte.

Ueber die Schmelzung des Kupfers bei den Aegyptern fehlen alle Nachrichten. Da aber die Phönicier von den Aegyptern, die Römer wieder von den
Phöniciern gelernt haben, so wird man nicht irren, wenn man das weiter unten
über den römischen Kupferhüttenbetrieb Gesagte auch auf die Aegypter bezieht.

Die Aegypter verwendeten das Kupfer zu Waffen, Vasen, Statuen, Instrumenten, Schmucksachen und Geräthschaften jeder Art, und zwar theils rein,
theils legirt mit Zinn, um dasselbe zu härten. Ein von Vauquelin untersuchter
Dolch *) bestand aus reinem Kupfer und war überzogen mit einer harzigen
Substanz, die als Firniss und Schutz gegen den Rost diente. Man findet
namentlich Meissel, Sägen und andere Tischlerwerkzeuge, Messer, Spiegel und
Aexte von Bronze, und zwar besteht ein in Theben gefundener antiker Meissel
aus 94.0 Kupfer, 5.9 Zinn und 0.1 Eisen, während man sonst im Allgemeinen
80—85 Theile Kupfer und 15—20 Zinn zusammenschmolz. Es bestätigt sich
dies auch durch die Untersuchung von Bruchstücken alt ägyptischer Bronzen
aus der frühesten Zeit, die mir durch die Güte des Dr. Brugsch zur Dispo-
sition gestellt wurden und die folgenden Resultate bei der Untersuchung ergaben.
Ein vierkantiger Nagel bestand aus fast reinem Kupfer, ein kleiner Stab aus
84 Kupfer, 16 Zinn, ein anderes Stück aus 85.3 Kupfer und 14.7 Zinn, sämmtlich
mit unbedeutenden Mengen von Eisen. In welche Zeit die Aegypter begonnen
haben, Statuen und andere Gegenstände in Bronze zu giessen, oder wie lange
der Gebrauch des geschmiedeten und geprägten Metalles dem gegossenen voran
ging, ist unbekannt. Da indessen ein mit dem Namen Papi versehener
Cylinder aus der sechsten Dynastie, sowie mehrere andere Geräthe aus der
Zeit vor 2000 vor Christus allem Anschein nach gegossen sind, **) so geht
daraus das hohe Alter der Metallgiesserei hervor. Von eisernen Geräthen
findet sich unter den ägyptischen Alterthümern keine Spur.

§. 8. Tauschhandel mit Zinn.

Das zu der Bronze verwendete Zinn stammte in jenen Zeiten höchst wahrscheinlich aus dem südöstlichen Asien, wo es noch jetzt sehr rein auf Banka,
Malacca, Sumatra und Siam gefunden wird, sowie nach Strabo ***) aus Ariana
bei den Drangern, dem heutigen Iran. Das von Homer für Zinn gebrauchte
Wort Kassiteros ist das arabische Kasdeer, unter welchem Namen es noch immer im Osten bekannt ist, und heisst im Sanscrit Kastira. Dieser Name weist

---

*) Cataloguo raisonné et historique des antiquités découverts en Égypte, par Passa-
lacqua Paris. 1826. p. 238.

**) Wilkinson, a popular account of the ancient Egyptians, vol. I. p. 131 ff.

***) Strabonis Geographia. XV. 2.10.

also entschieden auf Handelsverbindungen mit Ostasien hin, durch die das Zinn damals in den westlichen Verkehr gebracht wurde. Auch bei den Israeliten wird es schon um 1450 erwähnt, also etwa 300 Jahre früher, als die Phönicier nach Britannien gekommen sind. Sie nannten die Cassiteriden als Bezugsquelle des Zinnes und meinten damit wahrscheinlich die Scilly-Inseln, die aber nie Zinn hervorgebracht haben und die nur dazu dienen mussten, das Bergland Cornwallis vor den Nachforschungen unberufener Concurrenten zu verbergen und ihnen das Monopol des Handels zu sichern. Bekannt ist die Geschichte des phönicischen Capitains, der sein Schiff scheitern liess, um nicht dem ihm nachsegelnden römischen Schiffer den Endhafen seiner Reise zu verrathen. Er wurde für seinen bewiesenen Muth nachher reichlich aus dem Staatsschatze entschädigt. Unter den Artikeln, gegen welche die Phönicier das Zinn in Britannien eintauschten, werden irdene Gefässe, Oel, Salz, Bronzegeräthe und andere Gegenstände von geringem Werthe angeführt und Wilkinson glaubt, dass unter den Bronzewaaren namentlich auch die Schwerter, Dolche und Speerspitzen von ausgezeichnet schöner Arbeit zu verstehen sind, die man in den Gräbern der alten Britten findet und die weder griechischen noch römischen Ursprunges zu sein scheinen. Nilsson[*]) geht noch weiter, indem er aus der Gleichheit oder Aehnlichkeit der symbolischen Verzierungen skandinavischer und ächt phönicischer Bronzewaaren und Steinmonumente den Schluss zieht: alle diese Reste seien theils von Phöniciern nach dem Norden gebracht, theils von ihnen in den in Skandinavien angelegten Colonien angefertigt worden.

Nach Movers[**]) waren die Phönicier in ihren Metallarbeiten abhängig von den Aegyptern, die als deren Lehrmeister anzusehen sind. Dass sie aber die erhaltenen Kenntnisse namentlich auch in künstlerischer Beziehung vervollkommneten und in ihren Arbeiten grossen Geschmack entwickelten, geht daraus hervor, dass ihre Künstler als Baumeister gesucht waren und ihnen namentlich auch die Leitung des salomonischen Tempelbaues übertragen wurde. Säulen von Gold und Erz, von denen zwei, Boas und Jachin, 18 Ellen hoch und 3 Ellen dick waren, schmücken den Tempel, und grossartig ist die Pracht des ehernen Meeres im Innern des Tempels, welches 10 Ellen Durchmesser hatte und 5 Ellen tief war. Es war Sandguss und von einer solchen Grösse, dass Salomon darauf verzichtete, das Gewicht desselben zu bestimmen.[***]) Ebenso sind die Säulen am Tempel zu Gades[†]), die aus dem 11. Jahrhundert vor Christus stammen, aus Erz gegossen und bekunden das Alter der Giesskunst.

[*]) Nilsson, die Ureinwohner des skandinavischen Nordens, Hamburg 1863.
[**]) Ersch und Gruber Encyclop. Ser. II. Theil 22 p. 368 ff.
[***]) Könige I. 7.
[†]) Strabo III. 5. 5.

§. 9. Kupfer in der homerischen Zeit.

Ob in der homerischen Zeit das Zinn bereits als Zusatz zum Kupfer verwendet wurde, um dasselbe zu härten, ist mindestens zweifelhaft. Wenigstens spricht Homer nie bestimmt von solcher Zusammenschmelzung. Die Stelle Ilias 18. 474, wo Hephästos, um den Schild des Achillens anzufertigen, Kupfer, Zinn, Gold und Silber schmilzt, kann allenfalls als Beweis dafür angeführt werden, doch kann man ebensowohl annehmen, Hephästos habe die Metalle in verschiedenen Tiegeln geschmolzen, um dann namentlich das Zinn zu Verzierungen des Schildes und zu den Beinschienen zu verwenden. Jedenfalls wurde reines Kupfer noch weit häufiger verwendet als das legirte, und man wird daher bei Homer χαλκὸς in der Regel nur für Kupfer, selten für Bronze zu nehmen haben. Kupfer allein ist allerdings ziemlich weich, wird indessen durch das Hämmern etwas härter und wurde vielfach auch wohl schon durch das Eisen ersetzt, neben welchem aber noch sehr lange Kupfer in grosser Ausdehnung verwendet wurde. So fand man in den Ruinen von Persepolis*) nach Moriers neben eisernen Pfeilspitzen solche von Kupfer und in einem Grabe auf der Insel Mylos nach Landerer chirurgische Werkzeuge aus demselben Metall.

Dass zu Homers Zeiten auch Eisen vielfach verwendet wurde und sogar das Härten des Stahles den Griechen bekannt war, folgt aus zahlreichen Stellen. So heisst es, um nur die eine oder andere anzuführen: Ilias 4. 510, von Stein und Eisen prallt die Kupferwaffe ab; I. 648, Adrastos will sein Leben durch mühsam bearbeitetes Eisen erkaufen; Ilias 23. 850. für Bogenschützen bestimmte der Pelide veilchenblaues (angelaufenes) Eisen zum Kampfpreis; Odyssee 9. 391, der Schmidt taucht die eiserne Axt in kaltes Wasser, um sie zu härten.

In späteren Zeiten führte das Kupfer den Namen χαλκὸς κύπριος, aes cyprium von der Insel Cypern, wo es in Menge vorkam, und davon stammt der Name cuprum, der zuerst von Spartianus 290 nach Christus gebraucht wird.

Die Verwendung des Kupfers und der Bronze war in jener Zeit natürlich eine weit allgemeinere als heute. Die Wände und Thürschwellen im Palaste des Alkinous waren nach Odyssee 7. 86 von Erz, ebenso das Haus des Hephästos nach Ilias 18. 369. Die Mauern von Babylon hatten nach Herodot 1. 178. und 179 hundert Thore, die ebenso wie ihr Sturz und ihre Pfosten ganz von Kupfer waren; auch die heilige Burg des Zeus Belus hatte kupferne Thore. Dasselbe erwähnt Diodorus Sic. 17. 71 von den Thoren von Persepolis, neben denen kupferne Pallisaden von 20 Ellen Höhe standen. Kupferne Beile werden Ilias 13. 180 und Odyssee 8. 507, eben solche Fischangeln Ilias 16. 408, kupferne Radspeichen Il. 5. 722 angeführt; ja Hesiodus, Deor. gen. 722, erwähnt einen kupfernen Ambos.

Dass die Schutz- und Trutzwaffen der Griechen und Troer von Kupfer ge-

---

*) Lenz, Mineral. der alten Griechen und Römer pag. 1.

fertigt sind, folgt aus zahllosen Stellen des Homer. Hephästos schmiedete die Rüstung des Achilleus nach Ilias 18. 369 aus unverwüstlichem Kupfer; [l. 4. 448 werden kupferne Panzer, Il. 11. 351 dergleichen Helme und Lanzenspitzen, Il. 7. 41 Beinschienen, Il. 3. 335 Schwerter, ll. 11. 34 und a. a. O. Schilde aus diesem Metalle erwähnt, die Schilde zum Theil mit anderen Metallen verziert. Die Massageten im Osten des kaspischen Meeres haben nach Herodot I. 215 weder Eisen noch Silber, aber viel Kupfer, aus welchem sie die Spitzen der Lanzen und Pfeile und ihre Streitäxte machen, auch der Harnisch der Rosse ist von Kupfer, die Zierrathen ihrer Rüstungen aber von Gold. Eine mir durch die Güte des Dr. Brugsch zur Untersuchung übergebene altpersische Pfeilspitze aus Ekbatana aus der Zeit des älteren Cyrus, bestand aus 88. 73 Kupfer, 10. 22 Blei und 1.05 Eisen, hatte eine bedeutende Härte und graugelbe Farbe. Von den Soldaten des Xerxes hatten die Assyrer nach Herod. VII. 63 Kupferhelme, ein anderes Volk eben solche, verziert mit kupfernen Ochsenhörnern und Ohren.

§. 10. Die Blüthezeit Griechenlands und Roms.

In der Blüthezeit Griechenlands sind es die durch ihre Grösse und Zahl, wie durch die darauf verwendete Kunst gleich ausgezeichneten Statuen, die unsere höchste Bewunderung erregen. Die Sitte, einem Menschen Bildsäulen als Ehrenbezeugung zu setzen, stammt von den Griechen. Die meisten sind wohl dem Demetrius Phalereus gesetzt worden, und zwar 360, also gerade so viel, als das Jahr nach der damaligen Zeitrechnung Tage hatte. Als die Römer Volsinii eroberten, befanden sich daselbst 2000 Bildsäulen. In Rom standen, als Marcus Scaurus Aedil war, nur auf der Bühne eines für kurze Zeit aufgeschlagenen Theaters 3000 Bildsäulen. — Mucianus versichert, auf Rhodus ständen noch jetzt 3000 Statuen, und eben so viel sollen noch in Athen, Olympia und Delphi übrig sein. Lysippus allein soll 1500 Bildsäulen geliefert haben, jede einzelne so kunstvoll gearbeitet, dass sie allein seinen Ruhm hätte begründen können! Als Beleg für die gewaltige Grösse einzelner dieser Bildsäulen führt Plinius[*]) einen Apollo auf dem Capitol von 30 Ellen Höhe, einen Jupiter von Lysippus von 40 Ellen, den Sonnenkoloss zu Rhodos, den der Lindier Chares, ein Schüler des Lysippus, angefertigt hatte, von 70 Ellen Höhe an. Sie alle waren griechischen Ursprunges.

Bei den Römern tritt die Benutzung der Bronze zu Waffen und vielen gröberen Geräthen des häuslichen Lebens natürlich weit gegen die Griechen der homerischen Zeit zurück, da zur Zeit der Erbauung Roms Eisen schon allgemein bekannt und verbreitet war und demnach zu solchen Dingen den Vorzug erhielt. Jedoch erwähnt Macrobius[**]), dass die Etrusker Pflugschaare von Erz, die Sabiner Scheermesser von Kupfer gehabt haben. Dennoch wurde Kupfer

---

[*]) Plinii hist. nat. 34. 7.
[**]) Macrobius Saturnal conv. V. 19.

und Bronze auch später noch vielfach zu feineren Geräthen, die eine grössere Zierlichkeit und hübschere Farbe erforderten, sowie zu Schmucksachen, Kunstwerken aller Art und Münzen verwendet. In der Kunst sind die Römer übrigens vollständig Schüler der Griechen und Etrusker und es sind namentlich alle, oder doch die meisten in Italien selbst gegossenen Statuen von Griechen angefertigt, die als Sclaven oder freie Künstler in Rom lebten. So namentlich auch der 120' hohe Koloss des Nero von Zenodorus und wohl auch jene alten Werke: der von Euandros geweihte, auf dem Rindermarkt aufgestellte Herkules, dem bei Triumphen ein Ehrenkleid umgehängt wurde, sowie der von Numa geweihte Janus geminus und die überall in Etrurien zerstreuten kleineren Bilderwerke, die sämmtlich aus der ältesten Zeit Roms stammen. — Münzen wurden in der ersten Zeit Roms nur gegossen, seit Servius Tullius auch geprägt und zwar mit einem Stück Vieh bezeichnet, daher der Name pecunia. Beiläufig sei bemerkt, dass die ersten Silbermünzen 5 Jahre vor dem ersten punischen Kriege, die ersten Goldmünzen noch 62 Jahre später geprägt wurden. Spätere Silbermünzen enthalten ⅛ Kupfer, sind also 14 löthig, oder enthalten 12.5 % Kupfer auf 87.5 Silber. Es ist dies die zu unseren früheren Thalern verwendete Composition.

Cap. 2.   Vom Bergbau und Hüttenwesen bei den Alten.

A. Die Kupfererze der Alten.

§. 11.

Wie noch heute das meiste Kupfer aus den geschwefelten Kupfererzen dargestellt wird, so war es auch im Alterthum, wenn gleich es mehr als wahrscheinlich ist, dass auch die oxydirten Erze gelegentlich benutzt wurden.

Kupferlasur wurde nach Theophrast*) aus Scythien, also wohl aus dem Altai in den Handel gebracht, fand sich aber auch in Cypern und Armenien, daher der Name Armenion, oder von der blauen Farbe des Erzes coeruleum, κύανος. Es diente namentlich als Farbenmaterial und in der Medicin.

Malachit von Cypern wurde nach Theophrast (de lap. 42—50) als unächter Smaragd, ψευδής σμάραγδος, zu Ringsteinen und zum Löthen des Goldes benutzt, zu welchem letzteren Zwecke gewöhnlich das erdige Erz, chrysocolla, verwendet wurde. Die beste tieflauchgrüne Chrysokolla kam nach Dioscorides**) aus Armenien; ihr folgt der Güte nach die macedonische, endlich die cyprische. Auch sie wird in der Medicin verwendet, erregt Erbrechen und kann bei fehlender Vorsicht leicht tödtlich wirken.

---

*) Theophrastes de lapid. 98.
**) Dioscorides, materia medica V. 104. 105.

§. 12.

Weit wichtiger sind den Alten die Erze chalcites, pyrites und cadmia. Was zunächst die cadmia, griechisch κάδμεια, anlangt, so wird sie nach Plinius (34. cap. 1. 2., cap. 10. 22 und 12. 29), Dioscorides (V. 43. 84. 85.) und Strabo (III. 4.) irrthümlich für ein wirkliches Kupfererz gehalten, während es Galmei, d. h. kohlensaures Zinkoxyd ist. Plinius sagt gerade zu, man bereite das Kupfer auch aus einem erzhaltigen Steine, den man Cadmeia nenne, und ferner, man setze dieselbe anderen Kupfererzen zur Erzeugung von aurichalcum, also zur Verschönerung der Farbe und um es zu reinigen, zu. Dasselbe sagt Dioscorides, der übrigens, wie auch Plinius, mit κάδμεια nicht blos das Erz bezeichnet, sondern auch unser Zinkoxyd. Der erstere sagt, sie komme am besten aus Cypern, wo sie sich in Messingschmelzöfen erzeugt, indem sich der Rauch an die Wände und den Ausgang des Ofens ansetzt. Auch aus πυρίτης, der sich bei Soli auf Cypern findet, werde sie durch Rösten dargestellt. In diesem Falle ist unter πυρίτης unsere Zinkblende und Kieselgalmei zu verstehen. Man erhält nach Dioscorides 3 verschiedene Röstprodukte, nämlich: a. κάδμεια, dicht mässig schwer, traubenförmig, grau, inwendig aschgrau und grünspanfarbig oder aussen bläulich, innen mehr weiss und schichtweise wie Onyx gefärbt; — b. σποδός, verunreinigt und schwärzlich; — c. πόμφολυξ, weiss und leicht. — Sie sind alle 3 ein und dasselbe, nämlich Zinkoxyd, mehr oder weniger mit Kohle verunreinigt.

§. 13.

Das wichtigste Kupfererz, lapis aerosus, ist unbedingt chalcitis, die nach Plinius (34. 1) auf Cypern zu Kupfer verarbeitet wurde, welches aber dem in andern Gegenden gewonnenen aurichalcum an Güte (vielleicht wegen des Eisengehaltes?) nachstand. „Chalcitis unterscheidet sich (Plin. 34. 12. 29) von der cadmeia dadurch, dass sie oberhalb des Bodens aus freistehendem Gestein gehauen wird, cadmeia aber aus tiefer liegendem, desgleichen dadurch, dass chalcitis sich sogleich zerreiben lässt und weich von Natur ist, so dass sie wie verdichtete Wolle aussieht. Ein anderer Unterschied ist der, dass die chalcitis 3 Arten von Erzen enthält, das eigentliche Erz, Misy und Sory. Sie hat längliche Erzgänge. Geschätzt wird sie, sobald sie Honigfarbe hat und zierlich zerstreute Adern und nicht steinig ist." — Dioscorides führt dasselbe Erz an und nennt es χαλκίτης oder χαλκῖτις λίθος, zum Unterschiede von der χαλκῖτις, womit er das Vitriolerz, d. h. verwittertes Schwefelkupfer, bezeichnet. Nach dem Grade der Verwitterung führt das Erz die Namen μίσυ, σῶρυ und μελαντηρία. Es sind dies gemischte Eisen- und Kupfervitriole, die nach Galenus auch in den Gruben in diesem Grade der Verwitterung vorkommen.

Karsten*) hält χαλκίτης für ein reineres Kupfererz, also namentlich für

---

*) Karsten, System der Metallurgie I 81.

Kupferglanz und Buntkupfererz, und wird damit in den meisten Fällen das Rechte getroffen haben. Lenz*) hält Chalkites für kein Kupfererz, sondern für Galmei, da sie nach Plinius (34. 12. 29) bei der Behandlung mit Essig eine Safranfarbe erhalte, während ein Kupfererz Grünspan bilden müsste.

Abgesehen davon, dass auch Kupferkies in Essig liegend keinen Grünspan bilden wird, widerspricht dieser Ansicht von Lenz auch die deutliche Angabe des Plinius, wonach der Scolex, d. i. Grünspan, von selbst auf der Chalkitis entsteht und von ihr abgeschabt wird. Wenn aber Grünspan oder ein anderes Kupfersalz auf der Chalkitis entstehen konnte, so musste es eben ein Kupfererz sein.

§. 14.

Mir scheint es sehr wahrscheinlich, dass in den jetzt ziemlich unbekannten Bergwerken Cyperns in früherer Zeit unser Aurichalcit, ein gleichzeitig Kupfer und Zink haltendes Erz von der Formel $(CuO. ZnO.) CO^2 + (CuO. ZnO. HO.)$ in hinlänglicher Menge vorkam, um verschmolzen zu werden, wobei es sofort Messing giebt, und dass dieses wohl mit unter dem Namen Chalcites zu verstehen ist. Wenigstens sagt Strabo (III. 4. 15), dass nach der Angabe von Posidonius nur das Kupfer von Cypern Galmei führe ($\tau\grave{\eta}\nu$ $\varkappa\alpha\delta\mu\acute{\iota}\alpha\nu$ $\lambda\acute{\iota}\vartheta o\nu$ $\varphi\acute{\epsilon}\rho\epsilon\iota$), sowie Kupfervitriol und Hüttenrauch ($\tau\grave{o}$ $\chi\alpha\lambda\varkappa\alpha\nu\vartheta\grave{\epsilon}\varsigma$ $\varkappa\alpha\grave{\iota}$ $\tau\grave{o}$ $\sigma\pi\acute{o}\delta\iota o\nu$). Der cyprische Hüttenrauch ist aber, wie aus Dioscorides (V. 85 u. 114) hervorgeht, das sich an der Oeffnung der Schmelzöfen ansetzende Zinkoxyd, welches schon damals wie noch heut in der Medicin gebraucht wurde.

Man wird überhaupt auf den Aurichalcit auch in anderen Fällen Rücksicht zu nehmen haben, da er nach unsern mineralogischen Lehrbüchern noch jetzt bei Lyon, im Bannat, bei Toskana und am Altai gefunden wird, sämmtlich Gegenden, deren Bergwerke schon im Alterthum im Betrieb waren. Dass übrigens im Altai in jener Zeit dieses Erz durchaus nicht zur Verhüttung kam, ergiebt sich mit Bestimmtheit aus dem Umstande, dass die altaischen Geräthe nur Kupfer, nie aber Zink enthalten.

§. 15.

Das letzte von Dioscorides und Plinius aufgeführte Kupfererz ist der $\pi\nu\varrho\acute{\iota}\tau\eta\varsigma$ $\lambda\acute{\iota}\vartheta o\varsigma$, lapis pyrites. Man wählt (Diosc. V. 142) solchen, der eine Messingfarbe hat ($\chi\alpha\lambda\varkappa o\epsilon\iota\delta\grave{\eta}\varsigma$), und leicht Funken giebt. Unter Pyrites hat man in der Regel Kupferkies, oft aber auch Zinkblende, Kieselzinkerz und Schwefelkies zu verstehen. Wenn Dioscorides sagt, man wählt den, der leicht Funken giebt, so irrt er sich und verwechselt eben den weichen Kupferkies mit dem harten, Funken gebenden Schwefelkies, der dem Kupferkies äusserlich sehr ähnlich ist.

· Dass auch Zinkblende und Kieselzinkerz darunter zu verstehen ist, folgt aus dem Umstande, dass mancher Pyrites beim Rösten (Diosc. V. 84) Zinkoxyd giebt.

---

*) Lenz, Mineralogie der alten Gr. u. R. 116.

Uebrigens legen Plinius und Dioscorides auf den Pyrites weit weniger Gewicht, als auf Chalcites, der ein reineres Kupfer gab, als der stets eisenhaltige Kupferkies. Es fragt sich nun, aus welchen Minen die Alten ihre Kupfererze erhielten, wie sie dieselben förderten, wie also der Bergbau derselben betrieben wurde und wie sie endlich aus den geförderten Erzen das Kupfer darstellten, wie also der Kupferhüttenprocess beschaffen war.

B. Die Minen der Alten.

§. 16.

Ob Cypern, welches zuerst von kanaanitischen Stämmen, später unter Belus von den Phöniciern besetzt wurde, schon vor Homer aus seinen unerschöpflichen Bergwerken einen grossen, wo nicht den grössten Theil des in Kleinasien und dem östlichen Europa verbrauchten Kupfers lieferte, wie Movers[*]) behauptet, ist mindestens zweifelhaft.

Odyssee 1. 184 sagt Mentis, der König der Taphier, er reise nach Temese, um Kupfer zu holen. Nach Strabo (VI. 9. 1) ist mit Temese die Stadt der alten Brutier im heutigen Kalabrien gemeint, in deren Nähe sich uralte, zu seiner (Strabo's) Zeit vernachlässigte Kupferbergwerke befanden. In späteren Zeiten wurden diese Bergwerke wieder aufgenommen und sind noch heute nicht unbedeutend durch ihren Ertrag an Kupfer, wie an Silber, Blei und Eisen. Dass Strabo nicht das auf Cypern gelegene Tamassos als das von Homer genannte gelten lassen will, obgleich diese Insel zu seiner Zeit durch ihren Erzreichthum berühmt war, hat seinen Grund nach Lenz darin, dass das Land der Brutier den Taphiern weit näher lag als Cypern, und dass Homer die Insel einigemale aufführt, ohne ihrer Bergwerke zu gedenken. Diese cyprischen Gruben lagen bei Tamassos und hatten Ueberfluss an Kupfer und Silber, zu deren Schmelzung (Strabo XIV. 6. 5) ein Theil der ausgedehnten Waldungen verwendet wurde.

Da wir oben gesehen haben, dass die cyprischen Erze zum Theil zinkhaltig sind, in keiner aus altgriechischer Zeit stammenden Legirung aber Zink gefunden wird, so muss man hieraus jedenfalls auf die verhältnissmässig späte Auffindung dieser zinkhaltigen Bergwerke schliessen, wenn man nicht jene Notiz des Strabo für richtig nehmen und das homerische Temese in Brutien suchen will.

Auch Delos scheint früher Kupferbergwerke gehabt zu haben, wenigstens waren die Delier berühmt durch ihre, im Handel weit verbreiteten Bronzearbeiten.

§. 17.

Auch Attica hatte etwas Kupfer. Die Silbergruben, ἀργύρια[**]) lagen am Berge Laurion, an der südlichsten Spitze von Attica, und enthalten nach den Untersuchungen von Fiedler und Russegger neben Eisen und silberhaltigen Bleierzen auch Kupfer und Galmei. Sie waren sehr einträglich zu der Zeit

[*]) Movers, die Phönicier II. II. 203 ff.
[**]) Xenophon, de vectigalibus 4.

des Temistokles, der den Vorschlag machte, den jährlichen Ertrag, 30—40
Talente, zum Schiffbau zu verwenden, wurden aber zu Strabo's Zeit nur noch
wenig benutzt. Der Hauptertrag derselben bestand übrigens in Silber und
Blei. Die Bergwerke und die daraus fliessenden Reichthümer waren eine von
den wirksamen Ursachen, die Athens Glanz und Macht beförderten. Der peloponne-
sische Krieg machte dem Flor des attischen Bergbaues und der Macht der Republik
ein Ende. Die Minen waren theils Staatseigenthum und verpachtet, theils Privat-
eigenthum gegen die Abgabe von $\frac{1}{24}$ des Gewinnes. Die an Eisen und Kupfer sehr
reichen Gruben in der Ebene Lelanthus auf Euböa, unweit der Stadt Chalcis,
waren zu Strabo's Zeiten (Strabo X. 1. 9) bereits gänzlich ausgebeutet. Auf
dem Peloponnes bewiesen die Lacedämonier ihren politischen Grundsätzen
zufolge eine zu grosse Gleichgültigkeit gegen die Gewinnung der Erze, als
dass man bei ihnen einen wichtigen Bergbau erwarten konnte. Ueber den
Grubenbau der Griechen wissen wir, dass die Gruben ziemlich tief, aber namentlich auf Samos so eng und niedrig waren, dass man nicht gerade darin
stehen konnte, sondern rückwärts oder zur Seite liegen musste. Durch Feuersetzen machte man das Gestein mürbe, welches dann, ebenso wie die Erze, in
Säcken herausgetragen wurde ($\vartheta\upsilon\lambda\alpha\varkappa\acute{o}\varphi o\varrho o\iota$). Die Gänge zu stützen, liess man
theils Bergfesten stehen, theils wendete man Zimmerung an. Die Erze wur-
den dann durch Klauarbeit vom tauben Gestein getrennt, zerstossen, gemahlen,
gesiebt (Pollux führt unter den Werkzeugen des Bergmannes das Sieb, $\sigma\acute{\alpha}\lambda\alpha\xi$,
an), gewaschen und in Oefen mit Blasebälgen mittelst Kohlen geschmolzen.

§. 18.

Ganz Spanien ist nach Strabo (III. 2. 8) reich an Metallgruben, am
reichsten Turdetanien im südlichen Spanien, wo Gold, Silber, Eisen, Blei und
Kupfer in grösserer Menge und Reinheit vorkommen, als anderswo. Schon
die alten Phönicier tauschten daselbst Gold, Silber, Kupfer, Zinn und andere
Metalle gegen irdene Gefässe, Oel, Salz u. s. w. ein, und so gross war namentlich der Ueberfluss an Silber*), dass, nachdem die Phönicier ihre Schiffe voll-
geladen, sie sogar das Blei von ihren Ankern lösten und es durch Silber von
demselben Gewichte ersetzten. Plinius (34. 1. 1) führt an, dass die spanischen
Bergwerke das am höchsten geschätzte marianische oder cordubensische Kupfer
lieferten, welches namentlich mit Kadmia verschmolzen zu Messing verwendet
wurde. Es ist hier namentlich auch auf die Ausfuhr von Zinn Gewicht zu legen. Plinius sagt (34. 16): es sei fabelhaft, dass man Zinn von den Inseln
des atlantischen Meeres hole, und setzt bald darauf hinzu: „es ist jetzt ausge-
macht, dass es sich in Lusitanien und Gallicien findet." Ohne Zweifel war
Portugal im Alterthum eine der Hauptquellen für Zinn. Noch in späteren Zeiten wurde bei Visen in der Provinz Beira Zinn gegraben und erst in den neueren Zeiten hörte der Bergbau auf. Ueberbleibsel von alten Zinngruben hat

---

*) Wilkinson, popular account of the ancient Egyptiens. Lond. 1854.

Link*) bei Viseu selbst gesehen, an einem Orte, welcher noch das Zinnloch, buraco do stanno, heisst. Nichtsdestoweniger wird man jene Angabe des Plinius, die den Bezug des Zinnes aus England in Abrede stellt, für einen Irrthum zu halten haben, da sie den Angaben des Cäsar direkt widerspricht. Merkwürdig ist es, dass England und namentlich Cornwalles, welches heut grosse Mengen von Kupfer producirt, im Alterthum nur Zinn, aber kein Kupfer lieferte, da Cäsar**) anführt, dass die Britten dieses letztere aus dem Auslande bezogen.

Ausser den spanischen und cyprischen Kupferbergwerken führt Plinius (34. 1) noch solche im Gebiete der Bergomaten, im nördlichsten Theile von Italien, im Gebiete der Centronen im Canton Wallis, sowie in Gallien, in der Nähe von Lyon und in Germanien an, ohne jedoch letztere näher zu bezeichnen. Sie scheinen sämmtlich nicht eben ergiebig gewesen zu sein und erschöpften sich bald.

§. 19.

Von asiatischen Kupferbergwerken wird in alten Schriftstellern noch weniger gesagt, als von den europäischen. Dass das von den Tschuden im Altai gegrabene Kupfer auch den Griechen auf Handelswegen zugegangen sei, ist schon oben erwähnt worden. Theophrast (de lapid. 98—100) führt den Kupferlasur von Cypern und dem Scythenlande an und Herodot (1. 215) spricht von dem Ueberflusse an Kupfer im Lande der Massageten, sowie (4. 22) von den Handelsexpeditionen der Griechen nach dem Lande der Argippäer.

Ob dagegen von Indien, dessen Bewohner nach Strabo (XV. 1. 61. 67) aus Bronze gegossene Gefässe, Tische, Sessel, Trinkgefässe und Waschbecken hatten, auch unverarbeitetes Kupfer den Griechen zugeführt worden sei, lässt sich nicht nachweisen, obwohl es wahrscheinlich ist. Wenigstens sagt Arrianus***) Cap. 9: von Baryguza in Indien kommen nach dem persischen Emporium Omana grosse Schiffe voll Erz.

Kleinasien, noch heute reich an Metallen, wird auch im Alterthume in dieser Beziehung gerühmt. Nach Dioscorides (V. 104. 105) lieferten Armenien und Macedonien Chrysokolla, also Malachit, ersteres auch Armenion oder Lasurerz. Da beide Mineralien fast stets, namentlich aber in diesen Ländern, mit geschwefelten Kupfererzen zusammen auftreten, so wird man nicht irren, wenn man annimmt, dass auch in diesen Ländern das Kupfer aus seinen Erzen dargestellt worden ist. Auch bei Cisthene, an der westlichen Küste von Kleinasien, südlich von Troja in den Ausläufern des Ida, waren nach Strabo (XIII. 1. 51) Kupferbergwerke.

Ausserdem waren noch in Bithynien, dem nördlichen Kleinasien und Thra-

---

*) Link, Urwelt und Alterthum 1. 265.

**) Caesar de bello gallico V. 12.

***) Pseudo-Arrian's Umschiffung des erythräischen Meeres, übers. v. Streubel. Programm. Berlin 1861.

cien, am Berge Pangaeus Bergwerke in den Händen der Phönicier, die auch
die Kupferminen in Phönicien selbst und in dessen nächster Umgebung, im
Libanon bei Sarepta, in Cilicien, Palästina und Edom eröffnet hatten und mit
Eifer betrieben.

Schon die alten armenischen Schriftsteller wiesen nach, dass das Land
zwischen den Ufern des Kur bei Achalzik bis zur Vereinigung dieses Flusses
mit dem Araxes, also das jetzige Grusien, das Thuwal der heil. Schrift und
das Land der Chalyben der griech. Schriftsteller sei. Dort befanden sich diejenigen Kupfererzgruben, die Thuwal so reich gemacht haben und wo einst die
Chalyben mit der Darstellung des Stahles beschäftigt waren. Die Untersuchung
der langgefurchten und tief eingeschnittenen Thäler jenes Gebirges, wo dichte
Urwälder die Ueberreste einer hohen Kultur verstecken, zeigt dem aufmerksa-
men Beobachter die grosse Ausdehnung der daselbst im Alterthume bebauten
Erzlagerstätten. Namentlich sind es Gänge von Kupfer- und Eisenerzen, die in
qualitativer wie quantitativer Beziehung zu den ausgezeichnetsten gehören. ·
Die Erzmassen lassen sich durch eine zahllose Menge alter Pingen, Schachte
und Oerter verfolgen. Die ausserordentlichen Dimensionen der künstlich aus-
gearbeiteten Räume, neben denen ununterbrochen grosse Schlackenhalden fort-
laufen, geben nicht nur einen Begriff von der unermesslichen, hier vor sich gegange-
nen Erzgewinnung, sondern auch von der hohen Kulturstufe, auf der jene alten
Völkerschaften standen. Wenn man bedenkt, welche Reihe von Jahren vergeht,
bis sich die Schlacken so zersetzen, dass auf ihnen eine höhere Vegetation
Platz greifen kann, und dabei die Bäume von riesenhafter Grösse sieht, welche
jetzt auf jenen Schlackenhalden wachsen, so kann man ermessen, welch ausser-
ordentlicher Zeitraum seit dem Erliegen jener Gruben verflossen ist.

§. 20.

In Afrika führt Strabo (XVII. 2 u. 3. 11) die an Kupfer, Eisen, Gold
und Edelsteinen reiche Insel Meroe, die Erzgruben im Gebiete der Masäsylier
östlich von Carthago an, sowie (II. 2. 3 u. III. 1. 8) das reichgesegnete, an
Metallen, namentlich auch an Kupfer reiche Mauritanien, dessen Produkte frühzeitig von den phönicischen Colonisten Spaniens in den Handel gebracht wurden.
Ausserdem hatten die Phönicier bei Sabä und Berenice ergiebige Kupferbergwerke, die schon seit uralten Zeiten bebaut wurden.[*)

In die ältesten Zeiten hinauf reichen auch die Bergwerke auf der
Halbinsel Sinai. Es waren nach Brugsch[**]) sehr grosse Minen, ba genannt,
und bildeten zur Zeit des Königs Chufu (Cheops, der bekannte Erbauer der
Pyramiden), im vierten Jahrtausend vor unserer Zeitrechnung, den Zankapfel
zwischen Aegyptern und Babyloniern. Sie liegen in der Wüste Wadi Maghâra
und in ihnen wurde von Arbeiterfamilien unter militärischer Bedeckung auf

---

*) Reitemeyer, Gesch. des Bergb. b. d. alten Völkern. p. 18.
**) Brugsch, Geographie der alten Aegypter, Bd. I. p. 42, und Humboldt, Cosmos II. 159.

Kosten der ägyptischen Könige das Kupfer, mafkat, gewonnen. Die ganze Halbinsel heisst nach den noch heut vorhandenen Felseninschriften „die Kupferhalbinsel" und ist der Hathor und dem Snefrou als Schutzgöttern geheiligt. Noch jetzt trifft man grosse Halden von taubem Gestein, sowie Schlackenberge, so dass also auch das Schmelzen der Erze gleich an Ort und Stelle vorgenommen worden sein muss, was bei dem jetzigen absoluten Holzmangel jener Gegenden um so merkwürdiger ist. Ob die Minen, wie Brugsch will, jetzt ganz abgebaut, oder nur, eben in Folge des eingetretenen Holzmangels, verlassen worden sind, muss dahin gestellt bleiben; ich glaube das Letztere. Zu Strabo's Zeit waren dieselben schon längst verlassen.

Nachdem diese Bergwerke aufgehört hatten, Kupfer zu liefern, wurden die Kupferminen Barram, 2 Tagereisen östlich von Elephantine, in Betrieb genommen, die ebenfalls (Brugsch I. 161) beträchtliche Mengen dieses Metalles lieferten. — Sie dürfen übrigens nicht verwechselt werden mit den bei Strabo XVII. 2 angeführten Gruben in Aethyopien, welche Kupfer, Gold und Eisen liefern. Es sind unter diesen wahrscheinlich die fast 13 Breitengrade südlicher liegenden Goldterrassen von Fazokl und Scheibun zu verstehen, da Strabo gleichzeitig den Salzreichthum der Gegend berührt, was wohl der grossen Salzebene, welche Tigré und Danakil trennt, entsprechen dürfte.

C. Die Gewinnung der Erze.

§. 21.

Der römische Bergbau ist vor den punischen Kriegen wenig bedeutend. Mit der Eroberung von Mittel- und Unteritalien fielen den Römern dessen Bergwerke zu, die ihnen Kräfte zu neuen Unternehmungen gaben. Namentlich aber führten ihnen die punischen Kriege die Minen des westlichen Europa, die Bezwingung des Perseus die Minen Macedoniens und Kleinasiens, die Siege des Augustus, Pompejus und Cäsar endlich alle übrigen Bergwerke zu.[*]

Alle Bergwerke waren Staatseigenthum, wurden verpachtet und mit Sklaven betrieben. In einigen Gegenden legte man den bezwungenen Einwohnern gewisse Arbeiten bei den Gruben und Hütten als Frohndienste auf, und verpachtete solche den Pächtern zugleich mit den Bergwerken. In Macedonien schien diese Einrichtung schon vorher unter den Königen des Landes zu bestehen, denn Aemilius Paulus hob sie auf, um die Landeseinwohner vor dem Druck der Finanzpächter zu sichern.[**] Das Loos der Sklaven war nicht viel günstiger als in Aegypten. Der Betrieb war schlecht und nur auf den augenblicklichen Gewinn der Pächter berechnet, die mit zahllosen Sklaven nur die reichsten Erze förderten, alle minder ergiebigen aber vernachlässigten. Unter den Kaisern hörten die Pachtungen auf, die Minen wurden auf Staatskosten

---

[*] Reitemeyer, Geschichte des Bergbaues und Hüttenwesens bei den alten Völkern, pag. 95.

[**] F. Livii Hist. 45. 18.

durch Bergbeamte und mit Hülfe der bezwungenen Völker betrieben, die (glebae et metallis adscripti) mit ihren Kindern zu den Frohnen verpflichtet blieben. Sie hatten übrigens Grundeigenthum, welches sie verkaufen konnten, wodurch die Frohnlasten auf die Käufer übergingen. Auch Staatsverbrecher wurden als Sklaven zum Bergbau verurtheilt. Die späteren Kaiser überliessen den Bergbau theilweise wieder Privatpersonen, gegen Erlegung bestimmter Abgaben, namentlich die Eröffnung neuer Werke. Ueberhaupt gerieth seit dem dritten Jahrhundert der Bergbau sehr in Verfall und hörte vom fünften Jahrh. an, seit dem heftigen Andringen der Barbaren auf das schwache, einstürzende Reich an den Grenzen ganz und gar auf.

§. 22.

Wenn man bedenkt, welche Unterstützung wir heut durch das zum Sprengen verwendete Schiesspulver, durch die Verwendung des Compass beim Anlegen der Stollen, durch die Benutzung des Wassers bei den verschiedenen Bergwerksmaschinen haben, so ist es begreiflich, dass der technische Betrieb der Gruben im Vergleich zur heutigen Zeit noch ein sehr unvollkommener sein musste.

Die Werkzeuge waren von Eisen und den unseren ähnlich. Die Gruben waren sehr sauber und reinlich, die Wände sehr glatt und gerade, die Gruben sehr geräumig mit vielen schmalen Quergängen und Stollen. Nur da, wo man auf loses Gestein stiess, findet man ungeheure Weitungen,*) deren Einsturz durch colossale Bergfesten verhindert wurde, die man stehen liess. Da dieselben nicht immer aus taubem Gestein, sondern oft auch aus Erz bestanden, so ging in diesem letzeren Falle ein Theil des Gewinnes verloren. Ausserdem wendete man nach Plinius 33. 4 zuweilen Zimmerung an. Zur Erleichterung der Arbeiten diente das Feuersetzen und Begiessen des glühenden Gesteines mit Wasser oder Essig, wodurch das Gestein mürber wurde. Da aber die Hitze doch immer nur wenig tief in das Gestein eindrang, so förderte die Arbeit auch trotz des Feuersetzens nicht sehr.

Das Grubenwasser wurde**) theils mit Eimern herausgetragen, theils durch geneigte Stollen abgeleitet oder endlich durch eine Schnecke, die archimedische Schraube, die von Menschen durch Treten in Bewegung gesetzt wurde, aus grossen Tiefen herausgeschaft. Zur Abwendung der bösen Wetter, sowie der durch den Gebrauch des Feuersetzens erzeugten erstickenden Dünste wurden Tücher anhaltend geschwungen; doch hatte man auch, namentlich in den pyrenäischen Bergwerken zahlreiche Wetterschächte und nach Genssane***) entspricht sogar fast jedem einzelnen Stollen ein solcher Wetterschacht. Lumpen

---

*) Delius, Einleit. z. Bergbaukunst 117. 423.

**) Diodorus Sic. V. 37. u Vitruv. X. 11.

***) Genssane, Traité de la fonte de mines I. und Histoire nat. de Languedoc II.

von Thon erleuchteten die Gruben und dienten *) zugleich als Maassstab bei der Arbeit, indem die Arbeiter nach ihnen sich im Dienst abwechselten.

§. 23.

Plinius (33. 4) erwähnt noch eine andere Art der Gewinnung von Erzen in Spanien, „die noch die Arbeit der Giganten übertrifft" und mehr durch das Ungeheure der Arbeit und des Aufwandes als durch Kunst und Wirthschaftlichkeit unsere Bewunderung erregt. Sie wird zwar namentlich auf Gold und Silber, indessen nach Plinius (34. 1) mindestens gelegentlich auch wohl auf Kupfer angewendet. Der erzreiche Berg wird von unzähligen Arbeitern durch monatelanges Arbeiten ausgehöhlt und das losgebrochene Gestein und Erz herausgeschafft. Zuletzt werden die Bergfesten geraubt und so der Einsturz des Berges befördert. Ausgestellte Wachen beobachten den Anfang des Risses und geben den Arbeitern das Zeichen zur schleunigsten Flucht. Der Berg stürzt dann unter gewaltigem Krachen und Sausen ein. Mit dem grössten Aufwande werden nun Flüsse und Bäche aus der Nähe und Ferne in Kanälen (corrugus) hoch über Thäler hinweg und durch Felsen hindurch herbeigeleitet und in einem gewaltigen See von 10 Fuss Tiefe und 200 Fuss Breite gesammelt. Aus ihm lässt man durch Schütze das Wasser auf die Gesteintrümmer aus einer solchen Höhe herabstürzen, dass das Wasser die Gesteintrümmer fortwälzt und das schwerere Metall zurücklässt. Indem man das abfliessende Wasser nun über eine schiefe, mit Dornen (Ulex) belegte Holzebene leitet, werden in diesen die letzten Metalltheilchen zurückgehalten.

D. Der Hüttenprocess.

§. 24.

Der Hüttenproce$s der Römer weicht von dem unserigen nicht wesentlich ab und gilt, da sie, ebenso wie die Griechen, das Verfahren von den Phöniciern entlehnt haben, diese selbst aber wieder von den Aegyptern lernten, wohl so ziemlich für alle Kulturvölker des Alterthums. Die Erze wurden gepocht, gewaschen, in Haufen oder Röststadeln stark geröstet, zu mehlartigem Pulver zermahlen oder gestampft, und in einer Art von Setzsieben wiederholt gewaschen.

Hierauf wurden die Erze in grösseren oder kleineren Schmelzöfen (caminus und fornacula) unter Anwendung von Gebläsen geschmolzen. Hesiodus (Deor. gen. 860) sagt, dass das Eisen in Erzgruben ohne Schmelzofen, das Kupfer aber in Tiegeln geschmolzen werde, die seitwärts durchbohrt sind, um das Gebläse aufzunehmen; ebenso lässt Hephästos (Ilias 18, 469) Blasebälge in die Schmelztiegel blasen, als er des Achilleus Rüstung anfertigte. Nur für das Schmelzen des Silbers verwendete man (Strabo III. 2) ausnahmsweise hohe Oefen, die die schädlichen, arsenhaltigen Dämpfe ableiten sollten. Die Gebläse, deren Construction von unsern jetzt in Schmieden angewendeten Blasebälgen nicht abwich, wurden von Sklaven, nicht

---

*) Plinius 33. 6. 31.

aber mit Wasser betrieben, wie daraus hervorgeht, dass die alten Hütten meist auf Bergen in der Nähe des nöthigen Brennstoffs, aber unabhängig vom Wasser angetroffen werden.

§. 25.

Die Einrichtung der Schmelzöfen hat man durch Ausgrabungen bei Wandsford in Northamptonshire kennen gelernt. Die Zeichnungen der untenstehenden Oefen sind den Alterthümern von Rich[*]) entlehnt. Figur 1 ist ein kleiner altrömischer Ofen, fornacula, Figur 2 ein grösserer Schmelzofen, caminus (Plinius 23. 21) und zwar sieht man bei diesem: A. Den Längsschnitt des Schachtes, in dem das Erz geschmolzen wurde, die aus dem Ofen ausgeflossenen Schlacken B, und den Kanal C, durch den das Metall in die Formen D geleitet wurde. Kohle und Erz wurden in abwechselnden Schichten in diesen Ofen eingetragen, während die Fornacula eine Art Tiegelofen mit eingemauertem Tiegel oder Kessel bildete und mittelst eines Rostes erhitzt wurde. Die Schmelztiegel wurden aus einem feuerfesten Thon, tasconium, gemacht.

Fig. 1.

Ein zu Arles gefundener altrömischer Schmelzofen hatte die Form einer umgestürzten Glocke und war ganz in die Erde gesenkt.[**])

Er hatte oben $7\frac{1}{4}'$, unten $3\frac{1}{4}'$ Durchmesser und $10'$ Höhe. Die 5 Zoll dicke Wand war aus einem Stücke gemacht und bestand aus einem Cement, der aus gleichen Theilen Ziegelmehl und feuerfestem Thon zusammengesetzt war. Am Boden befand sich eine einen Quadratfuss grosse Oeffnung,

Fig. 2.

aus der eine Rinne zum gleichzeitigen Ablaufen des Metalles und der Schlacken in einen Vortiegel führte, in dem die Schlacken abgezogen wurden. Noch jetzt[***]) werden in den Pyrenäen ähnliche Oefen zum Rösten des Eisensteins verwendet, in die abwechselnde Schichten von Kohle und Erz eingetragen, und die durch die untere

---

*) Anthony Rich, illustr. Wörterbuch der röm. Alterthümer, übers. v. Müller, Paris 1862 p. 96 und 274.
**) Genssane, a. a. O. p. 228.
***) Florencourt, üb. d. Bergwerke der Alten. p. 30.

Oeffnung in Brand gesetzt werden. Dieselben Dimensionen fand ich bei Iserlohn an uralten, längst ausser Betrieb gesetzten Kalköfen.

§. 26.

Als Brennmaterial wurde wohl vielfach Kohle verwendet (Plinius 33. 3. 19); indessen darf nicht unberücksichtigt bleiben, dass Plinius als bestes Schmelzungsmittel für Kupfer und Eisen das Fichtenholz oder ägyptischen Papyrus, für Gold aber das Stroh hält.

War nun auch die Hitze in solchen Oefen gross genug, um auch ohne Gebläse, wie wir sie jetzt haben, das Kupfer zu schmelzen, so war sie doch anderseits oft so niedrig, dass die Schlacken in Folge dieser geringen Hitze und der sehr mangelhaften Zuschläge nicht gehörig in Fluss kamen, sich also nicht genügend vom Kupfer trennten und daher oft noch so reich waren, dass man in neuerer Zeit zum Theil eine zweite Schmelzung derselben vorgenommen hat. So findet man im alten Dacien (Temeswarer Banat) oft Schlacken, die noch 50°/₀ Kupfer enthalten,[*] was um so auffallender ist, als die Dacier doch den Bergbau in grosser Ausdehnung betrieben, und in ihm[**] eine der vornehmsten Quellen des Reichthums, den Decebalus besass, zu suchen ist.

§. 27.

Aus diesen Oefen nun wurde das geschmolzene Metall von Zeit zu Zeit abgestochen und der zugleich mit den Schlacken und den Ofenbrüchen erhaltene Kupferstein ($\delta\iota\varphi\varrho\nu\gamma\dot{\eta}\varsigma$) entweder mit neuen gerösteten Erzen zu Gute gemacht, oder, wie wir jetzt thun, für sich getrennt auf Kupfer verarbeitet.

Je nach der Reinheit der Erze erhielt man nun verschiedene Arten von Kupfer.

Das Stangenkupfer (aes regulare, $\dot{\epsilon}\lambda\alpha\tau\dot{o}\nu$) war ein dehnbares oder hämmerbares Kupfer und wurde wahrscheinlich zunächst aus dem gediegenen Kupfer und den oxydischen Erzen, jedoch auch durch Garmachen der anderen Kupfersorten erhalten.

Das Kranzkupfer (aes coronarium) liess sich ebenfalls schmieden, wurde zu dünnem Blech ausgetrieben und mit Ochsengalle gefärbt, zu den Kränzen der Schauspieler an Stelle des Goldes, dessen Farbe es hatte, verwendet. Es scheint also Messing gewesen zu sein.

Das durch Verhüttung von Buntkupfererz ($\chi\alpha\lambda\varkappa\dot{\iota}\tau\iota\varsigma$) und namentlich von Kupferkies ($\pi\nu\varrho\dot{\iota}\tau\eta\varsigma$) erhaltene Kupfer war nun natürlich durchaus noch nicht rein, sondern unser jetziges Schwarzkupfer. Es war spröde und von schlechtem Ansehen, liess sich nur giessen, nicht schmieden und heisst nach der Farbe aes nigrum, $\chi\alpha\lambda\varkappa\dot{o}\varsigma$ $\mu\dot{\epsilon}\lambda\alpha\varsigma$. Von dieser Art scheint namentlich das gallische Kupfer gewesen zu sein, sowie das von Strabo (15. 1) angeführte indische Kupfer, in-

---

[*] Göttinger gelehrte Anzeigen 1770. p. 711.

[**] Gebhardi, Gesch. von Ungarn I. 67, 78.

dem er sagt, dass die Indier nur gegossene, nicht geschmiedete Gefässe haben, die, wenn sie fallen, wie irdene zerbrechen. Dass man in Indien kein besseres Kupfer zu erzeugen verstand, folgt daraus, dass man dasselbe auch zu Kunstsachen, zu Tischen, Sesseln und Trinkgefässen verwendete und zum Theil mit Edelsteinen besetzte.

Etwas besser war das durch wiederholtes Umschmelzen erzeugte Roh kupfer, aes caldarium, χυτὸν oder τρηχεῖον, Scheibenkupfer, welches man *) im Vorherd durch aufgegossenes Wasser abkühlte und in Scheiben abzog, wie es noch jetzt beim Garmachen geschieht. Es liess sich ebenfalls nur zu Gusswaaren verwenden, hat aber schon die Kupferfarbe.

Beide Sorten wurden übrigens durch wiederholtes Niederschmelzen in kleineren Oefen vor einem Gebläse gereinigt und in reguläres Kupfer verwandelt. Zuweilen setzt man dabei 8% Blei hinzu, welches nach Plinius das Schmelzen erleichtern soll, wahrscheinlich aber nur das Garmachen beförderte; so namentlich bei dem campanischen und dem aus späterer Zeit stammenden englischen Kupfer.

E. Legirungen der Alten.
§. 28.

Unter den Legirungen müssen wir zuerst das durch Zusatz von Kadmia zu Kupferzen dargestellte Messing, Aurichalcum, erwähnen. Da man die Kadmia, unsern heutigen Galmei, also kohlensaures Zinkoxyd, nur für eine Erdart hielt, von dessen metallischer Natur aber keine Ahnung hatte, so hielt man das Aurichalcum auch nicht für eine Legirung, sondern **) für eine besonders werthvolle, goldgelb gefärbte Art von Kupfer, die ihrer grösseren Geschmeidigkeit wegen besonders geschätzt und ausser zahlreichen anderen Verwendungen namentlich auch zu Münzen und Gewichten benutzt wurde.

Die quantitative Zusammensetzung desselben wechselt bedeutend, doch scheinen diese Veränderungen nicht, wie heut, je nach der Verwendung der Legirung mit Absicht hervorgebracht, als vielmehr ein Werk des Zufalls zu sein. Da bei einer Verwendung des Galmei die Verdampfung des Zinkes beim Einschmelzen eine ungleich stärkere ist, als bei Anwendung von metallischem Zink, die Alten aber eben nur Galmei anwenden konnten, und selbst dieses wohl kaum vorher rösteten, so folgt daraus, wie auch die Analysen ergeben, dass ihr Aurichalcum durchweg an Kupfer weit reicher sein musste, als unser Messing. Während das letztere nämlich im Durchschnitt 66 Procent Kupfer und 34 Procent Zink enthält, der Zinkgehalt aber unter Umständen noch sehr bedeutend steigt, beträgt derselbe im Aurichalcum nicht über 28 Procent, ja sogar im Durchschnitt nicht über 16 Procent.

Ueberhaupt ist das Aurichalcum nicht immer Messing in unserem Sinne, das

----

*) Dioscorides V. 88.
**) Plinius 34. 1 und Dioscorides 5. 43

heisst, eine nur aus Kupfer und Zink zusammengesetzte Legirung, sondern enthält in der Regel noch Beimengungen von Eisen, Blei und Zinn. Ich erwähne als Beweis nur folgende Analysen:[*]

	Kupfer.	Zink.	Zinn.	Blei.	Eisen.
Antike Kette von Ronneburg, nach Göbel	82.5	17.5			
Münze: Tiber. Claudius Cäsar, n. Göbel	72.2	27.7			
- Kopf des Claudius, n. Klaproth	77.8	22.			
- von Nero, Klaproth	80.1	19.9			
- Caesar Augustus, Germanicus, Klaproth . . .	79.3	20.7			
- Münze aus der Kaiserzeit, Girardin	81.4	18.6			
Armspange, Naumburg, römisch	83.1	15.4	1.5		
Elastische Fibula mit Zunge, Königsberg, römisch . .	82.5	16	1.5		
Münze von Nero, Phillips	81.1	17.8	1.1		
Victoria-Statue von Brescia, nach Arnaudon	80.8	1.9	9.4	7.7	
Metallplatte von Basel, Zeit des Augustus, Fellenberg .	86	10.6	2.4	—	1.
Schnallenstück aus dem Goldlachgraben, Fellenberg .	75.4	17.6	2.9	2.7	1.3
Plättchen v. Seebühl bei Thun, Fellenberg	85 3	6.4	2.4	5.1	0.8
Ohrring von Euböa, römisch, Fellenberg	87.1	10.9	0.9	0.7	0.4
Münze von Hadrian, Pöpplein	86.9	10.9	0.6	1.1	1.2
Münze von Trajan, Pöpplein	88.6	7.6	1.8	2.2	0.3

Der nicht bedeutende Gehalt an Eisen und Blei ist jedenfalls durchaus unabsichtlich und man wird das Eisen aus den Verunreinigungen des Kupfers, das Blei aus denen des Galmei herzuleiten haben, wenn nicht etwa, wie in dem Plättchen von Seebühl und der Victoria von Brescia, Blei absichtlich als Ersatz für Zinn zugesetzt wurde.

§. 29.

Wann und wo die Compositionen mit Zink zuerst zur Verwendung gekommen sind, möchte sich schwerlich angeben lassen. Dass sie aber bedeutend jünger sind, als die mit Zinn, ergiebt sich wohl schon daraus, dass keine ältere Legirung nur Kupfer und Zink, viele dagegen nur Kupfer und Zinn enthalten. Auch geht aus dem Ergebniss der bisher angestellten Analysen unbedingt hervor, dass die Zink enthaltenden Legirungen auch in Rom selbst nur eine untergeordnete Rolle spielten, und namentlich zu Münzen verwendet wurden. Die ältesten Nachrichten, die man auf Messing beziehen kann, finden sich erst bei Aristoteles, der[**]) angiebt, dass in Indien Kupfer gefunden werde, welches sich der Farbe nach nicht vom Golde unterscheiden lasse, und dass sich unter den Trinkgefässen des Darius Becher befunden hätten, die nur durch den Geruch vom Golde zu unterscheiden waren. Noch auffallender ist die Nachricht, nach der ein Künstler aus dem Volke der Mossynöken am schwarzen Meere ein glänzend weisses Kupfer darstellte, welches nicht durch Zusatz von Zinn, sondern durch eine Erde erhalten wurde, die er mit dem Kupfer

---

[*] Fellenberg a. a. O.
[**] Aristoteles, περὶ Φαυμασίων ἀκουσμάτων, ed Casaub. Lugd. 1590 pag. 701 und 705.

zusammen schmölz. Da indessen der Künstler das Verfahren geheim hielt, so ging es mit ihm verloren; seine Gefässe aber wurden noch lange geschätzt. Nun sind zwar das Aurichalcum der Alten und unser Messing goldgelbe Metallgemische, doch erhält man auch glänzend weisse Legirungen, wenn Zink in vorherrschender Menge zugesetzt wird. Eine in England zu gegossenen silberweissen Knöpfen verarbeitete Legirung besteht z. B. aus 55 Kupfer und 45 Zink, eine andere ebenso verwendete aus Lüdenscheid aus 20 Kupfer und 80 Zink. Dass Legirungen in diesen Verhältnissen nur zu Gusswaaren verwendbar sind und wegen ihrer Sprödigkeit durchaus nicht getrieben oder geschmiedet werden können, ist ohne Einfluss auf die Erklärung der Stelle, da auch die aus Kupfer und Zinn zusammengesetzten Legirungen häufiger gegossen als geschmiedet wurden.*) Vielleicht liesse sich auch der Name Messing von Mossynöken (μοσσυνοίκοι) ableiten.**)

In früheren Zeiten, namentlich zur Zeit des trojanischen Krieges und noch lange nachher, kommt entschieden kein Messing vor. Wenn Lenz***) eine Stelle aus Hesiod (scut. Herc. 122, κνημῖδας ὀρειχάλκοιο φαεινοῦ ἔθηκε) übersetzt durch „Hercules legte Beinschienen aus glänzendem Messing an", so ist dies ein Irrthum, da in keiner aus der altgriechischen Zeit stammenden Legirung die Analyse Zink ergeben hat. Selbst eine mir durch die Güte des Dr. Brugsch zugegangene altpersische Pfeilspitze von Ekbatana, aus der Zeit des älteren Cyrus ergab bei der Untersuchung nur 88.73 Kupfer, 10.22 Blei und 1.05 °/₀ Eisen. Es ist dies Fehlen des Zinks in altgriechischen Bronzen so durchgehend, dass man den römischen oder griechischen Ursprung der Geräthe direkt danach bestimmen kann. Göbel hält die in den Ostseeprovinzen gefundenen Alterthümer der alten Esthen für römischer Abkunft, weil sie sämmtlich zinkhaltig sind, und ist sogar geneigt, die Entstehung derselben einer sehr späten Zeit, etwa 42 Jahr nach Christus zu überweisen. Wo bei den altgriechischen Schriftstellern also 'ορείχαλκος, Aurichalcum, gebraucht wird, da ist der Ausdruck gleichbedeutend mit χαλκός, aes, und wird für goldgelbe Bronzen gebraucht. Erst in späterer Zeit benutzten die Römer den griechischen Namen, um ihn latinisirt als aurichalcum zur Bezeichnung des Messings zu verwenden.

§. 30.

Von anderen Legirungen führt Plinius (34. 1. 3) zuerst das corinthische Erz an, welches bei der Zerstörung von Corinth durch Zufall aus Gold, Silber und Kupfer zusammengeschmolzen sein sollte. Es gab davon nach Plinius 4 Arten: weisses Erz, aes candidum, von der Farbe des Silbers, welches auch in seiner Zusammensetzung vorherrschte, dann ein goldfarbiges und

---

*) Wenn man für λευκότατος, λαμπρότατος lesen wollte, würde auch die durch Sprödigkeit des Gussmetalles entstehende Schwierigkeit gehoben sein, da eben glänzendes und geschmeidiges Messing bei geringerem Zinkzusatze entsteht.
**) Karsten, System der Metallurgie I. p. 92.
***) Lenz, Min. d. a. Gr. und Römer p. 6.

ein drittes, in dem alle Bestandtheile gleichmässig vertreten waren. Alle 3 Arten gehören in das Gebiet der Fabel; wenigstens hat sich niemals durch die Analyse ein bedeutender Gold- oder Silbergehalt in den für Kunstguss verwendeten Kompositionen nachweisen lassen. Der Ausdruck corinthisches Erz ist nur als Bezeichnung für eine besonders schöne Legirung zu nehmen, deren Zusammensetzung die Künstler geheim hielten. Hierher gehört auch wohl die vierte Art des corinthischen Erzes, die von ihrer schönen Leberfarbe, Hepatizon genannt und zu Büsten und Bildsäulen verwendet wurde. Ich glaube annehmen zu dürfen, dass die Leberfarbe nicht der Legirung selbst eigenthümlich war, sondern nur eine durch Bronzirung hervorgebrachte Färbung der Oberfläche.

Weit bestimmter sind die Nachrichten über die durch directes Zusammenschmelzen von Kupfer mit Zinn und Blei dargestellten Legirungen, die also unserer heutigen Bronze entsprechen.

Plinius führt mehrere hierher gehörige Legirungen an. Das campanische Erz wurde namentlich in Capua durch wiederholtes Umschmelzen dargestellt, indem man zuletzt auf 100 Pfund Kupfer 10 Pfund Zinn (plumbum argentarium) zusetzte, wodurch es zähe wurde und eine hübsche Farbe annahm. Die Bronze enthält also 90,9 Kupfer und 9,1 Zinn. Andere Legirungen erhielt man durch Zusammenschmelzen von 100 Kupfer und 8 Blei, oder von 100 Kupfer und 12½ Theil Zinn; es ergiebt dies für die erstere 92.6 % Kupfer und 7.4 % Blei, für die letztere 88.8 % Kupfer und 11.2 % Zinn; sie wurde namentlich zu Bildsäulen und Platten benutzt. Das aes teuerrimum, welches dem sogenannten griechischen (corinthischen?) Erze an Farbe glich, war zu Gusswaaren bestimmt, und erhielt auf 100 Kupfer 10 Theile Blei (plumbum nigrum) und 5 Theile Zinn; dies ergiebt nach Procenten: 87 Kupfer, 8.7 Blei, 4.3 Zinn. Endlich erhielt man die zu Gefässen verwendete Topfmischung, ollaria, durch Zusammenschmelzen von 3 bis 4 Zinn mit 100 Kupfer, also von 96.2 % Kupfer und 3.8 % Zinn.

Man wird in diesen Legirungen, wie oben geschehen, plumbum nigrum für Blei, und plumbum argenteum für Zinn, nicht aber, wie Lenz*) will, für silberhaltiges Blei zu nehmen haben, welches nur zu dem Zwecke zugesetzt worden sein soll, um das Blei nachher wieder abzutreiben und durch den Silbergehalt das Kupfer zu verbessern. Abgesehen von dem Umstande, dass keine bisher untersuchte Bronze Silber in bemerkenswerther Menge enthält, wohl aber neben dem Zinn in der Regel ziemlich viel Blei, ist noch zu bemerken, dass beim besten Willen unmöglich alles Blei wieder abgetrieben werden konnte, ohne auch das Kupfer theilweise zu oxydiren.

Als Beleg für die Zusammensetzung der antiken Bronze mögen hier folgende Analysen ihren Platz finden:

---

*) Lenz, Mineralogie der Griechen und Römer p. 113.

Griechische Bronzen.

	Kupfer.	Zinn.	Blei.	Eisen.
Münze v. Hiero I. v. Syrakus, 478 v. Chr., nach Phillips *)	94.2	5.5	—	0.3
- v. Alexander d. Gr., Philips*)	86.8	13	—	—
Altattische Bronze, Mitscherlich**)	88.5	10	1.5	—
Münze eines macedon. Königs, Monne**)	88	11.4	—	—
- Alexander d. Gr., Schmidt**)	96	3.3	0.7	—
- - Wagner**)	86.8	10.2	2.3	—
- altattisch., Ulich**)	87.9	11.6	—	0.3
Münze attische, Marchand**)	8 8	9.6	—	1.2
Fibula aus Sicilien, Klaproth***)	78.9	11		
Helm v. Corfu, Davy	31.5	18.1		
Atheniensisch aus d. röm. Zeit, Mitscherlich**)	86.4	7.1	16.5	
- - Wagner**)	86.6	10.8	5.5	

Römische Bronzen.

	Kupfer.	Zinn.	Blei.	Eisen.
Sechs Münzen aus der Kaiserzeit, Girardin †	85-89	11.5-8	0.8-4.6	
Römisches Ass, 500 vor Christus Phillips*)				
Antike Bronze, Kaiserzeit	87.6	6.1	6.1	
Elast. Ring vom Rheine, Klaproth	91	9		
Nägel, eben daher, Klaproth	97.7	2.3		
Schale, eben daher, Klaproth	86	14		
Schwert aus Frankreich, d'Arcet ††)	90	10		
Merovingische Bronzen, Girardin ††)	37.2	18.8	44	
	45.1	14.0	40.9	
	69.3	28.8	9.9	
	72	—	28	
Galloromanisch, viertes Jahrh. nach Salvétat	75.5	23.5	0.5	
	79.9	17.7	3.5	
Gallische u. etrurische Bronzen, Girardin ††)	78.5	21.5		
	85.9	14.1		

Celtische und germanische Bronzen.

	Kupfer.	Zinn.	Blei.	Eisen.
Celtische Schwerter, d'Arcet ††)	84.5	15.5		
- Schwert von Schonen, nach Hjelm †††)	84	16		
- - aus der Mark, Klaproth	89	11		
- - v. Näsebang auf Rügen, Hühnefeld u. Picht ')	88	12		
- - Dolch, Streitaxt, v. Quoltitz f. Rügen, H. u. P.	84.8	15.2		
- - nach d'Arcet und Messer nach Klaproth	85	15		
- Messer v. Rügen, Klaproth	87	13		
- Urne v. Ranzow f. Rügen, Hühn. u. P.	90.3	9.7		
- Ring v. Quoltitz, H. u. P.	90	10		
- Ring. Jasmund f. Rügen, H. u. P.	92	8		
- Bronze v. Herzberg nach Seiffarth	92.4	7.2		

---

*) Liebig und Wöhler, Annalen Bd. 81.
**) Erdman, Journal für pr. Chemie 40.374.
***) Klaproth, chem Beiträge, Bd. 6.
†) Liebig u. Kopp, Jahresbericht 1853. p. 725.
††) Ann. Chim. Phys. 54. 331.
†††) Göbel, Einfluss der Chemie f. Ermitt. d. Völk. der Vorzeit 26.
') Hühnefeld und Picht, Rügens metall. Denkmäl. der Vorzeit.

	Kupfer	Zinn	Blei	Zink	Silber	Eisen
Celtische Statuette, Oldenburg, nach Erdman, roh gearbeitet*)	92.6	6.3	—	1.0		
- - schöne Arbeit *)	85.4	12.1	1.1	0.6		
- Meisselförm Waffe, Bremen, Erdman*)	91.9	6.9	—	0.4		
- Lauzenspitze, Bremen, Erdman	90.6	8.2	—	0.3		
- Paalstab, Böhmen, nach Stolba,*) sehr alt . . .	94.6	4.3	—	0.4	1 7	
, von Jicinoves in Böhmen nach Hawranek**) . .	94.7	4.7	—	0.3		
- Axt von Duba in Böhmen nach Hawranek . . .	92.4	5.2	—	0.4	0.3	1.4
- Bronzering, Stockau in Böhmen do. . . .	87.1	11.6	—	0.2	0.3	
- Bronzestab, Judenburg in Böhmen do.	92.5	6.1		0.5	0.4	
- Schwert v. Giessen, Fresenius	91.9	6.7	0.7	0.3	0.3	
Beil bei Landshut nach Wimmer, Bruch kupferroth . .	100	Spur	—	—	—	
- - - rothgelb . . .	83.3	16.7	Spur			
- - - weissgelb . . .	75	25	Spur			
Schmuckstück, altbrit. von Davris in England u. Donovan***)	85.2	13.1	1.1			
Horn, do. do.	79.4	10.9	9.1			
Pfeilspitze, do. do.	90.9	9.1	—			
Ring massiv, Schmuckstück, Rügen, Hühnef. u. P. . . .	65	—	—		35	

Aegyptisch.

	Kupfer	Zinn	Blei	Zink	Silber	Eisen
Pfeilspitze aus einem ägypt. Grabe	76.6	22.2				
Meissel aus Theben	94	5.9	—	0.1		
Kleiner Stab altägyptisch	84	16	—	Sp.		
do.	85.3	14.7				
Nagel, altägyptisch	100	—	—	Sp.		

Es ergiebt sich aus diesen Tabellen, dass die aus Kupfer und Zinn zusammengesetzte Bronze uralt ist. Sie folgt der Zeit nach auf die Anwendung des reinen Kupfers und findet sich über ganz Europa, Nord-Amerika, Sibirien, China, Hindostan und Aegypten in gleicher Zusammensetzung verbreitet. Die älteste Bronze ist im Allgemeinen die schönste und goldähnlichste und besteht nahezu aus 88 Kupfer, 12 Zinn. Das Zinn aber wurde nicht selten durch Blei ersetzt, theils weil es augenblicklich an Zinn fehlte, theils weil man Zinn und Blei aus Unkenntniss verwechselte; oder endlich, wie Plinius klagt, aus betrügerischer Absicht, indem zu seiner Zeit dieses Metall in 3, nach Avicenna sogar in 4 verschiedenen Sorten, mehr oder weniger mit Blei versetzt, in den Handel gebracht wurde. Die unter den römischen aufgeführten merovingischen Bronzen deuten durch ihren geringen Gehalt an Kupfer und das Vorherrschen des Bleies entschieden einen Rückschritt in der Fabrikation an.

Die höchst merkwürdige Gleichmässigkeit in der Zusammensetzung der Legirungen, die sich aus den Tabellen ergiebt, wird ihren Grund in den meisten Fällen in ausgedehnten Handelsbeziehungen finden, welche so unendlich nütz-

---

*) Erdmann, Journal f. pr. Chemie 71. 213.
**) Sitzungsber. d. Acad. d. Wissenschaften in Wien, Bd. 11. 372.
***) Chem. Gazette 1850. p. 176.

liche und unersetzliche Compositionen schnell an der Stelle der mangelhaften Steingeräthe überall einbürgern mussten. Zuerst wurden wohl im Norden von Europa phönicische Waffen und Geräthe verbreitet. Wenigstens findet man in Rügen und Schweden keine Spuren alter Schmelzungen und die kurzen 2½ Zoll langen Griffe der Schwerter, sowie deren orientalische Verzierungen lassen auf einen solchen Ursprung schliessen. Alle in Schweden gefundenen Bronzeschwerter mit langen Griffen haben keine Verzierungen, sind viel roher und wahrscheinlich aus Bruchstücken älterer Geräthe im Lande selbst gearbeitet.[*]) Die Zeit, in der die Phönicier zuerst die Bronze nach dem Norden, und wahrscheinlich auch nach Italien brachten, ist nicht genau zu bestimmen, und liegt jedenfalls lange vor der Erbauung Carthagos. Die Carthager und Massilier setzten indessen den Handel später fort. Im mittleren und südlichen Europa findet man uralte Schmelzungen; in diesen Gegenden ist also die Bronzefabrikation wirklich heimisch gewesen, und wurde nur das dazu nöthige Zinn durch den Handel beschafft.

F. Kupferpräparate der Alten.

§. 31. Malachit und Lasur als Malerfarben.

Schliesslich mag noch die Darstellung und Verwendung verschiedener Kupferpräparate zu technischen und medicinischen Zwecken bei den Alten angeführt werden.

Die schönen Farben des Malachit und des Kupferlasur mussten natürlich zur Benutzung dieser Erze als Farbematerialien einladen, und wir finden sie auch ausdrücklich zu diesem Zwecke an vielen Stellen erwähnt. So wurde der Malachit nach Vitruvius (de architectura 7. 14) zum Malen verwendet, und, wenn er zu theuer war, durch ein aus Wau. herba lutea, und dem billigeren Kupferlasur dargestelltes schönes Grün ersetzt. Als blaue Malerfarbe verwendete man namentlich den Kupferlasur. Doch benutzte man zu Plinius Zeit (33. 13) auch indisches Coeruleum. welches auf Kohle brennt, also höchst wahrscheinlich unser Indigo ist, sowie eine aus Kreide und Veilchensaft nachgeahmte unächte Farbe zu diesem Zwecke. Nach Theophrast (de lapidibus 98—100) kam das beste Coeruleum aus Scythien und Cypern, Plinius aber zieht das ägyptische jedem anderen vor und führt ausser dem genannten noch das puteolanische und spanische an.

Cyprischer Malachit wurde. wie schon früher bemerkt, als unächter Smaragd, ψευδὴς σμάραγδος, nach Theophrast (de lap. 42—50) zu Ringsteinen. die Abfälle desselben zum Löthen von Gold benutzt.

§. 32. Purpurglas und Schmelzfarben.

Dass das Glas durch Zusatz von Kupfer. also durch Bildung von Kupferoxydul eine schöne Purpurfarbe erhielt, war den Alten allgemein bekannt.

---

[*]) Nilsson, die Ureinwohner des skandinavischen Nordens.

Dass man es aber auch verstand, durch Zusatz von Kupfer schöne blaue Glas-flüsse zu erzeugen, folgt aus Vauquelin's[*]) Untersuchung einer altägyptischen blauen Schmelzfarbe, die aus 70 Kieselsäure, 9 Kalk, 1 Eisenoxyd, 4 Kali und Natron und 15 Kupferoxyd zusammengesetzt war; sowie aus den Untersuchun-gen von Bailif, der in einem Azurblau und einer blaugrünen Farbe ebenfalls Kupferoxyd als Basis fand.

§. 33. Grünspan und Kupfervitriol.

Grünspan, also essigsaures Kupferoxyd, aerugo, $\grave{\iota}\grave{o}\varsigma$ $\xi\nu\sigma\tau\acute{o}\varsigma$, wurde nach Vitruv (7. 12). Plinius u. A. ganz nach der noch jetzt gebräuchlichen Art, ent-weder durch Schichten von Kupferblech mit Weintrestern und Abschaben des entstandenen Grünspanes, oder durch Auflösen von Kupfer in Essig und Ab-dampfen der Lösung dargestellt, und zum Färben, sowie in der Medicin ver-wendet.

Unter dem Namen $\chi\acute{\alpha}\lambda\kappa\alpha\nu\vartheta\sigma\nu$ wird bei Galenus Eisenvitriol verstanden, da Galenus[**]) die grüne Farbe des Salzes, wie der Lösung desselben hervorhebt. Dioscorides (5. 114) dagegen bezeichnet mit diesem Namen zum Theil auch den Kupfervitriol und kennt 3 Sorten desselben. Die beste Sorte, der cyprische Tropfvitriol, $\sigma\iota\alpha\lambda\acute{\alpha}\kappa\iota\varsigma$, der auch $\pi\iota\nu\acute{\alpha}\rho\iota\sigma\nu$ oder $\sigma\iota\alpha\lambda\alpha\kappa\tau\iota\kappa\grave{o}\nu$ ge-nannt wird, bildet sich tropfsteinartig in den Bergwerken Cyperns, ist rein blau und wird zum Färben der Tücher und als Arzenei gebraucht. Der Verdich-tungsvitriol, $\pi\eta\kappa\tau\grave{o}\nu$, bildet sich aus Grubenwassern durch freiwillige Ver-dunstung. Die schlechteste Sorte ist der Kochvitriol, $\acute{\epsilon}\varphi\vartheta\grave{o}\nu$, der in Spanien durch Einkochen der Grubenwasser dargestellt wird, traubenförmige Krystall-drusen bildet, aber von unreiner Farbe ist und den andern beiden Sorten bei weitem nachsteht. Auch Plinius kennt diese 3 Arten. Er führt sie aber unter dem gemeinsamen Namen atramentum sutorium, Schusterschwärze, an, obgleich nur der spanische Vitriol zum Schwarzfärben des Leders benutzt wurde. Es kann diese letzte Art also nicht Kupfervitriol, sondern muss Eisenvitriol, oder doch unser sogenannter Admonter Vitriol, ein veränderliches Gemisch von Eisen-und Kupfervitriol gewesen sein.

§. 34. Verbranntes Kupfer, Kupferblüthe, Kupferschuppen.

Ein anderes oft angewendetes Präparat ist das verbrannte Kupfer, $\kappa\epsilon\kappa\alpha\nu\mu\acute{\epsilon}\nu\sigma\varsigma$ $\chi\alpha\lambda\kappa\grave{o}\varsigma$, welches in der Medicin vielfache Verwendung fand. Nach Dioscorides (5. 87) erhielt man es aus altem Kupfer, welches in einem be-deckten Thongefässe im Windofen anhaltend geglüht wurde. Man glühte theils das Kupfer allein, theils unter einem Zusatz von Essig, oder von Alaun, oder von Schwefel, oder von allen 3 Stoffen, oder endlich von Kochsalz und Schwefel.

---

*) Catalogue rais. et hist. des antiq. découv. en Egypte par Passalacqua. pag. 238. 242.
**) Galenus, de simplicium medicamentorum temperamentis et facultatibus, 9. 34.

Das erhaltene Product wird nun je nach den Zusätzen sich ändern, namentlich wird bei Zusatz von Schwefel, also in den 3 letzten Fällen, stets schwarzes Schwefelkupfer entstehen, während sich durch Glühen des reinen oder des mit Essig versetzten Kupfers nur Kupferoxyd bildet. Durch Glühen des Kupfers mit Alaun endlich erhält man ein Gemenge von Kupferoxyd und gebranntem Alaun. Bei schwächerem und kürzerem Glühen erhielt man schön rothes Kupferoxydul, bei zu starkem Glühen dagegen schwarzes Kupferoxyd. Dioscorides giebt dem ersteren den Vorzug. Es ist dies dieselbe Verbindung, die er (5. 88) als ἄνϑος χαλκοῦ, Kupferblüthe anführt, und welche entsteht, wenn das geschmolzene Kupfer sogleich mit kaltem Wasser übergossen wird, wobei das Kupferoxydul von der Oberfläche des erstarrenden Kupfers abspringt. Auch die Kupferschuppen (λεπίς χαλκοῦ, Diosc. 5. 89) sind wesentlich Kupferoxydul. Plinius (34. 10. 23) bespricht dieselbe Verbindung, verwechselt sie aber vielfach mit dem Zinkoxyd, welches durch Glühen von Zink bei Luftzutritt entsteht und sich in den Kaminen der Kupfer- und Messinghütten bald rein, bald mit mehr oder weniger Russ gemengt, ansetzt. Die Namen Kadmia, Kapnitis, Botryitis, Plakitis, Onychitis, Ostrakitis, sowie (Diosc. 5. 85) Pampholyx und Spodos, die von Dioscorides, wie Plinius unter den Kupferpräparaten aufgeführt werden, sind sämmtlich im Wesentlichen gleichbedeutend und bezeichnen ein mehr oder weniger reiches Zinkoxyd, sind also keine Kupferpräparate.

Zweiter Theil.

Das Kupfer.

Cap. 3. Eigenschaften des Kupfers.

A. Physikalische Eigenschaften.

§. 35. Atomgewicht, Krystallisation, Bruch, Farbe, Klang, Härte.

Das Kupfer, Cuprum, Cuivre, Copper, hat das Atomgewicht 396.25 (Wöhler), oder 32 (Gmelin), oder 31.72 (Erdmann und Marchand) und das chemische Zeichen Cu. Als im Zeitalter der Alchemie die Metalle mythologische Namen erhielten, nannte man es nach der Schutzgöttin von Cypern Venus und gab ihm deren Zeichen ♀.

Form. Kupfer krystallisirt natürlich, nach dem Schmelzen, oder wenn man es aus seinen Auflösungen sehr langsam niederschlägt, in Formen des regulären Systemes, namentlich als Würfel, Octaeder, Granatoeder und in deren Combinationen untereinander. Die künstlich erhaltenen Krystalle sind indess meist klein und undeutlich und haben rauhe Flächen.

Der Bruch des gegossenen Kupfers ist dichtkörnig oder feinzackig, der des geschmiedeten sehnig.

Die Farbe ist bräunlichroth, im geschmolzenen Zustande grün leuchtend, und in sehr dünnen Blättchen mit nicht grüner, sondern röthlich violetter Farbe durchsichtig. In fein pulverförmigem Zustande, wie man es durch Reduction des Oxydes im Wasserstoffgase, oder durch Fällung mittelst eines starken electrischen Stromes aus sehr saurer Lösung erhält, bildet es ein dunkelrothes oder braunes mattes Pulver, welches zusammengepresst und geglüht, sich dann zu einer dichten Masse zusammenschweissen lässt. Das dichte Kupfer hat einen bedeutenden Glanz und hohe Politurfähigkeit.

Der Klang des Kupfers ist stark, wird aber noch bedeutend erhöht durch Zusatz von Zinn oder Zink.

Die Härte ist geringer, als die des Schmiedeeisens, und zwar, wenn man die Härte des Gusseisens = 1000 setzt, nach den Versuchen von Calvert und Johnson = 301, nach der gewöhnlichen Härtescala = 3—4.

3*

§. 36. Hämmerbarkeit, Dehnbarkeit, Festigkeit.

Die Hämmerbarkeit und Dehnbarkeit, die man zusammen auch als Geschmeidigkeit bezeichnet, ist die den verschiedenen Metallen im ungleichen Maasse zukommende Eigenschaft, sich unter Hammer und Walze zu dünnen Platten und Drähten ausdehnen zu lassen. Sie hängt wesentlich mit der Krystallisationsfähigkeit, Härte und Festigkeit zusammen. Die Krystallisationsfähigkeit ist der Geschmeidigkeit im Allgemeinen hinderlich: das galvanisch niedergeschlagene Kupfer, welches vorzüglich krystallinische Structur hat, ist spröde, lässt sich schlecht biegen oder dehnen, verliert aber diese Untugenden durch Ausglühen und Ablöschen. Dasselbe gilt von der Härte, die nicht zu gross sein darf, damit das Metall dem Drucke der Walzen oder dem Schlage des Hammers nachgeben kann, jedenfalls aber im umgekehrten Verhältniss zur Festigkeit stehen muss, widrigenfalls die weiche Platte beim Walzen reissen würde, wie dies beim Blei der Fall ist. Diese Verhältnisse nun sind bei dem Kupfer insoweit höchst günstige, als es neben nicht zu grosser Härte bedeutende Festigkeit besitzt, so dass reines Kupfer nächst dem Gold und Silber in Kälte und Hitze das geschmeidigste Metall ist und in dieser Beziehung weit über dem Eisen steht, welches sich zwar zu einem etwas feineren Draht ausziehen lässt, das Auswalzen zu Blech aber in viel geringerem Grade gestattet.

Was die Drahtfestigkeit anlangt, d. h. den Widerstand, den ein, an einem Ende befestigter Draht dem Zerreissen durch Gewichte entgegensetzt, so übertrifft auch hierin das Kupfer alle übrigen Metalle mit Ausnahme des Eisens. Ein Draht von 2 Millimeter Durchmesser wird nämlich durch folgende Gewichte zerrissen. Von

Eisen durch 249.6 Kilogr.	Gold durch 68.2 Kilogr.
Kupfer „ 137.4 „	Zink „ 49.7 „
Platin „ 124.6 „	Zinn „ 15.7 „
Silber „ 85.0 „	Blei „ 12.5 „

Eine Stange von 1 Quadratzoll zerreisst nach Muschenbroeck bei einer Belastung von 19—37 Ctr.

Das Glühen vermindert die Festigkeit der Drähte, wenn sie aber dann langsam erkalten, wird dieselbe wieder vermehrt. Durch kaltes Hämmern und Walzen wird das Kupfer zwar härter und spröder, aber nicht in dem Grade wie Eisen, Stahl und Messing, und erhält schon durch geringes Erwärmen (bis zum Schmelzpunkt des Zinnes) seine ganze Geschmeidigkeit wieder. Auch das Ablöschen des glühenden Drahtes vermehrt die Festigkeit, indem es die Molecule des Drahtes einander nähert, und giebt ihm Geschmeidigkeit. Das Kaltziehen giebt übrigens feinen Drähten eine grössere Festigkeit, als dicken Drähten, indem die Erschütterung des Metalles bei letzteren nahe an der Oberfläche bleibt.

§. 37. Specifisches Gewicht.

Das specifische Gewicht wechselt je nach der Reinheit und Bearbeitung zwischen 8.914 und 8.952. Es beträgt nach den neueren Untersuchungen von Marchand und Scheerer*) für galvanisch gefälltes Kupfer 8.914, für geschmolzenes 8.921, krystallisirtes 8.940, geprägtes 8.931, ungeglühten Draht 8.939 bis 8.949, geglühten Draht 8.930, dünnes Blech 8.952. — Daher wiegt 1 Cubikfuss Kupfer 551.141 bis 553.388 Zoll-Pfund und der Kubikzoll 10.028 bis 10.068 Neuloth.

Obigen Angaben widersprechen zum Theil die Versuche von 'Neill, nach denen die Dichtigkeit des Kupfers durch Auswalzen und Hämmern von 8.879 auf 8.855, also um 0.024 sank, und dann durch Ausglühen wieder auf 8.884, also um 0.029 stieg.

Sehr abweichend sind übrigens die Angaben Anderer. So giebt Herapath das Gewicht von Rosettenkupfer zu 8.510 und 8.843, Berzelius das des gegossenen zu 8.850 an.

§. 38. Ausdehnung in der Wärme, Wärmeleitungs-Vermögen, Schmelzbarkeit.

In der Wärme dehnt sich das Kupfer natürlich aus; diese Ausdehnung ist stärker als die von Gold, Wismuth, Eisen und Stahl, geringer aber als die von Blei, Zink, Aluminium, Silber, Zinn und Kadmium, und beträgt von 1 bis 100°, nach Ellicot $\frac{1}{345}$, nach Lavoisier $\frac{1}{341}$, im Mittel also $\frac{1}{343}$, also für 1° C. = 0,000017153. Nach einer andern Angabe beträgt sie zwischen 0 und 100°

für gegossenes Kupfer 0,001879,

„ gehämmertes „ 0,001769,

„ gegossenes Messing 0,001930,

„ gehämmertes „ 0,001828.

Das Wärmeleitungsvermögen des Kupfers wird nur von den edlen Metallen übertroffen; es beträgt nämlich für:

Gold	1000,	Eisen	374,
Platin	981,	Zink	363,
Silber	973,	Zinn	203,
Kupfer	888,	Blei	179.

Kupfer schmilzt in der Weissglühhitze oder Hellrothglühhitze; bei 1000 bis 1200° nach Pouillet, bei 1207 nach Guyton Morveau, bei 1132 nach Daniell. Vergleicht man die Schmelzpunkte der gewöhnlichsten Metalle mit einander, so gehört das Kupfer zu den schwer schmelzbarsten Metallen und steht hierin nur dem Gold, Eisen und Platin nach. Es erschwert dies zwar einerseits die Verwendung desselben, gewährt aber auch andererseits wieder grosse Vorzüge bei der Verarbeitung und Anwendung. In den Legirungen hat es weit niedrigere Schmelzpunkte.

---

*) Journal für pract. Chemie 27,193.

Ganz reines Kupfer ist geschmolzen sehr dünnflüssig, leuchtet mit grünem Lichte und erstarrt ziemlich schwer. Vor dem Knallgasgebläse lässt es sich mit Leichtigkeit verflüchtigen. — Unmittelbar vor dem Schmelzpunkte wird das Kupfer so spröde, dass es sich ohne Mühe pulverisiren lässt.

Beim Ausgiessen in die Formen dehnt sich das geschmolzene Kupfer aus, es steigt in der Form und erstarrt porös und blasig; man kann es daher zu Gusswaaren nicht gut verwenden. Das Steigen hat seinen Grund nach Stölzel[*]) in der Schnelligkeit des Erstarrens in der Form. Erfolgt das Erstarren nicht gleichmässig, sondern in den äusseren Theilen schneller, so ziehen sich diese Theile nothwendig stärker zusammen, üben einen starken Druck auf den noch flüssigen Kern aus und pressen ihn mit Gewalt heraus. Ausgiessen bei nicht zu hoher Temperatur und in metallene Formen, in denen schnelle Abkühlung erfolgt, sind die besten Gegenmittel. Es ist klar, dass diese schwammige Structur auf das specifische Gewicht des Kupfers Einfluss haben muss, und sie ist wahrscheinlich die einzige Ursache der zahlreichen Abweichungen bei der Bestimmung derselben durch die verschiedenen Chemiker.

Vielleicht muss man hierin auch die Ursachen der Härte suchen, welche legirtes Kupfer durch langsames Erkalten, und der Geschmeidigkeit, die es durch plötzliches Ablöschen in kaltem Wasser erlangt: Erscheinungen, die nur äusserlich denen entgegengesetzt sind, die das Härten des Stahles zeigt.

B. Von dem Einfluss fremder Beimengungen auf das Kupfer.

§. 39.   Beimengung von Eisen, Kalium, Calcium.

Auf den Hüttenwerken, wo man das Kupfer im Grossen darstellt, ist es schwierig rein zu finden, es ist fast immer mit verschiedenen Metallen legirt. Indessen genügt das durch chemische, sehr genaue Operationen gewonnene Rosettenkupfer mehrentheils zu den technischen Operationen, selbst denen der Galvanoplastik.

Je nachdem nun die natürlichen Beimengungen des Rohkupfers durch das Garmachen und Hammergarmachen vollständiger oder unvollständiger entfernt sind, ändern sich auch die Eigenschaften des erhaltenen Kupfers. Alle Veränderungen, die das Kupfer erleidet, treten meist in der Hitze stärker hervor als in der Kälte, so dass das Kupfer durch dieselben stärker rothbrüchig als kaltbrüchig wird. Es scheinen indess für die verschiedenartigen Beimengungen die Temperaturgrade auch sehr verschieden zu sein, bei welchen sich die Abnahme der Festigkeit am stärksten äussert. Der Bruch des mit andern Metallen verunreinigten Kupfers wird schuppig körnig und wenig glänzend, nach dem Schmieden schuppig, schmutzigroth und sehr schwach glänzend.

Eisen findet sich fast in allen Kupfersorten des Handels. Folgende Analysen sind von drei Proben gemacht, deren erste ein Rohkupfer ist, hervor-

---

[*]) Polytechn. Centralblatt 1860 p. 592.

gegangen aus Schmelzung der Garschlacken, das zweite ist dasselbe Kupfer dem Garmachen unterworfen, das dritte ist ein oberes Rosettenkupfer. Sie beweisen, mit welcher Zähigkeit das Eisen den zur Reinigung des Kupfers angewandten Mitteln widersteht.

Kupfer	71	76.8	83.2
Nickel	10	13.6	12.8
Eisen	11	4.0	3.4
Schwefel	7	5.1	1.2
	99.	99.5	100.6

Das Eisen soll das Kupfer in hohem Grade kalt- und rothbrüchig machen. Es ist indessen noch nicht ermittelt, welchen Einfluss ein Minimum von Eisen auf die Festigkeit des Kupfers ausübt. Nach Karsten soll es schon bei unbestimmbar geringen Mengen die Dehnbarkeit des Kupfers so weit verringern, dass es nur noch zu dicken Blechen verwendet werden kann.

Kalium und Calcium zu 0.1 % dem Kupfer beigemengt, reichen hin, um die Ausdehnung des geschmolzenen Kupfers beim Erstarren zu hindern. Da Berthier in einem sehr weichen und dehnbaren Kupfer aus der Schweiz

Kupfer 99.12, Eisen 0.17, Kalium 0.38, Calcium 0.33

fand, so nahm er an, dass diese 2 letzten Bestandtheile legirt mit dem Kupfer waren und vermuthet, dass ihre Anwesenheit den nachtheiligen Einfluss des Eisens aufgehoben und günstig auf die Dehnbarkeit des Metalles eingewirkt habe. Er glaubt in Folge dessen eine grosse Hämmerbarkeit nach Belieben erzeugen zu können durch Niederschmelzen von feinem Garkupfer in Tiegeln mit etwas Weinstein oder mit Kohle, die mit kohlensaurem Kali getränkt ist. In Iserlohn will man dasselbe beobachtet haben und setzt zuweilen zur Erhöhung der Geschmeidigkeit Potasche zum schmelzenden Messing; indessen ist es mir nicht gelungen, in mehreren derartig zubereiteten Legirungen das Kalium nachzuweisen.

§ 40. Beimengung von Zink, Zinn, Wismuth, Silber, Blei.

Zink macht das Kupfer schon bei 0.6 % ($^1/_{167}$) rothbrüchig und kantenrissig, in gewöhnlicher Temperatur schadet es weniger. Eine Ausnahme macht nur das weiter unten bei den Legirungen zu besprechende schmiedbare Messing, für dessen Grenzen

Kupfer 58.33, Zink 41.66 und
Kupfer 61.54, Zink 38.46

anzusehen sind. Auch dieses ist aber nur in der Dunkelrothgluth zu bearbeiten und zerspringt in höheren Hitzegraden.

Zinn oder Wismuth, zu 0.25 % ($^1/_{400}$) dem Kupfer beigemengt, wirken in der Wärme wie Zink; bei gewöhnlicher Temperatur aber ist nach Levol das Wismuth weit nachtheiliger als das Zinn, welches selbst bei 0.3 % ($^1/_{333}$) das Kupfer noch nicht merklich kaltbrüchig macht. — Indessen wird ein mit kleinen Mengen von Zink, Zinn oder Blei verunreinigtes Kupfer durch kaltes Hämmern schnell so hart und spröde, dass es während des Ausstreckens wiederholt ausgeglüht werden muss.

Silber scheint, wenigstens in dem Verhältniss zu 0.8 % (¹⁄₁₂₅) bei keiner Temperatur die Festigkeit und Dehnbarkeit des Kupfers zu verringern.

Blei dagegen ist in allen Temperaturen, vorzüglich aber in der Wärme schädlich. Bis zu 1 % dem Kupfer zugesetzt, macht es dasselbe stark roth- und kaltbrüchig und völlig unbrauchbar; zu 0.3 % (¹⁄₃₃₃) rothbrüchig; zu 0.1 % (¹⁄₁₀₀₀) stört es wenigstens die äusserste Geschmeidigkeit des Metalles und macht es zu feinem Draht und Blech unverwendbar. Sehr kleine Mengen von Blei nehmen dem geschmolzenen Kupfer die Eigenschaft, beim Erstarren zu steigen; es verhält sich darin ähnlich wie das Kupferoxydul. Es ist daher ein sehr kleiner Zusatz von Blei für Gusswaaren zu empfehlen, zumal da es ausserdem das Verschmieren der Feilen verhindert. Eine Legirung von Kupfer mit überschüssigem Blei ist grau und spröde. Sie theilt sich bei geringer Hitze in zwei ungleiche Legirungen: der grösste Theil des Blei's mit sehr wenig Kupfer fliesst weg, das meiste Kupfer mit wenig Blei bleibt zurück. Hierauf beruht der Saigerprozess.

§. 41. Beimengung von Nickel, Arsen, Antimon, Kohlenstoff.

Nickel scheint bis zu 0.2 und 0.3 % (¹⁄₅₀₀ — ¹⁄₃₃₃) nicht nachtheilig zu sein. Nickeloxydul, welches zuweilen in kleinen Krystallen in und auf dem Kupfer gefunden wird, macht dasselbe spröde, so dass es leicht reisst.

Arsen und Antimon machen das Kupfer in allen Temperaturen spröde und bei 0.15 % (¹⁄₆₆₇) schon sehr rothbrüchig, ja sogar in gewöhnlicher Temperatur kantenrissig. Kommen*) Antimon und Nickel gleichzeitig im Schwarzkupfer vor, so bildet sich beim Garmachen ein eigenthümliches, das Kupfer im höchsten Grade verschlechterndes Product, der Kupferglimmer, welcher das Garkupfer vielfach durchzieht, besonders aber auf der Oberfläche der Kupferscheiben in dünnen, krystallinischen, lebhaft glänzenden Blättchen von goldgelber Farbe sich zu erkennen giebt und beim Auflösen des Kupfers in Salpetersäure zurückbleibt. Die Zusammensetzung dieses Productes ist nach verschiedenen Analysen folgende:

	a.	b.	c.	d.
Kupferoxyd	44.28	43.38	43.72	67.65
Nickeloxyd	30.61	29.23	39.50	16.10
Antimongehalt	25.11	26.57	17.99	18.27
	100.00	99.18	101.21	102.02

---

*) Hartmann, Kupfer und Zink, pag. 4.

a. Von Ockerhütte nach Borchers.

b. Von Andreasberger Hütte nach Rammelsberg.

c. Von Altenauer Hütte nach Ramdohr.

d. Von Lautenthaler Hütte nach Habu.

Kohlenstoff kann, wenn auch nur in kleinen Mengen, und zwar nach Karsten bis zu 0.2 % ($^1/_{500}$) durch das Hammergarmachen in das Kupfer gelangen. Die Farbe geht dadurch in das Gelbliche über, der Bruch ist glänzender als der vom reinen Kupfer; gegossen ist es sehr grobkörnig und zackig und äusserst rothbrüchig. Schon bei 0.05 % ($^1/_{2000}$) ist es schiefrig, und erhält leicht Kantenrisse. Bei 0.2 % ($^1/_{500}$) zerspringt es in schwacher Glühhitze unter dem Hammer. Dass Zink-, Eisen-, Antimon-, und Blei-haltiges Kupfer, welches an und für sich schon rothbrüchig ist, diese nachtheiligen Eigenschaften bei einem Gehalt an Kohlenstoff noch in weit höherem Grade zeigen wird, liegt auf der Hand. Nach Percy's[*] Beobachtungen soll galvanisch niedergeschlagenes oder mit Wasserstoffgas reducirtes Kupfer unter einer Kohlendecke geschmolzen seine ganze Geschmeidigkeit behalten, nicht roth- oder kaltbrüchig werden. Der Grund der Sprödigkeit muss also nach ihm nicht im Kohlenstoff, sondern anderswo gesucht werden, wie aus dem Folgenden sich ergiebt.

§. 42. Beimengung von Kupferoxydul.

Das Kupferoxydul, unbedingt die wichtigste von allen Verunreinigungen des Kupfers, bildet sich, wenn das Kupfer beim Garmachen an der Luft geschmolzen und so theilweise oxydirt wird. Es wird vom Kupfer in bedeutender, nach Karsten bis 13.47 %, nach Rammelsberg sogar bis 15, ja bis 19 % betragender Menge aufgenommen; indessen reichen schon weit geringere Quantitäten desselben hin, die Eigenschaften des Kupfers nach allen Richtungen zu verändern und zu verschlechtern. Das Kupfer wird zwar dadurch leichter schmelzbar, als reines Kupfer, fliesst aber auch in dickeren Strömen, die schwerer erstarren; es zieht sich in den Formen beim Giessen zusammen, während reines Kupfer steigt, kann aber trotzdem zu polirten Gusswaaren nicht gut verwendet werden, da darin ungleiche, weiche Stellen, die sogenannten Aschenflecke, vorkommen. Wenn die Beimengung von Kupferoxydul 1.1 % ($^1/_9$ %) beträgt, wird das Kupfer kaltbrüchig; bei 1.5 % ($^1/_{67}$) auch rothbrüchig. Ein solches Kupfer nennt man übergar.

Nichtsdestoweniger kann ein Gehalt von Kupferoxydul, wenn er 1$^3/_4$ bis 2 % (nach Percy 3$^1/_2$ %) nicht übersteigt, sehr vortheilhaft auf die Beschaffenheit des Kupfers einwirken, wenn dasselbe durch andere Beimengungen an Dehnbarkeit verloren hat.

A. Dick[**] hat neuerdings Untersuchungen angestellt, um den Grund der

---

[*] Percy, Metallurgy I. 272.

[**] Philosoph. Magazine 1856, p. 409.

Zähigkeit des Garkupfers, sowie den der Sprödigkeit des übergaren und überpolten oder zu jungen Kupfers zu finden. Bei dem Waleser Flammenofenschmelzprocess wird das Kupfer, um die fremden Metalle durch Oxydation in die Schlacken zu führen, längere Zeit unter Luftzutritt geschmolzen erhalten. In Folge davon wird aber ein nicht unbedeutender Theil von Kupferoxydul in die Schlacke geführt, ein anderer vom Kupfer selbst aufgenommen. Solches Kupfer ist in Folge des übergrossen Gehaltes an Kupferoxydul roth- und kaltbrüchig, und heisst eben übergar. Indem man nun Anthracitpulver auf das Kupfer schüttet und mit grünen Birkenstangen umrührt oder darin polt, wird ein Theil des Kupferoxyduls reducirt, wobei Kohlenoxydgas und Kohlensäure unter Aufschäumen entweichen. Das nun erhaltene Kupfer ist zähe und heisst Garkupfer oder zähes Garkupfer. Es ist noch durchaus nicht rein, sondern enthält neben $3-3\frac{1}{2}\%$ Kupferoxydul noch geringe Mengen von Antimon und Blei, deren Nachtheile sich aber gegen die durch das Kupferoxydul hervorgebrachten aufheben, so dass das doppelt verunreinigte Kupfer eben zähe ist, während sowohl die Verunreinigung mit Kupferoxydul allein, wie die mit Antimon oder Blei allein das Metall spröde und untauglich machen würde. Möglich, dass sich hier eine dem oben erwähnten Kupferglimmer ähnliche, aber nur aus Kupferoxydul-Antimonoxyd bestehende, und für die Geschmeidigkeit des Kupfers weniger nachtheilige Verbindung bildet. Setzt man nun das Polen zu lange fort, so werden auch noch jene $3-3\frac{1}{2}\%$ Kupferoxydul und das Antimonoxyd reducirt und anstatt eines bessern Kupfers erhält man nun ein sprödes und brüchiges Material, indem jetzt erst die schädlichen Eigenschaften des Blei und Antimon, die vorher durch das Kupferoxydul gebunden waren, in ihrer ganzen Schärfe hervortreten. Solches Kupfer nennt man overpoled, überpolt in England, zu junges Kupfer in Deutschland. Man hat also die Entstehung des zu jungen Kupfers weniger in der Aufnahme von Kohlenstoff, als vielmehr in der Entfernung des letzten zur Dehnbarkeit unbedingt erforderlichen Kupferoxyduls zu suchen. Uebrigens giebt auch schon Karsten an, dass das Kupferoxydul die Dehnbarkeit ebenso beeinträchtige, als es sie unter Umständen befördere, indem es, wenn es nicht über $1\frac{3}{4}-2\%$ steigt, die Rothbrüchigkeit vermindert, die durch die übrigen Beimengungen gesteigert wird.

C. Verbindungen des Kupfers mit Metalloiden.

§. 43. Verbindungen mit Sauerstoff im Allgemeinen.

Verhalten gegen Sauerstoff. Das Kupfer bildet mehrere Verbindungen mit Sauerstoff, von denen aber nur zwei, das Kupferoxydul, Cu_2O und das Kupferoxyd, CuO, von Wichtigkeit sind. In vollkommen trockener Luft bleibt das Kupfer bei gewöhnlicher Temperatur unverändert; in feuchter Luft läuft es braunroth an und erhält einen grünen Ueberzug von halb-kohlensaurem Kupferoxydhydrat (fälschlich Grünspan genannt), der namentlich bei sehr langsamer Entstehung einen hohen Grad von Dichtigkeit und Glanz hat und den

Namen Aerugo nobilis, Verde antico, oder Patina führt. Dieser Ueberzug entspricht dem Rost des Eisens, unterscheidet sich aber von demselben, abgesehen von seiner chemischen Zusammensetzung dadurch, dass er eine dichte Decke auf dem Kupfer bildet und so das darunter liegende Metall vor fernerer Oxydation schützt, während das Eisen durch die lockere Rostdecke hindurch den weiteren Angriffen des Sauerstoffs ausgesetzt bleibt und so in verhältnissmässig kurzer Zeit durch und durch in Rost verwandelt wird. Man hat diesen auf alten Münzen und Statuen geschätzten Ueberzug vielfach künstlich durch Anbeizen mit Säuren nachzuahmen versucht, ohne jedoch bis jetzt die Gleichmässigkeit und Schönheit der natürlichen Patina erreichen zu können. Alte ägyptische Kupfermünzen und kleinere Geräthe fand ich im Innern vollständig in Kupferoxydul verwandelt, aussen mit grüner Patina überzogen; jüngere Sachen bestanden im Innern noch aus geschmeidigem Kupfer. — In der Hitze läuft das Kupfer zuerst in Regenbogenfarben, später durch Bildung von Kupferoxydul braunroth, endlich schwarz an. Dieser letzte Ueberzug springt beim Hämmern oder Ablöschen als Kupferhammerschlag oder Kupferasche ab. Nach Percy (Metallurgie p. 247) besteht derselbe nicht, wie man bisher annahm, aus Kupferoxyd, sondern nur aus Kupferoxydul, verdankt seine schwarze Farbe nur seiner grossen Dichtigkeit und ist in dünnen Blättchen mit schön rubinrother Farbe durchsichtig. In Blättern längere Zeit unter der Muffel erhitzt, bleibt er Oxydul; zerrieben aber und dann erhitzt, schwillt er stark auf und verwandelt sich in Kupferoxyd. In grösseren Hitzegraden schmelzend, nimmt das Kupfer gern Sauerstoff aus der Luft auf, und giebt denselben dann beim Erstarren plötzlich mit solcher Heftigkeit wieder ab, dass grössere oder geringere Mengen des flüssigen Metalles in Form feiner Körner, Kupferkügelchen, Spritzkupfer oder Streukupfer, in die Höhe geschleudert werden, was man das Spratzen oder Spritzen des Kupfers nennt. Die damit verbundene Entstehung von Blasen und Poren macht das Metall zu Gusswaaren untauglich. Man vermeidet den Uebelstand, indem man sowohl beim Schmelzen als Giessen den Zutritt der Luft möglichst abhält.

§. 44. Kupferoxydul.

Das Kupferoxydul, Cu^2O, enthält 88.78 Kupfer und 11.22 Sauerstoff und kommt natürlich vor als Rothkupfererz. Es wird dargestellt, indem man 4 Theile Kupferfeile und 5 Theile Kupferoxyd in einem bedeckten Tiegel anhaltend glüht, oder indem man Grünspanlösung mit Zucker unter Zusatz von Essigsäure und Ersatz des verdampfenden Wassers anhaltend kocht, und bildet dann ein rothes, rothbraunes oder orangegelbes Pulver. Kupferoxydulhydrat erhält man als gelbes Pulver, wenn man eine Lösung von Kupferchlorür durch Kali fällt. Es löst sich in Ammoniak ungefärbt auf, die Lösung absorbirt aber an der Luft schnell Sauerstoff und färbt sich schön blau. Das Kupferoxydul ist eine schwache Basis, die wenig bekannte Salze bildet. Mit concentrirten

Säuren erhitzt, zerfällt es mehrentheils in metallisches Kupfer und in Kupferoxydsalz. Seine Hauptverwendung hat das Kupferoxydul in der Glasfabrikation, indem es mit Glasflüssen farblose Gläser bildet, die beim Wiedererhitzen tief purpurroth gefärbt werden, indem ein Theil des Kupferoxydules sich in fein vertheiltem Zustande aussondert. Man stellt daher das Glas, welches der Intensität der Farbe wegen nur als Ueberfangsglas angewendet wird, dar, durch Zusatz von Kupferoxydul oder Kupferhammerschlag und Zinnasche zum Glassatze.

Vom geschmolzenen Metalle wird das Kupferoxydul in Menge aufgenommen und vermindert, wie oben schon bemerkt wurde, die Dehnbarkeit und Festigkeit. Durch Umschmelzen mit Kohle wird dasselbe dann reducirt und so das Kupfer gereinigt.

§. 45. Kupferoxyd.

Das Kupferoxyd, CuO, enthält 79.83 Kupfer und 20.17 Sauerstoff, und wird dargestellt durch Glühen des Kupferhammerschlages, des Kupferoxydhydrates, des kohlensauren, salpetersauren oder essigsauren Salzes. Um es krystallinisch zu erhalten, erhitzt man das auf die eine oder andere Art erhaltene Oxyd mit 4—6 Theilen kalkfreiem Kalihydrat bis zum anfangenden Glühen, wäscht die Masse nach dem Erkalten mit Wasser aus und trennt durch Schlämmen das flockige Kupferoxyd vom krystallinischen. Dies besteht aus lebhaft metallglänzenden regelmässigen Tetraedern.*)

Das amorphe Kupferoxyd ist ein schwarzbraunes oder schwarzes Pulver, wird durch Wasserstoffgas, Kohle oder Kohlenoxydgas leicht zu Metall, durch Glühen mit Kupfer oder durch Kochen mit verschiedenen organischen Materien zu Kupferoxydul reducirt. Es löst sich in Säuren mit blauer oder grüner Farbe und färbt Glasmassen grün. Oele und Fette, namentlich ranzige, befördern bei Luftzutritt die Oxydation des Kupfers. Das gebildete Kupferoxyd löst sich zugleich in den freigewordenen Fettsäuren auf und färbt sie grün.

Mit Wasser verbunden bildet es das hellblaue oder grünlich blaue Kupferoxydhydrat, einen wesentlichen Bestandtheil verschiedener, weiter unten zu besprechender Malerfarben, als Bergblau, Bremerblau, Bremergrün u. s. w. Man erhält die reine Verbindung durch Fällung einer kalt bereiteten Kupferoxydsalzlösung mit schwach überschüssiger verdünnter Kalilauge, Auswaschen und Trocknen.

Andere Verbindungen mit Sauerstoff sind Kupferüberoxyd und Kupfersäure, indessen sind deren Eigenschaften und Zusammensetzung noch zu wenig bekannt und die Verbindungen zu unwichtig, um hier eingehender besprochen zu werden.

---

*) Gmelin III, p. 381 und Ann. Chim. Phys. 51.122.

§. 46. Schwefelkupfer, Chlorkupfer, Phosphorkupfer.

Verbindungen mit Schwefel bildet das Kupfer zwei, Einfach- und Halb-Schwefelkupfer, CuS und Cu²S, von denen ersteres von geringerer Wichtigkeit ist und durch Fällen eines Kupfersalzes mit Schwefelwasserstoffgas erhalten wird. Viel wichtiger ist das Cu²S, mit 79.77 Kupfer und 20.23 Schwefel, welches rein im Kupferglanz vorkommt und den Hauptbestandtheil der übrigen Schwefelkupfererze, sowie der Kupfersteine und des Schwarzkupfers bildet. Künstlich stellt man es dar durch Verbrennen von Kupfer in Schwefeldämpfen oder durch Erhitzen eines innigen Gemenges von Kupferpulver oder Kupferoxyd und Schwefel mit oder ohne Zusatz von Salmiak, und verwendet es mit Oel verrieben als prächtiges Veilchenblau. Man erhitzt am besten 1 Th. Kupferoxyd, 1 Th. Schwefel und ½ Salmiak vorsichtig bis zur Entzündung des Schwefels bedeckt das Gemenge, verreibt es mit einer neuen Portion Schwefel und Salmiak und erhitzt wie vorher, und fährt so fort, bis das schwarze Pulver schön indigblau geworden ist.

Einfacher erhält man die Verbindung durch Zusammenschmelzen von fein vertheiltem Kupfer mit Kaliumschwefelleber und Behandeln der geschmolzenen Masse mit Wasser, wobei das Halbschwefelkupfer in kleinen glänzenden bläulichen Flittern zurückbleibt, die getrocknet und fein zerrieben werden.

Fällt man Kupfervitriollösung durch wässriges Fünffach-Schwefelkalium, so erhält man einen leberbraunen, nach dem Trocknen schwarzen Niederschlag von Fünffach-Schwefelkupfer, der technisch ohne Bedeutung ist.

Das Halbschwefelkupfer ist von der grössten Wichtigkeit im Kupferhüttenprocess und wird daher später noch weiter zur Besprechung kommen.

Verbindungen mit Chlor sind das Kupferchlorür oder Halb-Chlorkupfer und das Kupferchlorid. Das Erstere, Cu²Cl, entsteht, wenn man Kupferchlorid abdampft und schmilzt, und bildet eine braune, krystallinische, zerfliessliche Masse. Als weissen, krystallinischen Niederschlag erhält man es, wenn man Kupferchloridlösung mit Zinnchlorür und etwas Salzsäure mischt; löst man dieses Pulver in kochender Salzsäure, so krystallisirt es in kleinen weissen Octaedern.' Es ist technisch ohne Anwendung.

Das Kupferchlorid, Einfach-Chlorkupfer, CuCl, bildet sich durch Auflösen von Kupfer in Königswasser oder von Kupferoxyd in Salzsäure und bildet beim Abdampfen schön grüne, nadelförmige, zerfliessliche Krystalle. Mit Kupferoxydhydrat verbunden ist es ein Hauptbestandtheil des Braunschweigergrünes.

Das Kupferchlorid löst sich leicht in Weingeist und färbt die Flamme desselben schön grün. Schreibt man mit einer verdünnten, wässrigen Lösung des Salzes auf Papier, so sind die Schriftzüge nicht zu erkennen, erwärmt man aber das Papier, so kommen sie mit gelber Farbe zum Vorschein, um später in feuchter Luft wieder zu verschwinden.

Auch mit Phosphor bildet das Kupfer mehrere Verbindungen, die man theils durch Zusammenschmelzen beider Substanzen, theils durch Erhitzen von Chlorkupfer in einem Strome von Phosphorwasserstoffgas oder durch Reduction von phosphorsaurem Kupferoxyd im Kohlentiegel erhält. Sie sind je nach der Darstellung schwarz, grau oder kupferroth, zuweilen krystallinisch, übrigens aber ohne weiteres Interesse.

D. Die wichtigsten Sauerstoffsalze des Kupfers.

§. 47. Salpetersaures Kupferoxyd.

Salpetersaures Kupferoxyd, $CuO. NO^5 + 6HO$. Salpetersäure ist das Hauptlösungsmittel für Kupfer, indem sie dasselbe im concentrirten und verdünnten Zustande, mit oder ohne Mitwirkung von Wärme unter gleichzeitiger Entwickelung von Stickstoffoxydgas zu einer dunkelblauen Flüssigkeit löst, aus der durch Verdampfen und Erkalten tiefblaue Krystalle nach obiger Formel anschiessen. Erwärmt man dieselben auf etwa 68° und wäscht den Rückstand mit Wasser aus, so erhält man ein grünes Pulver. Es ist dies ein basisches Salz von der Formel $3 CuO. NO^5 + HO$. Dieselbe Verbindung wird auch durch Ammoniak aus neutralem salpetersaurem Kupferoxyd gefällt. In höherer Temperatur zersetzt es sich vollständig und hinterlässt nur schwarzes Kupferoxyd.

§ 48. Kupfervitriol.

Schwefelsaures Kupferoxyd, Kupfervitriol, blauer, cyprischer, römischer Vitriol, blauer Galitzenstein, $CuO. SO^3 + 5HO$. Er enthält: 32 Kupferoxyd, 32 Schwefelsäure und 36 Wasser. Er findet sich fertig gebildet in der Natur, als Ueberzug, Anflug oder stalactitisch und gelöst in Grubenwassern, und ist immer durch Zersetzung von Schwefelkupfererzen entstanden. Der im Handel vorkommende ist nur Kunstproduct.

Kupfervitriol krystallisirt in durchsichtigen, lasurblauen, ein- und eingliedrigen Tafeln, die sich mit der Zeit oberflächlich trüben und in sehr trockner Luft verwittern. Durch Erhitzen verliert es 4 Äquivalent Wasser und wird weiss; in feuchter Luft dann durch Wasseraufnahme wieder blau. Es ist ein saures Salz von widrigem Geschmack, welches in Wasser löslich, in Alkohol unlöslich ist und durch Salzsäure in Kupferchlorid und freie Schwefelsäure zersetzt wird. 100 Theile Wasser lösen nach Wagner bei 10° 36,9 Theile, bei 20° 42,3 Th., bei 40° 56,9 Th., bei 80° 118 Th., bei 100° 203,3 Th. des krystallisirten Salzes.

Darstellung. Chemisch rein erhält man Vitriol durch Kochen von Kupfer mit 3 Theilen concentrirter Schwefelsäure, wobei schweflige Säure in Gasform entweicht. Man verdampft zur Trockne, kocht den Rückstand mit heissem Wasser aus, filtrirt vom Schwefelkupfer (Schwefelkupfer-Kupferoxyd nach Wagner) ab, und krystallisirt durch Erkalten.

Im Grossen wird derselbe

a) durch Abdampfen und Krystallisiren aus den Cämentwassern gewonnen. Durch das Feuersetzen in den Gruben werden nämlich die Schwefelkupfererze theilweise geröstet, dann durch die Grubenwasser gelöst. Ebenso enthalten die zum Waschen und Schlämmen gerösteter Erze verwendeten Gewässer bedeutende Mengen von Kupfervitriol, der aus denselben durch Eindampfen gewonnen werden kann.

§. 49.

b. Viel wichtiger ist die Darstellung aus dem Garkupfer, sowie aus den alten zerfressenen Kupferbeschlägen von Schiffen und dem Kupferhammerschlag. Das Rohmaterial wird in Flammenöfen geröstet und Schwefel aufgeworfen. Unter Luftabschluss bildet sich Halbschwefelkupfer, welches dann bei Luftzutritt in Kupfervitriol und Kupferoxyd übergeführt wird, nach der Formel $Cu^2S+5O = CuO+CuO. SO^3$. Die Masse wird nun in Bottichen mit warmem Wasser und Schwefelsäure behandelt, die klare Lösung abgezogen und zur Krystallisation verdampft. Da sich nun bei der Röstung zugleich etwas schwefelsaures Kupferoxydul bildete, welches bei der weiteren Behandlung in Kupfervitriol und metallisches Kupfer zerfällt, so bleibt dies beim Auflösen in Wasser zurück, wird wieder in den Ofen gebracht und wie vorher behandelt.

c. Auch aus dem Concentrations- oder Spurstein, der bis 60 % Kupfer enthält, erhält man durch wiederholtes Rösten, Auslaugen, Verdampfen und Krystallisiren einen meist ziemlich unreinen, 3 % Eisenvitriol enthaltenden Kupfervitriol. Die sehr stark eisenhaltige Mutterlauge oder Schwarzlauge liefert mit Eisen versetzt den Rest des darin enthaltenen Kupfers als Cämentkupfer.

Unter dem Namen Doppelvitriol (gemischter Vitriol, Adlervitriol, Admonter-, Bayreuther-, Salzburger-Vitriol) wurde früher in grösserer Menge als jetzt namentlich im Salzburgischen und Steyermark ein Doppelsalz aus Kupfer- und Eisenvitriol in wechselnden Verhältnissen dargestellt. Man bereitete ihn entweder aus geröstetem, ausgelaugtem Kupferkies und kupferhaltigem Schwefelkies, oder durch Sieden von Kupfer in saurer Eisenvitriollauge, oder endlich durch Auflösen von Eisen- und Kupfervitriol, die man dann zusammen krystallisiren liess. Je nach dem Kupfergehalt führte es verschiedene Namen und verschiedene auf die Fässer eingebrannte Zeichen, gewöhnlich 1—4 Adler, und zwar 4 Adler als beste, 1 Adler als ordinärste Sorte. Beispielsweise enthält Salzburger-Doppeladler 76 % Eisenvitriol, Admonter-Einadler 83 % dieses Salzes. Die Unsicherheit seiner Zusammensetzung lässt ihn immer mehr aus dem Handel verschwinden, da der Färber sich die beiden Vitriole besser selbst in den geeigneten Verhältnissen mischt.

d. In sehr grosser Menge erhält man endlich den Kupfervitriol bei dem Affiniren alter Silbermünzen, sowie durch das Gelbbrennen oder Beizen des Messings. In diesem letzteren Falle ist derselbe aber stets mit salpetersaurem Kupferoxyd, sowie mit schwefelsaurem und salpetersaurem Zinkoxyd verunreinigt und kommt je nach der Stärke dieser Verunreinigung in zwei

Qualitäten, als weisser und blauer Vitriol in den Handel; ersterer enthält vorherrschend Zinksalze.

§. 50. Essigsaures Kupferoxyd oder Grünspan.

Unter diesem allgemeinen Namen existiren mehrere Salze von verschiedener Zusammensetzung, von denen nur 2 technische Bedeutung haben.

Neutrales essigsaures Kupferoxyd, CuO. $\bar{A}$, oder CuO. $C^4H^3O^3+HO$, mit 40 Kupferoxyd, 51 Essigsäure, 9 Wasser. Dunkelgrüne, oberflächlich verwitternde Prismen, die sich in 5 Theilen heissem oder 13$^1/_2$ Th. kaltem Wasser lösen. Die Lösung, mit vielem Wasser gekocht, giebt Essigsäure ab und lässt ein basisches Salz niederfallen. Mit organischen Substanzen, wie Zucker etc., gekocht, bildet sich rothes Kupferoxydul. Seine Hauptverwendung hat es in der Malerei und Kattundruckerei, namentlich als Reservage bei der Indigofärberei. Indem es sich selbst theilweise reducirt, oxydirt es den Indigo früher, als er sich mit der Faser des Gewebes verbinden kann.

Darstellung. Man löst Kupferoxydhydrat oder gemeinen Grünspan in kupfernen Kesseln in kochendem destillirtem Essig oder gereinigtem Holzessig. filtrirt, dampft ab und krystallisirt. Zur Erleichterung der Krystallbildung hängt man in den glasirten Krystallisirbehältern Holzstäbe auf, die gewöhnlich in 4 Theile gespalten sind. Die Mutterlauge wird später nochmals krystallisirt.

Auch kann man das Salz auf dem Wege der doppelten Wahlverwandtschaft bereiten, indem man eine Lösung von 173$^1/_4$ Pfd. Kupfervitriol mit einer solchen von 264 Pfd. Bleizucker oder 125 Pfd. essigsaurem Kalk fällt, die Lösung von dem Niederschlage abzieht, in kupfernen Kesseln bis zum Salzhäutchen eindampft und wie oben zur Krystallisation bringt. Bei der Anwendung von Kalk scheidet sich beim Abdampfen etwas Gyps aus, den man vor der Krystallisation absetzen lässt und entfernt. Wird zu viel essigsaurer Kalk angewendet, so mengt sich den Krystallen ein blaues kalkhaltiges Doppelsalz, CuO. $\bar{A} + CaO$. $\bar{A}$, bei.

§. 51.

Das **halb-essigsaure** oder **basisch essigsaure Kupferoxyd, Grünspan**, 2 CuO. $\bar{A}$ oder 2 CuO. $C^4H^3O^3+HO$, enthält im reinen Zustande 43.24 Kupferoxyd, 27.57 Essigsäure, 29.19 Wasser, ist indessen oft mit bis zu 2 % steigenden fremden Bestandtheilen verunreinigt. Man stellt den Grünspan in Montpellier und anderen Orten des südlichen Frankreich, in England, Schweden und Deutschland dar, und zwar den englischen oder deutschen, grünen Grünspan aus Kupfer und Essig unter Mitwirkung der Luft, den blauen oder französischen aus Kupfer und saueren Weintrestern.

a. Grüner, deutscher oder englischer Grünspan. Flanelllappen werden mit Holzsäure getränkt und mit Kupferplatten abwechselnd in viereckige hölzerne Kasten geschichtet und die Lappen alle 2—3 Tage frisch getränkt. Nach etwa 14 Tagen bilden sich kleine grüne Krystalle. Man entfernt die

Lappen, legt die Platten lose, um sie der Luft auszusetzen und befeuchtet sie alle 6 Tage mit Wasser. Nach 1—2 Monaten ist der Process beendet, der Grünspan wird abgeschabt, in Klumpen geballt und getrocknet. — Man hat auch vorgeschlagen, wie bei der Fabrikation des Bleiweisses spiralig aufgewundene Kupferbleche mit Essig in Töpfe zu bringen und unter dem Einfluss der Luft das Kupfer in Grünspan zu verwandeln. Zur Beförderung des Processes ist eine Wärme von 65—80° C. wesentlich.

§. 52.

b. **Blauer oder französischer Grünspan.** In Süd-Frankreich werden die nicht vollständig ausgepressten Weintrestern in Fässer gestampft und bis nach beendeter Lese kühl aufgehoben, dann in Fässer lose vertheilt und sich selbst überlassen. Es bildet sich Hefe, durch deren Einwirkung vorübergehend eine geistige Gährung eingeleitet wird, die unter dem Zutritt der atmosphärischen Luft sofort in die saure Gährung übergeht. Die Temperatur steigt dabei auf etwa 40° C. Sehr dicht gewalzte oder gehämmerte Kupferbleche von ¼ Linie Dicke werden nun in Stücke von 6—8 Zoll Länge und 3—4 Zoll Breite zerschnitten, so dass sie ein Gewicht von etwa 6 Loth haben, in Grünspanlösung oder Essigsäure getaucht und bis etwa 95° C. erhitzt. Man schichtet sie nun zu 120—160 Stücken in irdenen Töpfen von 16″ Höhe und 14″ Durchmesser, oder in Fässern mit den gährenden Trebern, so dass also jedes Gefäss etwa 30—40 Pfd. Kupfer enthält, und lässt sie, lose bedeckt, in einem kühlen, feuchten Raume 2—3 Wochen stehen. Nach dieser Zeit ist die oberste Schicht der Trebern weisslich, und die Platten sind mit seidenglänzenden Grünspankrystallen bedeckt. Man nimmt die Platten auseinander, setzt sie 1—2 Monate lang der Luft aus, indem man sie täglich in Wasser, Wein oder Essig taucht und wieder trocknen lässt. Das essigsaure Kupferoxyd absorbirt das Wasser und bildet, indem es sich mit neu entstandenem Kupferoxyd verbindet, ein basisches Salz. Man kratzt dies endlich mit kupfernen Messern ab, knetet es mit wenig Wasser zu einem Brei und presst diesen in Lederbeuteln in würfelförmige Stücke oder Kugeln von 6″ Durchmesser, die in den Beuteln an der Luft getrocknet werden. Die Reste der Kupferplatten werden bei späteren Fabrikationen benutzt.

Als Verunreinigungen bei dem französischen Grünspan sind Traubenkerne, Schalen, Holzstückchen u. s. w. zu erwähnen, ausserdem bei ihm und dem deutschen Grünspan absichtlicher Zusatz von Kupfervitriol, Kreide, Gyps, Bimsteinpulver und Sand. Die Prüfung auf diese Beimengungen ist leicht, da reiner Grünspan in verdünnter Essigsäure, Schwefelsäure oder in Ammoniak löslich ist und mit Schwefelsäure oder Chlorbaryum keinen Niederschlag giebt.

§. 53. Kohlensaures Kupferoxyd.

Die Kohlensäure verbindet sich mit dem Kupferoxyd in zwei Verhältnissen:

Halbkohlensaures Kupferoxydhydrat, 2 CuO. $CO_2 + HO$, kommt natürlich als Malachit vor und bildet sich als patina antiqua auf dem Kupfer oder dessen Legirungen mit der Zeit als der geschätzte dunkelgrüne Ueberzug. Der Malachit wurde früher pulverisirt und gab dann das vert de montagne, cendres vertes, wird aber jetzt in dieser Form kaum mehr verwendet, da ihn die künstlichen Präparate vollkommen ersetzen. Man stellt die Verbindung dar durch Fällen von Kupfervitriol mit kohlensaurem Natron und erhält so ein schön hellgrünes in Wasser unlösliches, in Säuren lösliches Pulver, welches aus 72.07 Kupferoxyd, 19.82 Kohlensäure und 8.11 Wasser enthält. Durch längeres Kochen mit Wasser verliert es zuerst sein Hydratwasser und wird schwarzbraun, endlich auch die Kohlensäure und hinterlässt schwarzes Kupferoxyd.

Es bildet einen Haupt-Bestandtheil mehrerer bläulich grüner Farbwaaren, indem es mit Kupferoxydhydrat gemischt ist.

Kohlensaures Kupferoxyd mit Kupferoxydhydrat, 2 CuO. CO_2 + CuO. HO, enthält 69.37 Kupferoxyd, 25.43 Kohlensäure und 5.20 Wasser, kommt in der Natur als Kupferlasur vor, und wird theils verhüttet, theils, namentlich in den reineren Stücken, gemahlen und als Bergblau, bleu de montagne, in den Handel gebracht. Es wird hauptsächlich als Wasserfarbe verwendet, da es als Oelfarbe schlecht deckt, und ist neuerlich durch das künstliche Ultramarin ziemlich verdrängt worden.

E. Künstlich dargestellte Farbewaaren.

§. 54. Berggrün, Braunschweiger Grün.

Eine grosse Reihe von grünen und blauen Farbewaaren enthält namentlich Kupferoxydhydrat, oder dieses neben mehr oder weniger kohlensaurem Kupferoxyd. Die Farben sind im Allgemeinen nicht sehr rein und das Blau zieht sehr leicht in's Grüne, was vorzüglich dann der Fall ist, wenn die Farben längere Zeit der Luft ausgesetzt bleiben. Die Darstellung einer dem natürlichen Bergblau an Feuer gleichen Farbe scheint noch immer zweifelhaft; mindestens soll es Fabrikgeheimniss sein. Hauptbedingung für die Entstehung einer schönen grünen wie blauen Farbe ist die Anwendung eines reinen, eisenfreien Kupfervitriols. Folgende sind die wichtigsten hierher gehörigen Präparate.

Künstliches Berggrün erhält man durch Fällen von Kupfervitriollösung mit überschüssiger Pottaschenlauge, Auswaschen und Trocknen. Der gepulverte Niederschlag giebt eine gute, sehr nachdunkelnde grüne Oelfarbe.

Braunschweiger Grün wird nach Schubarth[*]) gewonnen durch Fällen von Kupfervitriollösung, und Alaun durch Harngeist (kohlens. Ammoniak?): nicht selten wird Gyps zugemischt. Nach Gentele[**]) versetzt man eine Lösung von

---

[*]) Schubarth, Handbuch der techn. Chemie II. 284.
[**]) Gentele, Lehrbuch der Farbenfabrikation 247.

100 Pfd. Kupfervitriol und 2 Pfd. Weinstein mit einer Lösung von 6 Loth arseniger Säure in 10 Pfd. Pottasche und dann unter Umrühren mit einer aus 22 Pfd. gebrannten Kalk bereiteten Kalkmilch. Geringere Sorten erhalten einen bedeutenden Zusatz von pulverisirtem Schwerspath. Man presst den Niederschlag, schneidet ihn in lange vierkantige Tafeln und trocknet ihn an der Luft.

§. 55. Bergblau, Kalkblau.

Künstliches Bergblau nach Schubarth: eine siedende Lösung von Kupfervitriol von 1.32 spec. Gew. wird durch eine ebenfalls siedende Lösung von Chlorcalcium gefällt, filtrirt und das Filtrat durch Kalkmilch gefällt. Der grüne Niederschlag wird nun mit Aetzkalilauge verrieben, dann mit etwas Kupfervitriol und Salmiak in Fässern durchgerührt und nach 4 Tagen rein ausgewaschen. Es giebt ein sehr reines Blau, welches theils in Breiform, theils gepresst und in Tafeln getrocknet in den Handel kommt. Hellere Sorten entstehen durch einen grössern Zusatz von Salmiak und Kalkmilch.

Kalkblau erhält man nach Schubarth, indem man salpetersaure Kupferoxydlösung siedend auf gebrannten Kalk schüttet, bis dieser sich schön blau gefärbt hat.

Nach Gentele erhält man Kalkblau, wenn man eine stark verdünnte Lösung von 125 Pfd. Kupfervitriol mit einer Lösung von 12½ Pfd. Salmiak versetzt und nun mit einer sehr fein gemahlenen Kalkmilch aus 30 Pfd. gebr. Kalk fällt und einige Tage stehen lässt, bis die über dem blauen Brei stehende Flüssigkeit farblos geworden ist. Man verwendet sie theils als Teig in der Tapetenfabrikation, theils abgepresst und getrocknet. In regelmässige Stücken geformt führt sie den Namen Neuwiederblau, pulverisirt heisst sie Kalkblau. —

Die reinste Form entsteht, wenn man Kupfervitriol in warmem Wasser löst, mit Ammoniak bis zur Wiederlösung des Niederschlages versetzt und nun Kalkmilch unter Umrühren hinzufügt, bis ein bleibender Niederschlag zu entstehen anfängt. Man filtrirt, lässt durch Erkalten krystallisiren und zerreibt die getrockneten, sehr langen und zerbrechlichen Nadeln.

§. 56. Bremerblau, Bremergrün.

Bremerblau und Bremergrün bilden ein sehr lockeres, blaues, oft in's Grüne ziehendes Pulver, welches als Leim- und Wasserfarbe auch auf Kalk, nicht aber als Oelfarbe verwendet werden kann, da es durch Bildung von ölsaurem Kupferoxyd schon nach 24 Stunden grün wird.

Darstellung nach Gentele: Man geht von dem basischen Chlorkupfer-Kupferoxyd, $CuCl+3CuO+4HO$, aus und verfährt in folgender Art:

1) 112.5 Kilogr. Kochsalz werden mit 111 Kilogr. trocknem Kupfervitriol und Wasser zu Brei verrieben, wobei sich schwefelsaures Natron und Chlorkupfer bildet.

4*

2) 112.5 Kilogr. altes Schiffskupfer werden in kleine Stücke zerschnitten, mit sehr verdünnter Schwefelsäure oder Salzsäure gebeizt und mit Wasser gewaschen.

3) Obiger Brei wird in den Oxydirkästen (grossen eichenen, ohne eiserne Nägel zusammengefügten Kästen) mit dem Kupfer in 1'/₄" hohen Lagen geschichtet und längere Zeit stehen gelassen, dabei alle 2—3 Tage mit einer Kupferschaufel umgeschaufelt. Es bildet sich zuerst Kupferchlorür und durch dessen theilweise Oxydation und Wasseraufnahme ein graugrüner Brei von Kupferoxyd-Chlorkupfer, $CuCl+3CuO+HO$, der auch nicht die geringste Spur von Kupferchlorür mehr enthalten darf, weil sich sonst die Farbe in's Grüne zieht. Man lässt in manchen Fabriken deshalb den Brei jahrelang stehen, während nach Habich dasselbe in weit kürzerer Zeit erreicht wird, wenn man den Brei von Zeit zu Zeit trocknen lässt, wieder anfeuchtet und weiter bearbeitet. Nach 3—5 Monaten wird das Kupfer im Schlämmbottich entfernt, durch Filtriren vom schwefelsauren Natron befreit und dann fein zerrieben.

Auf 90 Quart Schlamm setzt man etwa 6 Kilogr. Salzsäure von 15° Bé hinzu, mischt und lässt 1—2 Tage stehen. Dieser durch Bildung von Kupferchlorid grüne Schlamm wird nun mit seinem gleichen Volum Wasser versetzt und unter starkem Umrühren in einen Bottich eingetragen, der 225 Quart Kalilauge von 15° Bé enthält; es bildet sich nun Kupferoxydhydrat und Chlorkalium, wodurch sich der bis dahin grüne Brei blau färbt. Man lässt 1—2 Tage stehen, entfernt durch Waschen und Klären das Chlorkalium, und bringt den Schlamm zum Abtropfen auf Seihetücher, auf denen man ihn einige Wochen hindurch feucht erhält: zuletzt wird er gepresst, in Stücke geschnitten und bei 30—35° C. getrocknet. Erst nach dem Trocknen tritt die Farbe schön hervor. Man nüancirt dieselbe durch Vermischen des noch feuchten Breies mit Kreide oder Gyps.

Oder: Man mischt 50 Theile Kupferblech mit 30 Th. Kochsalz und befeuchtet mit 15 Th. Schwefelsäure, die vorher mit dem dreifachen Volum Wasser verdünnt wurde. Die entstehende Salzsäure bildet nach und nach Chlorkupfer-Kupferoxyd, welches dann wie oben zersetzt wird.

Andere lösen 2 Th. Kupfervitriol und 1 Th. Kochsalz in Wasser, fällen diese Lösung mit Sodalösung, waschen den Brei zuerst mit Wasser und versetzen ihn dann unter Umrühren mit Kali- oder Natronlauge bis zum Hervortreten der blauen Farbe; zuletzt wird die Masse ausgewaschen und getrocknet.

§. 57.

Eine andere Darstellung nach Gentele. Eine Lösung von Kupfervitriol von 15° Bé. wird auf 30° erwärmt und im dünnen Strahle mit Kalilauge von 15° Bé. versetzt, bis die Flüssigkeit entfärbt ist. Der grüne, wollige, nicht krystallinische Niederschlag wird mit Wasser einmal ausgewaschen und filtrirt. Es folgt nun das Bläuen. Eine Aetzkalilauge von 17° Bé. wird mit so viel Pottasche versetzt, dass sie 25° Bé. zeigt, und nun zu 50 Pfd. des obigen Niederschlages unter Umrühren ¼ Handeimer dieser Lauge, oder auch etwas mehr zugesetzt, bis der höchste Grad der blauen Farbe erreicht ist. Die Masse wird nun anhaltend in Wasser ausgewaschen, um alles Kali zu entfernen, welches sonst eine Schwärzung der Farbe verursachen würde. Zuletzt filtrirt und presst man, schneidet die Farbe in quadratische Tafeln und trocknet bei 40° C. Der Bruch ist erdig, die Farbe sehr leicht. 100 Pfg. Kupfervitriol erfordern 100 Pfd. Pottasche und geben etwa 39 Pfd. Farbe.

Habich löst im Flammenofen geglühte Kupferasche, also Kupferoxyd, in Salpetersäure, fällt die erwärmte Lösung mit Soda, wäscht den Niederschlag und trägt ihn in eine neue Portion salpetersaure Kupferoxydlösung ein, wodurch sich basisch salpetersaures Kupferoxyd als grüner Niederschlag und Natronsalpeter als Lösung bildet, der durch Abdampfen gewonnen wird. Man löst nun in einem gusseisernen Gefäss Zink in Kali oder Natronlauge, so lange sich Gasblasen entwickeln und versetzt mit dieser Lösung das basische Kupfersalz, wodurch man ein schönes lockeres Bremerblau und als Nebenproduct wieder Natronsalpeter erhält.

Nach Heeren soll das Bremerblau aus basischem Kupferchlorid mit Kalilauge dargestellt werden.

Ein schönes Bremerblau oder Bergblau erhält man auch[*]), indem man gleiche Theile Kupfervitriol und Kochsalz in 8 Theilen kochendem Wasser löst, die Lösung mit 30 Theilen kaltem Wasser verdünnt, filtrirt und nun mit Kalkmilch fällt. Nach 24 Stunden dekantirt man, wäscht kalt aus und presst. Man schneidet den Niederschlag noch feucht in Tafeln und trocknet bei 40°. Man bringt die Tafeln dann in frisch bereiteten Kalkbrei, lässt sie 3 Wochen unter vorsichtigem Umrühren darin, verdünnt den Kalkbrei dann mit Wasser, nimmt die schön dunkelblau gewordenen Tafeln heraus, wäscht, trocknet und pulverisirt sie.

§. 58. Scheel'sches Grün.

Arsenigsaures Kupferoxyd. Die Arseniksäure. AsO^5, kommt mit dem Kupferoxyd verbunden in mehreren selteneren Mineralien vor, als dem Olivenit, Euchroit, Erinit, Kupferglimmer und anderen, die indessen sämmtlich technisch ohne Bedeutung sind. Die arsenige Säure dagegen liefert mit dem Kupferoxyd in dem Scheel'schen- und Schweinfurter-Grün zwar höchst giftige, aber ebenso brillante Farben, die um so mehr gesucht werden, als sie bis jetzt durch andere weniger schädliche Zusammensetzungen unerreicht geblieben sind.

Scheel'sches Grün, arsenigsaures Kupferoxyd, CuO. AsO^3, (schwedisches Grün, Mineralgrün).

Nach Gentele löst man 100 Pfd. Kupfervitriol in 1500 Pfd. Wasser, versetzt die geklärte Lösung mit einer heiss bereiteten, filtrirten Auflösung von 10—12 Pfd. arseniger Säure in 20 Pfd. Pottasche, die in dem nöthigen Wasser

---

*) Bischoff, pract. Arbeit im Laborator. p. 283.

gelöst wurde und fügt nun unter Umrühren eine aus 90 Pfd. Pottasche und 60 Pfd. Kalk bereitete Lauge hinzu. Man lässt absetzen, wäscht die Masse gut aus, presst sie, schneidet sie in breite, tafelförmige Stücke und trocknet. Die Farbe wird um so heller, je mehr Arsen angewendet wurde. Nach Scheele's Vorschrift versetzt man die obige Kupfervitriollösung mit einer Lösung von 33 Pfd. Arsenik und 100 Pfd. Pottasche in 500 Pfd. Wasser, wäscht aus und trocknet und erhält so ein hellgrünes Pulver, welches aus 44.43 CuO und 55.57 AsO³ zusammengesetzt ist.

§. 59.

Schweinfurter Grün, CuO.Ä+3CuO.AsO³ oder CuO.C⁴H³O³+HO+3CuO. AsO³; eine ausgezeichnet schöne, in Luft und Wetter sehr dauerhafte grüne Farbe, die namentlich in der Wasser-, seltener in der Oelmalerei verwendet wird und je nach ihrer Darstellung von verschiedener Schönheit ist. Zuerst 1814 von Russ und Sattler in Schweinfurt, nach Anderen zuerst vom Edlen von Mitis in Wien entdeckt und in der Fabrik zu Kirchberg dargestellt. Sie kommt unter den verschiedensten Namen in den Handel, wie denn die Bezeichnungen: Mitisgrün, Kirchberger-, Kaiser-, Papagei-, Neu-, Schwedisch-, Brixner-, Neuwieder-, Zwickauer-, Würzburger-, Pickel-, Baseler-, Eislebener-, Kurrer-, Jasnüger-, Cassler-, Löbschützer-Grün sämmtlich für dasselbe Präparat gebraucht werden.

Nach Braconnot*) löst man 30 Pfd. Kupfervitriol in möglichst wenig siedendem Wasser und fällt mit einer ebenfalls siedenden concentr. Lösung von 40 Pfd. Arsenik in Natronlauge. Zu dem schmutzig grünen Niederschlage setzt man nun Holzessig, bis die Mischung stark darnach riecht, also etwa 20 Maass auf obige Verhältnisse, filtrirt den entstehenden lebhaft grünen Brei schnell ab und wäscht mit siedendem Wasser gut aus.

Nach Ehrmann**) löst man gleiche Theile von neutralem Grünspan und Arsenik jedes für sich in Wasser, mischt die concentrirten Lösungen (Grünspan bildet keine vollständige Lösung) siedend und lässt den schmutzig grünen Niederschlag stehen, bis er sich nach einigen Stunden in lebhaft grünes, krystallinisches Schweinfurter-Grün umgesetzt hat. Durch Sieden geht die Zersetzung schneller vor sich, der Niederschlag ist aber lockerer und weniger schön grün. Am besten ist es, das Gemenge einige Tage mit seinem gleichen Volum Wasser verdünnt stehen zu lassen, dann zu filtriren und zu trocknen. Die Flüssigkeit enthält freie Essigsäure und wird zur Lösung neuer Mengen von Arsenik benutzt. Die Farbe enthält 31.29 Kupferoxyd, 10.06 Essigsäure und 58.65 arsenige Säure.

Nach Gentele***) hat man sich nicht blos vor allem Staub, sowohl des

---

*) Dingler, Bd. 9 S. 451.
**) Dingler 52, S. 271.
***) Gentele, Lehrb. d. Farbenfabr. 261.

Grüns als des Arseniks, sehr in Acht zu nehmen, sondern muss auch die Hände stets rein zu erhalten suchen und sich namentlich auch vor den kochenden Dämpfen der Arseniklösungen hüten. Indessen auch bei der grössten Vorsicht lässt sich der Eintritt der Arsenikkrankheit nur verschieben, aber kaum ganz vermeiden, welche namentlich durch schmerzhafte und eiternde Ausschläge an den Genitalien, wie an der Nasenwurzel characterisirt ist. Vor der rücksichtslosen Anwendung der Farbe kann nicht genug gewarnt werden. Bei Gentele entstanden durch das mit Schweinfurter-Grün lackirte Schweissleder der Mütze an der Stirn schmerzhafte eiternde Knoten. Viel gefährlicher noch erscheint die Verwendung der Verbindung zum Färben von Zeugen, da die Farbe auf diesen nur durch ein Bindemittel ziemlich lose befestigt ist, daher schon durch anhaltendes Schütteln und Reiben oder Waschen mit Wasser entfernt wird. Nach Ziurek beträgt bei den unter dem Namen „Tarlatan" verkauften Zeugen die Farbe 58.28 % vom Gewichte des ganzen Stoffes und es enthält somit eine etwa 550 Gramm schwere Robe über 300 Gramm Farbe und darin über 60 Gr. arsenige Säure.

Dass sich bei Anwendung der Farbe zum Anstrich der Stuben oder bei Verwendung zu Tapeten Arsenwasserstoff bilden und Vergiftungserscheinungen herbeiführen könnte, ist durchaus unbegründet; auch hier könnte nur die etwa durch Reiben losgerissene und verschluckte Farbe schaden.

F. Wirkung des Kupfers auf den menschlichen Körper.

§. 60. Nachtheile kupferner Kochgeschirre.

Wenn auch das metallische Kupfer als solches keine nachtheilige Wirkung auf den menschlichen Körper ausübt, so sind doch die Verbindungen desselben, namentlich die Oxyde und Salze, sehr giftig, und somit der Gebrauch kupferner, unverzinnter Kochgeschirre so viel als möglich zu beschränken.

Pleischl in Wien[*] wies Kupfer im Biere nach, obgleich die Gefässe, so weit sie vom kochenden Biere bedeckt waren, blank blieben, und fand ferner, dass nicht allein sehr verdünnte Essigsäure und Weinsteinsäure beim längeren Kochen etwas Kupfer auflösen, sondern auch, dass sich die im Sauerkraute enthaltene Milchsäure, ferner Kochsalzlösung und sogar eine Bouillon von Rindfleisch ebenso verhalten.

Die Anwendung kupferner Gefässe in Brennereien und Brauereien ist daher, wenn nicht die grösste Sorgfalt beim Reinigen derselben beobachtet wird, immer bedenklich. — Olivenöl[**] soll nicht nur ein vortreffliches Reagenz sein, um die Gegenwart eines Kupfersalzes in einer Flüssigkeit darzuthun, sondern auch zugleich ein sicheres Mittel, um derselben, besonders den Branntweinen, den Kupfergehalt vollkommen zu entziehen. Setzt man nämlich zu dem Ende einem

---

[*] Zeitschr. der Wiener Aerzte 1853 p. 307.
[**] Polytechn. Notizblatt 1853 p. 48.

solchen Branntwein einige Tropfen Olivenöl zu und schüttelt ihn tüchtig damit, so zeigt sich dieses nach einigen Minuten grünlich gefärbt, und enthält alles Kupfer, während im Branntwein keine Spur davon mehr nachweisbar ist. In derselben Weise nimmt nach Marx Butter*) in Wasser, worin selbst nur Spuren von Kupfer aufgelöst sich befinden, die man durch kein anderes Reagenz entdecken kann, nach einigen Tagen oder Stunden auf der Oberfläche eine grünliche Farbe an, indem das Fett jene Spuren concentrirt und deutlich erkennbar macht.

§. 61. Krankheiten der Kupferarbeiter.

In kleinen Dosen wird das Kupfer medicinisch angewendet, und leistet bei Krampfzuständen, Nervenkrankheiten, veralteten bösartigen Geschwüren gute Dienste.

In grösseren Dosen wirkt das Kupfer entschieden giftig, verursacht Darmentzündung, bringt die Funktionen des Nervensystems in Unordnung und kann den Tod herbeiführen.

Unleugbare**) Vergiftungen eigener Art verursacht das metallische Kupfer bei seiner bergmännischen Gewinnung und seiner Verarbeitung sowohl im reinen Zustande, als auch in seinen Legirungen. Arbeiter auf Kupferhämmern, Roth- und Gelbgiesser, Kupferschmiede u. s. w. werden daher nicht gar selten von der sogen. Kupferkrankheit heimgesucht.

Mit den Dämpfen beim Schmelzen und mit dem Staube bei der Verarbeitung des Kupfers, nehmen die Arbeiter nach und nach Kupfertheilchen in den Kreislauf auf, welche dann an allen Theilen des Organismus abgesetzt werden. Das Gesicht, die Haare, die Augen und Zähne nehmen allmählich einen grünen oder grüngelblichen Teint an. Auch die inneren Gewebe nehmen Theil an dieser Färbung, welche am deutlichsten an den Knochen und der weissen Masse des Gehirns zu erkennen ist. Ebenso hat man aus fast allen Flüssigkeiten des Organismus, dem Blut, Urin, der Galle und dem Speichel Kupfer in auffallender Menge darstellen können. Lange Zeit kann dieser Zustand bestehen, ehe daraus Störungen der Thätigkeit der einzelnen Organe erwachsen; nur äusserlich scheint sich der Körper verändert zu haben. Ausser der oben erwähnten grünen Färbung der Haare, Zähne und des Gesichts tritt nun bei weiteren Aufnahmen des Kupfers zunächst Abmagerung ein;***) der Körper des dem Gift unterstellten Arbeiters scheint kleiner geworden, er schrumpft gleichsam zusammen. Zumeist hört man nun über allgemeine Mattigkeit und Entkräftung klagen; der Eindruck, den die Arbeiter machen, ist der der Niedergeschlagenheit und Mattigkeit. Wird bei fortgesetztem Arbeiten dem Körper immer mehr Kupfer zugeführt, so entstehen unter Zunahme der Entkräftung und der bis zur Melancholie gesteigerten Niedergeschlagenheit mancherlei Leiden

---

*) Pol. Notizblatt 1863 p. 348.
**) Berliner Handwerkerzeitung: Verein Vorwärts, 1859 No. 14 u. 16.
***) Dies widerspricht direct den von Smee aufgestellten Behauptungen.

einzelner Organe. Zumeist ist jetzt der Appetit verloren gegangen, die Verdauungsorgane sind in einen leidenden Zustand gerathen; die Zunge ist grüngelb belegt, der Geschmack metallisch zusammenziehend, in der Magengegend stellt sich Gefühl von Druck ein und die Darmthätigkeit ist entweder träge, oder es treten wässerige Durchfälle ein. Gleichzeitig werden die Athmungs-Organe ergriffen, der Husten wächst bis zu einer ungewöhnlichen Höhe, wobei der ganz grüne Auswurf auffällig werden muss. Nimmt die Nasenschleimhaut an der Reizung der Athmungsorgane Theil, so treten die Erscheinungen des Stockschnupfens mit Verlust des Geruchvermögens auf.

Jetzt ist es die höchste Zeit, die Arbeit zu verlassen, denn noch können alle diese Leiden durch zweckmässige Behandlung bei behinderter Zufuhr von neuen Kupfertheilchen leicht zur Heilung gebracht werden, ehe es zur vollen Höhe der Vergiftung gekommen ist. Allein Unachtsamkeit und Fahrlässigkeit haben leider oft ein grösseres Beharrungsvermögen, als der Wille zum Rechten. Und „sie hämmern und arbeiten, bis sie ihr Grab sich bereiten." Nun nehmen die Leiden der Athmungsorgane zu, bilden sich zur Schwindsucht aus, oder gehen in asthmatische Beschwerden über, welche zum grössten Theile unheilbar sind; es entstehen wassersüchtige Anschwellungen und selbst Wassersuchten der Brust und des Unterleibes, die nicht selten zum Tode führen.

§. 62. Kupferkolik.

Indessen kommt es nicht immer zu dieser hochgradigen Ausbildung der Leiden der Respirationsorgane; statt dieser tritt dann die sogenannte Kupferkolik auf. Der Appetit geht gänzlich verloren, während der Speichel reichlich fliesst und die Mundhöhle erfüllt. Hierzu gesellen sich starkes Aufstossen, Brechneigung, wirkliches Erbrechen, Beklemmung in der Magengegend, ziehende Schmerzen im Unterleibe, Neigung 'zu Diarrhoen. Nach 4—5 Tagen treten heftige über den ganzen Unterleib verbreitete Schmerzen ein, die zeitweise zunehmen und wieder nachlassen. Nach jedem Auftreten findet Durchfall statt, 20—30 mal täglich, wobei gewöhnlich schleimige, grünliche mit Blut durchsetzte Massen entleert werden. Fieber, quälender Durst, allgemeine Unbehaglichkeit, Unruhe, Schlaflosigkeit, Angstgefühl und die traurige Gemüthsstimmung des Patienten vollenden das Bild der Kupferkrankheit in diesem ausgebildeten Stadium.

Wenn die Krankheit in der Regel auch geheilt wird, so ist doch die Reconvalescenz eine sehr langsame und es dauert oft Monate, ehe der Patient wieder arbeitsfähig wird. Sehr häufig bleiben chronische Störungen der Verdauungsorgane zurück, welche die Lebensdauer beeinträchtigen. Letztere bleibt unter den Kupferarbeitern überhaupt unter dem gewöhnlichen Maasse zurück, wenn es auch nicht zum Ausbruch der Kupferkolik gekommen ist. Im vierzigsten und wenn es hoch kommt, im fünfzigsten Jahre treten meist die characteristischen Symptome des Greisenalters ein und nicht selten erfolgt der Tod schon in diesem Lebensalter unter den Zeichen allgemeiner Entkräftung, oder unter schleichenden Krankheits-Processen der Athmungsorgane.

§. 63. Gegengift gegen Kupfervergiftungen.

Vergiftungen durch Kupfersalze sind ungleich seltener im technischen Betriebe und meist Folgen von Fahrlässigkeit oder Unsauberkeit. Dagegen sind sogenannte zufällige und absichtliche Vergiftungen öfter beobachtet worden. Entzündung der Magen- und Darmschleimhaut sind die Folgen, deren Heftigkeit und Gefährlichkeit im gleichen Verhältniss steht zur Masse des aufgenommenen Giftes und zu der Dauer seiner Wirkung. Brand, Durchlöcherung der Eingeweide und der Tod beschliessen die traurige Scene, wenn nicht frühzeitig Hülfe geschafft wird. Auch in günstigeren Fällen bleiben noch langdauernde Störungen, namentlich fast unheilbare Lähmungen, zurück.

Auch Smee*) hält zwar die fortwährende Beschäftigung mit galvanoplastischen Arbeiten im Allgemeinen für durchaus nicht nachtheilig, glaubt indessen doch, dass schon die wiederholte Benetzung der Finger mit Kupfervitriol, wenn man sich nicht reinigt, schädlich wirken könne, und man habe sich demnach vor den Kupfersalzen im Allgemeinen so viel als möglich zu hüten. Uebrigens mag hier noch bemerkt werden, dass Grünspan und Schweinfurter Grün ungleich gefährlicher sind, als Kupfervitriol.

Ein eigentliches Gegengift gegen das Kupfer giebt es nicht. Eiweiss mit Wasser angerührt und getrunken, so wie auch Kleber oder Milch in grossen Mengen genossen, leisten noch die sicherste Hülfe, indem das Eiweiss sich augenblicklich mit dem Kupferoxyd zu einer weissbläulichen unlöslichen Masse vereinigt und dann durch Erbrechen aus dem Magen entfernt werden kann. — Dumas empfiehlt das ferrum limatum, feinstes Eisenpulver, welches das Kupfer galvanisch fällen und dadurch unschädlich machen soll; es steht indessen an Schnelligkeit und Sicherheit der Wirkung dem Eiweiss nach.

Dasselbe möchte von der von einigen Seiten empfohlenen Anwendung von Zuckerwasser gelten.

Endlich ist hier noch ein entschiedener Missbrauch des Kupfervitrioles anzuführen, der unter Umständen die gefährlichsten Folgen haben kann. In Frankreich und England**) setzt man nehmlich zu feuchtem Mehle Kupfervitriol, um die Gährung desselben zu beschleunigen und zu verstärken. Diese Wirkung äussert sich noch, wenn nur $\frac{1}{70000}$ zugesetzt wird, was ungefähr 1 Pfd. Kupfer auf 300.000 Pfd. Brod ausmacht. Das Verhältniss, wobei der Teig am besten geht, ist $\frac{1}{3000}$ bis $\frac{1}{1500}$. Bei mehr Kupfer wird das Brod feucht, weniger weiss und nimmt einen eigenen unangenehmen Geruch nach Sauerteig an. Für Roggenmehl scheint dieser Zusatz ganz unanwendbar zu sein, da dies nur noch

---

*) Smee, Electrometallurgie p. XII.
**) Polytechn. Centralhalle 1850 p. 2.

feuchter wird. Ein confiscirtes und mir zur Untersuchung zugegangenes durchaus feuchtes und ungeniessbares Roggenbrod, sogenannter Pumpernickel, enthielt auf 100 Pfund vom angewendeten Mehle nicht weniger als 1 Loth des höchst schädlichen Salzes. Von der Gegenwart des Kupfers in verdächtigem Brode kann man sich leicht überzeugen, wenn man das Brod in einem Tiegel einäschert, die Asche mit Salpetersäure erhitzt, die überschüssige Säure verdampft und den Rückstand mit Ammoniak übergiesst, welches bei Gegenwart von Kupfer dieses durch tiefblaue Färbung anzeigt.

Cap. 4. Zur Mineralogie des Kupfers.

§. 64. Vorkommen in Organismen; Erze im Allgemeinen.

Das Kupfer ist sehr weit verbreitet und fehlt auch in den organischen Naturproducten nicht. Aus der Ackerkrume sammeln es die Pflanzen und mit diesen gelangt es in allerdings sehr geringer Menge in den Kreislauf der thierischen Organismen. Namentlich findet man es in vielen Mollusken, die in Folge davon oft blaues Blut haben, so wie in einzelnen Fischen, wie z. B. Cheilines, die aus dieser Ursache blaue oder grüne Knochen haben.

Cuzent*) untersuchte grüne Austern, die aus England von einer Bank in der Nähe einer Kupfermine stammten. Sie waren nicht blaugrün, wie die kupferfreien Austern, sondern grasgrün und hatten zu mehreren Vergiftungen Veranlassung gegeben. Beim Uebergiessen mit Ammoniak färbte sich das Fleisch dunkelblau. Uebergoss man sie mit Essig und steckte dann eine Nähnadel in's Fleisch, so war diese schon nach einer Minute mit rothem metallischen Kupfer überzogen.

Um so weniger können die Versuche von Piesse befremden, der an den Seiten seines, zwischen Marseille, Sardinien und Corsica fahrenden Dampfers einen Sack mit Nägel- und Eisendrehspänen aufgehängt hatte und nach einigen Reisen eine ansehnliche Menge Kupfer auf dem Eisen niedergeschlagen fand. Diese Thatsache möchte vielleicht zur Erklärung der blauen Farbe gewisser Meere dienen können. Béchamp hat eine gewisse Menge Kupferoxyd in den warmen Quellen und Soolen von Balaruc entdeckt, die eine constante Beimengung zu bilden scheint, und Moitessier fand es später in mehreren anderen Gewässern.

Man weiss längst, dass mehrere Pflanzen ziemlich bedeutende Mengen von Kupfer enthalten; so hat man z. B. im Kilogr. Weizen 4.96 Mgm., und zwar in der Kleie mehr als im Mehle gefunden. Kaffee enthält doppelt so viel als

---

*) Compt. rend. t. 56 p. 402 durch Journ. f. pr. Chemie 88 p. 446.

der Weizen, die graue Chinarinde und der Krapp halb so viel. Weniger gross
scheint der Gehalt in thierischen Stoffen: Sargeau fand im Kilogr. Ochsenfleisch
1 Milligr. Kupfer; auch hat man seine Gegenwart im Blute nachgewiesen.[*]

In den verschiedensten Gebirgsformationen kommt dasselbe gediegen, oxydirt, geschwefelt oder mit Antimon und Arsen verbunden vor. Die geschwefelten
Erze sind die häufigsten.

Die Zusammensetzung der Erze und der Gangarten, mit denen sie brechen,
haben den grössten Einfluss auf den Gang der Zugutemachung, wie auf die
Güte des gewonnenen Kupfers. Namentlich sind es Arsen und Antimon, die
die Reinigung des Kupfers unendlich erschweren.

Es würde zu weit führen, alle Mineralgattungen, die mehr oder weniger
Kupfer enthalten, anzugeben, da die meisten derselben, wenn auch reich an
Kupfer, doch zu selten sind, um für sich verhüttet zu werden, daher nur gelegentlich mit anderen Kupfererzen gemeinsam zu gute gemacht oder auf Antimon, Arsen, Silber u. s. w. verarbeitet werden, so dass das gewonnene Kupfer
höchstens als Nebenproduct anzusehen ist. Die für Gewinnung von Kupfer
wirklich wichtigen Erze sind folgende:

§. 65. Gediegenes Kupfer.

1. Gediegenes Kupfer. Es erscheint zum Theil krystallisirt in Würfeln,
mit oder ohne die Flächen des Octaeders, Granatoeders oder Pyramidenwürfels,
ferner als Draht, baumförmig, moosförmig, in Blattform oder unregelmässigen
Massen, Körnern oder Klumpen. Härte 2.5—3, spec. Gewicht 8.5—8.9. Kupferroth und metallglänzend, zuweilen gelbbraun bis dunkelbraun angelaufen oder
mit grünem Ueberzug. Es wird meist für sehr rein gehalten, doch fand Haute-
feuille[**] in einem gediegenen Kupfer vom Lake superior: Kupfer 69.28, Silber
5.45, Quecksilber 0.02, Gangart 25.25.

Vorkommen: In kleinen Mengen findet es sich an sehr vielen Kupfer-
lagerstätten, am schönsten und häufigsten im Ural, Süd-Amerika und am Oberen
See in Nord-Amerika. — Süd-Amerika liefert namentlich aus Chili unter dem
Namen copper sand oder copper barilla kleine Körner, die 60—85 % Kupfer
neben 15—40 % Quarzsand enthalten. Sie werden nach Frankreich, namentlich
aber nach England verschifft und in Swansea verhüttet. — Am interessantesten
und wichtigsten ist unbedingt das Vorkommen am Lake superior oder Oberen-
See. In einem, wahrscheinlich den ältesten Schichten der silurischen Epoche,
also der mittleren Grauwacke angehörigen Gebirge, findet sich daselbst das
Kupfer theils in Geschieben bis zu mehreren 1000 Pfd. frei umherliegend, theils
auf Gängen mit Quarz, Chlorit, Kalkspath u. s. w. Auf diesen Gängen findet
man es entweder in dünnen Blättchen und kleinen Körnern, die in die Gangarten mehr oder weniger vertheilt und eingesprengt sind, oder in grösseren

---

[*] Le credit minier. 2. Jahrg. No. 54—56.
[**] Percy, Metallurgie, Bd. 1. 284.

fast reinen Stücken, ja zum Theil in Massen von mehr als 2000 Ctr. Eine Kluft in der Clif mine am Eagle river von 8—14" Breite wurde mit einer festen Kupfermasse gefüllt gefunden, die 1600 Ctr. wog[*]. Im Jahre 1856 wurde eine ungeheure Masse gefördert, die mehr als 20000 Ctr. reines Kupfer lieferte.[**] Die grösseren Massen werden durch Handscheidung von den beigemengten erdigen Theilen befreit und enthalten dann 65—85 % reines oder nur wenig Silber haltiges Kupfer. Die Gangarten dagegen, denen das Kupfer mechanisch beigemengt ist, werden auf Pochstempeln, dann mittelst der Setzsiebe u. s. w. in Schlich verwandelt, der 45—60 % reines Kupfer enthält. Fast immer ist Silber im Kupfer enthalten, welches ihm in der Regel zwar nur mechanisch beigemengt ist, indessen weder durch die Aufbereitung noch durch Schmelzung vom Kupfer getrennt werden kann. Die Ausbeute der in mehreren Hütten unweit Detroit und Pittsburg verschmolzenen Erze beträgt nach Rivot jetzt jährlich an 100,000 Ctr., nach Brush im Jahre 1858 120,000 Ctr.[***], lässt sich aber noch beträchtlich steigern.

§. 66. Rothkupfererz und Kupferschwärze.

Von den oxydirten Erzen, welche die Oxyde des Kupfers und die Salze umfassen, haben erstere, die Oxyde, nur eine mineralogische Wichtigkeit, da sie nirgend in solcher Menge auftreten, um für sich selbst zu gute gemacht zu werden. Es gehören dahin:

2. Rothkupfererz, Cu^2O, mit 88.78 Kupfer, welches stets sehr rein ist und meist in Octaedern, aber auch in Granatoedern und Würfeln, sowie in Combinationen dieser Krystalle untereinander, ausserdem derb, eingesprengt oder erdig vorkommt. Die Farbe desselben ist cochenilleroth mit lebhaftem Glanz; die Härte 3.5—4; das Gew. 5.89—6.15. Varietäten desselben sind die haarförmige Kupferblüthe (Chalcotrichit) und wohl auch das Kupferbraun oder Ziegelerz, ein Gemenge von Brauneisenstein mit erdigem Rothkupfererz in wechselnden Verhältnissen.

3. Kupferschwärze, CuO, von schwarzer oder blauschwarzer Farbe, dicht, erdig, traubig oder als Anflug. Härte 3, spec. Gew. 5.14—5.95. Es scheint ein Product der Zersetzung zu sein und wird für sich allein ebensowenig verhüttet als das Kupferpecherz, ein wechselndes Gemenge von Kupferschwärze und Rotheisenstein, welches durch Zersetzung des Kupferkieses entstanden zu sein scheint. Viel wichtiger sind die Salze.

§. 67. Kupferlasur und Kupfermalachit.

4. Kupferlasur. $2 CuO.CO^2 + CuO.HO$. Krystallisirt in meist sehr kleinen, glasglänzenden, zwei- und eingliedrigen rhombischen Säulen oder Tafeln, die in der Regel zu rindenartigen Ueberzügen oder Knollen verbunden sind.

---

[*] Girard, Handbuch der Mineralogie p. 607.
[**] Rivot principes generaux du traitement des minerals metalliques p. 25.
[***] Rivot a. a. O.

Auch kuglige, nierenförmige und namentlich erdige Massen sind häufig. Die Härte ist 3.5—4.0; das Gewicht 3.77—3.88; die Farbe lasur- bis schwärzlich-blau. Als Product der Zersetzung oder Oxydation älterer Kupfererze findet sich das Lasurerz als steter Begleiter derselben auf Gängen und Lagern, selten aber, wie früher bei Chessy unweit Lyon in genügender Menge, um für sich verhüttet zu werden. Es enthält: 69.09 Kupferoxyd, 25.96 Kohlensäure und 5.22 Wasser, also 55.3 % Kupfer. Das Kupfersammterz von Moldawa im Banat, kurze haarförmige Krystalle, die einen sammetartigen Ueberzug bilden, ist wohl nur eine Varietät desselben.

5. Malachit, $2CuO.CO^1+HO$, mit 72.82 % Kupferoxyd, 20 Kohlensäure und 8.18 Wasser, also etwa 58 % Cu. Es findet sich selten in kleinen zwei- und eingliedrigen Krystallen, meist in nadel- oder haarförmigen Massen, die zu büschel- oder sternförmigen, sammetähnlichen Drusen oder zu knolligen, kuge-ligen nierenförmigen oder tropfsteinartigen Gestalten verbunden sind; ausserdem dicht oder erdig. Härte 3.5—4; Gew. 3.71—4.06. Farbe smaragdgrün, spang-grün oder grasgrün mit Glasglanz oder Seidenglanz. — Vorkommen: sehr allgemein auf Kupfererzlagerstätten mit anderen Kupfererzen; in grosser Menge im Ural und Altai, wo die schönen Stücke zu allerlei Schmucksachen, beson-ders Tischplatten, Vasen, Uhrgehäusen etc. verarbeitet werden. Da seine nieren-förmigen Stücke aber keine grösseren zusammenhängenden Massen liefern, so werden viele kleinere genau zusammengekittet und dann geschliffen.

§. 68. Atakamit, Kieselkupfererz, Dioptas.

6. Atakamit oder Salzkupfererz, $3CuO.HO+CuCl$. Es findet sich zu-weilen als Anflug auf Laven im Vesuv, in grosser Menge aber in Peru und Chili, namentlich in der Wüste Atakama, wird von dort nach Europa zur Ver-hüttung ausgeführt, und liefert 45—60 % vom besten Kupfer. Es bildet schöne smaragdgrüne, glasglänzende, theils krystallinisch körnige, theils nierenförmige und tropfsteinartige Massen.

7. Kieselkupfererz oder Kupfergrün, $CuO.SiO^2+2HO$; in unkrystalli-nischen, dichten, kugeligen, nierenförmigen oder tropfsteinartigen Massen oder derb; Härte 2.5—3.5, Gew. 2—3.3; schwach fett- bis glasglänzend, spangrün oder himmelblau. Es kommt auf Kupfererzlagerstätten ziemlich weit verbreitet vor, in grösserer, bauwürdiger Menge nur im Ural und Chili. Es ist ein sehr gutes Erz, welches leicht schmilzt und 25—30 % Kupfer giebt. — Als Varie-täten desselben, die sich chemisch nur durch die Menge des Wassers zu unter-scheiden scheinen, schliessen sich die metallurgisch unwichtigen Dioptas, Kupferblau und Malachitkiesel hier an.

§. 69. Kupferglanz, Kupferkies, Buntkupfererz, Fahlerz.

Die nun anzuführenden Erze sind Verbindungen des Kupfers mit Schwefel, sowie mit Arsen und Antimon. Es sind dies diejenigen Erze, aus denen, das sie am häufigsten auftreten, das meiste Kupfer gewonnen wird.

8. **Kupferglanz** oder **Kupferglas**, Cu^2S, mit 79.73 Kupfer und 20.27 Schwefel. Es findet sich zuweilen krystallisirt, meist aber derb, mitunter als Vererzungsmittel von Pflanzentheilen (Frankenberger Kornähren), ist sehr milde, so dass es sich späneln lässt, von schwärzlich bleigrauer Farbe, zuweilen blau angelaufen. Härte 2.5—3, Gewicht 5.7. Es ist ziemlich verbreitet auf Erzgängen und Lagerstätten in krystallinischen und Schiefergesteinen mit anderen Schwefelkupfererzen und ist ein sehr reiches und gutes Erz, welches oft grössere oder kleinere Mengen von Schwefelsilber enthält.

9. **Kupferkies**, **Gelbkupfererz**, $CuS+FeS$, oder besser $Cu^2S+Fe^2S^3$, mit 34.5 Kupfer, 30.5 Eisen und 35 Schwefel; in kleinen Krystallen des zweiund einaxigen Systems, meist aber derb und eingesprengt. Härte 3.5—4, Gewicht 4.1—4.3; Farbe metallglänzend messinggelb oder goldgelb und oft bunt angelaufen. Es ist das verbreitetste Erz und findet sich auf Gängen und Lagern in verschiedenen krystallinischen und älteren Schiefergesteinen, auf Klüften und Nestern im Kupferschiefer und Zechstein, sowie im Muschelkalke in Begleitung von Fahlerz, Bleiglanz und andern geschwefelten Erzen. Da dieselben bei der Aufbereitung nicht getrennt werden können, so haben sie natürlich auf den Gang des Hüttenprocesses und auf die Güte des erzeugten Kupfers einen grossen Einfluss. Die reichsten und reinsten Kiese liefern Australien, Süd-Amerika, das Cap, Toskana; sie werden meist in England verhüttet. Doch hat dies, sowie Irland, auch selbst viel Kupferkies, der aber Arsenikkies und Zinnstein enthält. Skandinavien hat zu Atvidaberg in Ostgothland, Fahlun in Schweden, Röraas in Norwegen bedeutende Mengen von Kupferkies, der namentlich mit Schwefelkies und Blende gemengt ist und im Mittel 5 % sehr gutes Kupfer giebt. Deutschland hat ziemlich viel Kupferkies. Der **Kupferschiefer**, ein bituminöser Mergelschiefer, der zum jüngeren Uebergangsgebirge gehört, enthält namentlich Kupferkies und andere Schwefelkupfererze, und ist das Haupterz, welches im Mannsfeld'schen auf Kupfer verhüttet wird.

Im Harze, sowie im Erzgebirge sind Kupferkiese sehr häufig von Bleiglanz, auch wohl von Blende begleitet und geben zu einem sehr verwickelten Hüttenprocesse Veranlassung. In Ungarn ist das häufig vorkommende Kupfer im Allgemeinen Nebenproduct, während Silber und Blei Hauptproducte sind. Frankreich und Spanien sind im Ganzen arm an Kupfererzen; reich dagegen ist der Ural und Kleinasien, wo die Gruben von Tokate zu den reichsten der Erde gehören und jährlich 25,000 Ctr. Kupfer und 8000 Ctr. Silber liefern.

10. **Buntkupfererz**, $3Cu^2S+Fe^2S^3$ oder $Cu^2S+CuS+FeS$, mit 55.6 Kupfer, 28 Schwefel, 16.4 Eisen; doch schwankt durch Beimengung von Kupferglanz und Kupferkies, die dasselbe stets begleiten, der Kupfergehalt zwischen 56 und 71 %. Es krystallisirt im regulären Systeme, findet sich aber meist derb, in körnigen oder dichten Massen. Härte 3, spec. Gewicht 4.9—5.1; Farbe tombakbraun, buntanlaufend, metallglänzend. Es kommt nur an wenigen Orten und zwar immer mit Kupferkies vor.

11. **Fahlerz**, von sehr wechselnder Zusammensetzung, stahlgrau bis eisenschwarz, stark glänzend, krystallisirt oder derb und eingesprengt. Aus den Untersuchungen von Rose folgt, dass sie bald viel, bald wenig oder gar kein Silber enthalten und dass der Gehalt an Silber wächst, wie der an Kupfer abnimmt, so dass man Silberfahlerze und Kupferfahlerze unterscheiden kann. Eine endgültige, allgemeine Formel ist für dieselben noch nicht aufgestellt. Silberarmes enthält bis 48 % Kupfer, silberreiches dagegen bis 15 % Kupfer, wogegen der Silbergehalt bis 31 % steigen kann. — In hüttenmännischer Beziehung unterscheidet man solche mit viel Arsen und wenig Antimon, andere mit viel Antimon und wenig Arsenik, endlich bleihaltige Fahlerze, bei denen das Blei chemisch gebunden oder als Bleiglanz dem Kupfererz nur innig eingemengt ist. Die Verhüttung derselben ist schwierig; in der Regel werden sie gemengt mit anderen Kupferzen unter Zusatz von viel Schwefelkies verhüttet.

Von ganz untergeordneter Bedeutung sind die Verbindungen des Kupferoxydes mit Arsensäure: Kupferglimmer, Kupferschaum, Erinit, Euchroit, Linsenerz und Olivenerz; ebenso die Verbindungen mit Phosphorsäure: Libethkupfererz; endlich die Verbindungen mit Selen: Selenkupfer, Selenkupferblei und Selenkupfersilber, welche sämmtlich, obwohl reich an Kupfer, doch zu selten sind, um weitere Anführung beanspruchen zu können. Dasselbe gilt von dem Kupfer, Blei, Antimon und Schwefel enthaltenden Bournonit.

§. 70. Kupferausbeute.

Die Angaben darüber sind sehr variirend. Jene von Whitney, aus einem amerikanischen Journale, beziehen sich auf das Jahr 1854, die von Hartmann sind dessen Uebersetzung von Rivot's Kupferhüttenkunde aus dem Jahre 1860 entlehnt.

	Whitney	Hartmann
	In Centnern	
Russisches Reich	130,000	130,000
Schweden	30,000	45,000
Norwegen	11,000	
Grossbritannien	290,000	350,000
Preussen . . . . · . . .	30,000	35,000
Harz	3,000	5,000
Belgien	—	2,000
Oesterreich, namentl. Ungarn	66,000	50,000
Spanien	10,000	12,000
Italien	5,000	5,000
Africa	12,000	12,000
Ostindien	60,000	60,000
Oceanien	70,000	70,000
Chili	280,000	280,000
Bolivia und Peru	30,000	30,000
Cuba	40,000	40,000
Nord-America	70,000	200,000
Production der ganzen Erde	1,137,000	1,326,000

Für Preussen ergiebt sich*) folgendes Verhältniss: Haupterz ist Kupferkies, Hauptbergwerke sind bei Eisleben, Siegen, Coblenz, wenig in Schlesien. Der Ertrag belief sich im Jahre 1857 im

thüring.-sächsischen Bezirk auf 24,639 Ctr.

rheinischen Bezirk . . . . . 7,268 Ctr.

in Schlesien . . . . 39 Ctr.

Summa in Preussen 1857 = 31,946 Ctr.

im Werthe von 1.281,286 Thalern.

Spaniens Kupfer stand bei den Römern schon in grossem Ansehen; wenigstens sagt Plinius, „das marianische Kupfer, welches auch das korbunensische genannt wird, ist jetzt am höchsten geschätzt." Der Bergbau von Linares und Rio Tinto ist uralt, wurde schon von den Karthagern betrieben und ist seit dieser Zeit nie liegen geblieben. Der Ertrag hat natürlich sehr gewechselt; er betrug nach Karsten**) im Jahre 1830 etwa 1000 Ctr., hat sich aber seit dieser Zeit ungemein gehoben, da Bauer***) die Production zu 12,000 Ctr. in 177 Gruben, Hartmann†) sogar zu 40,000 Ctr. angiebt.

Die Gesammtproduction Europa's, die uralischen Bergwerke mitgerechnet, beträgt also nach obigen Angaben 634,000 Ctr., wovon auf England allein etwa 54 %, auf Russland 20⅒ %, auf Deutschland 7 % kommen. Ganz Amerika mit 550,000 Ctr. liefert fast die Hälfte des gesammten, in Gewerben und Künsten eine so wichtige Rolle spielenden Kupfers.

Die Marktpreise des Kupfers sind nach den verschiedenen Sorten verschieden, und auch etwas je nach dem Preise der Metalle im Allgemeinen schwankend, wiewohl sie sich seit Jahren höher als je gehalten haben, und wechseln jetzt nach den Sorten zwischen 33 und 43 Thalern, im Mittel 38½ Thlr. für den Centner. Es ergiebt dies als Gesammtwerth des sämmtlichen, jährlich producirten Kupfers (1.326,000 Ctr.) etwa 51 Mill. Thaler. Der hohe Preis des Kupfers ist bedingt durch die sehr schwierigen und langwierigen Arbeiten bei dem Kupferhüttenprocess, der heut im Wesentlichen noch ebenso betrieben wird, wie vor 500 Jahren. Jede, auch die geringste Verbesserung, die in dieser Beziehung gemacht wird, ist daher anerkennenswerth.

§. 71. Kupfer als Handelswaare.

In den Handel kommt das Kupfer in Blöcken, Barren, Platten, runden Kuchen, endlich in Form von Münzen (Kopekenkupfer) und als altes Geschirr. Folgende sind die wichtigsten Sorten.

Das japanesische, das reinste und beste, in kleinen den Siegellackstangen ähnlichen, schön rothen Stäben, spielt in Ostindien eine sehr wichtige

---

*) Preussisches Jahrbuch für 1860 u. 61.

**) Karsten, System der Metallurgie I. 385.

***) Bauer, Atlas für Industrie und Handel. 1857.

†) Hartmann, Fortschritte der metallurgischen Hüttengewerbe für 1858.

Rolle. Die Holländer führen gegen 14,000 Ctr. nach Batavia, die Chinesen 16—20,000 Ctr. nach Cantou aus.

Persisches Kupfer kommt von Abuschir und Bassorah aus in ziemlicher Menge nach Calcutta.

Englisches Kupfer kommt entweder in Stücken oder gekörnt in den Handel. Von ersterem unterscheidet man though cake (grosse viereckige Tafeln) und tile copper (dünne Tafeln) von geringerer Geschmeidigkeit. Vom gekörnten hat man eine Sorte in rauhen, federförmigen und eine andre in glatten, bohnenförmigen Stücken (feather shot und bean shot). Ersteres entsteht durch Körnen in kaltem Wasser und dient zur Messingfabrikation; das letztere, in heissem Wasser gekörnt, wird zu Draht verarbeitet. Eine ordinäre, mit Blei versetzte Sorte wird zu Gusswaaren verwendet und heisst Potmetall.

Russland liefert aus den Minen im Altai und Ural ein sehr reines, hochgeschätztes Kupfer, welches unter dem Namen der Hüttenbesitzer (Packkof, Demidoff, Gregori etc.) in Barren von verschiedener Grösse in den Handel kommt.

Schwedisches Kupfer ist meist Rosettenkupfer in unregelmässigen runden Platten, die geborsten, blasig und löcherig, von 1—2 Fuss Durchmesser und ungleicher Dicke sind. Neu-Bergschlag heisst das aus den neuen Gruben gewonnene; es ist härter, schwerer zu bearbeiten und wohlfeiler, als das aus den älteren Gruben gewonnene, Alt-Bergschlag genannte. Münzplatten sind kleine viereckige Platten von $5\frac{1}{4}$ Pfd. Schwere, die in jeder Ecke mit einer Krone gestempelt sind. Sie gehören zu den besten Kupfersorten. Die reichsten Kupferbergwerke sind die von Fahlun und Garpenberg in Dalekarlien, der Ertrag aber gegen frühere Zeiten auf fast $\frac{1}{4}$ gesunken.

Norwegisches Kupfer von Röraus bei Droutheim steht dem schwedischen an Güte sehr nach.

Der österreichische Staat, überaus reich an Metallen jeder Art, so auch an Kupfer in seinen einzelnen Theilen, namentlich in Ungarn, liefert viel Kupfer von verschiedener, zum Theil vorzüglicher Güte.

Das levantische oder Toka-Kupfer stammt von Tokat in Kleinasien, dessen Bergwerke für Rechnung der türkischen Regierung bebaut werden. Man hat eine sehr reine rothe und eine graue Sorte, die eisen-, blei- und schwefelhaltig ist. Es kommt in Broden von ca. 60 Pfd. mit abgerundeten Kanten in den Handel.

Tangoulkupfer heisst eine aus der Berberei stammende Sorte, die drei an einander sitzende Brode bildet.

Peruanisches Kupfer ist schwärzlich, brüchig und schwefelhaltig und bildet Blöcke von verschiedener Form und Grösse.

Chilesisches Kupfer, in ungeheurer Menge in der Provinz Coquimbo gewonnen, ist reiner; die Blöcke sind unregelmässig.

Mexicanisches Kupfer, sehr unrein, bildet ebenfalls sehr unregelmässige Blöcke. Die drei letzten Sorten, früher namentlich in den Vereinigten Staaten verarbeitet, werden jetzt zum Theil auch nach Europa, namentlich England und Frankreich, verschifft; ebenso chilesische und peruanische Erze.

Der Kupferhandel concentrirt sich namentlich auf Hamburg, Stockholm, Gothenburg, Kopenhagen, Goslar, Wien, Triest, Amsterdam und London. Kupferböden werden besonders nach Frankreich an die Grünspanfabriken geliefert. Man nennt Kupferschlag das grobe, dünne und schiefrige, Kupferbraun das feine und dünne Kupfer. Arkokupfer heissen alle die Kupfersorten, die zwar Gaimei annehmen, aber rothbrüchig sind und desshalb vorzüglich zu Gusswaaren verbraucht werden.

Cap. 5. Der Kupferhüttenprocess.

§. 72. Hüttenmännische Unterscheidung der Erze.

Je nach den verschiedenen Arten der Kupfererze sind nun auch die Reductionsmethoden derselben in den verschiedenen Gegenden sehr abweichend.

In hüttenmännischer Beziehung kann man fünf Classen der Erze unterscheiden:

1. Erze, die neben Kupferkies viel Eisenkies, dagegen wenig oder kein kohlensaures Kupferoxyd enthalten und etwa 3—16 % Kupfer geben.

2. Erze derselben Art, nur reicher, so dass sie 15—20 % Kupfer liefern.

3. Kiese mit viel kohlensaurem Kupferoxyd, aber wenig Schwefelkies.

4. Erze, die vorzugsweise aus kohlensaurem Kupferoxyd, oder reinem Kupferoxyd mit wenig Kupferkies bestehen und etwa 20—30 % Kupfer liefern.

5. Chilesische und australische Erze, die in England verhüttet werden und etwa 80 % Kupfer enthalten.

Der Hauptsache nach zerfällt also der Hüttenprocess in die Verhüttung der ockrigen Erze, der kiesigen Erze und die Gewinnung des Cämentkupfers.

§. 73. Gang des Hüttenprocesses im Allgemeinen.

Da die am häufigsten verhütteten Kupfererze eben Kiese sind, so ist auch die Darstellung des Kupfers aus diesen unbedingt am wichtigsten. Im Allgemeinen kann man 3 Hauptarbeiten unterscheiden:

1. Das Brennen oder Rösten der Erze, wodurch Wasser, Kohlensäure, Bitumen und nicht unbedeutende Mengen von Schwefel, Arsen, Antimon verflüchtigt werden und ein Theil des Schwefeleisens in Eisenoxyd übergeht.

2. Die Roharbeit, wobei die gerösteten Erze mit den nöthigen Zuschlägen von Kalkspath, Flussspath und Schlacken geschmolzen werden. Die Kieselsäure verbindet sich mit den Erden und mit Eisenoxydul zu einer kupferfreien Rohschlacke, während alles Kupfer als Schwefelkupfer im Rohstein zurück-

bleibt. Es ist derselbe also ein Gemenge von Schwefelmetallen, unter denen
Schwefelkupfer und Schwefeleisen vorherrschen. Würde man die Erze sofort
stark abrösten, um sogleich Schwarzkupfer zu erhalten, so würde ein Theil des
Kupfers verschlackt werden, während das Schwarzkupfer selbst sehr unrein
ausfiele.

3. **Die Schwarzkupferarbeit.** Der Rohstein enthält, wie eben bemerkt,
namentlich Schwefelkupfer. Durch Rösten bildet sich zuerst schwefelsaures
Kupferoxyd, Kupferoxyd und freie schweflige Säure: bei fortgesetztem Rösten
nur Kupferoxyd. Wird die Röstung unterbrochen, während noch unzersetztes
Halbschwefelkupfer vorhanden ist, und das Ganze zum Schmelzen erhitzt, oder
die schon vitriolhaltige Masse mit Kohle geschmolzen und dadurch zu Halbschwefelkupfer reducirt, so erfolgt durch gegenseitige Einwirkung des Halb-
schwefelkupfers und Kupferoxydes die Bildung von metallischem Kupfer. Dies
ist der leitende Gedanke bei der Schwarzkupferarbeit. Es wird der Rohstein
also geröstet und, wenn die ursprünglichen Erze sehr rein waren, sofort auf
Schwarzkupfer verschmolzen, wobei als Nebenproducte die Schwarzkupfer-
schlacken und der sehr kupferreiche Dünnstein erhalten werden. Waren
die Erze dagegen unrein, so wird der weniger geröstete Rohstein mit Schlacken-
zusätzen concentrirt oder gespurt, d. h. auf einen kupferreicheren und
reineren Stein, den Concentrationsstein oder Spurstein, verschmolzen.
Schwefeleisen und andere Schwefelmetalle gehen dabei in die Spurschlacke.
Der nun abermals geröstete Spurstein wird dann auf Schwarzkupfer, Dünnstein, und der endlich nochmals geröstete Dünnstein schliesslich auch noch auf
ein sehr reines Schwarzkupfer verschmolzen.

Diese Processe nun werden entweder, wie fast allgemein auf dem europäischen Continent, in einem Schachtofen ausgeführt, oder, wie namentlich
in England geschieht, in einem Flammenofen. Man unterscheidet danach die
ältere, continentale Methode und die neuere, englische Methode.

I. Die continentale Methode.

Sie zerfällt in 8 verschiedene Processe: 1) das Rösten der Erze, 2) das
Rohschmelzen, 3) das Rösten des Rohsteins, 4) die Concentrationsarbeit, 5) die
Schwarzkupferarbeit, 6) das Saigern, 7) das Garmachen und Spleissen, 8) das
Hammergarmachen.

Es ist übrigens nicht nöthig, dass ein Erz alle diese Processe durchmache.
Der Saigerprocess z. B., durch den das Silber dem Kupfer entzogen und ein
sehr unreines Kupfer gewonnen wird, dessen Weiterverarbeitung selbst wieder
zu mehreren Zwischenarbeiten Veranlassung giebt, fällt natürlich aus, wenn
das Erz kein Silber enthält. Auch die Concentrationsarbeit ist nicht in allen
Fällen nöthig und tritt nur ein, wenn die Erze zu arm und unrein sind, um
den gerösteten Rohstein sofort auf Schwarzkupfer zu verhütten.

§. 75.

1. Das Rösten des Erzes.

Die Ausführung desselben hat den Zweck, die Metalle in den Erzen zu oxydiren und flüchtige Stoffe, Wasser, Bitumen, Schwefel, Arsen, Antimon entweder durch die erhöhte Temperatur allein, oder durch gleichzeitigen Einfluss der atmosphärischen Luft zu entfernen. Indessen hat man dafür zu sorgen, dass nicht zu viel Schwefel verjagt wird, sondern noch genug zur Bildung des Kupfersteines übrig bleibt.

Die Kiese werden zuerst durch Pochen und Waschen aufbereitet, wodurch die Bergarten weggeschafft, die Erze also concentrirt werden. Hierauf schreitet man zum Rösten, welches, je nach dem Brennmaterial, der Natur der Erze und den örtlichen Verhältnissen, in offenen Haufen, Röststadeln oder Schachten, seltener in Flammenöfen ausgeführt wird, obwohl die letzteren namentlich bei Arsen oder Antimon haltigen Erzen ganz vorzügliche Dienste leisten, indem sich die gebildeten antimon- und arsensauren Salze durch reducirende Zuschläge besser entfernen lassen.

Die Rösthaufen bilden in Goslar eine quadratische, abgestumpfte Pyramide von unten 30', oben 10', Seite und 7' Höhe, und werden so construirt, dass man auf einem Bette von klaren Kohlen oder eine Unterlage von Kupfererzschlich eine doppelte Reihe über das Kreuz gelegtes Scheitholz oder Reiswellen a schichtet, in denen 4 Zugcanäle von der Mitte der Seiten nach dem Centrum gehen und hier in einen Hauptcanal C münden. Dieser Hauptcanal ist viereckig und aus starken Brettern zusammengefügt,

die im Innern noch Querhölzer als Streben erhalten, um die Haltbarkeit desselben zu erhöhen. Man bildet nun den Kern des Haufens aus grobem, nicht über faustgrossem Stuferz, schichtet darüber weniger grobes und bildet die äussere Decke, den Mantel, f, 10—12 Zoll dick von Schlich. Das an der Basis des Canales C befindliche Brennmaterial wird nun in Brand gesetzt, der das Hauptrohr schnell verzehrt und sich bald durch den ganzen Haufen fortpflanzt. Der Schwefel entweicht zum Theil als schweflige Säure, ein kleinerer Theil sammelt sich in den Gruben, die man in die Oberfläche der Haufen einstampft, flüssig an, wird mit Kellen ausgeschöpft und gereinigt. Die Schwefelausbeute wechselt, und beträgt täglich oft 20—25 Pfd., verringert sich aber auch zuweilen so bedeutend, dass der Ertrag fast Null ist. Es hängt dies von der Jahreszeit, Windrichtung und Sorgfalt der Arbeiter ab. Die Röstung eines solchen Haufens, der etwa 5000 Ctr. fasst und etwa 30—40 Ctr. Schwefel liefert, dauert 20, bei ungünstiger Witterung sogar 30 Wochen. Sie muss der besseren Abröstung wegen in der Regel noch zwei Mal wiederholt werden, wobei man einige der schon gerösteten Haufen zu einem neuen vereinigt und beim zweiten Male 6—10 Wochen, beim dritten Male 4—5 Wochen rösten lässt.

Aehnlich ist das Verfahren im Mansfeld'schen, wo der Kupferschiefer in gewaltigen Haufen von 18 — 36,000 Ctr. auf Reisigwellen aufgestürzt und in Brand gesetzt wird. Der Gehalt an Bitumen unterstützt hier die Röstung wesentlich. Auch in Fahlun in Schweden röstet man in Haufen.

§. 76.

Die Röststadeln haben auf 3 Seiten gemauerte Wände, die mit einigen Oeffnungen versehen sind, um den Zug zu erleichtern. Die nach der offenen Seite hin geneigte Sohle ist in der Regel mit Steinen gemauert. Sie erhält zuerst ein Holzbett, darauf gröbere, dann kleinere Stücke; die Decke bildet auch hier Grubenklein, welches festgeschlagen wird und dem Rauch keinen Abzug gestattet. Er muss daher in die Canäle in der Mauer ziehen und dort den Schwefel in Verdichtungskammern absetzen. Ein Stadel fasst 80—100 Ctr. Erz und die Röstung dauert einige Wochen. Das im ersten Stadel geröstete Erz kommt dann in den zweiten, dritten u. s. w.; durch öfteres Wenden sucht man das Zusammensintern der Erze sorgfältig zu vermeiden. Je langsamer der Röstprocess geht, um so sicherer ist das Resultat. Man bedeckt deshalb die Rösthaufen oft mit klaren Erzen. Auch hierbei geht ein grosser Theil des Schwefels verloren, da nur ein kleiner Theil sich in angebrachten Gruben sammelt, oder in den Schwefelfängen als Sublimat absetzt.

§. 77.

Zweckmässiger sind zum vollkommenen Auffangen des Schwefels die Röstöfen, grosse, bis 20 Fuss hohe Schachtöfen, die oben zunächst der Gicht mit einem gemauerten Canal, dem Condensator, verbunden sind. Das Erz wird auf der Sohle des Ofens zuerst durch Holz oder Reisig in Brand gesetzt, muss dann aber von selbst fortbrennen. Mehrere angebrachte Luftzüge dienen zur Regulirung des Feuers. Die Gicht aber wird, nachdem das Erz in Brand ist, sorgfältig geschlossen, damit sich alle Erze im Condensator absetzen. Der erhaltene Schwefel reagirt von etwas schwefliger Säure stets sauer. Sind die Erze geröstet, so werden sie unten gezogen und oben neue aufgeschüttet, die Gicht aber darauf wieder vollständig geschlossen. Diese gerösteten Erze werden nochmals zerkleinert und im beistehenden Flammenofen von Neuem geröstet. Oft

geschieht dies schon mit den rohen Erzen, oder mit solchen, die vorher schon in Röststadeln behandelt worden waren. Die Flammenöfen, deren Sohle A sehr sorgfältig zubereitet und in vielen Fällen mit feuerfesten Steinen gepflastert ist, um das zu röstende Erz besser umrühren zu können, gestatten durch ihre Oeff-

nungen B eine sehr genaue Regulirung des Luftstromes und somit eine viel regelmässigere Röstung als die Schachtöfen. Die Erze werden hier durch eine mit Trichter versehene Oeffnung H in der Haube aufgegeben, so dass diese Oefen im Wesentlichen den weiter unten beim englischen Verfahren angewendeten gleichen.

§. 78.

2. Das Erzschmelzen, Rohschmelzen oder Suluschmelzen.

Die gerösteten Erze müssen nun zerkleinert werden. Man bewirkt es durch Quetschwalzen, zwischen die das geröstete Erz fällt, oder durch ein Trockenpochwerk oder durch senkrechte Mühlsteine. Das Schmelzen selbst wird in 15—20 Fuss hohen, am Boden 26 Zoll, bei den Düsen 39 Zoll weiten Schachtöfen theils mit Holzkohlen, theils mit Koks vorgenommen. Sie sind unten aus quarzigem Sandstein, oben aus Mauerstein gebaut und haben eine nach vorn geneigte Sohle G. In der Regel sind auf der Rückseite 2 Oeffnungen für die Düsen des Gebläses angebracht, C, welches die bis auf 120° erwärmte Luft zuführt, und auf der Brustseite B 2 Abstichöffnungen, die Augen, D, durch die das flüssige Metall mit der Schlacke durch 2 kurze Canäle, die Spuren, E, in schalenförmige Vertiefungen, die Spurtiegel, F, abfliesst. Stein und Schlacken fliessen fortwährend durch das eine Auge ab und sammeln sich im Spurtiegel; während dieser Zeit bleibt das andere Auge geschlossen. Ist der Tiegel gefüllt, so schliesst man das erste Auge und öffnet das zweite. Man leert nun den ersten Tiegel, formt die Schlacken in der Regel zu sehr brauchbaren Bausteinen und hebt den Kupferstein in Scheiben ab, sowie er erstarrt. Ein anderer Theil der Schlacken bildet den Zuschlag bei späteren Steinschmel-

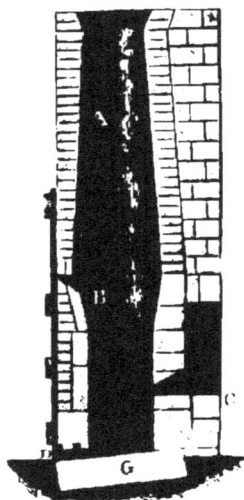

zungen. Das Ganze ist durch eine Esse, oder vielmehr durch einen Schacht von 40 Fuss Höhe, A, überdeckt, der die schädlichen Gase aus dem Bereich der Arbeiter ableitet.

In diesen Oefen wird nun das pulverisirte Röstgut mit Quarz oder kieseligen Zuschlägen verschmolzen. — Die Beschaffenheit der Zuschläge oder Flüsse, die man anzuwenden hat, richtet sich nach der Natur der Erze. Man macht deshalb vor dem Schmelzen im Grossen Beschickungsproben und sucht dahin zu wirken, dass ausser Kieselsäure immer auch Kalk und Thonerde genug vorhanden sind, um ein Bisilicat zu bilden. Häufig giebt man zur Beförderung des Schmelzens alte kupferreiche Schlacken oder Flussspath mit auf. Bei sehr reichen geschwefelten Erzen thut ein Zuschlag von Quarz gute Dienste zur Verschlackung des Eisens und Erzeugung eines besseren Kupfers.

Während nun so das Eisen zum grossen Theil in die Rohschlacke oder Schwielschlacke geführt wird und der noch vorhandene Schwefel zu schwefliger Säure verbrennt, wird das im Röstgut enthaltene oxydirte Kupfer zum Theil reducirt. Der grössere Theil aber verbindet sich mit dem Schwefel, so dass der Kupferstein oder Rohstein qualitativ nicht von den gerösteten Erzen verschieden ist, quantitativ aber durch das Vorherrschen des Kupfers (im Durchschnitt 32 %) und das Zurücktreten der übrigen Stoffe wesentlich abweicht. Als Beispiel der Zusammensetzung mögen folgende Analysen dienen.*)

1) Rohschlacke (nach Genth)		2. Kupferstein von Riechelsdorf (nach Genth)		3. Kupferstein (nach Bergsten)	
SiO^3	48.23	Cu	43.81	Cu	8.85
FeO	14.13	Fe	23.96	Fe	60.30
CuO	0.58	Pb	0.87	Zn	1.09
MnO	0.65	Ni	1.14	S	26.07
CaO	23.06	Mn	2.33	MgO	0.61
MgO	3.35	Ag	0.09	SiO^3	1.78
Al^3O^3	6.51	Ca	0.96		
KO, NaO	4.60	S	26.57		
CoO,NiO,MoO	Spur				
	101.11		99.76		98.70

*) Muspratt, Chemie, bearb. von Stohmann I. p. 1139.

Zuweilen scheidet sich auch, je nach der Natur der verhütteten Erze, eine Speise, Arsenkönig oder Königskupfer ab, welche meistens mit dem gerösteten Rohstein verschmolzen wird, wiewohl man sie mitunter auch zu Nickel- oder Kobaltspeise concentrirt. Unter dem Kupferstein endlich befindet sich im Ofen oft eine Masse von metallischem Eisen, die Eisensau, Eisenkloss oder Wolf, die namentlich dann entsteht, wenn Mangel an Kieselsäure war und sehr nachtheilig auf den Gang des Ofens einwirkt.

§. 79.
3. Das Rösten des Rohsteines.

Der erhaltene Kupferstein, welcher kaum $\frac{1}{10}$ vom Gewicht des verschmolzenen Erzes bildet, wird nun zerkleinert und wiederholt (bis 10 mal) in Haufen oder Stadeln geröstet, um die darin enthaltenen Schwefelmetalle möglichst vollständig in schwefelsaure Salze überzuführen. Die weitere Verarbeitung der gerösteten Masse richtet sich theils nach den örtlichen Verhältnissen, theils nach der Zusammensetzung der ursprünglich angewendeten Erze. Im Mansfeldischen wird auf einigen Hütten der Stein von der dritten Röstung an nach jedem Rösten in grossen hölzernen Bottichen, die terrassenförmig übereinander aufgestellt sind, ausgelaugt, wobei die Lauge aus dem letzten Bottich so concentrirt abläuft, dass sie nur noch wenig in Bleipfannen eingedampft zu werden braucht, um zu krystallisiren und Kupfervitriol zu liefern.

§. 80.
4. Die Concentrationsarbeit.

Waren die Erze sehr unrein, namentlich mit viel Bleiglanz, Zinkblende und Fahlerz gemengt, so röstet man den in Nr. 2 erhaltenen Kupferstein nicht vollständig ab, sondern schmilzt die unvollkommen geröstete Masse, den Spurrost wie beim Rohschmelzen in einem Schachtofen unter Zusatz von reichen Schlacken. Man nennt den Process das Spuren oder die Concentrationsarbeit, den erhaltenen Stein aber Spurstein, Concentrationsstein oder Doppellech. Er enthält etwa 60 % Kupfer, während ein grosser Theil der fremden Beimengungen verschlackt wurde.

§. 81.
5. Die Schwarzkupferarbeit, das Schwarzmachen oder Rohkupferschmelzen.

Der erhaltene Spurstein wird nun wie jeder andere Stein durch wiederholte, 10—16malige Röstung vollständig abgeröstet und in schwefelsaure Salze verwandelt. Man nennt dies das Garrösten und das Product den Garrost. Er ist spröde und gleicht an Farbe dem Rothkupfererz, hat aber zuweilen eine bläulich-graue Schattirung. Da er neben etwas metallischem Kupfer verschiedene Mengen von Kupfervitriol enthält, so muss er zerkleinert und ausgelaugt werden, was zuweilen nach einer jedesmaligen Röstung geschieht. Die Schmelzung des Garrostes erfolgt nun in niedrigen Schachtöfen, Krummöfen, unter Zusatz von 25 % des ausgelaugten Rohsteines. — Da durch das Rösten der Schwefelgehalt bedeutend verringert worden ist, so reicht derselbe nicht mehr aus, um alles reducirte Kupfer aufzunehmen, sondern verbindet sich nur mit einem kleinen Theile desselben zu Dünnstein, Armstein oder Ober-lech, der eine dünne Schicht über dem Schwarzkupfer bildet, wieder geröstet und wie Kupferstein behandelt wird. Er enthält nach einer Analyse von Berthier: Cu 57.8, Fe 15.8, S 22.6.

Das meiste Kupfer dagegen sammelt sich auf der Sohle des Ofens an, als Schwarzkupfer, Rohkupfer, Gelbkupfer oder Verblasenkupfer. Es fliesst mit dem Dünnstein und der Schlacke zusammen unausgesetzt in eine vor dem Ofen befindliche Vertiefung ab. Die Schlacke wird abgezogen; der Dünnstein erstarrt dann zuerst und wird von dem noch flüssigen Kupfer ab-gehoben, darauf in einzelnen Scheiben auch dieses, in dem Maasse, als die Oberfläche erstarrt. Die Schlacke enthält nach Genth ungefähr: 48 % Eisen-oxydul und 32 % Kieselsäure. Das Uebrige (20 %) sind andere Metall-oxyde, Erden und etwa 1 % Kupfer.

Das Schwarzkupfer, von sehr wechselnder Zusammensetzung, ist bisher weniger auf seine selbstständige Verwerthung, als auf seine Zusammensetzung Behufs seiner Reinigung von fremden Metallen untersucht. Wesentliche Bei-mengung ist das Eisen, welches zuweilen 7—8, ja bis 11 % beträgt und das Kupfer spröde und hart macht. Eine Angabe von Dumas, nach welcher durch Zusammenschmelzen von 200 Kupfer und 10 Roheisen eine homogene und in der Kälte dehnbare Legirung erhalten werden soll, ist durchaus zu bezweifeln und mag in einer Verwechselung mit der Beobachtung Rieman's ihren Grund haben, nach der 200 Th. graues Gusseisen und 10 Th. Kupfer eine sehr harte, dichte, gleichartige zu Ambosen brauchbare Legirung geben.

Das Schwarzkupfer, sehr spröde, körnig, schmutzigbraun, erscheint zu-weilen in deutlichen Octaedern krystallisirt, häufig krystallinisch mit feinstäng-licher Structur.[*) Seine Zusammensetzung ist, wie bemerkt, höchst wechselnd. Es finden sich darin, ausser Kupfer und dem nie fehlenden Eisen, noch Nickel, Kobalt, Mangan, Zink, Silber, Blei, Wismuth, Zinn, Antimon, Gold, Calcium, Kalium, Arsen, Schwefel, Silicium. Die Mengen aller genannten Stoffe sind natürlich höchst verschieden. Blei z. B. kann hier fehlen, während es in einem andern Falle bis 42.66 % steigt. In demselben Maasse wird sich natürlich der Gehalt an Kupfer verringern, so dass es zwischen 49.50 und 99.44 % schwankt.

Auch Nickel, Silber und Schwefel gehören zu den gewöhnlichen Beimen-gungen, und steigt die Menge des Silbers bis 1.39, die des Nickels bis 10, die

---

*) Gurlt, Pyrochem. Mineralogie p. 11 und 17.

des Schwefels bis 11.31 %. Die übrigen Verunreinigungen kommen nur in dem einen oder anderen Schwarzkupfer vor.

Beispielsweise mögen hier folgende Analysen von Schwarzkupfer angegeben werden, von denen No. 1 von Berthier, No. 2 von Margerin ausgeführt ist; No. 3 ist nach Wagner australisches Schwarzkupfer, wie es jetzt in Menge nach England eingeführt wird.

	I.	II.	III.
Cu	95.45	89.3	99.85
Fe	3.50	6.5	—
Fe²O³	—	2.1	—
Ag	0 19		Spuren
Pb	—	—	0 12
Bi	—	—	0.28
SiO²	—	1.3	—
S	0.56	0.31	0.25
Au, Sb, As, Sn	—	—	Spuren
	100.00	99.80	100

§. 82.

6. Das Saigern.

Enthält das Schwarzkupfer Silber, und zwar so viel, dass dessen Gewinnung als lohnend angesehen werden darf, so lässt man dem Garmachen das Saigern vorangehen, wobei man das Schwarzkupfer mit Blei zusammenschmilzt und dann durch Ausbraten, Saigern, dieser Legirung das silberhaltige Blei entzieht. Es wird im Vereine mit den andern Entsilberungsmethoden später genauer beschrieben werden.

§. 83.

7. Das Garmachen und Spleissen.

Enthält das Schwarzkupfer keine beachtenswerthe Menge von Silber, so fällt der Saigerprocess aus und man schreitet sofort zum Garmachen, wodurch die wechselnden Beimengungen von Eisen, Schwefel, Antimon u. s. w., die das Kupfer theils roth-, theils kaltbrüchig und zur Verarbeitung vollständig unbrauchbar machen, entfernt werden.

Man schmilzt zu dem Zwecke das Schwarzkupfer vor einem starken Gebläse, wobei die fremden Metalle als leichter oxydirbar in die Schlacke gehen, während das reine Kupfer zurückbleibt. Je nach den angewendeten Feuerungsanlagen unterscheidet man das Garmachen in Herden, Spleissöfen und Raffinir-Oefen.

Die kleinen Garherde oder Rosettirherde bestehen im Wesentlichen aus einer halbkugligen, tiegelförmigen Vertiefung, a, die in ein Mauerwerk m versenkt und mit schwerem Gestübbe (3 Th. feuerfester Thon und 1 Th. Kohlenlösche) ausgestampft ist. Er hat zum besseren Zusammenhalten der Kohlen einen Randaufsatz c, worin sich eine Oeffnung d befindet, die durch ein Thürchen geschlossen werden kann. Hinter einer niederen Mauer neben dem Kessel

liegt das Gebläse t, welches durch 2 Düsen E reichlich Luft auf den Herd führt, auf welchem 6 — 7 Ctr. Schwarzkupfer und Holzkohle nach und nach eingeschmolzen werden. Durch den Sauerstoff der zugeführten Luft werden nun Schwefel, Arsen, Antimon oxydirt und verflüchtigt, während Eisenoxydul, Kupferoxydul und Bleioxyd die sehr kupferreiche Garschlacke oder Garkrätze bilden, die auf der Oberfläche des Kupfers schwimmt, durch den Canal i abfliesst oder durch die Oeffnung d abgezogen wird. Die ersten Schlacken enthalten viel Eisenoxydul und sind grün gefärbt, die letzten sind dunkelroth, enthalten viel Kupferoxydul und werden später wieder zu Gute gemacht. Von Zeit zu Zeit taucht der Arbeiter eine Eisenstange, das Gareisen, in das geschmolzene Kupfer und prüft an der Biegsamkeit des daran hängenden erstarrten Kupfers, des Garspans, dessen Beschaffenheit. Ist dasselbe sowohl rothglühend als kalt gehörig geschmeidig, so ist das Kupfer gar. Das Gebläse wird nun eingestellt, der Herd von Kohlen und Schlacken gereinigt und Kohlenklein aufgestreut. Ist das Kupfer darunter etwas abgekühlt und hat es eine dünne Kruste erhalten, so sprengt man vorsichtig Wasser auf die Kruste, um das Kupfer oberflächlich vollends zum Erstarren zu bringen. Giebt man zu wenig Wasser, so wölbt sich die Scheibe nicht, giebt man zu viel, so wird sie zu stark. Kommt noch flüssiges Kupfer mit dem Wasser in Berührung, so giebt es sehr leicht eine Explosion.

§. 84.

Durch diese Abkühlung trennen sich die Scheibenränder vom Herde, so dass man nur mit dem Meissel nachzuhelfen braucht, und mit der Zange die Scheibe oder Rosette abnehmen kann, die man sofort im Löschtroge abkühlt, um die Oxydation des Kupfers zu verhüten. Man nennt dies das Scheibenreissen, Rosettenreissen oder Spleissen. Man setzt dies fort, bis alles Kupfer zu Rosetten geformt ist. Fangen die Scheiben an, nicht mehr gut zu steigen, so ist das Kupfer ungar und muss nochmals gegart werden. Man erhält von 6 — 7 Ctr. Rohkupfer 80 — 100 Scheiben. Im mehrjährigen Durchschnitt gaben 100 Ctr. Schwarzkupfer direct 89.47 Ctr. Garkupfer und

aus ihrer Garkrätze noch 5.54 Centner, zusammen also 95.01 Centner Garkupfer.*) Nach Regnault ist der Verlust bedeutend grösser. Je reiner das
Kupfer, um so dünner fallen die Scheiben aus. Sie sind oberflächlich glatt,
unten und am Rande zackig und haben auf der oberen Seite zuweilen eine
dünne Haut von Kupferoxydul. Betrügerischer Weise kann man übrigens auch
aus unreinem Kupfer möglichst dünne Scheiben reissen, wenn man kurz vor
dem letzten Abräumen etwas Blei zusetzt. Dies verleiht zwar ein besseres
Aussehen, aber 1 % Blei macht das Kupfer vollkommen, 0.1 % wenigstens zu
feineren Sachen untauglich.

Da beim Scheibenreissen oftmals durch Explosionen Unglücksfälle entstehen und ein Verlust von abbröckelndem Kupfer sich nicht gut vermeiden
lässt, so zieht man es wohl hier und da, z. B. auf mehreren schwedischen
Hütten, vor, das Kupfer in Formen zu giessen.

§. 85. **Zusammensetzung des Garkupfers und der Garschlacken.**

Als Beispiel der Zusammensetzung eines Garkupfers mögen folgende Analysen**) dienen:

	Schwedisches Garkupfer	Kupferstäbchen nach Lobell	Riechelsdorfer Garkupfer obere Scheibe	Riechelsdorfer Garkupfer untere Scheibe
Cu	99.65	98.25	83.00	87.75
Pb	0.75	1.09	—	—
Ag	0.23	0.13	—	—
Fe	0.05	0.13	0.80	0.30
Ni	—	0.23	12.10	7.85
Al	0.02	0.05	—	—
Mg	0.03	0.10	—	—
Ca	0.09		—	—
Si	0.12	—	—	—
O	0.05	—	3.70	2.58
	99.99	99.98	99.60	98.48

Die Rosetten sind, wie aus der dritten und vierten Untersuchung hervorgeht, nicht immer gleich in ihrer Zusammensetzung. Im Mansfeldischen und
zu Riechelsdorf hat man die obersten Scheiben beim Garmachen vorzugsweise
nickelreich gefunden. In zwei chinesischen Garkupfern fand man 17.56 und
35.84 % Zink, also hinlänglich genug, um solches Kupfer für Messing zu erklären. Es würde interessant sein, bestimmt zu wissen, ob hier eine absichtliche Legirung des Kupfers mit Zink vorliegt, oder ob etwa durch Ausschmel-
zung von Aurichalcit $(CuO.ZnO)CO^2+(CuO.ZnO)HO$ oder einem ähnlich zusammengesetzten Erze diese Mischungen entstanden sind.

*) Hartmann, das Kupfer und Zink. p. 156.
**) Muspratt, Chemie I. p. 1146.

Als Beispiele von der Zusammensetzung der Garschlacken dienen folgende:

	von Gröthal	von Blechbrödorf
SiO^2	7.04	7.88
Cu^2O	23.90	1.26
PbO	53.20	—
NiO	11.15	3.59
CoO	0.90	—
FeO	1.50	82.49
Al^2O^3	1.45	0.61
MoO	—	2.36
CaO	—	1.70
KO	—	0.31
NaO	—	0.25
	99.14	100.65

§. 86. Garmachen im französischen Spleissofen.

Anstatt des kleinen Garherdes, auf dem bei grossem Verbrauch von Brennmaterial verhältnissmässig nur kleine Mengen von Kupfer zugleich in Angriff genommen werden können, bei dem man auch blos mit Holzkohle oder allenfalls mit Koks arbeiten kann, wendet man jetzt häufiger den französischen Spleissofen oder grossen Garherd an, der ausser der gleichzeitigen Verarbeitung grösserer Quantitäten noch namentlich den Vortheil einer vollkommeneren Reinigung des Schwarzkupfers gewährt. Es ist dies ein gewöhnlicher mit Steinkohlen zu betreibender Flammenofen, dessen Herdmasse a aus schwerem Gestübbe oder aus Thon und Sand besteht. Man trägt in denselben 30—60 Ctr. Schwarzkupfer zu gleicher Zeit ein und schmilzt es ebenfalls vor einem Gebläse. Ist das Kupfer gar, so sticht man es auf der dem Gebläse gegenüberliegenden Seite in zwei Spleissherden, h, ab, die aus derselben Masse construirt sind, wie der Hauptherd, bei 3—4 Fuss Durchmesser etwa 16 Zoll Tiefe haben und 25—30 Centner Metall fassen. Aus ihnen wird nun das Kupfer wie früher beim Garherde in Scheiben gerissen, die übrigens reiner sind als die dort erhaltenen. Während des Ausfliessens des Metalles wird ein röthlicher Dampf ausgestossen, welcher aus sehr kleinen Kügelchen besteht, die sich mit ausser-

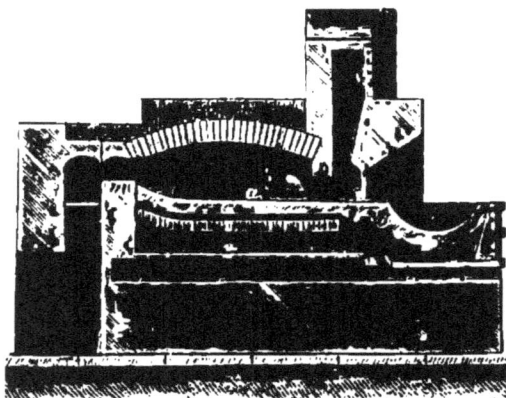

ordentlicher Geschwindig-
keit um ihre Axe drehen und
der Analyse zufolge aus
einem Korn von metalli-
schem Kupfer und einem
äusseren Ueberzuge von
Kupferoxydul bestehen.

Das Garmachen endlich
in Raffiniröfen oder Zug-
flammenöfen ist dem in
Spleissöfen ähnlich, unterscheidet sich aber insofern,
als man in ersteren beliebig
reduciren und oxydiren und
deshalb selbst aus unreinem
Schwarzkupfer sofort ham-
mergares Kupfer herstellen kann. Ursprünglich eine Abtheilung der englischen
Methode, bei der es auch später genauer besprochen wird, hat man es seiner
Vorzüge wegen auch hier und da in deutschen Hütten bereits eingeführt.

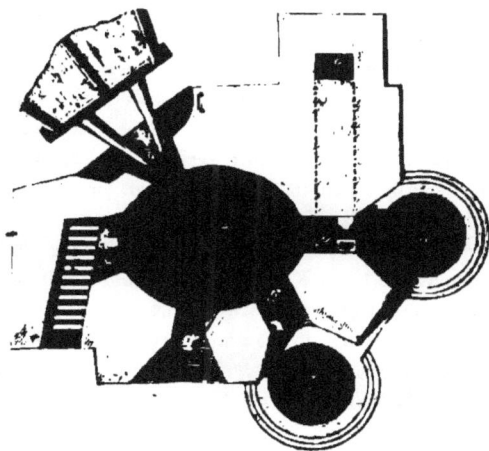

§. 87.

8. Das Hammergarmachen.

Auch das erhaltene Rosettenkupfer ist noch nicht vollständig rein und zur
Verarbeitung tauglich, da es, wie wir oben sahen, noch Antheile von vielerlei
Metallen, wenn auch in unbedeutenden Mengen enthält, die die Eigenschaften
des Kupfers wesentlich verändern. Ausserdem hat es noch Kupferoxydul aufgenommen, welches, mit dem regulinischen Kupfer völlig vereinigt, sich durch
blosses Umschmelzen ohne Reductionsmittel nicht wieder entfernen lässt und
das Kupfer kaltbrüchig macht.

Zur Beseitigung dieser Stoffe nun, und namentlich des Kupferoxyduls, wird
solches, übergar genanntes Kupfer noch einem reducirenden Processe, dem
Hammergarmachen oder Reductionsschmelzen unterworfen, wodurch
man endlich das hammergare Kupfer erhält. Dieser Process ist bald vom
vorigen scharf getrennt, und wird zum Theil von den einzelnen Verarbeitern
des Kupfers vorgenommen, bald ist er so wenig getrennt, dass das Kupfer in
einer ununterbrochenen Folge der einzelnen Arbeiten in den Zustand des käuf-
lichen reinen Kupfers gelangt.

In der Regel werden zu diesem Zweck 3—6 Ctr. übergares Kupfer zwischen
Kohlen in einem gewöhnlichen Garherd eingeschmolzen, so dass die zugeführte
erhitzte Luft, durch die Kohlen streichend, Kohlenoxydgas bildet, welches nun
unter Bildung von Kohlensäure das Kupferoxydul zu metallischem Kupfer
reducirt. Während nämlich bei dem Rohgarmachen die Form des Gebläses

dicht über dem Kupferspiegel liegt, und so eine stark oxydirende Wirkung
ausübt, legt man beim Hammergarmachen die Form einige Zoll höher, so dass
die hinzugeleitete Luft nur zu den Kohlen gelangen kann, wodurch dann Kohlenoxydgas entsteht und dem Kupfer zugeführt wird.

Bleibt das Kupfer zu lange mit den Kohlen in Berührung, so nimmt es
leicht etwas Kohlenstoff auf, verliert ausserdem zu viel Kupferoxydul und ist
dann ebenfalls nicht hämmerbar. Man nennt es zu junges Kupfer, in England überpoltes Kupfer (overpoled copper). Indem man in diesem Falle die
Luft direct auf das Kupfer leitet, oxydirt man den aufgenommenen Kohlenstoff
und einen Theil des Kupfers wieder und stellt so die Gare wieder her. Den
Zeitpunkt der richtigen Gare erfährt man, indem man mittelst des Gareisens
rasch nacheinander Proben aus dem Herde nimmt und zusieht, ob der Gar-
span sich bei gewöhnlicher Temperatur ohne Kantenrisse hämmerbar zeigt.
Man stellt dann das Gebläse ab und giesst das Kupfer in Formen. Ganz reines,
hammergares Kupfer muss einen fleischrothen Bruch zeigen, beim Schmieden
sehnig werden und gleichartig in Farbe und Glanz sein.

Hammergares Kupfer ist selten krystallisirt; ebenso selten ist es ganz
rein. Solches von Dillenburg enthielt nach der Analyse: Cu 99.944 Ag 0.056;
solches von Riechelsdorf: Cu 99.31, Ni 0.28, Pb 0.21, Fe 0.02, Ag 0.10, Ca
0.03, Mg 0.61, K 0.04. — Auch die meisten andern hammergaren Kupfersorten
enthalten nach Kerl[*]) Blei und Silber; in englischen Sorten findet sich zuweilen Antimon; in schwedischen Zinn. Durch das darin mitenthaltene Kupferoxydul werden die schädlichen Beimengungen von Eisen, Blei, Zinn u. s. w.,
wie schon bei den Eigenschaften ausgeführt wurde, neutralisirt und das Kupfer
auf diese Art hammergar gemacht.

II. Englische Methode, oder Schmelzung in Flammenöfen.

§. 88. Die in England verhütteten Erze. Grossartigkeit des Betriebes.

England, obwohl selbst sehr reich an Kupfererzen in Cornwales, Nord-
wales, Westmoreland, den angrenzenden Theilen von Lancashire und Cumber-
land, sowie in Schottland und Irland, führt doch noch bedeutende Mengen von
Erzen aus Chili, Peru, Australien, Cuba und Norwegen ein. Die bedeutendsten Kupferwerke sind zu Swansea, auf der Insel Anglesea, in Staffordshire
und bei Liverpool.

Hieraus folgt schon, dass die Erze von sehr verschiedenem Werthe sein
müssen. Die zur Verhüttung kommenden Erze sind daher sehr ungleich und
enthalten namentlich neben Schwefelkies noch Arsenkies, Fahlerz und Zinnoxyd. Ausserdem werden noch oxydirte und kohlensaure Erze, Kupferglühspan
und reiche Schlacken zu Gute gemacht. Die Grossartigkeit des Betriebes geht
daraus hervor, dass z. B. 1857 von den Schmelzwerken zu Swansea allein

---

[*]) Bruno Kerl, metall. Hüttenkunde I. 704.

201,958 Tonnen, also über 4 Mill. Ctr. Kupfererze, unter diesen 40,000 Tonnen amerikanischer und australischer Erze, mit einem Gesammtkupfergehalt von 20,823 Tonnen (400,000 Ctr.) für den Preis von mehr als 1½ Mill. Pf. Sterl. angekauft wurden, und dass seit dieser Zeit der Betrieb in stetem Zunehmen geblieben ist. Mangel an Holzkohlen und Ueberfluss an Steinkohlen führten in England, wie beim Eisenhüttenprocess, so auch beim Kupfer, zur Anwendung von Flammenöfen. Sie werden über lang oder kurz auch auf dem Continente Eingang finden müssen, da sie, abgesehen vom billigeren Brennmaterial, vielfache Vortheile gewähren und namentlich ein weit besseres Kupfer liefern, welches nur dem russischen und australischen an Güte nachsteht. Es ist indessen auch nicht zu verkennen, dass die durch das englische Verfahren erzielte Zeitersparniss nur durch einen übermässigen Aufwand von Brennmaterial möglich wurde. Um also für irgend eine gegebene Localität die Vorzüge des einen oder des anderen Verfahrens festzusetzen, müsste man sonach den Werth des Arbeitslohnes, des Brennmaterials und die Interessen des zur Gewinnung oder zum Einkaufe der Erze verwendeten Capitals gegen einander abwiegen. Erst durch Berechnungen dieser Art liessen sich für jeden Fall die vortheilhaftesten Methoden auffinden.

§. 89. Verfahren im Allgemeinen.

Das englische Verfahren ist sehr complicirt und besteht in folgenden Operationen:

1. **Das Rösten der kiesigen Erze.**

2. **Darstellung des Kupfersteins oder Rohsteins durch Schmelzen** der gerösteten Erze.

3. **Röstung des Rohsteines.**

4. **Darstellung des weissen Concentrationssteines durch Schmelzen** des gerösteten Rohsteines mit reichen Erzen.

5. **Darstellung von Schwarzkupfer durch Röstschmelzen des Con**centrationssteines.

6. **Darstellung von hammergarem Kupfer.**

Je nach der Beschaffenheit der Erze aber schlägt man auch wohl noch einen anderen Weg ein, um zu der Erzeugung von Schwarzkupfer zu gelangen, indem man nämlich den gerösteten Rohstein (No. 3) zur:

7. **Darstellung des blauen Concentrationsteines, diesen dann zur**

8. **Darstellung des weissen Extrasteines und zur**

9. **Darstellung des weissen Concentrationssteines benutzt.** Hieran schliesst sich dann wieder die oben unter 5 und 6 angegebene Darstellung von Schwarzkupfer und Garkupfer. Endlich geben die in den verschiedenen Processen erhaltenen reichen Schlacken auch wieder Gelegenheit zur

10. **Darstellung eines weissen und rothen Steines,** der dann ebenfalls wieder entweder zu Concentrationsstein oder sofort zu Schwarzkupfer verschmolzen wird.

§. 90.

1. Das Rösten der kiesigen Erze.

Es weicht, wenn man mit Stuferzen zu thun hat, nicht vom deutschen Verfahren ab. Dagegen werden Schliche aus armen Erzen und zerkleinerten Stuferzen in grösseren oder kleineren Flammenöfen mit elliptischem oder achteckigem Herde geröstet. Die Röstpost für grössere, 23 Fuss lange Oefen beträgt je 140 Ctr., für kleinere 16 Fuss lange 60—70 Ctr. Die Sohle, aus feuerfesten Ziegeln gebildet, hat unmittelbar vor den 4 (bei grösseren 8) Arbeitsthüren B, rechtwinklige Oeffnungen o, die während des Röstens durch gusseiserne Platten geschlossen sind und dazu dienen, die gerösteten Massen durch Krücken in den unter dem Ofen befindlichen Raum D zu bringen, der durch Canäle mit der Esse in Verbindung steht, um die nach dem Rösten noch entweichenden Gase ohne Nachtheil für die Arbeiter abzuleiten. Durch 2 (bei grösseren Oefen 4) Fülltrichter H im Ofengewölbe, die durch Schieber verschlossen werden können. wird der Schlich in den Ofen gebracht und unter wiederholtem Umrühren nun 6—8 Stunden lang erst schwach (um Schmelzung des Schlichs zu vermeiden), dann 4—6 Stunden, also im Ganzen 12 St. lang sehr stark erhitzt, um die flüchtigen Producte in Form von Wasserdampf, schwefliger, arseniger Flusssäure und Antimonoxyd auszutreiben. Diese Dämpfe bilden den Hüttenrauch, und üben eben sowohl einen höchst nachtheiligen Einfluss auf die Vegetation der in der Nähe liegenden Districte aus, als sie für Menschen und Thiere beschwerlich und sehr

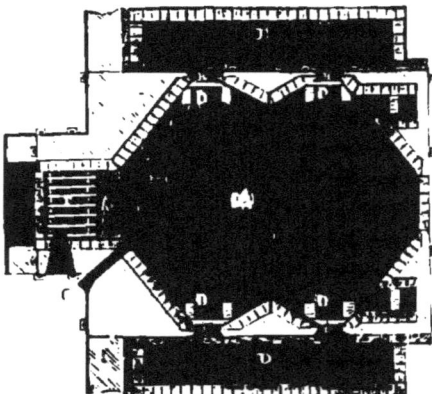

gefährlich sind. Dieser Nachtheil konnte bisher weder durch sehr hohe Essen, die die Gase möglichst vertheilen und durch Neutralisation mittelst des Ammoniaks der Atmosphäre unschädlich machen sollten, noch durch zahlreiche, mit Wasser gefüllte und mit Fliesswasser abgekühlte Tröge, welche die Gase durchstreichen mussten, beseitigt werden. Man hat deshalb jetzt sogenannte Vitriolkammern mit den Essen in Verbindung gesetzt, um die Säuren zu condensiren und so den Nachtheil in einen Vortheil zu verwandeln.

§. 91. Klinkerrost. Analyse des Röstgutes.

Als Brennmaterial verwendet man Anthracitgrus, gemengt mit ¼ Grus von fetten Steinkohlen. Da derselbe durch die weiten Roststäbe fallen, einen engen Rost aber vollständig verstopfen würde, so wendet man einen Klinkerrost an. Die Anthracitasche nämlich schmilzt in starker Hitze zu einer teigartigen Masse, die einer glasigen Schlacke ähnlich ist. Solche Schlackenstücke nun bringt man in einer etwa fussdicken Schicht auf die weiten Roststäbe und darauf erst eine etwa gleichdicke Schicht des eigentlichen Brennstoffs, der natürlich bei der fortschreitenden Verbrennung die Dicke des Klinkerrostes verstärkt, so dass man von unten immer einen entsprechenden Theil durch den Rost fallen lassen muss. Die Klinkern, bei der schnellen Abkühlung von unten nach allen Richtungen hin in feine Spalten zerreissend, bilden zahlreiche Canäle, um die Luft durch den Rost zu dem Brennmaterial treten zu lassen und Kohlenoxydgas zu bilden, welches dann im Ofen mit Hülfe des durch den Canal o zugeführten Luftstromes zu Kohlensäure verbrennt.

Das gut abgeröstete Erz hat nun ungefähr dasselbe Gewicht wie das rohe Erz, indem etwa ebensoviel Sauerstoff aus der Luft aufgenommen worden ist, als es an Schwefel und Arsen in Form flüchtiger Producte abgegeben hat. Es enthält nun nach der Analyse von Le Play:

Kupferoxyd	5.401
Halb-Schwefelkupfer	11.228
Schwefeleisen	11.226
Eisenoxyd	11.718
andere Schwefelmetalle und Oxyde	1.208
Schwefelsäure (verbunden) . . .	1.108
Quarz	34.408
Erden	1.874
Verlust an gasförmigen Producten	21.829
	100.000

§. 92.

2. Darstellung des Kupfersteines, Rohsteines oder Bronzesteines.

Das im vorigen Process gebildete Kupferoxyd muss nun durch diese Operation zum Theil reducirt, mit dem Schwefel des Schwefeleisens verbunden und durch Schmelzen von der Gangart und einem Theile der übrigen Metalloxyde etc.

6*

getrennt und das Eisen in die Schlacke geführt werden. Zu diesem letzteren Zwecke erfordert an Kieselsäure armes Röstgut oft noch einen Zusatz von Schlakken, sowie von Flussspath. Der Schwefel entweicht theils als schweflige Säure, theils tritt er an das Kupfer zu Halbschwefelkupfer. Die in Swansea dazu verwendeten Flammenöfen sind bedeutend kleiner als die Röstöfen, gestatten daher auch nur die Verarbeitung kleinerer Quantitäten von 20—30 Centnern. Sie haben keine seitliche Arbeitsöffnung, einen ovalen, nach der Abstichöffnung zu muldenförmig vertieften Herd und erlauben die Anwendung einer sehr hohen Temperatur. Die Feuerung gleicht der der Röstöfen, hat also einen Klinkerrost. Der erhaltene Stein, wegen seiner Farbe Bronzestein genannt, enthält namentlich Halb-Schwefelkupfer (mit 33 % Kupfer) und etwas Schwefeleisen. Es wird nach 4 Stunden durch die Abstichöffnung in eine Rinne und durch diese in den mit Wasser gefüllten Behälter C geleitet, in welchem ein aus Drahtnetz gefertigtes Sieb G an Ketten hängt, welches den durch das Wasser granulirten Kupferstein aufnimmt. — Die Schlacken, die vorzugsweise aus kieselsaurem Eisenoxydul bestehen, aber auch nicht unbedeutende Mengen (5½ %) vom Gesammtbetrage) von Kupfer beigemengt enthalten, werden durch die der Feuerung gegenüberliegende Thür B ab-

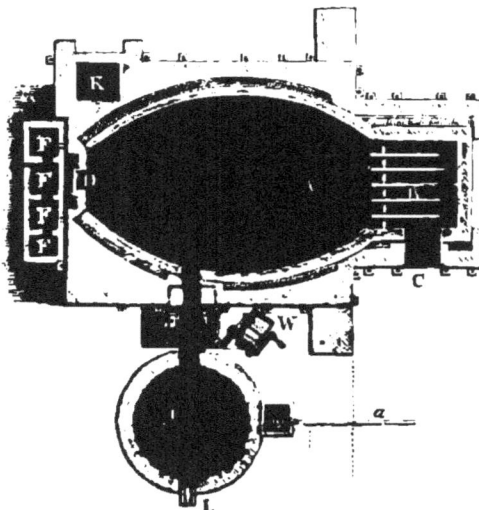

gezogen und in den in Sand angelegten Vertiefungen F geformt. Dieselbe Oeffnung dient zum gelegentlichen Umrühren der geschmolzenen Masse. Die Schlacken werden nach dem Erkalten zerschlagen und, um das Kupfer wenigstens noch theilweise wieder zu gewinnen, die reichsten Schlackenstücke einer folgenden Schmelzung zugesetzt.

Nach den Analysen von Le Play beträgt die Zusammensetzung:

a. des Bronzesteines.		b. der Schlacke.	
Kupfer	33.7	Kieselsäure	30.0
Eisen	33 6	Eisenoxydul	28.5
Nickel, Kobalt, Mangan, Zinn	1.7	Erden	6.3
Arsen	0.3	Kupfer	0 5
Schwefel	29.2	Eisen	0.9
Schlacke	1.1	Schwefel	0.8
		Manganoxydul, Zinnoxyd	1.4
		Quarz	30.5
	99.6		99.9

§. 93.

3. Röstung des Bronzesteines.

Der pulverisirte Bronzestein wird nun in Posten von 60—70 Ctr. in den früheren Oefen bei anfangs sehr langsam gesteigerter, später aber sehr hoher Wärme 36 Stunden lang unter öfterem Umrühren geröstet, wobei das Product nicht zusammensintern darf, was die Röstung behindern würde. Der Zweck des Röstens ist Oxydation des Eisens und Verflüchtigung und Oxydation des meisten Schwefels. Etwas Schwefel muss indess zurückbleiben, weil sonst das Concentrationsschmelzen nicht oder nur mit Kupferverlust ausführbar wäre.

§. 94.

4. Darstellung des weissen Concentrationssteines.

Der geröstete Bronzestein wird nun mit reichen Kupfererzen beschickt, die fast kein Schwefeleisen, dagegen Schwefelkupfer, Kupferoxyd und Quarz in solchen Verhältnissen enthalten, dass der Schwefelkies durch den Sauerstoff der Oxyde oxydirt wird, wobei alles Kupfer mit dem überschüssigen Schwefel zu Stein zusammentritt, das Eisenoxydul aber in die Schlacke geht. Das Schmelzen geschieht in Posten von 32 Ctr., wie früher das Bronzesteinschmelzen. Der sich bildende weisse Concentrationsstein ist fast von der Zusammensetzung des Kupferglanzes, also Halb-Schwefelkupfer. Er wird in Sandformen abgestochen oder wie der Bronzestein in No. 2 granulirt; 3—5 % Kupfer gehen in die Schlacken und werden als Zusatz bei späteren Operationen zu Gute gemacht. Der Stein ist weissgrau und körnig und hat auf dem Bruche Höhlungen. Durchschnittlich ist er zusammengesetzt aus

Kupfer	73.0
Schwefel	20.5
Eisen u. s w.	6.5
	100

§. 95.

5. Darstellung des Rohkupfers.

Aus dem im vorigen Processe erhaltenen Concentrationssteine stellt man nun das Rohkupfer oder Blasenkupfer durch Röstschmelzen dar. Die Oefen gleichen den vorigen, haben also eine Seitenthüre zum Abziehen und am Ende eine Arbeitsthüre zum Laden und Verarbeiten der Massen. Man verarbeitet in kleinen Oefen 25—30 Ctr., in grösseren auch wohl 70 Ctr. auf einmal, unter Zusatz von etwas Sand, Ziegelsteinen und Thon. Die Operation dauert etwa 24 Stunden; die Hitze ist im Anfang gemässigt, wird zuletzt aber zur vollständigen Schmelzung verstärkt. Der Schwefel entweicht fast vollständig als schweflige Säure; alle übrigen Stoffe gehen in die Schlacke, die aber auch nicht unbedeutende Mengen von Kupfer theils metallisch einhüllt, theils als kieselsaures Kupferoxydul wegführt, daher bei anderen Operationen, wie bei der Darstellung des weissen Extrasteines, wieder zu Gute gemacht werden muss. — Während des Einschmelzens zerlegen sich Kupferoxydul und Schwefelkupfer in schweflige Säure und Kupfer nach der Formel:

$$2\ Cu^2O + CuS = 3Cu + SO^2.$$

Das geschmolzene Rohkupfer wird in Formen abgestochen und führt wegen seiner porösen, bienenzellenartigen Beschaffenheit (eine Folge der entweichenden Gase und Dämpfe) den Namen Blasenkupfer.

Nach Le Play enthält das Blasenkupfer:

aus dem Concentrationsstein		aus dem (unter No. 10 zu erwähnenden) weissen und rothen Stein	
Cu	92.5	Cu	86.5
Fe, Ni, Co	2 0	Fe, Ni, Mn	3.2
As	0.4	As	1.8
S	0.2	S	6.9
		Sn	0.7
		Verlust	0.9
	94.1		100.00

§. 96.

6. Darstellung von hammergarem Kupfer.

Man bewirkt es auf der aus Quarzsand hergestellten Sohle eines mit directer oder mit Gasfeuerung versehenen Flammenofens, trägt 120—200 Ctr. auf einmal ein und erhitzt zuerst schwach zur Oxydation. Nach 6 Stunden schmilzt das Kupfer, bei der nun steigenden Hitze gehen alle fremden Oxyde nebst etwas Kupferoxydul in die Schlacke, die nun nach 22 Stunden abgezogen wird. Sie ist roth, schwer, von blättrigem Bruch, und ähnelt dem Kupferoxydul. Sie enthält nach Le Play: 47.4 %, Kieselsäure, 36.2 % Kupferoxydul, 9 % Kupfer und 7.4 % andere Metalloxyde und Erden.

Darauf wird mit einem Löffel Probe geschöpft und in Eisen gegossen. Das erhaltene Kupfer ist spröde, tiefroth und hat viel Kupferoxydul aufgenommen. Nach Beschaffenheit der Probe und nach der Hitze des Ofens kann der Arbeiter nun die zur Herbeiführung der Gare nöthige Kohlenmenge bestimmen. Es wird nun die Oberfläche mit Holzkohle oder gutem Anthracitpulver bedeckt, welches die Luft abschliesst und das Kupferoxydul an der Oberfläche reducirt. Um aber auch das Kupferoxydul im Innern der Masse zu reduciren, rührt man das Metall 15 — 30 Minuten lang mit grünen Birkenstangen um. Man nennt dies das Polen. Die Dauer des Polens wird dadurch bestimmt, dass man von Zeit zu Zeit Proben nimmt, und deren Dehnbarkeit und Weichheit wechselweise einer Prüfung unterwirft. Ein feines, dichtes Korn, schön lichtrothe Farbe, seidenartiger Glanz des Bruches, deuten auf gute Gare. Diesen richtigen Moment der Gare zu treffen, erfordert die grösste Vorsicht und Geschicklichkeit, da bei noch nicht gehöriger Gare das Kupfer ohne den schönen metallischen Glanz und weder gehörig dehnbar noch schmiedbar ist, bei nur wenige Minuten über die gehörige Zeit fortgesetztem Polen aber ein gröberes Korn hat und den seidenartigen Glanz verliert, endlich sogar einen faserigen gestreiften Bruch erhält und höchst spröde wird. Das Garkupfer wird schliesslich in eiserne Formen geschöpft und nach dem Erstarren sofort abgelöscht, wobei es schön roth wird.

Nach der Analyse von Le Play enthielt ein Garkupfer: Kupfer 98.2, Eisen und Nickel 1.0, Kohle und Sand 0.2 %, nach den Angaben von Margarin*) aber weder Eisen noch Schwefel, sondern Kupfer 99.2 und 0.8 Sauerstoff.

Das nach Ostindien ausgeführte Kupfer wird nun in kleine Zaine von 6 Zoll Länge und ½ Pfd. Gewicht gegossen und dort als japanisches Kupfer verkauft. Die gewöhnlichen Platten sind 18 Zoll lang, 12 Z. breit und 2¼ Z. dick und wiegen demnach, den Kubikzoll Kupfer zu 10.048 Neuloth gerechnet, etwa 181 Zoll-Pfund. Das zu Messing zu verwendende Kupfer wird nicht gepolt, also nicht hammergar gemacht, sondern übergar durch eiserne Sieblöffel in Wasser granulirt. In kaltem Fliesswasser werden die Granalien federartig, in ruhigem und heissem Wasser werden sie rundlich.

§. 97.

7. Die Darstellung des blauen Concentrationssteines.

Nicht in allen Fällen wird der so eben beschriebene Gang bei der Verarbeitung der Kupfererze befolgt, sondern man weicht davon mehr oder weniger ab. Reiche und reine Kupferkiese z. B. werden mit reinen Zuschlägen zu einem blauen Concentrationssteine verschmolzen. Man verwendet dazu entweder den aus solchen Kiesen dargestellten und nach No. 3 gerösteten Rohstein, oder solchen, gemengt mit gerösteten, reinen Erzen von mittlerem Gehalt. Man be-

---

*) Dumas, Handb. der angew. Chemie von Engelhardt IV. p. 217.

handelt die Masse unter ähnlichen Verhältnissen wie beim Rohsteinschmelzen
9 Stunden lang erst in geringerer, dann in sehr starker Hitze, führt das Eisen
so viel als möglich in die Schlacke, verjagt den überschüssigen Schwefel, so
dass das Kupfer mit der geringsten Menge Schwefel als Halbschwefelkupfer
zurückbleibt und so einen sehr reinen und reichen Stein bildet, der nach beendeter Operation in Formen gelassen und von seiner Farbe blauer Concentrationsstein genannt wird. Er liefert später ein sehr reines Kupfer und enthält
nach Le Play:

Kupfer	56.7
Eisen	16.3
Schwefel	22.6
Nickel u. s. w. . . .	4.4
	100.0

§. 98.

8. Darstellung des weissen Extrasteines.

Der in der vorigen Operation erhaltene blaue Stein wird nun bei mässiger
Temperatur geröstet, dann in demselben Ofen bei Luftzutritt und gesteigerter
Hitze geschmolzen und so die fremden Metalloxyde verschlackt. Das ver-
schlackte Kupfer zersetzt sich mit dem Schwefeleisen und geht als Schwefelkupfer in den Stein, das Eisen in die Schlacke. Die erforderliche Kieselsäure
liefert theils der den Steinen anhängende Sand, theils das Mauerwerk des Ofens.
Der zu dieser wie zu der vorigen und folgenden Operation benutzte Ofen ist
ein kleiner, für eine Füllung von 30—40 Ctr. berechneter Flammenofen, der
an der Seite und dem Feuer gegenüber Füllungsthüren, an der anderen Seite
eine Abzugsöffnung hat. Der erhaltene weisse Extrastein enthält nach Le Play:

Kupfer	77.5
Eisen	2.2
Schwefel	20.1
Nickel, Kobalt, Arsen .	Spuren.
	99.8

§. 99.

9. Darstellung eines weissen Concentrationssteines aus den
Extrasteinen.

Durch Röstschmelzen wird nun dieser eben erhaltene weisse Extrastein entweder für sich oder im Gemenge mit dem in der folgenden zehnten Operation
erhaltenen weissen und rothen Extrastein in Chargen von 30 Ctr. zu einem
weissen Concentrationssteine, der dem unter No. 4 erhaltenen gleicht, verarbeitet.
In Folge der Reinheit der angewendeten Materialien geht die Arbeit ziemlich
schnell von Statten und ist in 7—8 Stunden beendet. Eine Ausscheidung von
metallischem Kupfer ist hier ebenso wenig zu vermeiden, als die Entstehung
einer sehr kupferoxydulhaltigen Schlacke. Es bilden sich demnach 3 Schichten,
deren unterste der kupferhaltige Boden, ein mit Zinn u. s. w. legirtes Schwarz-

kupfer, die mittelste der sehr reine Concentrationsstein, die oberste und leichteste endlich die kupferoxydulhaltige Schlacke bildet. Der Concentrationsstein enthält nach Le Play:

Kupfer	81.1
Eisen	0.2
Schwefel	18.5
Nickel, Kobalt, Arsen u. s. w.	Spur.
	99.8

Er wird nun wie der in No. 4 erhaltene Concentrationsstein weiter auf Schwarzkupfer und Garkupfer verarbeitet.

§. 100.

10. Darstellung eines weissen und rothen Extrusteines aus den Schlacken.

Es bleibt nun noch die Verarbeitung der aus den einzelnen Processen abfallenden reichen Schlacken übrig, so weit dieselben nicht etwa schon bei einem der vorigen Processe mit zu Gute gemacht worden sind. Sie enthalten das Kupfer meist als Oxydul, zum Theil aber auch regulinisch oder als Schwefelkupfer, würden indessen für sich allein in der Regel kaum reich genug sein, um die Arbeit zu verlohnen. Man schmilzt sie deshalb unter Zusatz von etwas Kupferkies und Kohlenpulver in einem Flammenofen unter Luftabschluss etwa 5½ Stunden lang. Da der im zugesetzten Erze enthaltene Schwefel nicht ausreicht, um alles Kupferoxydul in Schwefelkupfer zu verwandeln, so wird ein Theil desselben durch diese Behandlung und unter dem Einflusse des Kohlenpulvers reducirt und sammelt sich, in Folge seines grösseren specifischen Gewichtes die Schlacke durchdringend, auf der Sohle des Ofens an. Er nimmt dabei Arsen, Kobalt und Nickel in sich auf und bildet so ein sehr unreines Schwarzkupfer, die Kupferböden, während die mittlere Schicht von sehr reinem, weissem Stein gebildet wird, der später ein vortreffliches Kupfer liefert; bei grösserem Schwefelgehalte entsteht auch wohl ein rother Stein, der sich von dem blauen Steine in No. 7 nur dadurch unterscheidet, dass er bei dichterem Bruche sehr reich an Schwefelkupfer, in der Regel aber sehr arm an metallischem Kupfer ist. Die dabei erhaltene Schlacke bildet die obere Schicht, ist kupferfrei und wird nicht weiter verarbeitet. Der rothe Stein enthält nach Le Play:

Kupfer	62.1
Eisen	11.9
Zinn, Nickel, Kobalt	2.0
Schwefel	22.8
Verlust und Rückstand	1.2
	100.0

Der Stein und die Kupferböden werden nun theils für sich, theils mit anderen Concentrationssteinen später auf Schwarzkupfer und Garkupfer verarbeitet. Das daraus erhaltene Kupfer ist meist sehr rein.

§. 101.

Die Zunahme der Kupferconcentration in den verschiedenen Producten zeigt folgende vergleichende Tabelle:

	Englischer Betrieb.	Ramsfeldischer Betrieb.
1. Geröstete Kiese . . .	20—25 %	27.5 %
2. Rohstein	33	47
3. Gerösteter Rohstein .	34	51
4. Concentrationsstein . .	77	60
5. Schwarzkupfer . . .	92	88—95
6. Garkupfer	97—99.5	98.5—99.5

§. 102. Mängel des Kupferhüttenprocesses.

Es ist durchaus nicht zu verkennen, dass der ganze Kupferhüttenprocess noch sehr viele Mängel hat, da sämmtlicher Schwefel und sämmtliches Eisen verloren gehen. Dieser Verlust fällt bedeutend in's Gewicht, wenn man bedenkt, dass das wichtigste und entschieden am allgemeinsten verhüttete Kupfererz der Kupferkies ist, der, nach der Formel $Cu^2S + Fe^2S^3$ zusammengesetzt, neben 34.5 Kupfer, 30.5 Eisen und 35 Schwefel enthält. Es ergiebt dies für die Kupferproduction von England, die, wie oben angegeben, 350,000 Ctr. beträgt, die enorme Summe von 355,000 Ctr., welche an Schwefel, und 300,000 Ctr., welche an Eisen verloren gehen. Ausserdem ist auch der directe Verlust an Kupfer nicht zu übersehen, welches theils regulinisch, theils als Kupferoxydul oder Kupferoxyd mit den durch die endlosen Schmelzungen erhaltenen Schlacken unwiederbringlich verloren geht. Diese Verluste an Kupfer betragen auf den Oberharzer Hütten bei der Verarbeitung von Kupferkies $10^2/_3$, bei der Freiberger Bleisteinarbeit 10, zu Fahlun früher sogar nach Breiberg 26.3 °/$_0$. — Die Zeit ferner, in der bei der continentalen Methode das Material die Röststadeln durchwandert, das Capital also nicht verzinst wird, ist sehr beträchtlich, ebenso der Verbrauch an Brennmaterial bei dem häufigen Rösten und Einschmelzen. Diese Verluste haben sich nun allerdings wohl durch die Benutzung der billigeren Steinkohlen seit der Einführung der Flammenöfen bedeutend vermindert, auch hat man, wie oben bemerkt wurde, angefangen, die bei der Flammenröstung erzeugte schweflige Säure in Bleikammern zu Schwefelsäure zu verarbeiten, indessen ist die mehrfache Wiederholung des Doppelprocesses noch immer nicht beseitigt, und das Eisen geht noch immer verloren.

III. Anderweitige Verhüttungs-Methoden.

§ 103. Verhüttung der ockrigen Erze und des gediegenen Kupfers.

Die oxydirten oder ockrigen Erze, wie Rothkupfererz, Malachit und Lasur, die bei uns nur sehr untergeordnet auftreten und daher bei der Verhüttung der Erze diesen gelegentlich zugesetzt werden, in Australien, America, Russland dagegen von grosser Bedeutung sind, werden einfach mit Kohle in Schachtöfen reducirt, wobei die Gangart mit den erforderlichen Zuschlägen zu einer etwas kupferhaltigen Schlacke schmilzt. So namentlich in Chessy bei Lyon. Das erhaltene Schwarzkupfer wird in ovalen Spleissöfen gar gemacht und in Blöcken oder als Rosettenkupfer in den Handel gebracht.

In den Kupferhütten des Ural schmilzt man namentlich Malachit und Lasur mit einem Zusatz von Kupferkies oder Schwefelkies, wobei das Kupfer durch den Schwefel vor Oxydation und dadurch vor Verschlackung geschützt wird und einen sehr reichen Kupferstein liefert, der dann auf Schwarzkupfer verarbeitet wird.

In der Hütte zu Detroit*) am oberen See in Nordamerica kommt gediegenes Kupfer in grösseren Stücken zur Anlieferung. Es ist theils mit erdigen Gangarten verbunden, theils mit einem Gemenge von Chlorit, Kalkspath, Epidot und Quarz, welches ziemlich leichtflüssig ist. Beide werden für sich verarbeitet. Die Massen werden in Chargen von 4—5 Tonnen in Flammenöfen bei möglichst reducirender Flamme geschmolzen, nach 16 Stunden die flüssige Masse, die 3—4 % Kupferoxydul und 4—6 % an Granalien enthält, abgezogen. Hierauf behandelt man das Kupfer, welches Kohlenstoff aufgenommen hat, so lange vor dem Gebläse, bis sich hinreichend Kupferoxydul gebildet hat, welches den Kohlenstoff schnell oxydirt. Durch Polen mit grünen Holzstangen wird nun das noch übrige Kupferoxydul reducirt und das Kupfer in Formen gegossen.

§. 104. Verhüttung des Kupfers auf nassem Wege oder Gewinnung des Cementkupfers.

In allen Kupfergruben bildet sich durch gelegentliche Oxydation der Schwefelkupfererze schwefelsaures Kupferoxyd, welches sich in den Grubenwassern auflöst; die zum Schlämmen und Waschen gerösteter Kupfererze verwendeten Gewässer enthalten dasselbe Salz oft in bedeutender Menge. Man fällt dasselbe, wenn die Menge des gelösten Salzes bedeutend ist, durch Eisen.

Auf der Monagrube zu Aalweh auf der Insel Anglesey werden die Cementwasser zuerst in grossen Bassins geklärt, zum Absatz von Eisenoxydhydrat, dann durch verschiedene Cementgruben geleitet, in denen sich altes Guss- oder Schmiedeeisen befindet. Von Zeit zu Zeit wird das Eisen bewegt, um das darauf niedergeschlagene Kupfer zu entfernen, der Bodensatz aufgerührt und die trübe Flüssigkeit in einen grossen Sumpf geleitet, in welchem sich der Schlamm absetzt. Der Gehalt des Schlammes ist verschieden und wechselt zwischen 15—50 % Kupfer, das Uebrige ist basisch schwefelsaures Eisenoxyd oder Schmand. Der Schlamm wird im Ofen getrocknet und dann beim Steinschmelzen, also beim ersten Concentriren des Rohsteines zugesetzt. Ein Nachtheil dieses Verfahrens liegt in dem grossen Eisenverbrauch, da sich weit mehr Eisen löst, als zur Fällung des Kupfers erforderlich ist.

---

*) Verhandlungen des niederösterreich Gewerbe-Vereins 1859.

§. 105. Verfahren von Napier.

Nach Napier soll reines Kupfer vollständig dadurch gefällt werden, dass man die Cementwasser mit Schwefelsäure ansäuert. Durch diesen Zusatz wird das Eisen immer blank erhalten und durch einen weiteren Zusatz von Sägespänen soll der verdünnten Schwefelsäure die Eigenschaft genommen werden, das metallische Eisen aufzulösen, so dass nur schwefelsaures Eisenoxydul in Lösung kommt. Nachdem durch die Sägespäne alles Oxyd zu Oxydul reducirt ist, seiht man dieselben ab und fällt das Kupfer durch Eisen.

Aehnlich ist das Verfahren zu Schmölnitz und Herrengrund bei Neusohl in Ungarn*), wo man sowohl aus den verlassenen Gruben, als aus den grossen Grubenhalden durch ein künstliches Bewässerungssystem viel Cementwasser erzielt, dies in Sümpfen sammelt und dann in die mit altem Eisen gefüllten Cementwerke, kleine zusammenhängende Sümpfe, leitet. Die Niederschläge bilden 3 Sorten, die reichste mit 70 % Kupfer. Zum Niederschlagen rechnet man auf 100 Pfd. Kupfer 200 Pfd. Schmiedeeisen oder 300 Pfd. Roheisen. Die besseren Sorten des Niederschlags werden mit geröstetem Rohstein auf Rohkupfer verschmolzen, die geringeren Sorten aber beim Rohschmelzen zugesetzt.

§. 106. Neuere Vorschläge zur Gewinnung von Kupfer.

Die mit der bisher üblichen Verhüttung der kiesigen Erze verbundenen, oben bereits besprochenen Uebelstände führten in der neueren Zeit zu einer Menge von Veränderungen und Verbesserungen, die sämmtlich den Zweck haben, mit weniger Arbeit und Kosten ein reineres Metall zu liefern und selbst noch Erze zu verhütten, die man nach dem alten Verfahren nicht mehr verwerthen konnte. Sie beziehen sich theils auf die Verhüttung auf trockenem Wege, suchen also das Kupfer durch Schmelzung aus seinen Erzen zu gewinnen, theils auf die Verhüttung auf nassem Wege, fällen also das Kupfer aus seinen Salzen durch Eisen oder ein anderes reducirendes Metall als Cementkupfer. Indessen hat noch keine von allen diesen Methoden sich bis jetzt einer durchgreifenden Anwendung erfreuen können.

§. 107. A. Auf trockenem Wege, nach Rivot u. Phillips, nach Parkes, nach Harruel u. Brooman, nach de la Cenda, nach Low.

Nach Rivot und Phillips**) wird der Schwefel von reichen Erzen gut abgeröstet bis zur vollständigen Zersetzung der schwefelsauren Salze. Die gerösteten Erze werden mit Kalk und magerer Steinkohle verschmolzen, wodurch man reducirtes Kupfer und eine $2^1/_2$ % kupferhaltige Schlacke erhält. Durch, in die geschmolzene Masse gesteckte, Eisenstangen wird der Rest des Kupfers metallisch niedergeschlagen, während das Eisen in die Schlacke geht, die nur noch sehr wenig Kupfer enthält. Das erhaltene Kupfer enthält etwas Eisen,

---

*) Wagner, Theorie u. Praxis der Gewerbe II. §. 88.
**) Liebig u. Kopp, Jahresbericht 1847—48 p. 1021.

ausserdem Arsen, Zinn und Blei und muss daher noch gar gemacht werden. Die Kostenersparniss bei dieser Methode beträgt für reiche Erze 17 %, für arme Erze ist sie wegen des grossen Verbrauches an Eisen unzweckmässig.

Parkes[*]) will aus Kupfererzen geringerer Qualität ein besseres Kupfer erzielen, indem er, während der Concentrationsstein auf Schwarzkupfer verarbeitet wird, auf $2^1/_2$ Tonnen Kupfer einen Centner Gusseisen zusetzt, die Hitze verstärkt, das Metall als Blasenkupfer absticht und in der gewöhnlichen Art gar macht, wobei das Eisen als Oxyd in die Schlacke geht.

Barruel u. Broomann setzen zu 20 Ctr. gepochten Erzes ebenso viel Wasser und etwa 5 Ctr. Ammoniak, bringen die Masse in einen mit Röhren versehenen Bottich und leiten durch ein Ventilatorgebläse langsam Luft ein. Nach 6—8 Stunden ist alles Kupfer gelöst, die Lösung wird abgezogen und in Destillirapparaten verdampft, wobei das Ammoniak wieder gewonnen wird und reines Kupferoxyd zurückbleibt, welches mit Kohle reducirt wird.

De la Cenda[**]) laugt die durch Rösten (unter Umständen durch einen Zusatz von Schwefel) in schwefelsaures Kupferoxyd verwandelten Erze aus, dampft die Lauge auf 60° Bé. ein und bildet durch Zusatz von Kohlenpulver einen Brei, aus dem er Ziegel formt. Diese, in einem Töpferofen erhitzt, geben die Schwefelsäure ab. Das metallische Gemisch wird dann wie gewöhnlich niedergeschmolzen.

Low[***]) verschmilzt die Erze erst gewöhnlich im Flammenofen auf Rohstein, giesst diesen in Sandformen und schmilzt diese Blöcke nun in einem zweiten Flammenofen, in den von beiden Seiten Luftströme zur Beförderung der Oxydation geleitet werden. Zu den geschmolzenen Massen setzt er nun einen Zuschlag aus Braunstein, Glätte und Salpeter in bestimmten, nach der Beschaffenheit der Erze variirenden Mengen, wodurch Eisen, Arsen und Schwefel oxydirt und verschlackt werden, während sich Kupfer metallisch abscheidet. Der Process wird durch dieses Verfahren von 10 Tagen auf 36 Stunden abgekürzt, wodurch natürlich ebenso sehr an Brennmaterial, als an Arbeitslohn gespart wird.

§. 108. Nach Stromeyer, nach Napier.

Abweichend von allen bisher erwähnten Methoden ist das Verfahren von Stromeyer[†]) Er kocht pulverisirte Erze, die neben Malachit und Lasur sò viel kohlensauren Kalk enthalten, dass die Ausziehung durch Säuren nicht anwendbar ist, mit einer gemischten Lösung von schwefligsaurem und unterschwefligsaurem Natron, wobei unterschwefligsaures Kupferoxydul - Natron ($Cu^2O.S^2O^3 + 3NaO.S^2O^2$) entsteht, woraus dann Halbschwefelkupfer durch

---

[*]) London Journal 1852 p. 284.
[**]) Brevets d'invention XXIX.
[***]) Journal des mines 1859 No. 28.
[†]) Dingler, polytechn. Journal 164 p. 428.

Schwefelnatrium gefüllt, geröstet und zu Kupfer reducirt werden soll. Nach den Versuchen von G. Bischof ist das Verfahren indess im Grossen nicht practisch.

Zweckmässiger ist der von Napier[*] vorgeschlagene Weg. Arme Erze werden geröstet und dann mit so viel reichen Erzen gemengt, dass nach der Berechnung das im Gemenge enthaltene Eisen von der Kieselsäure gebunden werden kann, und der zu erzeugende Kupferstein 30—50 % Kupfer haben muss. Man schmilzt nun und zieht die Schlacke, in der alles Eisen enthalten ist, ab.

Durch Zusatz von roher Soda oder Glaubersalz und Kohle zum geschmolzenen Metall bildet sich Schwefelnatrium, welches alles Arsenik, Zinn und Antimon auflöst. Die erhaltene Masse, mit Wasser in einen Brei verwandelt, wird nun wiederholt ausgewaschen und so Natron, Zinn, Arsen und Antimon entfernt. Der Rückstand wird getrocknet, zum Austreiben des letzten Schwefels geglüht und das erhaltene Kupferoxyd nachher mit Kohle unter Zusatz eines kieseligen, aber schwefel- und arsenfreien Erzes geröstet.

§. 109. Nach Trueman, Cameron und Savonnière.

Nach Trueman und Cameron werden die Zinn, Antimon und Arsen haltenden Kiese anhaltend geröstet, pulverisirt und mit Kalilauge gekocht, wodurch sich zinn-, antimon- und arsensaures Kali bildet, welche durch Auswaschen entfernt werden. Durch Glühen des Rückstandes entsteht Kupferoxyd, welches mit so viel Schwefelkupfer gemengt wird, dass sich aus dem Sauerstoff und Schwefel Schwefelsäure bilden kann. Das vorhandene Eisen geht mit der Kieselsäure in die Schlacke; der erhaltene Kupferstein wird mit Kohle wie gewöhnlich reducirt.

Savonnière[**] schmilzt, um für besondere Zwecke ein sehr reines Kupfer zu erhalten, 1 Kilogr. Garkupfer mit 60 Gramm Salpeter, granulirt das sehr harte und äusserst spröde Metall und schmilzt es noch mehrmals um, wodurch das Gewicht allerdings um $\frac{1}{4}$—$\frac{1}{3}$ vermindert wird. Auch das so erhaltene Kupfer ist noch spröde, wird aber durch nochmaliges Umschmelzen mit Borax geschmeidig, so dass es sich walzen lässt. Das erhaltene Kupfer soll namentlich zu Schreibfedern verwendet werden können, die grosser Elasticität bei genügender Härte bedürfen. Durch Zusatz von $\frac{1}{10}$ Silber soll dieser Zweck noch besser errreicht werden.

§. 110. B. Auf nassem Wege: nach Spence, Brancort, Hühner; Verfahren auf der Sternhütte zu Linz und zu Stadtberge in Westfalen.

Der Process gründet sich hier in allen Fällen auf das Niederschlagen des Kupfers durch Eisen oder Zink. Es ist also im Grossen dasselbe Experiment, wie bei der Darstellung des Cementkupfers im Kleinen, wo man am zweck-

---

[*] Chem. Gaz. 1848 p. 491.
[**] Armengaud, Génie industr. Jul. 1851 p. 19.

mässigsten Kupfervitriol etwas ansäuert und mit Drahtstiften oder Zinkgraupen erwärmt. Sehr schönes rothes Cementkupfer erhält man, wenn man der gesättigten Vitriollösung noch einen Ueberschuss des Salzes in Pulverform zusetzt, Zinkgraupen hinzufügt und heftig und anhaltend schüttelt. Man wäscht dann mit destillirtem Wasser aus und trocknet bei Luftabschluss, am besten in einem Strome von trockner Kohlensäure.

Bei der Darstellung im Grossen werden nach P. Spence[*]) die gerösteten und gemahlenen Erze in hölzernen Bottichen, auf je 5 Tonnen Erz mit einer Mischung von 5 Ctr. Salzsäure, dem doppelten Volumen Wasser und 1 Ctr. Chilisalpeter übergossen, umgerührt, nach 24 St. abgezapft und das Kupfer durch Eisen gefällt. Der Rückstand wird nochmals calcinirt und wie vorher behandelt. Durch die Salpetersäure löst sich das Kupfer leichter, als ohne dieselbe, das Eisen aber weniger leicht.

Brancort verfährt im Ganzen ebenso, nur dass er Salpetersäure anstatt des Chilisalpeters verwendet.

Ritter Hähner[**]) bildet nach seinem für England patentirten Verfahren ebenfalls Chlorkupfer. Die wiederholt gemahlenen und gerösteten Erze werden auf dem Herde eines Flammenröstofens in solchem Verhältniss mit Kochsalz gemengt, dass auf einen Theil des zu gewinnenden Kupfers 2—3 Theile Salz kommen. Man erhitzt unter Umrühren bis keine Salzsäure mehr entweicht, laugt das Erz nun auf einem Filtrum mit angesäuertem Wasser aus, wobei Kupfer und Silber in Lösung gehen. Das Silber wird durch metallisches Kupfer, das Kupfer durch Eisen· gefällt und raffinirt. Das Verfahren ist in Toskana bereits im Grossen in Anwendung und eignet sich namentlich für arme und mittelreiche Erze, so dass noch solche mit 1 % Kupfer vortheilhaft verhüttet werden können.

Auf der Sternenhütte zu Linz am Rhein werden nach A. v. Leithner[***]) arme, selbst noch 1—2 % haltige Erze zerkleinert und in gemauerten Gruben über einem, aus dünnen Basaltstäben gebildeten Rost derartig geschichtet, dass die grösseren Stücke nach unten, die kleineren nach oben zu liegen kommen, während der Schlich das Ganze gleichmässig bedeckt. Unter den Rost werden nun Wasserdämpfe und schweflige Säure geleitet, die in einem kleinen Schachtofen durch Rösten von Blende und Schwefelkies erzeugt wird, während man die Erze selbst mit Wasser und später mit der im unteren Raume schon gebildeten Vitriollauge übergiesst. Indem man der Blende Salpeter zufügt, sind die Mittel zur Schwefelsäurebildung gegeben, die nun die Erze (kohlensaure, phosphorsaure, arsensaure) zersetzt und in Kupfervitriol verwandelt. Die concentrirte Vitriollauge wird dann in besonderen Behältern durch Eisen gefällt

---

[*]) Repertory of pat. inv. August 1861 pag. 105.

[**]) Wagner, Jahresbericht der technologischen Chemie für 1856 p. 35 nach Dingler, polyt. Journ. 152 p. 336.

[***]) Oesterr. Zeitschrift für Berg- und Hüttenwesen 1857 No. 35.

und das Cementkupfer gar gemacht. Nebenproducte sind Eisen- und Zinkvitriol.

In Stadtberge in Westfalen verfährt man ebenso, um sehr arme malachit-
und lasurhaltige Buntsandsteine zu Gute zu machen.

§. 111. Verfahren nach Lewis und Roberts, nach Gossage.

Das Verfahren von Lewis u. Roberts*) unterscheidet sich von dem gewöhnlichen Verfahren nur durch die Anwendung von Wärme. Die pulverisirten, gut gerösteten, gemahlenen Erze werden noch heiss in verdünnte Schwefelsäure oder Salzsäure gebracht und darin mittelst eines Wasserbades 40—48
Stunden lang zum Sieden erhitzt. aus der abfiltrirten Lauge dann ebenfalls in
der Wärme das Kupfer durch Eisenplatten gefällt. Die noch saure Lösung
von Eisenvitriol wird mit neuem Säurezusatz wieder zur Lösung von Kupfer
benutzt und schliesslich zu Vitriol verdampft. Erze mit kalkiger Gangart
werden nach dem Rösten erst in sehr verdünnte Salzsäure geworfen und nach
wiederholtem Waschen in die Schwefelsäure gebracht.

Endlich gehört hierher noch die Verhüttung der armen Kupferkiese nach
Gossage.**) Solche arme Kiese, die neben wenig Schwefelkupfer viel Schwefelkies enthalten, werden nämlich jetzt in England vielfach zur Erzeugung von
Schwefelsäure benutzt, indem man sie in Schachtöfen röstet, und die schweflige
Säure in Bleikammern leitet. Die Röstrückstände wurden nun auf Kupferstein
verarbeitet und dabei das Eisenoxyd durch quarzige Zuschläge in die Schlacke
geführt. Gossage dagegen behandelt dieselben mit Eisenchlorid und Salzsäure,
und fügt, wenn sie Silber enthalten, noch Kochsalz hinzu. Alles Kupfer löst
sich als Kupferchlorid und Kupfervitriol, das entstandene Chlorsilber löst sich
im Kochsalz. Aus der filtrirten Lösung fällt er nun das Silber durch Kupfer,
das Kupfer aber durch fein vertheiltes Schwefeleisen.

§. 112. Der Saigerprocess.

Die Entsilberung des Schwarzkupfers geschieht entweder durch die Saigerarbeit, oder durch Amalgamation des Schwarzkupfers, oder durch Affinirung,
wenn man zugleich Kupfervitriol darzustellen beabsichtigt.

Die Saigerarbeit ist nicht nur ein sehr unvollkommener und mit einem
sehr grossen Verlust von Kupfer, Blei und Silber verbundener Process, sondern
bedingt auch so viele metallurgische Arbeiten, dass die Silbergewinnung dadurch höchst kostspielig und zeitraubend wird. Er kann nur angewendet werden, wenn das Kupfer mindestens 9 Loth Silber im Centner enthält. Sind aber
mehr wie 20 Loth Silber darin enthalten, so fällt die Saigerung nicht mehr
rein aus, man ist also gezwungen, reicheres Silberkupfer mit ärmerem zu
legiren.

---

*) Repertory of Pat. Inv. 1858 p. 236.
**) Verhandlungen des niederösterreich. Gewerbe-Vereins 1859.

Das silberhaltige Schwarzkupfer wird zunächst unter Pochstempeln zerkleinert und dann mit Werkblei, Weichblei oder Bleiglätte zusammengeschmolzen. Dieser Process wird das Frischen genannt und in Krummöfen von 5 Fuss Höhe vorgenommen. Sie haben Vortiegel, die in eine gusseiserne Stichpfanne abgelassen werden können.

Man unterscheidet Arm- und Reichfrischstücke. Bei den ersteren setzt man zu 2½ Ctr. Armblei ¾ Ctr. Schwarzkupfer von geringerem und höherem Gehalte, so dass das Gemenge im Centner 3½ Loth Silber enthält. Das beim Saigern dieser Stücke fallende Werkblei ist zu arm, um es abzutreiben und wird beim Reichfrischen verwendet. — Beim Reichfrischen nimmt man reicheres Schwarzkupfer, das silberhaltige Blei vom Armsaigern und Krätzschmelzen, aber auch Glätte, und zwar in solchem Verhältniss, dass das Gemenge im Centner 5½ Loth Silber enthält.

Man giebt zuerst Schlacken vom vorigen Process, dann Schwarzkupfer, endlich das Blei auf, sticht nach 7—8 Minuten in die Form ab, kühlt durch Wasser, hebt das Stück heraus und beginnt von Neuem. Jedes Frischstück giebt 20 Pfd. Schlacken, also 6 %, wiegt 3½ Pfd. und bildet eine Scheibe von 2 Fuss Durchmesser und 3—3½ Zoll Dicke. Die Schlacken enthalten im Centner ½ Loth Silber und werden bei der Krätzerarbeit zu Gute gemacht. 100 Ctr. Frischstücke brauchen 60 Cubikfuss Holzkohlen.

§. 113.

Auf das Schmelzen folgt das Anssaigern der Stücke auf dem Saigerherde, der entweder einfach oder der Kohlenersparniss wegen doppelt ist. Er besteht aus einem massiven Gemäuer, welches 2 gusseiserne Platten, die Saigerscharten, enthält, die unter 120° gegen einander geneigt sind, sich nicht berühren und unter sich einen hohlen Raum, die Saigergasse, haben. Auf den Herd werden 6 — 8 Saigerstücke mit der hohen Kante aufgesetzt, so dass sie 3—4 Zoll von einander abstehen. Die Zwischenräume

werden mit glühenden Kohlen gefüllt, diese mit todten bedeckt und der Herd durch die schräg angelegten Saigerbleche geschlossen. Nach 4 — 5 Stunden sehr langsam gesteigerter Erhitzung sind die Stücke abgesaigert. Auch beim vollkommensten Betriebe erhält man nur 85 % des in den Saigerstücken enthaltenen Silbers und Bleies, während 15 % mit dem Kupfer verbunden bleiben

und die löcherigen porösen Kiehnstöcke bilden. Ein Nebenproduct sind die
Saigerdörner, Abgänge, welche dadurch entstehen, dass gegen das Ende des
Saigerns eine sehr starke Hitze gegeben wird, und die aus Kupferoxydul und
Bleioxyd bestehen. Die Kiehnstöcke bestehen namentlich aus entsilbertem
Kupfer mit Blei und geringen Mengen anderer Metalle, nach Karsten wesentlich
aus $Cu^{13}Pb$. Nach Hahn*) enthielt ein Kiehnstock von der altenauer Blei-
steinkupferarbeit (Krätzarbeit) Cu = 68.696, Pb = 25.769, Fe = 0.172, Ag = 0.011,
Ni = 1.495, Co = 0.269, Zn = 1.382, Mn = 1.559, Sb = 0.088, S = 0.559. Sie werden in eigenen, im Wesentlichen nach dem Princip des Saigerherdes construirten Oefen durch das **Darren**, eine fort-
gesetzte Saigerarbeit, möglichst von Blei befreit, und der Rest, die **Darrlinge**, endlich
auf einem Herde gar gemacht. Den Saigerdörnern der vorigen Arbeit entsprechend bilden sich hier als oxydirte Nebenproducte der
Darrrost, die **Darrsohle** und der **Pick-
schiefer**. Sie werden gesammelt und von
Zeit zu Zeit zugleich mit den Saigerdörnern
und Frischschlacken in einem 14 Fuss hohen Hochofen, unter Zusatz von etwas
Schwarzkupfer niedergeschmolzen und dann gesaigert. Man nennt dies die
Krätzarbeit oder **Dörnerarbeit**.

§. 114. **Amalgamation der Kupfersteine auf den mansfeldischen Hütten.**

Der grosse Verlust an Kupfer, Blei und Silber, sowie der grosse Zeit- und
Kostenaufwand sind Unvollkommenheiten des Saigerprocesses, die die Umgehung
desselben längst wünschenswerth machten. Durch die neuerlich an einigen
Orten eingerichtete Amalgamation und die an anderen Orten übliche Silberextraction auf nassem Wege wird derselbe beseitigt.

Bei der Amalgamation wird äusserst fein gemahlener Kupferstein mit
wenig Wasser benetzt und in einem Flammenofen mit zwei Etagen geröstet.
Man erhitzt denselben zuerst in dem oberen Raume bei schwächerer Hitze
unter fortwährendem Umrühren, wobei man jedes Zusammensintern der Masse
möglichst vermeidet. Das Röstgut wird nun mit 10 % Kochsalz und ebenso
viel sehr fein pulverisirtem Kalkstein unter Zusatz von Wasser gut durch-
geknetet, die Masse in Dörröfen getrocknet, wieder fein gemahlen und darauf
in der unteren, viel heisseren Etage zum zweiten Male 1½ Stunden lang geröstet, wodurch Chlorsilber, schwefelsaures Natron, schwefelsaurer Kalk, Eisen-
und Kupferoxyd entstehen. Die pulverisirte Masse kommt nun in die Amal-
gamirtonnen. Es sind dies hölzerne, mit eisernen Reifen und eisernen Böden,
versehene Tonnen, die horizontal liegen, und mittelst eines, an einem der

---

*) Berg- und Hüttenmänn. Zeitung 1861 p. 73.

Böden angebrachten Zahnrades, welches in ein grösseres Zahnrad eingreift, um ihre Axe drehbar sind. Während das eine Axenlager fest liegt, kann das an-

dere durch eine Schraube v bewegt, die Tonne ausser Verbindung mit dem grossen Zahnrade gesetzt und dadurch beliebig angehalten werden. Die Spei-

sung der Tonnen mit Erz geschieht mittelst lederner Schläuche f, aus einem über jeder Tonne liegenden Kasten E, die Speisung mit dem nöthigen Wasser aus einem anderen Behälter D.

In jede Tonne kommen zuerst 500 Kilo Röstmehl, 150 Liter heisses Wasser, 40 Kilo Schwarzblechschnitzel und 150 Kilo Quecksilber. Nachdem sie nun 14 Stunden gelaufen sind, giebt man noch 100 Liter Wasser hinzu und lässt wiederum einige Zeit laufen. Man stellt die Tonnen nun zur Ruhe und lässt durch eine kleine Oeffnung des Spundes a

zuerst das Amalgam in den unter den Tonnen befindlichen Recipienten mmm' und durch das kleine Ansatzrohr ii' in eine Rinne h und von da in ein besonderes Reservoir laufen, und leitet dann nach Oeffnung des ganzen Spundes a den Schlamm aus dem Recipienten mmm' in grosse Behälter. Das Amalgam wird durch Auspressen vom überschüssigen Quecksilber befreit und durch Erhitzen unter eisernen Glocken das Quecksilber verflüchtigt und wieder condensirt, wobei das Silber als sogenanntes Tellersilber zurückbleibt. Der Schlamm, unter Zusatz von mehr Wasser vom Reste des Amalgams abgeschlämmt, wird, nachdem er sich vollständig abgesetzt hat, mit 15 % Thon zu linsenförmigen Broden verarbeitet, die nach dem Trocknen in einem Schachtofen mit Quarzzuschlag auf Schwarzkupfer verschmolzen werden.

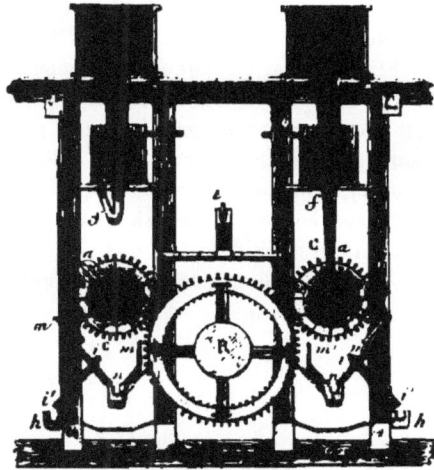

7*

§. 115. Silberextraction auf nassem Wege, nach Maumené, nach Ziervogel, nach Hübner und Gossage.

Die Silberextraction auf nassem Wege kann man auf verschiedene Art vornehmen. Der Kupferstein wird z. B. feingemahlen, mit Kochsalz geröstet und noch heiss mit Kochsalzlösung versetzt. Das durch Erhitzen mit Kochsalz gebildete Chlorsilber löst sich in der concentrirten Kochsalzlösung, wird abgelassen, das Silber durch metallisches Kupfer, das gebildete Chlorkupfer aber nachher durch Eisen gefällt.

Maumené verarbeitet silber- und kupferhaltige Kiese von Cornwall, indem er den Kies in thönernen Cylindern mit überschüssigem Steinsalz calcinirt, die Masse auslaugt und aus der Lauge Kupfer und Silber durch Eisen fällt, das Kupfer dann bei Luftzutritt calcinirt, mit verdünnter Schwefelsäure das entstandene CuO löst, während Silber metallisch zurückbleibt. Nebenproducte sind freies Chlor, welches zur Gewinnung von Chlorkalk benutzt wird, schwefelsaures Natron, Kupfervitriol, Zinnoxyd und Eisenoxyd.[*])

Nach Ziervogel[**]) wird ein silberhaltiger Kupferstein wiederholt geröstet, im Flammenofen bis auf einen Kupfergehalt von 60 % und Silbergehalt von 12—15 Loth auf den Centner concentrirt, und der erhaltene Concentrationsstein wieder gepocht, gemahlen und geröstet. Schwefelsaures Eisenoxyd und Kupferoxyd werden hierbei vollständig zersetzt (die Schwefelsäure geht also verloren), während $AgO.SO^3$ unzersetzt bleibt, ausgelaugt, durch Kupferplatten gefällt und eingeschmolzen wird. Der Feingehalt beträgt etwa 0.938, der Silberverlust nicht über 8 %.

Hierher gehören auch die von Ritter Hübner und Gossage angegebenen Methoden, das Kupfer und nebenher das Silber auf nassem Wege zu gewinnen.

Cap. 6. Analytische Untersuchung der Kupfererze und des daraus gewonnenen Kupfers.

§. 116. Kupferschmelzprobe der Analyse auf trocknem Wege.

Das durch den Hüttenprocess gewonnene Kupfer ist niemals rein, sondern enthält $\frac{1}{2}$—2 % fremde Bestandtheile, die zum Theil sehr nachtheilige Wirkungen auf die Güte des Metalles ausüben. Der Einfluss der verschiedenen Beimengungen ist nicht gleich. Arsen z. B. verringert schon in sehr geringer Menge die Geschmeidigkeit des Kupfers, während Silber, selbst in grosser Menge, eher nützt, als schadet.

---

*) Le Technologiste 1852 p. 446.
**) Berg- und Hüttenmännische Zeitung 1853 No. 16.

Die analytische Untersuchung der Kupfererze, sowie des daraus gewonnenen Kupfers ist daher von grosser Wichtigkeit. Ebenso sind wir bei der Zusammensetzung der in der Technik so wichtigen Legirungen, sowie bei der Werthbestimmung der einzelnen Kupferpräparate einzig auf die Analyse angewiesen. Da man entweder nur die Menge des Hauptbestandtheiles des Kupfers zu bestimmen hat, oder auch die Art und Menge aller einzelnen Beimengungen, so muss die Methode der Untersuchung natürlich eine verschiedene sein.

Man unterscheidet das Verfahren auf trockuem Wege oder die Kupferschmelzprobe und das Verfahren auf nassem Wege; letzteres ist das genauere und gebräuchlichere.

A. Kupferschmelzprobe.

Ein Probircentner*) pulverisirten Kupfererzes wird zuerst auf einem Röstscherben ausgebreitet und unter der Muffel unter fortwährendem Umrühren geröstet, bis der Geruch nach schwefliger Säure nachlässt; darauf mit $\frac{1}{4}$ Ctr. Kohlenpulver verrieben und nochmals stärker geröstet. Man verreibt das geröstete Erz nun mit seinem gleichen Gewicht Boraxglas und Leinöl zu einer Paste und drückt diese in den mit Kohlenpulver und Tragantschleim ausgefütterten Tiegel ein, bestreut sie mit Kohlenpulver, verklebt den Tiegel und setzt ihn einem starken Feuer im Windofen aus. Die Probe ist gut gerathen, wenn nach einer Stunde die Schlacke gut geflossen ist und ein einziges, zusammenhängendes Korn am Boden des Tiegels liegt. Bisweilen ist dies Korn schon Garkupfer, gewöhnlich aber nur Schwarzkupfer. Bei der Probe auf Garkupfer erhitzt man einen Scherben unter der Muffel, setzt das Schwarzkupfer ein, thut, wenn es geschmolzen ist, ebenso viel Blei hinzu und mindert das Feuer. Sobald das Korn etwas abnimmt, setzt man Boraxglas hinzu, wodurch die Verschlackung schnell erfolgt, und nimmt die Probe heraus, sobald das Korn mit heller Oberfläche schmilzt.

§. 117. B. Analysen auf nassem Wege.

1. **Bestimmung des Kupfers in Erzen als Oxyd.** Das pulverisirte Erz wird stark geröstet, darauf mit Ammoniak anhaltend digerirt und das Kupfer dadurch ausgezogen. Die Lösung wird nun filtrirt, zur Trockne verdunstet und der Rückstand ausgeglüht. Der Rückstand enthält 80 % Cu.

2. **Kupferprobe von Bruno Kerl.****) Fein geriebenes Erz wird in gelinder Wärme in Königswasser gelöst, unter Zusatz von etwas Schwefelsäure zur Trockne verdampft, zur trockenen Masse noch einige Tropfen Schwefel-

---

*) Probirgewichte sind verjüngte Gewichte, die beim Abwägen der Erzproben gebraucht werden. Der Probircentner ist dann meist gleich einem Viertelloth oder auch gleich 5 Gramm, also gleich $\frac{1}{1000}$ oder $\frac{1}{10000}$ des Centners; wird aber ebenso eingetheilt, wie der gemeine Centner. Ein Löthrohr-Probircentner ist gleich 100 Milligr.

**) Berg- und Hüttenmänn Zeitung 1854 No. 5 und 1855 No. 5.

säure gesetzt, dann heisses Wasser hinzugefügt, filtrirt, das Filtrat mit Eisendrahtstiften erhitzt. Das gefällte Kupfer wird nun gut ausgewaschen, bei gelinder Temperatur getrocknet und gewogen. Die Probe ist neben Eisen, Mangan, Nickel, Kobalt, Blei und Silber ausführbar. Sind dagegen Antimon, Wismuth, Arsen und Zinn vorhanden, die gleichzeitig mit dem Kupfer gefällt werden würden, so löst man das Probirgut in roher Salpetersäure und verdampft zur Trockne. Man setzt nun noch einige Tropfen Salpetersäure hinzu und behandelt die Masse mit nicht zu viel heissem Wasser, worin Zinn, Antimon und ein Theil des Wismuth ungelöst bleiben. Setzt man nun pulverisirtes kohlensaures Ammoniak hinzu, so bleiben nur Kupfer, Zink und Nickel im Ueberschusse des Fällungsmittels gelöst. War das Erz arsenreich und eisenarm, so fügt man vor dem Fällen etwas Eisenchloridlösung hinzu, worauf durch das kohlensaure Ammoniak arsensaures Eisenoxyd gefällt wird. Der mit der Flüssigkeit erhitzte Niederschlag wird nun filtrirt und unter öfterem Aufstreuen von kohlensaurem Ammoniak mit nicht zu viel kochendem Wasser ausgewaschen. Aus der mit Schwefelsäure angesäuerten Lösung wird dann das Kupfer wie oben durch Drahtstifte gefällt.

3. **Bestimmung des Kupfers in Salzen.** Man löst das Kupfersalz in der Wärme in Salzsäure, oder in Wasser und versetzt dann die Lösung mit Salzsäure. Enthält das Salz Salpetersäure, so muss diese vorher durch Kochen mit starker Schwefelsäure oder mit Eisenvitriol zerstört werden. Man wirft nun in die filtrirte Lösung kleine Stücken reines Zink, wodurch das Kupfer gefällt wird. Die vollständige Fällung erkennt man, indem man einen Tropfen der Flüssigkeit in etwas Ammoniak bringt, welches auch keine Spur von blauer Färbung erhalten darf. Man lässt nun noch den Rest des Zinks sich lösen, zieht mit einer Pipette klar ab, fügt heisses Wasser hinzu und wiederholt dies so oft, bis die Flüssigkeit Lackmus nicht mehr röthet. Der Rest der Flüssigkeit wird vorsichtig mit Fliesspapier aufgenommen und der Tiegel in der Wärme vollständig ausgetrocknet. Man kann den noch warmen Tiegel dann tariren, das Kupfer herausnehmen und durch eine Wägung des Tiegels das Gewicht des Kupfers durch die Differenz bestimmen. Das Kupfer ist rein roth, schöner als das durch Eisen gefällte und fast nicht hygroskopisch.

4. **Kupferbestimmung nach Rivot.***) Man versetzt die Lösung des Erzes mit schwefliger Säure, um Oxydullösungen zu erhalten, fügt Schwefelcyankalium in verdünnter Lösung hinzu, wodurch Kupfer allein, aber vollständig gefällt wird. Das Cyanschwefelkupfer wird filtrirt, getrocknet, mit etwas Schwefel gemengt im tarirten Porzellantiegel unter Luftabschluss geschmolzen und gewogen. 40 Schwefelkupfer enthalten 32 Kupfer.

---

*) Compt. rend. Mai 1854. No. 20.

§. 118.

5. Volumetrische Bestimmung des Kupfergehaltes durch Cyankalium nach Parkes. Sie gewährt, wenn man sich die Probeflüssigkeit einmal hergestellt hat, grosse Vortheile sowohl durch die Zeitersparniss, als durch die Genauigkeit der Resultate und eignet sich deshalb namentlich für häufig wiederkehrende Untersuchungen.

Man löst 1.25 Gramme reines Kupferoxyd oder 1 Gramm Kupfer in der Wärme in mässig verdünnter Schwefelsäure, oder 2.78 Gramm reinen Kupfervitriol in Wasser, versetzt die Lösung mit Ammoniak bis zur Wiederauflösung des entstandenen Niederschlages und verdünnt schliesslich mit destillirtem Wasser auf 100 Cubikcentimeter, so dass also 1 Cubcm. der Lösung 0.01 Gramm Kupfer enthält. Dies ist die Probeflüssigkeit. Zu 10 Cubcm. dieser Lösung setzt man nun so lange beliebig concentrirte, frisch bereitete Cyankaliumlösung, bis die blaue Farbe derselben durchaus verschwunden ist. Gesetzt, man habe dazu 14 Cubcm. Cyankaliumlösung verbraucht, so entsprechen diese also 0.1 Gramm Kupfer.

Man erhitzt nun von dem feinpulverisirten Kupfererz 1 Gramm in siedendem Königswasser bis zur Lösung der Metalle, verdünnt mit Wasser, filtrirt, übersättigt das Filtrat mit Ammoniak, erwärmt gelinde, filtrirt und wäscht gut aus, wobei das Waschwasser zum Filtrat gesetzt wird. Zu dieser Lösung fügt man mit einer Quetschhahnpipette Cyankaliumlösung bis zur Entfärbung. Man habe 25.2 Cubcm. derselben verbraucht. Dann ist:

$$KCy\ 14 : Cu\ 0.1 = KCy\ 25.2 : Cu\ x$$
$$x = 0.18\ Gramm.$$

1 Gramm Erz enthält 0.18 Gramm Kupfer, also 18 %.

6. Kupferbestimmung nach Pelouze. Man löst 1 Gramm reines Kupfer in 7—8 Cubcm. Salpetersäure, verdünnt die Lösung wenig mit Wasser und fügt ein Uebermaass von Aetzammoniak hinzu (20—25 Cubcm.). Man erhält auf diese Art eine tiefblaue Lösung. Zu gleicher Zeit theilt man eine beliebige Menge Natronlauge in 2 gleiche Theile, sättigt die eine Hälfte mit Schwefelwasserstoffgas und setzt dann die andere Hälfte Natronlauge zu. Die Lösung enthält nun einfach Schwefelnatrium nach der Formel

$$NaS.HS + NaO.HO = 2NaS + 2HO.$$

Zu der siedenden Kupferlösung lässt man nun aus einer Burette so lange Schwefelnatriumlösung zufliessen, bis nach dem Umrühren und Absetzen des Schwefelkupfers die Flüssigkeit farblos erscheint. Hätte man dazu z. B. 31 Cubcm. der Schwefelnatriumlösung gebraucht, so würden also 31 Cubcm. Schwefelnatriumlösung dem 1 Gramm Kupfer entsprechen.

Durch die Zersetzung, welcher die Schwefelnatriumlösung ausgesetzt ist, wird es bedingt, dass man, falls sie mehrere Tage gestanden haben sollte, ihmer

Titer wieder prüfen muss.*) Die in den Kupfererzen am meisten vorkommenden Metalle, Eisen, Cadmium, Blei, Zink werden durch die Behandlung der Erzlösungen mit Ammoniak theils gefällt, theils werden sie, wenn sie sich in Ammoniak gelöst haben, erst später als das Kupfer durch das Schwefelnatrium niedergeschlagen. Zur Prüfung nach dieser Methode nimmt man stets so viel der auf Kupfer zu untersuchenden Substanz, dass in der abgewogenen Menge derselben nach einer vorhergegangenen gewichtsanalytischen Approximativ-bestimmung annähernd 1 Gramm Kupfer enthalten ist. Man löst also z. B. 2.2 Gramm des zu untersuchenden Erzes, oder einer Legirung, übersättigt die filtrirte Solution mit Ammoniak, erhitzt bis zum Sieden und fügt Schwefel-natriumlösung hinzu, indem man zugleich von Zeit zu Zeit das verdampfende Ammoniak ersetzt. Das Blasserwerden der Flüssigkeit zeigt, dass das Ende der Operation nahe ist, man setzt also nun die Normalflüssigkeit nur noch tropfenweise zu. Hätte man z. B. 28 Cubcm. der Schwefelnatriumlösung ver-braucht, so berechnet sich der Kupfergehalt in den 2.2 Gramm des Erzes auf 0.903 Gr. Kupfer, nach der Proportion

$$31 \text{ Cubcm.} : 1 \text{ Gramm} = 28 : x$$
$$x = 0.903 \text{ Gramm.}$$

§. 119.

7. Untersuchung des Kupfers mit Berücksichtigung der Verun-reinigungen. 20—30 Gran des Metalls werden in Form von Feile unter Erwärmung in Salpetersäure gelöst, die freie Säure durch Eindampfen verjagt, die Lösung verdünnt, filtrirt und ausgewaschen. Ungelöst bleiben Zinnoxyd und Antimonoxyd. Man trocknet im Filtrum bei 100°, bis das Gewicht con-stant bleibt, wiegt den sauber entfernten Rückstand und behandelt ihn dann in der Wärme mit Weinsteinsäure, die das Antimonoxyd löst, das Zinnoxyd aber ungelöst lässt. Man filtrirt, wäscht aus, trocknet, glüht und wägt das Zinnoxyd und berechnet die Differenz als Antimonoxyd. Es sind 75 Theile Zinnoxyd = 59 Zinn, und 132.3 Antimonoxyd = 120.3 Antimon.

Das Filtrat wird mit Schwefelsäure versetzt, etwas eingedampft, filtrirt, das schwefelsaure Bleioxyd getrocknet, geglüht und gewogen; 152 schwefel-saures Bleioxyd sind = 104 Blei.

Aus dem Filtrate wird durch Salzsäure das Silber gefällt, filtrirt, gewaschen, getrocknet, im tarirten Porzellantiegel geglüht, gewogen. 143.5 Theile Chlor-silber entsprechen 108 Theilen Silber.

Das saure Filtrat wird nun mit Schwefelwasserstoff übersättigt, unter Luft-abschluss filtrirt und gut ausgewaschen. Der Niederschlag enthält neben Kupfer noch Wismuth und Arsen, das Filtrat aber Eisen. Man digerirt den ersteren im kleinen Kolben mit Schwefelnatriumlösung, um das Schwefelarsen zu lösen,

---

*) Hering, Anleitung zu massanalyt. Untersuchung p. 110.

filtrirt dies ab und wäscht gut aus. Der Rückstand wird mit Salpetersäure in der Wärme gelöst, und die Lösung mit kohlensaurem Ammoniak im Ueberschuss versetzt, wodurch das Kupferoxyd aufgelöst bleibt, das Wismuthoxyd aber gefällt, nach einigen Stunden abfiltrirt, mit kohlensaurem Ammoniak ausgewaschen, getrocknet und geglüht wird. 232 Theile Wismuthoxyd sind gleich 208 Wismuth.

Die vom Kupferniederschlag abfiltrirte Flüssigkeit enthält noch Eisen, Zink, Nickel, Kobalt und Mangan. Man erhitzt sie anhaltend zur Verjagung des Schwefelwasserstoffs, versetzt sie mit etwas chlorsaurem Kali, um das Eisen in Oxyd zu verwandeln, fügt nun so lange kohlensaures Natron hinzu, bis ein bleibender Niederschlag zu entstehen anfängt. Man kocht nun mit einigen Tropfen essigsaurem Natron, wodurch alles Eisenoxyd gefällt wird, filtrirt, trocknet und glüht dasselbe. 80 Th. Eisenoxyd sind = 56 Eisen.

Zur Lösung fügt man noch mehr Essigsäure, und leitet ganz allmählig unter beständigem Bewegen, so lange der Niederschlag noch weiss erscheint, Schwefelwasserstoff hinein, wodurch alles Zink gefällt wird. Dies wird abfiltrirt, mit Salzsäure gelöst, mit kohlensaurem Natron gefällt, filtrirt, geglüht und gewogen; 40.5 Zinkoxyd sind gleich 32.5 Zink.

Versetzt man das Filtrat nun mit Ammoniak und Schwefelammonium, so werden Mangan, Nickel und Kobalt als Schwefelmetalle gefällt, abfiltrirt und ausgewaschen. Durch Ueberschuss von sehr verdünnter Salzsäure wird Schwefelmangan sehr leicht gelöst, abfiltrirt, anhaltend gekocht und in der Siedehitze mit kohlensaurem Natron gefällt. Es hinterlässt nach dem Glühen braunes Manganoxydul. 38.27 Manganoxydul = 27.6 Mangan.

Die Lösung wird mit etwa 1 Pfd. Wasser sehr stark verdünnt und anhaltend Chlorgas bis zur Sättigung hindurch geleitet, wodurch $NiCl$ und Co^2Cl^3 entsteht. Nach Verlauf mehrerer Stunden sättigt man die Lösung vorsichtig mit kohlensaurem Baryt, setzt noch einen kleinen Ueberschuss desselben hinzu und lässt das Ganze in der Kälte unter öfterem Umrühren 18—24 St. stehen. Das Kobaltüberoxyd ist mit kohlensaurem Baryt gemengt niedergefallen, wird abfiltrirt, mit Salzsäure gelöst, durch Kali das Kobaltoxyd gefällt, filtrirt, geglüht und gewogen. 38 Theile Kobaltoxyd = 30 Kobalt.

Das Nickel enthaltende Filtrat wird ebenfalls mit Kali gefällt, filtrirt, geglüht, gewogen: 37 Nickeloxyd = 29 Nickel.

Arsen wird am besten durch den Gewichtsverlust bestimmt.

Es braucht wohl nicht erst gesagt zu werden, dass man nicht erwarten kann, in jedem Garkupfer alle genannten Stoffe zu finden. So tritt Wismuth fast nur im australischen, jetzt viel verhütteten Kupfer, Zink im chinesischen, Nickel und Kobalt im mansfeldischen und dem von Riechelsdorf auf.

Nach den sehr zahlreichen Untersuchungen von Abel und Field[*)] ergiebt

---

*) Chem. Soc. Quart. Journ. XIV. 290, durch Journal f. pract. Chemie. Bd. 88 p. 358.

sich, dass fast stets Arsen und Silber, sehr häufig Wismuth (namentlich wenn
das Kupfer aus kiesigen Erzen dargestellt ist) Antimon weniger oft, Blei sehr
selten in raffinirtem oder unraffinirtem Scheibenkupfer, Eisen fast nie in raffinirtem Kupfer vorkommen. Wismuth fanden die Verf. auch fast in allen
neueren Kupfermünzen, so wie in den Silbermünzen Englands und anderer
Länder.

§. 120.

8. Untersuchung von Legirungen. Sie schliesst sich im Allgemeinen
der vorigen Untersuchung an, nur dass man nicht auf alle genannten Stoffe
Rücksicht zu nehmen hat. Auch sind natürlich die quantitativen Verhältnisse
ganz anders, da hier oft absichtlicher Zusatz ist, was im Garkupfer als Verunreinigung erscheint. Die Stoffe, auf die in Legirungen vorzüglich Rücksicht
zu nehmen ist, sind: Kupfer, Zink, Blei, Antimon, Zinn, Eisen und Nickel. Sehr
zweckmässig ist dabei folgendes Verfahren. Man löst 1 Gramm der pulverisirten Substanz in Salpetersäure, dampft zur Trockne ein und löst mit ammo-
niakhaltigem Wasser wieder auf: Zinn, Antimon, Blei, Eisen und Nickel bleiben
ungelöst. Das Filtrat wird mit Essigsäure im Ueberschuss versetzt, eine reine
Bleiplatte eingesetzt und 2 Stunden lang unter Wasserersatz gekocht, dadurch
Kupfer gefällt, filtrirt, getrocknet, gewogen. Aus der Lösung Blei durch
Schwefelsäure gefällt, filtrirt, das Filtrat eingedampft und durch kohlensaures
Natron das Zink gefällt, geglüht und als Zinkoxyd gewogen. — Den obigen
Rückstand behandelt man mit verdünnter Salpetersäure, löst dadurch Blei,
Nickel und Eisen, filtrirt, fällt Blei durch Schwefelsäure, darauf Eisen durch
bernsteinsaures Ammoniak, endlich Nickel durch Kali. — Der Rückstand von
Antimon und Zinn wird nun mit Salzsäure behandelt, das Antimonoxyd gelöst,
aus seiner Lösung durch einen reinen Zinnstab in der Wärme als Antimon
gefällt, filtrirt, gewaschen, bei 100° getrocknet und gewogen. Die Menge des
Zinn ergiebt sich aus der Differenz.

Cap. 7. Weitere Bearbeitung des Kupfers.

I. Verwendung des Kupfers zu Blech, Röhren, Draht und Münzen.

§. 121.

Es giebt wenige Metalle, die einer so vielfachen Benutzung unterliegen, als
das Kupfer, da es sowohl in seinem reinen Zustande, als auch in seinen Legirungen mit anderen Metallen, sowie in Verbindung mit Säuren auf das Mannig-
faltigste angewendet wird. Die wichtigsten und am häufigsten angewendeten
Kupfersalze sind schon früher besprochen worden; die ungemein zahlreichen
Kupferlegirungen werden später genauer berücksichtigt werden. Für sich wird

das reine Kupfer verwendet als Blech, zur Darstellung plattirter Waaren, zum Dachdecken, Schiffsbeschlag, Zündhütchen und zu den zahlreichen Kupferschmiedearbeiten, namentlich zu Kesseln, Töpfen, Siedepfannen, Röhren, Kühlund Brennapparaten u. s. w. für Brauereien, Brennereien, Färbereien und Zuckersiedereien. Sehr wichtig sind ferner die durch Giessen, nachheriges Kaltschmieden, Abdrehen und Poliren hergestellten harten Kupferwalzen für Kattundruckereien und Papierfabriken, die Platten für den Kupferstich, der Kupferdraht und die Verwendung des Kupfers zu Münzen und Medaillen.

Wir übergehen die Anfertigung einzelner aus Kupfer gearbeiteter Gegenstände und lassen hier nur die Darstellung des dazu verwendeten Rohmateriales, des Bleches und Drahtes folgen. Die ungleich wichtigere Fabrikation des Messingdrahtes und Bleches wird später besprochen werden.

§. 122.

1. Kupferblech.

Früher wurde dasselbe nur durch Hämmern, jetzt mehrentheils durch Walzen dargestellt, indem hier wesentlich an Zeit und durch den geringeren Abfall an Material erspart wird.

Zur Anfertigung des gehämmerten Kupferbleches werden die durch das Garmachen erhaltenen Kupferstücke unter einem Hammer mit meisselförmiger Bahn glühend in einzelne Stücke, Schrote, zerhauen und diese glühend unter einem Hammer mit flacher Bahn erst einzeln, dann zu mehreren übereinander liegend, ausgeschmiedet. Da das Kupfer durch das Hämmern hart wird, muss es während des Ausschlagens wiederholt ausgeglüht werden. Man hat übrigens darauf zu halten, dass abwechselnd beide Flächen geschmiedet werden, und dass die Schläge gehörig nebeneinander fallen. Durch einen Hammer mit breiterer Bahn werden zuletzt die entstandenen Beulen ausgeglichen.

Zur Anfertigung von Walzkupferblech giesst man das Garkupfer in dicke Tafeln, die zuerst glühend unter Hämmern mit breiter Bahn ebenfalls gestreckt werden, bis sie ⅛ oder ¾ Zoll dick sind. Hierauf werden sie kalt erst einzeln, später zu mehreren ausgewalzt, während des Walzens aber von Zeit zu Zeit ausgeglüht, um sie wieder weich zu machen. In anderen Fabriken giesst man das Kupfer in Barren, macht sie im Flammenofen glühend und streckt sie, ohne vorher zu hämmern, sofort zwischen 3 Fuss langen, 15 Zoll dicken Walzen, indem man zwischen jedem Walzen wieder zum Rothglühen erhitzt, und in kaltem Wasser ablöscht, wodurch der Glühspan abspringt.

In England reinigt man die Bleche vom Glühspan durch das Pickeln. Man legt sie nach dem Walzen 4—5 Tage in Urin, lässt sie abtropfen, erhitzt sie dann in einem mässig heissen Flammenofen schnell zum schwachen Glühen und löscht sie in kaltem Wasser ab, wobei der Glühspan rein abspringt. In der Regel werden sie nachher noch auf einer ebenen Eisenplatte mit hölzernen Hämmern ausgeklopft, beschnitten, gewogen, sortirt. In einzelnen Fällen gehen

sie nochmals kalt durch Hartwalzen. Nicht alle Sorten Blech sind dazu brauchbar, namentlich soll sich aus Malachit geschmolzenes Kupfer schlecht pickeln.
Die Wirkung beruht im Ammoniakgehalt des Urins.[*] Das Walzen im glühenden Zustande ist zwar leichter, indessen sollen heiss gewalzte Bleche den
Einflüssen der Witterung und des Seewassers weniger gut widerstehen. Der
geringe Abfall beim Kaltwalzen ($^1/_4$ $\%$ vom rohen Plattenkupfer bis zum fertigen Blech) wiegt übrigens die vermehrte Arbeit vollständig auf, indem er
beim Glühendwalzen auf 25 $\%$ steigt. so dass man von 100 Pfd. Platten nur
80 Pfd. fertiges Blech erhält, während 13 Pfd. auf das Abfallkupfer, 4 Pfd.
auf Kupferasche und 3 Pfd. auf den Verlust gerechnet werden. Es ist dies
also ein weit ungünstigeres Verhältniss, als beim Walzen von Eisenblech, wo
man bei der Weissblechfabrikation von $4^1/_3$ Pfd. schweren schmiedeeisernen
Stürzen 8 Bleche à $1^1/_2$ Pfd. bekommt und nur $^1/_3$ Pfd. auf die Späne rechnet.
Der Abfall an Hammerschlag, durch das dem Verzinnen vorangehende Beizen.
beträgt dann noch 2 $\%$ und wird durch das Verzinnen ausgeglichen. Es sind
dies zusammen nur 13.2 $\%$.

Man fertigt die Kupferbleche in der Regel 12—15 Fuss lang und 5 Fuss
breit, oder 5—6 F. lang und $2^1/_2$—3 F. breit an. Die Dicke ist verschieden,
so dass der Quadratfuss $^1/_3$—$3^1/_2$ Pfd. und bei 2 Millim. Dicke ca. $1^1/_2$ Kilogr.
(1497 Gr.) wiegt. Die schwächsten Sorten, von $^1/_4$ Linie Dicke und darunter
kommen aufgerollt als Rollkupfer oder Flickkupfer in den Handel. Stärkere
Sorten führen den Namen Schiffsblech, Schlauchblech, Musterblech. Rinnen-
blech. Dachblech, Kesselböden. Das englische Schiffsblech ist 4 Fuss (engl.)
lang und 14 Zoll breit und wiegt im Quadratfuss 22—42 engl. Unzen, also
684.22 bis 1306.37 Gramm.

2. Kupferdraht.

Die Anfertigung des Kupferdrahtes weicht nicht von der des Messingdrahtes ab. weshalb auf das weiter unten über diesen Gesagte verwiesen wird.
Man fertigt ihn namentlich aus gewalzten Platten an. die in Streifen, Regale.
zerschnitten und als solche sofort in den Drahtzug ohne weitere Vorarbeit gebracht werden. Da das weichste Kupfer dazu verwendet wird, ist ein öfteres
Ausglühen überflüssig, und kommt blos für sehr feine Nummern zur Anwen-
dung. Das vollständige Sortiment begreift die Drähte von $^3/_4$ Zoll bis zu $^1/_{48}$ Zoll
abwärts. Von 1 Linie dickem Draht wiegen 60 Fuss etwa 1 Pfund.

§. 123.

3. Kupfermünzen.

Eine sehr bedeutende Verwendung findet das Kupfer zu Münzen. Im Allgemeinen hat man schon in den ältesten Zeiten Münzen aus Kupfer oder dessen
Legirungen geprägt oder gegossen. Im Mittelalter aber kam man davon zurück

---

[*] Berg- und Hüttenmännische Zeitung 1852. No. 32.

und prägte auch die kleineren Münzen oder Billon, Pfennige, Kreuzer u. s. w. von Silber, bis man wegen der mit so kleinen Silbermünzen verbundenen Unbequemlichkeit wieder auf das Kupfer oder Glockengut zurückging. Wegen der hohen Prägekosten, die damit verbunden sind, und weil der Staat in der Regel an den Scheidemünzen am meisten verdienen will, haben sie einen verhältnissmässig geringen Metallwerth, so dass z. B. in Preussen 1 Thaler Kupfergeld 33.2 Loth N. G. wiegt, während der Werth des darin enthaltenen Kupfers kaum ¼ Thaler beträgt. Uebrigens kommt so lange nichts auf den wahren Werth der Scheidemünzen an, als der Staat nicht mehr davon ausgiebt, als zu Ausgleichungen des täglichen kleinen Verkehres erforderlich ist. Prägt er indessen, vielleicht in Geldnöthen, mehr als die Circulation erheischt, so zeigt sich bald ein Ueberfluss an Kupfergeld, was von selbst ein Seltenerwerden des Silbergeldes bedingt, so dass dieses bald ein Agio gegen das Kupfergeld erhält. Will der Staat dann eine durchgängige Annahme al pari erzwingen, so wird er dies nur im Inlande, nicht aber im Auslande erreichen können, das bei der Annahme fremder Kupfermünzen nur den Metallwerth in's Auge fasst und sie nur nach dem Gewichte abschätzt. Die Kupfermünzen hören dann auf, Scheidemünze zu sein und werden zu Nothmünzen, die, wie die Geschichte Russlands, Oesterreichs, Schwedens und mehrer anderer Länder beweist, in der Regel später einer Devalvationsmassregel unterliegen, wodurch die Münzen von ihrem Nennwerth auf ihren Metallwerth herabgesetzt werden. Grössere Münzeinheiten aus Kupfer prägen zu lassen, wie es das kupferreiche Schweden im vorigen Jahrhundert gethan, ist wegen der Schwere und Grösse solchen Geldes höchst unzweckmässig und mit grossen Beschwerlichkeiten für den Verkehr verbunden.

Die Darstellung der Kupfermünzen weicht nicht von der der Gold- und Silbermünzen ab, und wird später besprochen werden.

4. Gezogene Kupferröhren.

Es ist früher erwähnt worden, dass sich Kupfer nicht blasenfrei giessen lässt. Auf sinnreiche Art hat man diesen Uebelstand in einer amerikanischen Fabrik bei der Anfertigung von Kupferröhren ohne Lothfuge durch die Centrifugalkraft vermieden. Man giesst das Kupfer nämlich in senkrecht stehende Formen, die sich mit einer Geschwindigkeit von 2000 Umdrehungen in einer Minute um ihre Achse drehen. Das eingegossene Kupfer legt sich in einer gleichmässigen, blasenfreien Schicht an die Wandungen der Form und bildet so eine dickwandige Röhre, die nun zwischen Walzen und über einem Dorne zur nöthigen Länge ausgezogen wird.*)

---

*) Wieck, illustr. Gewerbezeitung 1863 p. 291.

II. Das Ueberziehen des Kupfers mit fremden Stoffen.

§. 124.

Kupfer, Messing, Bronze und viele andere seiner Legirungen sind an der Luft nicht haltbar, sondern verlieren ihren Glanz, ihr schönes Ansehen. Man muss dieselben daher gegen diesen Einfluss des Sauerstoffs schützen, und thut dies entweder durch gefärbte oder ungefärbte Firnisse, wenn man die dem Metalle eigenthümliche Farbe zu erhalten wünscht, durch Erzeugung eines Oxydes oder Schwefelmetalles, wenn man die Erzeugung einer dunkleren Farbe beabsichtigt. Will man das leicht oxydirbare Metall gegen die zerstörende Wirkung organischer Säuren, wie auch gegen den Angriff des atmosphärischen Sauerstoffs schützen, so pflegt man es zu verzinnen. Die Vergoldung und Versilberung endlich bezweckt, namentlich bei wohlfeileren Schmucksachen, die Nachahmung des betreffenden edlen Metalles.

§. 125.

A. Das Firnissen.

Die Firnisse sind Auflösungen von Harzen im Alkohol oder in fetten und ätherischen Oelen und zerfallen demnach in spirituöse und fette Firnisse. Letztere sind die härteren, dauerhafteren und glänzenderen, erstere aber sind durch das schnellere Trocknen und leichtere Auftragen bequemer und werden daher auf Kupfer und dessen Legirungen vorzugsweise angewendet. Für die spirituösen Firnisse verwendet man namentlich Schellack (und zwar für die Goldfirnisse am besten den Stocklack oder Körnerlack), mit oder ohne Zusatz von Sandarak, Mastix, Elemi, Copal und Benzoë. Fette Firnisse bereitet man vorzugsweise aus Copal, Bernstein und Colophonium, jedoch auch zuweilen mit einem Zusatz von Schellack und Sandarak. Die Goldfarbe erzeugt man durch Zusatz von Gummi-Gutti, Aloë, Drachenblut, Carthamin, Orleans, Curcuma, Sandelholz, Safran und Garancin. Man stellt aus diesen Stoffen entweder mit Alkohol oder mit Terpentinöl eine sehr stark gefärbte Auflösung dar und setzt die spirituöse Tinctur nach Erforderniss zu den Weingeistfirnissen, die ätherische zu den fetten Firnissen.

Alle genannten Farbstoffe werden mit der Zeit am Lichte gebleicht, nur das bis jetzt in dieser Beziehung noch wenig beachtete Garancin macht davon eine Ausnahme. Es hat zwar den Nachtheil, die Farbe etwas in's Bräunliche zu ziehen, doch lässt sich dieser Uebelstand durch Zusatz von etwas Safrantinctur leicht verbessern.

Die namentlich in Lüdenscheidt in zahllosen Mustern angefertigten Knöpfe werden zum grossen Theile bunt lackirt und zwar seltener mit fettem, meist mit Spirituslack. Zur blauen Farbe wird pariser Blau auf das Feinste mit Spirituslack verrieben und der Alkohol dann so weit abdestillirt, bis der rückständige Lack das Blau suspendirt erhält. Für Roth verwendet man Cochenille, gelöst in Ammoniak, für das Gelb Curcuma, für Grün eine Mischung aus Blau und Gelb.

Die Auflösung des Schellack in Spiritus wird am besten in der Kälte in einem mit durchstochener Blase verbundenem Glase bewirkt. In Iserlohn pflegt man in der Regel das Wasserbad, oder noch lieber einen papinianischen Topf anzuwenden, und dadurch eine concentrirtere Auflösung zu erzielen. — Es ist zweckmässig, das Harz der besseren Zertheilung wegen mit gestossenem Glase zu mengen, und so mit dem Lösungsmittel zu digeriren, bis sich nichts mehr auflöst.

Von den zahllosen Recepten, die in jeder Bronzefabrik, man kann sagen beliebig und ohne dass man einen Grund für diese oder jene Veränderung anzugeben im Stande ist, abgeändert werden, mögen nur folgende bewährte als Beispiel für derartige Compositionen angegeben werden.

§. 126.

a. Spirituöse Firnisse.

12 Loth Schellack, $1\frac{1}{4}$ Loth Drachenblut, $\frac{1}{2}$ Loth Curcuma werden mit oder ohne Hülfe des Wasserbades in 2 Pfd. Alkohol von 90 % Tralles in einem mit durchstochener Blase verbundenem Glase gelöst.

1 Th. bestes französisches Garancin wird in 3 Theilen Alkohol von 90 % Tr. 12 Stunden lang digerirt, ausgepresst, filtrirt und mit etwas concentrirter Safrantinctur versetzt. Ebenso wird guter Schellack in Alkohol gelöst und filtrirt, der klare Lack zur sehr dünnen Syrupsdicke verdunstet, dann von der Garancintinctur nach Belieben zugesetzt.

Oder: 2 Loth Körnerlack, 4 Loth Sandarak, 4 Loth Elemi, 2 Loth Drachenblut, $1\frac{1}{2}$ Loth Gummi-Gutti, 12 Gran Safran werden mit 4—6 Loth pulverisirtem Glase gemengt und in $1\frac{1}{2}$ Pfd. Alkohol digerirt und filtrirt.

Dieser Art sind die in Iserlohn zum Firnissen der fertigen, sogenannten Bronzewaaren verwendeten Firnisse. Die gebeizte Waare wird auf einem Ofen über Handwärme erhitzt und mit Pinseln einige Male gleichmässig gestrichen, dann auf dem Ofen schnell getrocknet. In einigen Fabriken fügt man noch etwas Benzoë dem Lack hinzu und macht namentlich aus diesem Zusatz ein grosses Fabrikgeheimniss.

Wenngleich es richtig ist, dass schon Benzoëtinctur allein oder mit Garancin oder Orleans gefärbt einen guten Goldlack für Messing gibt, so lässt sich doch ein aus diesem Zusatz erwachsender wesentlicher Nutzen nicht erkennen. Der gegenwärtige hohe Preis des Benzoë aber muss schon allein gegen deren Anwendung sprechen. In vielen berliner Fabriken werden die Waaren kalt gestrichen und dann erhitzt, bis der Spiritus verdampft ist, und dann die schadhaften Stellen nachgestrichen.

Als farbloser Firniss für sehr helle, namentlich matt versilberte Messingwaaren empfiehlt sich verdünnte Benzoëtinctur oder eine Auflösung von gebleichtem Schellack in Alkohol. Um gelben Schellack zu bleichen, löst man ihn in 2 Theilen Alkohol, und giesst diese Lösung langsam und in dünnem Strahle unter starkem Umrühren in starke Chlorkalklösung. Nach dem Bleichen fällt man den Lack durch Zusatz von Salzsäure, wäscht ihn gut aus und löst ihn wie gewöhnlich in Alkohol.

Folgende Tabelle gibt eine Uebersicht der für Messing- und Bronzewaaren gebräuchlichsten Spiritusfirnisse. Nummer 8—10 sind die bereits oben erwähnten.

	1.	2.	3.	4.	5.	6.	7.	8.	9.	10.
Körnerlack	180	—	180	120	120	240	60	200	200	45
Geschmolzener Bernstein	60	—	60	30	—	—	—	—	—	—
Elemi	—	180	—	—	—	—	—	—	—	90
Sandarak	—	—	—	45	120	120	120	—	—	90
Storax	—	—	—	—	—	60	—	—	—	—
Benzoë	—	—	—	—	—	60	30	—	—	—
Mastix	—	—	—	30	—	—	30	—	—	—
Colophon	—	—	—	90	—	—	—	—	—	—
Venet. Terpentin	—	—	—	—	60	—	60	—	—	—
Gummi-Gutti	6	48	60	24	2	—	—	—	—	33⅓
Santelholz	10	—	10	—	—	—	—	—	—	—
Drachenblut	35	60	8	30	16	—	—	21	—	45
Curcuma	—	48	—	24	2	—	—	9	—	33⅓
Garancin	—	—	—	—	—	—	—	—	4½	—
Safran	2	10	—	—	—	—	—	—	4½	1
Glaspulver	120	—	120	120	150	240	100	120	120	120
Alkohol	1000	1000	1000	1000	1000	1000	1000	1000	1000	1000

§. 127.

b. Fette Firnisse.

Von diesen dürfte hier nur folgender Erwähnung verdienen, da er für Kupfergefässe die Verzinnung zu ersetzen im Stande ist.*)

3 Loth Copal werden in einem bedeckten irdenen Gefässe über gelindem Kohlenfeuer geschmolzen, dazu 16 Loth Terpentinöl gesetzt, wieder bedeckt einige Zeit vorsichtig erhitzt, damit die Dämpfe sich nicht entzünden. Hierzu fügt man nun 24 Loth möglichst dicken, kochenden Leinölfirniss, rührt gut um und seihet durch Leinen. Das kupferne oder messingene Gefäss wird gut erwärmt und der Firniss wiederholt gleichmässig aufgetragen, wobei man darauf zu achten hat, dass der vorangegangene Anstrich stets gehörig getrocknet ist, ehe man einen neuen folgen lässt. Nach dem letzten Auftragen wird das Gefäss bis zum Rauchen und Bräunen des Firnisses erhitzt, wodurch er sehr hart und dauerhaft wird. Sehr starker Essig und selbst verdünnte Salpetersäure können darin aufbewahrt, sogar erhitzt werden, ohne das Metall anzugreifen.

---

*) Polytechn. Notizblatt I. 294.

§. 128.
B. Das Bronziren von Kupfer. Messing u. s. w.

Kupfer und seine Legirungen laufen leicht an der feuchten Luft an, und zwar bildet sich auf dem Metall zuerst ein unscheinbarer, schmutzig schwarzgrauer, später ein blaugrüner Ueberzug; man nennt ihn Kupferrost, fälschlich Grünspan.

Jahrhunderte lang in feuchter Erde vergrabenes Kupfer bedeckt sich mit einer dickeren oder dünneren Schicht von kohlensaurem Kupferoxyd, Aerugo nobilis, während es im Innern sich vollständig in sprödes, brüchiges, krystallinisches Kupferoxydul verwandelt. Sehr alte römische und ägyptische Stücke fand ich zuweilen durch und durch in kohlensaures Kupferoxyd verwandelt, und zwar hatte sich theils das grüne, theils das blaue Salz gebildet. Das vorher erwähnte Kupferoxydul scheint sich also mit der Zeit höher zu oxydiren und dann Kohlensäure aufzunehmen.

Auf grösseren Sachen, Bildsäulen u. s. w. bildet dieses Salz unter dem Namen Aerugo nobilis, edler Rost, Antikbronze, Patina antiqua, auch wohl verde antico*) den hochgeschätzten Ueberzug, der in seiner ganzen Schönheit eben ein Erzeugniss sehr lange fortgesetzter Einwirkung der Atmosphäre ist. Alle bisher versuchten Mittel, die Entstehung der Patina zu beschleunigen, wirken nur auf Kosten der Schönheit derselben.

Uebrigens scheint auch die Einwirkung der Atmosphäre nicht auf jede Legirung dieselbe zu sein. Wenigstens will man die Beobachtung gemacht haben, dass namentlich die der Neuzeit angehörigen Statuen bald nach dem Gusse zunächst schwarz werden und kaum von Gusseisen zu unterscheiden sind.

Eine gegenwärtig hier in Berlin zusammengetretene Commission soll womöglich die Bedingungen feststellen, von denen die Bildung der Patina abhängen könne. — Es scheint mir noch sehr fraglich, ob überhaupt jenes Schwarzwerden als ein Fehler anzusehen ist, oder besser, ob die aus dem Alterthum stammenden Statuen diesen Fehler nicht ebenfalls gehabt haben, wie man jetzt anzunehmen geneigt scheint.

Auch Gladebeck in Berlin, einer der bedeutendsten Giesser der Jetztzeit, sucht den Grund des Schwarzwerdens nicht in der Mischung der Legirung, sondern in der Atmosphäre und weist namentlich darauf hin, dass selbst Sachen von reinem Kupfer, wie die aus Kupfer getriebenen Engel am Dom zu Berlin und die Victoria auf dem Brandenburger Thore, ebenso die aus reiner Bronze gefertigten russischen Pferdebändiger vor dem Königl. Schlosse schwarz geworden sind. Auffallend ist es, dass in der Nähe der See errichtete Monumente, wie die in Kopenhagen und Neapel, stets eine vortreffliche Patina erhalten.

---

*) Verde antico bezeichnet eigentlich einen antiken weissen Marmor, der mit dunkelgrünem Serpentin gemischt ist.

Abweichend spricht sich das bei der Commission eingegangene Urtheil von pariser Sachverständigen aus: „Die Zusammensetzung der Bronze richtet sich nach dem Geschmack des Publikums. Um die sogenannte florentinische Patina zu erzielen, werde der Legirung wenig Zink, aber kein Blei hinzugefügt. Soll die Bronze schnell an der Luft patiniren, so werde viel Zink, wenig Blei und kein Zinn zugesetzt. Die Hauptsache bleibe aber in allen Fällen die Herstellung einer reinen Oberfläche, bei kleinen Figuren durch Feilen und Poliren, bei grösseren durch Säuren."

Der schwarze Ueberzug ist eine unter Mitwirkung der feuchten Atmosphäre entstehende Bildung von Kupferoxyd, in derselben Art, wie sich beim Eisen der Rost, Eisenoxydhydrat, bildet. Dieses Kupferoxyd wandelt sich nach Innen im Laufe vieler, vieler Jahre mit dem Kupfer zu Kupferoxydul, nach aussen durch die Kohlensäure der Luft in kohlensaures Kupferoxyd oder Patina um. Man sieht dies letztere, wenn man Kupfer mit Kalilauge befeuchtet, indem es sich dann schnell an den Stellen oxydirt, wo es mit Lauge und Luft gleichzeitig in Berührung kommt. Mit concentrirter Natronlauge befeuchtet, wird es schon nach einigen Stunden schwarzbraun, verdünnte Lauge wirkt um so langsamer, je verdünnter sie ist. Bei $^1/_{500}$ Kali bildet sich der Ueberzug erst nach einigen Tagen, wird aber gleichmässiger. Ebenso überzieht sich das Kupfer unter, mit Soda versetzter Kochsalzlösung in einigen Tagen mit einer braunen Haut von Kupferoxydul und erscheint dadurch bronzirt. Auch in Paris werden zur Herstellung der florentiner Farbe, also der Patina, nach dem erwähnten Gutachten die Gegenstände mit Ammoniakwasser gewaschen, dann getrocknet, mit Dampf erwärmt und mit einem fetten Körper überzogen. Man scheint also daselbst zuerst die Bildung von fettsaurem Kupferoxyd einzuleiten, welches sich dann später in kohlensaures Salz umsetzen soll. Ausserdem wird aber in Paris viel Aufmerksamkeit darauf verwendet, die Statuen zu waschen und zu reinigen.

§. 129.

Alle Versuche nun, das Kupfer und seine Legirungen zu bronziren, müssen demnach dahin gehen, die Bildung von Kupferoxyd oder Kupferoxydul zu befördern, welche dann erst in zweiter Reihe sich in kohlensaures Kupferoxyd verwandeln.

Man sucht dies entweder durch Erhitzen zu erreichen oder durch Behandeln mit verschiedenen, namentlich chlorsauren, essigsauren, oxalsauren etc. Salzen oder durch Erhitzen mit Eisenoxyd und Graphit. In allen Fällen ist streng darauf zu halten, dass die Oberfläche des zu bronzirenden Stückes durch Beizen in Salpetersäure u. s. w. vollständig gereinigt sei, da sonst die Bronzirung fleckig wird.

1. Bildung eines dunkeln Ueberzuges von Kupferoxyd.

a. durch Erwärmung allein. Die vollständig gereinigten Medaillen etc. werden im Sandbade erwärmt und nachdem sie die gewünschte Farbe erlangt haben, sofort herausgenommen. Man kann sie auch in einer Spirituslampe erhitzen und dann mit Graphit bürsten.

b. **Durch Behandlung mit chlorsaurem Kali.** Das gereinigte Stück wird in concentrirter Lösung von chlorsaurem Kali unter einem Zusatz von salpetersaurem Ammoniak gekocht, abgespült und getrocknet; es färbt sich purpurroth, bei darauf folgender Erhitzung durch Kupferoxydul rothgelb.

c. **Durch essigsaures Kupferoxyd.** Schon das Salz für sich. in sehr verdünnter Lösung gekocht, setzt beim Kochen braunes Kupferoxyd ab, während Essigsäure frei wird. Die Erscheinung tritt schneller und vollständiger ein bei Zusatz von Salmiak.

Zum Bronziren von Medaillen löst man 2 Th. Grünspan und 1 Th. Salmiak in Essig, kocht die Auflösung, schäumt sie ab und verdünnt sie so sehr mit Wasser, dass sie nur noch einen schwachen Metallgeschmack hat und bei weiterer Verdünnung keinen weissen Niederschlag mehr fallen lässt. Man klärt nun ab, reinigt das Gefäss, bringt die Flüssigkeit schnell zum Kochen und giesst sie über die gut gebeizten Münzen, die in einem kupfernen Kessel auf hölzernem Roste so liegen, dass sie wo möglich nur an 2 Punkten diesen berühren. Die Flüssigkeit muss nun schnell sieden und wird sofort abgegossen, wenn die verlangte, angenehm rothbraune Farbe, die völlig ihren Glanz behält, hervorgetreten ist. Je verdünnter die Lösung, um so langsamer, aber auch um so sicherer und schöner bronzirt sie. Bei zu langem Sieden wird die oxydirte Schicht zu dick, schuppig und matt; ebenso bei zu starker Concentration, in welchem Falle sich das Kupfer sogar mit einem weissen, an der Luft grün werdenden Pulver überzieht. Nach dem Bronziren werden die Sachen abgewaschen und getrocknet.

In der pariser Münze werden 3 Th. Grünspan und 2.8 Th. Salmiak pulverisirt, mit Essig zu einem Teig geknetet, ein eigrosses Stück dieser Masse im Kupferkessel mit 2 Maass Wasser 20 Minuten gekocht, filtrirt, die Lösung im Kessel wieder zum Sieden gebracht und wie vorher verfahren.*)

Man kann auch die Stücke mit heisser Salmiaklösung gut abwaschen, dann in eine verdünnte Lösung von 2 Th. Grünspan, 1 Salmiak und 6 Essig über Nacht einlegen, darauf waschen und trocknen.**)

Oder man streicht die Medaillen wiederholt mit einer Lösung von 2 Th. Salpeter, 2 Th. Kochsalz, 4 Th. Salmiak, 2 Th. Ammoniak und 56 Th. Essig; oder mit einer Lösung von 1 Loth Salmiak, 1 Loth Kochsalz, 2 Loth Ammoniak in 1 Maass Essig. Durch den Essig wird auch hier zuerst die Bildung von essigsaurem Kupferoxyd herbeigeführt.

d. **Bronziren mit Kleesalz.** Aehnlich wie Grünspan wirkt das oxalsaure Kupferoxyd-Kali. Man löst 12 Th. Salmiak und 3 Th. Kleesalz in 480

*) Tenner, Handbuch der Metall-Legirungen. 1860.
**) Polyt. Notizblatt VI. 320.

Th. Essig, befeuchtet damit das Stück, bürstet es trocken, und wiederholt dies bis zum Hervortreten der Bronzirung. Die Nähe eines geheizten Ofens oder Sommerwärme begünstigt natürlich das Trocknen.

Walker[*]) kocht 2 Th. kohlensaures Ammoniak und 2 Th. Kupfervitriol in 32 Th. Essig, bis zum fast vollständigen Verdunsten des Essigs, und setzt dann noch 32 Th. Essig hinzu, in welchem $1/4$ Th. Oxalsäure und $1/4$ Th. Salmiak gelöst sind. Man kocht die Mischung einmal auf, lässt erkalten, filtrirt und bewahrt verschlossen auf. Vor dem Gebrauch werden die Stücke erwärmt, mit der Flüssigkeit bepinselt, nach einiger Zeit mit kochendem Wasser gewaschen, darauf mit einem Oellappen und zuletzt mit einem trocknen Lappen gerieben.

§. 130.

e. Bronziren mit Eisenoxyd und Graphit. Eine chemische Einwirkung ist hier wohl kaum möglich, wenn man nicht annehmen will, dass aus dem Eisenoxyd und Kupfer etwa schon in der Kälte oder wenigstens bei ziemlich niederer Temperatur Kupferoxydul gebildet werden kann. Der Graphit dient nur, die Farbe dunkler zu machen.

5 Th. Blutstein und 8 Th. Graphit werden auf einer Glasplatte mit Spiritus zu Brei verrieben, etwas davon mit Spiritus aufgetragen, nach 24 Stunden mit einer halbharten Bürste gebürstet, bis die Münze ein glattes, glänzendes Ansehen gewonnen hat. Je nach dem Verhältniss des Blutsteines und Graphites erhält man eine hellere oder dunklere Bronze.

Oder: die Münzen werden mehr als handwarm gemacht, schwach angefeuchtetes Polirroth darauf ausgebreitet und mit einer Juwelierbürste bis zum Hervortreten der Farbe gebürstet. Man kann das Verfahren wiederholen.

Rockline trägt das Polirroth mit Wasser kalt auf, erhitzt dann bis zum Rothglühen, übergiesst darauf mit kochender concentrirter Grünspanlösung und trocknet mit Baumwolle.

f. Eine schwarze Bronze von Kupferoxyd, die namentlich für optische und andere physikalische Apparate Anwendung findet, erhält man durch Eintauchen in rothe, rauchende Salpetersäure, Abrauchen und Glühen. Man reibt dann das Stück, während es noch heiss ist, mit Fliesspapier und Wachs und darauf stark mit einem wollenen Lappen.

§. 131.

2. Bildung eines grünen Ueberzuges.

Alle vorangegangenen Methoden bezweckten nur die Bildung von Kupferoxyd. Man hat aber auch verschiedene Versuche gemacht, einen grünen Ueberzug zu erzeugen, der indessen nicht immer kohlensaures Kupferoxyd ist.

---

[*]) Tenner a. a. O.

Bibra umgiebt die Medaillen mit Fliesspapier, taucht sie darauf in Ammoniak und lässt sie trocknen. Wenn die grüne Farbe hervortritt, bürstet man den Ueberzug mit einer harten Bürste.

Man kocht 80 Th. Essig mit 1 Th. Mineralgrün, 1 Th. roher Umbra, 1 Th. Salmiak, 1 Th. Gummi arabicum, 1 Th. Eisenvitriol, 4 Th. Avignonbeeren, filtrirt nach dem Erkalten und trägt die Farbe mit einem Pinsel auf. Sollte die Farbe nicht dunkel genug ausfallen, so wird das Stück über Handwärme erhitzt, nachträglich mit Alkohol, in den feinstes Lampenschwarz eingerührt ist, gestrichen, und schliesslich mit Spirituslack überzogen.*)

Zur Lösung von 4 Th. Kupfer in 8 Th. starker Salpetersäure setzt man 80 Th. Essig, 1½ Salmiak, 3 Th. Aetzammoniak, lässt die Mischung einige Tage warm stehen, bestreicht damit die Arbeitsstücke, trägt nach dem Trocknen Leinöl sehr dünn mittelst eines Pinsels auf und trocknet wieder in gelinder Wärme.

Verdünnte Salpetersäure (1 Säure + 4 Wasser) aufgetragen und abtrocknen lassen, erzeugt einen anfangs grauen, später bläulich-grünen Niederschlag. Gusswaaren färbt man grün, indem man sie in feinem Quarzsand erhitzt, der äusserst wenig mit sehr verdünnter Salpetersäure befeuchtet ist.

Wuttig löst 1 Salmiak, 3 Weinstein, 6 Kochsalz in 12 heissem Wasser und versetzt mit 8 Theilen salpetersaurer Kupferoxydlösung vom specifischen Gewicht 1.1. Die Lösung, wiederholt aufgestrichen, erzeugt eine grüne, sehr dauerhafte, anfangs rauhe, später glatte und gleichförmige Rostbekleidung. Den Weinstein kann man dabei durch Essig ersetzen und die Kupferlösung weglassen. Mehr Kochsalz zieht die Farbe in's Gelbliche, mehr Salmiak beschleunigt die Wirkung.**)

Eine schöne, chromgrünbraune Patina erhält man nach C. Hoffmann,***) wenn man den Gegenstand zuerst mit einer sehr verdünnten Lösung von salpetersaurem Kupferoxyd unter Zusatz von etwas Kochsalz mit einem Pinsel betupft (nicht überstreicht), alsdann abbürstet, hierauf mit einer Lösung von 1 Th. Kleesalz, 4½ Th. Salmiak und 94½ Th. Essig gleichfalls betupft und abbürstet. Diese Operation wird öfter wiederholt, und nach 8 Tagen ist das Stück mit der grünbraunen Patina bedeckt. In den Vertiefungen sitzt eine blaugrüne Patina vollständig fest und widersteht den Einflüssen der Witterung.

Elsner endlich leitete den Process der Bildung, wie er in der Natur vor sich geht, künstlich ein, indem er die in sehr verdünnten Essig eingetauchten Bronzewaaren wochenlang einer feuchten Atmosphäre von Kohlensäure aussetzt. Die Farbe ist der natürlichen Patina fast gleich und schöner, als die durch Ueberstreichen mit Salzlösungen erhaltene.†)

---

*) Polyt. Notizblatt VI. 95 u. 96.
**) Polyt. Notizblatt I. p. 80.
***) Elsner, chem.-techn. Mittheilungen 1849 p. 89.
†) Berliner Gewerbe-, Industrie- und Handelsblatt Bd. 12 p. 78.

Zweckmässig ist es dabei, den Boden des mit Kohlensäure gefüllten Ge-
fässes mit Salzwasser zu übergiessen. Sehr gute Resultate erhielt ich, indem
ich Messingblech in einen Maischgährungsraum wochenlang aufstellte und dabei in der ersten Woche täglich einmal, später nur wöchentlich zweimal in
verdünnten Essig tauchte. Der Ueberzug ist sehr gleichmässig und fest und
lebhaft grün.

Man kann das Ansehen aller dieser Ueberzüge wesentlich verschönern und
ihnen einen firnissartigen Glanz geben, wenn man die Gegenstände erhitzt und
mit einer steifen Bürste mit Wachs einreibt. Die Hitze muss dabei so gross
sein, dass das Wachs raucht, ohne eigentlich zu verbrennen.

§. 132.
3. Bildung eines Ueberzuges von Schwefelkupfer.

Endlich sind hier noch einige von den vorigen durchaus abweichende
Bronzirungsarten zu erwähnen, die auf der Bildung einer dünnen Schicht von
Schwefelkupfer beruhen.

Nach Wuttich erhält man einen braunen Ueberzug, wenn man in einem
verschlossenen Zimmer flache Schalen mit einer Lösung von Schwefelleber in
30 Wasser aufstellt und die zu bronzirenden Stücke diesen Schwefelwasser-
stoffdämpfen aussetzt. Die Methode ist unpractisch, da das nach allen Seiten
sich verbreitende Gas durch seinen Geruch belästigt und in Fabriken jedenfalls auch auf die nicht zu bronzirenden Waaren durchaus nachtheilig einwirkt.

Chinesische Bronze. 2 Th. Grünspan, 2 Th. Zinnober, 5 Th. Salmiak,
5 Th. Alaun werden pulverisirt, mit Essig zu Brei gemacht, dieser auf das zu
bronzirende Stück gleichmässig aufgetragen und nun die Waare über Kohlenfeuer langsam erhitzt. Nach dem Erkalten wird die Masse mit Wasser abgewaschen und der Versuch bis zum Erfolg wiederholt. Ein Zusatz von Kupfervitriol soll die Farbe mehr in das Kastanienbraune, ein Zusatz von Borax
mehr in das Gelbe ziehen. Auch hier scheint die Bildung von Schwefelkupfer
durch den Zinnober die Hauptsache zu sein.

Die beste Methode ist unbedingt die von Böttcher[*]) angegebene, durch
die man einen glänzend bläulich grauen oder dunkel violetten Niederschlag von
Schwefelkupfer erhält. Man taucht die vollkommen gereinigte Waare, an einem
Faden hängend, in eine bis zum völligen Sieden gebrachte Lösung von 1 Th.
antimonschwefligen Schwefelnatriums (Schlippe'schen Salzes) in 12 Theilen
Wasser, mit der Vorsicht, dass dieselben nirgends die Innenwände oder den
Boden der Porzellanschale, worin die Salzlösung sich befindet, berühren. Man
spült dann sofort in Wasser ab und trocknet mit einem leinenen Tuche.

Da das Schlippe'sche Salz sich leicht zersetzt, so stellt man es am besten

---

[*]) Polyt. Notizblatt I, 17.

immer frisch dar. Man mengt recht innig 4 Th. verwittertes Glaubersalz, 3 Th.
fein pulverisirten Schwefelantimon, 1 Th. Holzkohlenpulver, trägt das Gemenge
in einen vorher bis zur Rothgluth erhitzten hessischen Tiegel, bedeckt diesen
hierauf sorgfältig mit einem Ziegelstein, giesst die Masse, sobald sie zu schäu-
men aufgehört hat und das schwefelsaure Salz vollständig reducirt ist, sogleich
aus, überschüttet sie in einer Porzellanschale mit einer hinreichenden Menge
Wassers, fügt $^{1}/_{2}$ Th. Schwefelblumen hinzu, kocht das Ganze anhaltend und
filtrirt endlich. Das Filtrat, das man erforderlichen Falles noch mit Wasser
verdünnen kann, wendet man unmittelbar zu oben erwähntem Zwecke an.

Endlich gehört hierher noch das Verfahren, auf Kupfer oder Messing einen
schwarzen Ueberzug hervorzubringen, ähnlich dem oben durch rauchende Salpetersäure erzeugten. Man taucht zu dem Zwecke das Metall in eine verdünnte Lösung von salpetersaurem Quecksilberoxydul und bestreicht es mit
einer Lösung von Schwefelkalium in Wasser. Durch Eintauchen der amalgamirten Fläche in Arsen- oder Antimonleberlösung (durch Kochen von Kermes
oder Opperment in Schwefelkalium bereitet) erhält man eine dunkelbraune bis
braungelbe Bronze.

§. 133.

C. Die Metallochromie.

Wenn man die beiden aus Platin bestehenden Polplatten einer mehrzelligen
Batterie in eine Auflösung von Bleizucker oder schwefelsaurem Manganoxydul
taucht, so bedeckt sich der positive Pol mit einer Schicht von Bleihyperoxyd
oder Manganhyperoxyd. Diese Niederschläge zeigen, so lange die Schicht noch
dünne genug ist, oft die schönsten Farben und heissen nach ihrem Entdecker
die Nobili'schen Farbenringe. Sie haben in der Praxis namentlich zur Verzierung von messingenen Gardinenhaltern, Tischglocken, Serviettenbändern,
Fidibusbechern und vor allem von Rockknöpfen grosse Anwendung gefunden,
nur schade, dass sie, ziemlich empfindlich gegen das Sonnenlicht, trotz einer
aufgesetzten Firnissschicht leicht erblassen.

Die erste eingehende Arbeit darüber verdanken wir Böttcher,[*] der namentlich für die Erzeugung einfarbiger Ueberzüge Mangansalze und für den sonst
üblichen zugespitzten Platindraht eine Platinplatte von der Grösse eines Dreiers
als negativen (Kupfer-) Pol verwendete. Als Concentrationsverhältniss bei einer
ziemlich stark wirkenden Batterie giebt er für 1 Theil schwefelsaures Mangan-
oxydulkali oder hippursaures Manganoxydul 12 Th. Wasser, für Chlormangan
8 Th. Wasser, für essigsaures Manganoxydul 15 Th. W., und für bernsteinsaures 16 Th. Wasser an. Von diesen Salzen liefert das hippursaure Salz erst
goldgelbe, dann purpurne prächtige Ueberzüge, das Chlormangan concentrische,
sehr breite Ringe von Purpur, Grün, Goldgelb und Blau, ebenso essigsaures

---

[*] Böttcher, Beiträge zur Ph. und Chemie. Heft 2. p. 55.

Bleioxyd, nur sind die damit hervorgebrachten Ringe schmaler. Die übrigen Salze geben einfarbige Ueberzüge, die nach einander aus Goldgelb in Purpur und Grün übergehen und fixirt werden, indem man im Momente ihres Hervortretens die Kette unterbricht. Empfehlenswerth sind namentlich das essigsaure und bernsteinsaure Salz.

Obgleich nun diese Ueberzüge namentlich schön auf Platinblech und vergoldeten Stücken hervortreten, so ist man doch nicht im Stande, sie auch auf gut gereinigtem Messing in gleicher Vollkommenheit herzustellen. In der Technik wendet man, wenigstens in Iserlohn und Lüdenscheid, namentlich Bleioxydkali an.

Um Glocken u. s. w. zu irisiren, kocht man pulverisirte Bleiglätte in einer Kalilösung von 18—22° Bé., klärt ab und hebt die Lösung gut verschlossen zum Gebrauch auf. Man bringt sie nun in ein Messinggefäss, welches mit dem negativen Pole von zwei ziemlich grossen Daniell'schen Elementen verbunden ist, während man die Glocke so eintaucht, dass sie das Messinggefäss nicht berührt. Man kann auch ein Porzellangefäss anwenden, die Glocke mit dem positiven Pol verbinden und als negativen Pol ein Platinblech anwenden, welches man bis fast zur Berührung nähert. Am zweckmässigsten für Glocken ist vielleicht ein mit dem negativen Pole verbundener Bleikessel, der die Bleilösung in immer gleicher Sättigung erhält.

Bei schwächer werdendem Strome wird die entstandene Schicht von Bleihyperoxyd durch das Kali leicht wieder gelöst, es muss daher zuweilen etwas Bleiglätte zugesetzt werden. Ist der Strom zu stark, so entsteht Gasentwickelung, der Ueberzug wird missfarbig und gelb und am negativen Pole setzt sich Blei ab.

Messingplatten oder Glocken von einer gewissen Grösse bleiben passiv und färben sich gar nicht. Man taucht dann erst einen kleinen Theil ein, und in dem Maasse, als er sich färbt, das Uebrige. Grosse Sachen erhalten leicht mehrere Farben, weil die Theile sich ungleich schnell färben. Es ist dies um so mehr der Fall, je schlechter die Flüssigkeit leitet. Dies zu verhindern, muss man den Gegenstand an verschiedenen Theilen mit dem positiven Pole verbinden und den negativen Pol in mehrere Drähte auslaufen lassen.

Zu sogenannten oxydirten, d. h. mit einem einfarbigen Ueberzuge versehenen Knöpfen verwendet man in Lüdenscheid solche von Messing, die vor-

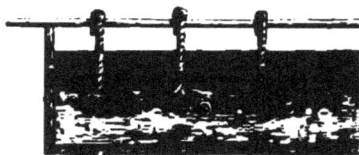

her nicht vergoldet werden. Sie werden auf hakenartige Träger von Kupferdraht gelegt, diese je 12 an einen gemeinsamen Draht gehängt und so zusammen in das Bad gebracht, welches ebenfalls aus Bleioxydkali, seltener aus essigsaurem Manganoxydul besteht. Der gemeinsame Draht wird mit dem positiven Pole der Batterie verbunden, als negativer Pol dient ein Platindraht, der den Knöpfen nacheinander genähert wird. Der Ueberzug entsteht in 4—6 Secunden. Die Knöpfe werden sofort gut abgespült, mit Leinwand getrocknet und in einem Muffelofen ziemlich stark erhitzt. Die Farbe wird dadurch etwas lebhafter. Einen Firniss erhalten dieselben nicht. Wird das Kali nicht gut abgewaschen, so zerstört es die Farbe nach kurzer Zeit, andernfalls halten sich die Sachen sehr gut.

Nach Wagner*) kann man auch anstatt des Bleioxydes in Aetzkali 4 Loth Kupfervitriol und 6 Loth weissen Kandiszucker in 18 Loth Wasser lösen und die Lösung mit so viel concentrirter Kalilauge versetzen, dass sich der anfangs entstehende Niederschlag wieder löst und die Lösung blau wird. Man erhält dadurch violette und blaue Farben.

§. 134.

D. Metallüberzüge auf Kupfer.

1. Verzinnen und Entzinnen des Kupfers.

In sehr vielen Fällen müssen Waaren aus Kupfer oder dessen Legirungen, namentlich solche aus Messing, verzinnt werden, entweder um das Metall vor der Oxydation zu schützen, oder um ihm ein besseres, silberartiges Ansehen zu geben. Man unterscheidet die heisse und kalte Verzinnung. Hauptbedingung für beide ist, dass die Oberfläche des zu verzinnenden Metalles rein, d. h. oxydfrei sei, und dass beim Auftragen des Zinnes die Oxydation desselben verhindert werde. Die zu verzinnenden Gegenstände werden daher durch Scheuern mit Sand, durch Abschaben, durch das Pickeln oder durch Beizen gereinigt. Als Beize verwendet man für Kupfer verdünnte Schwefelsäure oder Salpetersäure, für Messing die bei diesem angeführten Gemische.

§. 135.

A. Heisse Verzinnung.

Für Destillationsapparate und Kochgeschirre ist die heisse Verzinnung die einzig practische, da sie viel stärker und dauerhafter ist, als die nasse.

a. Verzinnung durch Eintauchen. Die gereinigten Gefässe oder Geräthe werden einfach in geschmolzenes Zinn getaucht, welches durch eine Decke von geschmolzenem Talg oder von geschmolzenem Chlorzink vor der Oxydation geschützt ist, und bleiben darin, bis sie die Temperatur des Zinnes angenommen. Man schüttelt das überflüssige Zinn, bevor dasselbe erstarrt ist, schnell ab und taucht in kaltes Wasser, oder scheuert mit Sägemehl. Kleinere Sachen bestreut man vor dem Eintauchen in Zinn noch mit einem pulverförmigen Gemisch von gleichen Theilen Salmiak und Colophonium.

b. Verzinnung durch Anreiben. Kessel und andere Hohlwaaren, die nur im Innern verzinnt werden sollen, werden blank gescheuert, über Kohlen-

---

*) Dingler 136 p. 395.

feuer erhitzt, etwas Salmiak und Zinn hineingeworfen und das geschmolzene Zinn durch Anreiben mit einem Büschel Werg (Hede) angerieben. Die Salmiakdämpfe verhindern einerseits die Oxydation des Zinns, andernseits verwandeln sie das etwa gebildete unlösliche Kupferoxyd in lösliches Chlorkupfer und legen dadurch das darunter liegende metallische Kupfer blos. Sie wirken also nach der Formel: $CuO + NH^4Cl = CuCl + NH^3.HO.$

Colophonium, der Hauptsache nach aus Kohlenwasserstoff bestehend, wirkt, indem es sich zersetzt, durch seinen Wasserstoff reducirend.

c. Verzinnung in Töpfen. Kleinere Gegenstände, wie Fischangeln, Haken und Oesen, Polsternägel, Drahtstifte, Ringe u. s. w., werden zuerst in rotirenden Rollfässern mit Sand und Wasser gescheuert oder gebeizt, dann in irdene 16 Zoll hohe, unten und oben 5 Zoll, in der Mitte 12 Zoll weite Töpfe gethan, deren 2 nebeneinander schräg in einem Kohlenfeuer, die Oeffnung nach vorn geneigt, stehen. Man giebt in jeden Topf 4—6 Pfd. Waare und erhitzt diese zuerst unter öfterem Umschütteln bis über den Schmelzpunkt des Zinns. Man setzt nun das Zinn hinzu, streut nach dem Schmelzen desselben Salmiakpulver darüber, bedeckt den aus dem Feuer gehobenen Topf nun mit einem Deckel und schüttelt ihn sehr stark und anhaltend hin und her, bis sich das Zinn gleichmässig vertheilt hat und schüttet die Waare schnell in Wasser. Die Stücke müssen möglichst einzeln heraus fallen, um ein Zusammenlöthen derselben zu verhindern. Man erreicht dies, indem man ein 4 Fuss langes, 2 F. breites Brett, auf welchem (wie auf einer Hechel) 6—7 Zoll lange Holznägel 2 Zoll von einander entfernt stehen, schräg in das Fass stellt und auf dieses die verzinnte Waare schüttet. Durch das Anprallen an die Holznägel werden die einzelnen Stücke getrennt. Man trocknet sie nachher in Sägemehl. Uebelstände sind die Zerbrechlichkeit der Töpfe, die 16—17 Groschen kosten und nur 1½ Tag halten. Sie werden zwar gleich vor dem Gebrauch dicht mit Draht umflochten, doch kann natürlich das Zerspringen dadurch nicht gehindert werden, und eine Menge von Zinn fliesst durch die Sprünge hindurch und geht verloren. Töpfe aus Eisenblech sind untauglich, weil sie sich im Innern verzinnen, Töpfe aus Gusseisen würden zu schwer sein.

d. Verzinnung mittelst einer Legirung von Zinn und Eisen oder Zinn und Nickel. Man schmilzt unter einer Decke von Borax und Glaspulver das Zinn, setzt auf 16 Theile Zinn 1 Th. Nickel oder 2 Th. Eisen hinzu und giesst in Stangenformen. Das Kupfer muss dann fast rothglühend gemacht, die Zinnstange fest angedrückt und mit Hülfe von Chlorzinkammonium oder Salmiak gehörig herumgeführt werden. Das erkaltete Kupferstück wird dann leicht geschabt und nochmals wie gewöhnlich mit einer dünnen Schicht reinen Zinnes überzogen. Die Verzinnung ist viel schwerer schmelzbar und härter, also auch viel dauerhafter als die gewöhnliche, übrigens auch fast siebenmal so stark als jene. Selbst gebrannter Zucker, zu dessen Bereitung auf gewöhnliche Art verzinnte Gefässe sich nicht verwenden lassen, lässt sich in diesem Gefässe schmelzen, ohne dass der Ueberzug angegriffen würde. Eine ähnliche Legirung von 7 Zinn, 1 Nickel und $\frac{1}{3}$ Wismuth wurde in Oesterreich patentirt.

§. 136.

B. Nasse Verzinnung.

Sie ist weniger stark und dauerhaft als die heisse Verzinnung, empfiehlt sich aber durch Gleichmässigkeit und Billigkeit. Sie beruht auf einem galvanischen Niederschlag des Zinns aus einer kalihaltigen Auflösung desselben, und wird namentlich für kleinere Sachen, wie Stecknadeln, Haken und Oesen, Gewebedraht u. s. w., angewendet.

Es ist bemerkenswerth, dass der Messingdraht in Folge des Zinkgehaltes sich weit schwerer und schlechter weisssiedet als Kupferdraht. Carcassedraht wird daher in Iserlohn vorher verkupfert und dann erst verzinnt.

a. Weinsteinsaures Zinnoxydul-Kali. Die Nadeln werden zuerst in einer senkrecht in 3 Ketten aufgehängten, mit einer Lösung von Weinstein in Wasser zum Theil gefüllten Scheuertonne durch Umschwenken gereinigt, und dann in den Sud gebracht. In einem verzinnten Kessel wird Weinstein mit seinem 24fachen Gewicht Wasser gekocht und dann Zinn zugesetzt, die Nadeln darin $\frac{1}{2}$—$1\frac{1}{2}$ Stunden lang gekocht und zuletzt in Sägemehl getrocknet. Je mehr Zinn, um so schneller erfolgt die Verzinnung. Man rechnet auf 8 Pfd. Nadeln 12 Pfd. Zinn. Erst nach Monaten braucht man wieder etwas Zinn zuzusetzen, aber täglich etwa einen Esslöffel voll Weinstein.

b. Zinnsaures Kali. Schneller, schöner und viel haltbarer erfolgt die Verzinnung bei Anwendung einer verdünnten Lösung von zinnsaurem Kali. Kleinere Gegenstände legt man dabei in ein Sieb, indem man ihnen etwas granulirtes Zinn zufügt; grössere Sachen werden mit einem Streifen Zinn berührt. Das zinnsaure Kali erhält man am leichtesten und billigsten, wenn man 4 Th. kohlensaures Kali in einem eisernen oder hessischen Tiegel schmilzt, und etwa 3 Th. Zinnoxyd oder Zinnoxydhydrat während des Schmelzens unter Umrühren einträgt. Die ausgegossene Verbindung wird gut pulverisirt und in Wasser gelöst. Auf nassem Wege stellt man sie durch anhaltendes Kochen von Zinnoxydhydrat in concentrirter Kalilauge dar und verdünnt diese zum Gebrauch.

§. 137.

C. Die Entzinnung von Kupfer und Messing

wird bewirkt, wenn man das verzinnte Metall in einer concentrirten Lösung von Kupfervitriol kocht, wodurch sich das Zinn löst und Kupfer dagegen galvanisch gefällt wird. Die Lösung ist brauchbar, so lange sie noch blau ist. Das entstandene schwerlösliche schwefelsaure Zinnoxydul muss, wenn es sich auf dem Kupfer festgesetzt hat, durch Bürsten entfernt werden.

Eine jede Verzinnung, auch wenn sie noch so sorgfältig gemacht worden ist, dauert nicht sehr lange. Ist sie von reinem Zinn, so erscheint sie silber-

weiss und wird bei beginnender Oxydation gelblich. Zur Zerstörung derselben
an Kochgefässen vereinigen sich die Oxydation durch die Luft, die Auflösung
durch saure Nahrungsmittel und hauptsächlich die Abnutzung durch Reiben
mit Sand u. s. w. beim Reinigen der Gefässe, so dass die eigentliche Verzinnung keinen Monat lang unbeschädigt bleibt. Ein Nachtheil für die Gesundheit scheint aus aufgelöstem Zinn nicht hervorzugehen. — Das in der Regel
zum Verzinnen genommene Zinn enthält $1/4$—$1/3$ Blei, erhält dadurch ein etwas
bläuliches Ansehen, schmilzt leichter, nämlich schon bei 170° C., haftet aber
auch weniger als reines Zinn am Kupfer, so dass der Quadratzoll nur einen
Gran davon annimmt. Die Nachtheile, welche eine solche Verzinnung auf die
Gesundheit haben kann, veranlassten eine Menge von Untersuchungen. Bei der
äusserst geringen Menge von aufgelöstem und in die Speisen gebrachtem
Blei kann zwar ein directer Nachtheil nicht nachgewiesen werden, doch wird
es immerhin gerathen sein, sich wo möglich nur des reinen Zinnes zu be-
dienen.

D. Einen glänzend weissen Wismuthüberzug erhält man durch
Eintauchen des blankgebeizten Kupfers in eine sehr verdünnte salpetersaure
Wismuthoxydlösung.

§. 138.

2. Die Versilberung und Entsilberung.

Die Versilberung des Kupfers oder seiner Legirungen ist dem Princip nach
eine dreifache, und wird entweder durch Auflegen von Silberplatten, oder durch
Auftragen eines Silber-Amalgams oder durch Reduction des Silbers aus seinen
Salzen bewirkt. Man unterscheidet demnach 1) Silberplattirung, 2) heisse Versilberung, 3) galvanische Versilberung.

A. Silberplattirung.

a. Die englische Plattirung ist 1742 von Th. Bolsover in Sheffield
erfunden worden, wo noch jetzt viel plattirte Waaren verfertigt werden, mit
dem Bemerken jedoch, dass gegenwärtig mehr Neusilber als Kupfer oder Messing plattirt wird. Die quadratischen Platten von $3/4$ Zoll Stärke und etwa
20 Pfd. Gewicht werden rein geschabt, einigemal gewalzt, wieder geschabt und
nun mit der ebenfalls rauh geschabten feinen, also nicht legirten Silber- (oder
Gold-) Platte belegt, deren Dicke sich nach der Stärke der verlangten Plattirung richtet und mindestens $1/10$ des Kupfergewichtes betragen soll. Gut ist
es, das Kupfer vorher mit einer concentrirten Lösung von salpetersaurem Silberoxyd zu bestreichen, wodurch ein dünner Silberüberzug entsteht, in Folge
dessen das aufgelegte Silber besser haftet. Die Metallplatten werden mit Draht
fest an einander geheftet, sodann eine wässerige Boraxlösung in die Fugen gegossen oder gestrichen, die Platten in den Glühofen gebracht und noch glühend
ausgewalzt. Sicherer ist es, die mit der Silberplatte belegte Kupfertafel in eine
dicht schliessende Kupferkapsel zu legen, zur Rothgluth zu erhitzen und nun
zu walzen; die Kapsel springt bald ab, das Silber haftet dann aber schon fest

genug, um eine Verschiebung nicht mehr zuzulassen. Das Silber kommt dabei nicht zum Schmelzen und haftet nur durch Adhäsion. Die Stärke des Silbers zum Kupfer beträgt bei Knöpfen und Pferdegeschirr $\frac{1}{10}$, bei Hausgeräthen $\frac{1}{12}$, bei feinen Waaren $\frac{1}{16}$.

Die Plattirung von Kupferstangen zur Anfertigung des Silber- und Golddrahtes wird bei der Drahtfabrikation besprochen.

b. Die französische Plattirung wird in Iserlohn namentlich für Pferde- und Wagengeschirr angewendet, und zwar vorzugsweise auf Eisen, jedoch auch auf gegossene Messingwaaren. Die gereinigte Waare wird hierbei zuerst verzinnt, die zugeschnittenen Silberplatten mit Draht befestigt, Colophonium und Salmiak dazwischen gestreut und das Ganze über schwachem Feuer bis zum Schmelzen des Zinns erhitzt; es ist also ein Auflöthen des Silbers. Da die Arbeit oft misslingt, das mit Zinn verunreinigte Silber aber nicht zum zweiten Male gebraucht werden kann, so ist sie unter solchen Umständen mit erheblichem Verlust verbunden. Man wird diesen wenigstens zum grössten Theile vermeiden, wenn man das verunreinigte Silber in einer Lösung von salpetersaurem Silberoxyd kocht, dadurch Zinn zum Theil löst, das als Zinnoxyd niedergeschlagene aber nachher durch Waschen entfernt.

c. Die Versilberung mit Blattsilber wird jetzt fast nur noch von Schwertfegern benutzt. Das Kupfer, von welchem nur das reinste russische, oder solches von Beçancon genommen wurde, wurde gebeizt, mit Bimstein und Wasser geschliffen, rothgeglüht, matt gebeizt und noch rauh geschabt, nun auf einem, mit einer eisernen Platte bedeckten Ofen gut erwärmt, 2 Silberblätter aufgelegt und mit dem Polirstahl angedrückt, wieder erhitzt und 4 Blätter aufgelegt, darauf ebenso 6 und so fort, bis man zuletzt 30—60 Blätter übereinander gelegt hatte; schliesslich wurde die Platte wie gewöhnlich heiss ausgewalzt.

§. 139.

B. Die heisse Versilberung,

durch Auftragen eines Silberamalgames und nachheriges Abrauchen des Quecksilbers, unterscheidet sich nicht von der Feuervergoldung.

Man kann auch, was sogar noch besser sein soll, 1 Th. Silberpulver*) mit 4 Salmiak, 4 Kochsalz und $\frac{1}{4}$ Quecksilbersublimat und Wasser zu Brei verreiben, das blank gebeizte Kupfer oder Messing mit rohem Weinstein und Kochsalz abreiben und nun den Brei mit einer Kratzbürste aus Messingdraht anreiben. Nach dem Abspülen und Trocknen wird das Amalgam unter einer gut ziehenden Esse abgeraucht und die Waare polirt.**)

---

*) Man stellt feines glänzendes Silberpulver dar, indem man Münzsilber in Salpetersäure löst, die Lösung mit Ammoniak übersättigt, das Silber durch einen hineingesteckten blanken Kupferstreifen fällt und anhaltend auswäscht, bis das Wasser farblos ist.

**) Bischoff, practische Arbeiten im chem. Laboratorium, p. 307.

Das Silberpulver kann in diesem Falle auch durch Chlorsilber ersetzt werden. So empfiehlt man zum Versilbern der Knöpfe einen Teig von 48 Th. Kochsalz, 48 Th. Zinkvitriol, 1 Th. Quecksilberchlorid und 2 Th. Chlorsilber.*) In allen diesen Fällen wird die Adhäsion des Silbers durch die Wirkung des Quecksilbers begünstigt. Das Verfahren ist gefährlich durch die furchtbar giftigen Quecksilberdämpfe.

§. 140.

C. Die galvanische Versilberung.

Man kann hier 2 Arten unterscheiden. Nach der einen wird das Silber als das electronegative Metall aus seinen Salzen durch das electropositive Kupfer, oder, wie man sagt, durch den Contact gefällt. Der Ueberzug bleibt in diesem Falle immer nur höchst dünn, weil das einmal versilberte Kupfer, auch wenn der Ueberzug noch so dünn ist, ausser Thätigkeit gesetzt ist, also auf das übrige Silbersalz nicht weiter zersetzend wirkt. Die andere Art ist die Versilberung durch einen mit Hülfe einer Batterie erzeugten electrischen Strom, wobei das Silber aus seiner Lösung niedergeschlagen und der Ueberzug beliebig stark gemacht werden kann. Sie ist natürlich die ungleich dauerhaftere.

§. 141.

a. Contactversilberung.**)

1. Man befeuchtet die gereinigte Kupfer- oder Messingfläche mit Kochsalzlösung, trägt ein Gemenge von 1 Chlorsilber, 1 Silberpulver und 2 Borax auf, erhitzt die Masse zum Rothglühen und löscht sie noch heiss in einer wässerigen Lösung von Kochsalz und Weinstein ab. Hierauf wird die Oberfläche mit einer Kratzbürste gebürstet und ein wässeriger Brei von gleichen Theilen Salmiak, Kochsalz, Zinkvitriol und Glasgalle aufgetragen, ausgeglüht, abgelöscht und mit einer Kratzbürste gereinigt. Das Verfahren soll 4—5mal wiederholt und die Waare schliesslich polirt werden. Die Arbeit ist umständlich und zeitraubend und die erhaltene Versilberung steht weder in der Schönheit noch in der Stärke im Verhältniss zu dem verbrauchten Silber.

2. W. Stein versilbert kalt, indem er einen mit etwas Wasser angerührten Brei von 1 Th. salpetersaurem Silberoxyd und 3 Th. Cyankalium mit einem wollenen Lappen auf gebeiztes Kupfer, Messing oder Bronze aufträgt. Sobald der Ueberzug gleichmässig ist, wäscht man das Stück mit einem feuchten Schwamm ab, und reibt mit Leder trocken. Die Versilberung erfolgt augenblicklich, und ist zwar sehr dünn, aber recht haltbar, so dass sie selbst nicht zu starkes Reiben mit Schlämmkreide oder Tripel verträgt und empfiehlt sich durch ihre sehr grosse Bequemlichkeit und Billigkeit.

3. Drei Th. Chlorsilber, 3 Th. Kochsalz, 2 Th. Schlämmkreide und 6 Th. Pottasche werden gut verrieben und mit einem feuchten Leder oder Kork auf-

---

*) R. Wagner, chem. Technologie 1859 p. 328.

**) Vorzüglich brauchbar und practisch ist: die galvanische Vergoldung und Versilberung von Dr. Elsner.

gerieben, dann abgespült, geputzt und polirt. — Die Versilberung hat keinen Vortheil vor der vorigen, als die Vermeidung des höchst giftigen Cyankaliums. Sie erfolgt übrigens bedeutend langsamer und wird nicht so gleichmässig als die vorige.

4. **Verfahren von Peyrot und Martin.***) Die Gegenstände werden zuerst verzinkt. Kleine Waaren von Kupfer und Messing werden zu diesem Zweck entweder mit granulirtem Zink zusammen in einer concentrirten und filtrirten Lösung von Chlorzink einige Minuten gekocht, — oder granulirtes Zink wird mit gesättigter Salmiaklösung gekocht, die mit Salzsäure abgebeizten Gegenstände hineingeworfen und noch einige Zeit gekocht. Auf die derartig verzinkten Gegenstände wird nun das Silber oder Goldpräparat mit dem Pinsel aufgetragen. Zur Versilberung löst man 10 Th. salpetersaures Silberoxyd in 50 Th. Wasser, fügt dazu eine Lösung von 25 Th. Cyankalium in 50 Wasser, schüttelt 10 Minuten lang um und filtrirt dann. Mit dieser Lösung mischt man 100 Th. Schlämmkreide, 10 Th. Weinstein und 1 Th. Quecksilber. — Zur Vergoldung löst man 10 Th. Goldchlorid in 20 Th. Wasser, mischt mit einer Lösung von 60 Th. Cyankalium in 80 Th. Wasser, schüttelt und filtrirt wie vorher. Ferner mischt man 100 Th. Schlämmkreide mit 5 Th. Weinstein, bereitet durch Zusatz von Goldlösung einen steifen Brei, und trägt diesen mit dem Pinsel auf. Durch Waschen und Bürsten werden die Sachen nachher gereinigt. — Das Verfahren ist zwar etwas umständlich, giebt aber für die Versilberung ein recht gutes Resultat. Es ist indessen zu beachten, dass man bedeutend mehr von dem Gemenge braucht, alsbei dem unter No. 2 angeführten Verfahren.

5. **Frankenstein** kocht 1 Th. Chlorsilber, 5 Th. Blutlaugensalz, 5 Th. Ammoniak und 50 Th. Wasser eine Stunde lang unter Ersatz des verdampfenden Wassers und filtrirt, oder

6. löst das aus ½ Loth Münzsilber erhaltene Chlorsilber in Ammoniak und versetzt mit einer aus 2½ Cyankalium, 2½ Soda, 1 Th. Kochsalz und 1 Maass Wasser erhaltenen Lösung, kocht einige Minuten und filtrirt. In beiden Lösungen versilbern sich Kupfer und dessen Legirungen schnell durch blosses Sieden.

7. Nach **Levol****) genügt es schon, das Chlorsilber in Cyankalium zu lösen und wie vorher zu verfahren.

8. **Siemens** löst 1 Th. durch Fällen mit Soda erhaltenes kohlensaures Silberoxyd in 10 Th. schwefligsaurem oder unterschwefligsaurem Natron und 10 Th. Wasser und versilbert durch blosses Einlegen in die kalte Lösung, allenfalls unter gleichzeitiger Berührung mit einem Zinkstäbchen. — Wenn man 2 Th. Silbersalz nimmt, eignet sich die Flüssigkeit auch zum Versilbern mit der Batterie.

---

*) Dingler, polyt. Journ. 134 p. 129 und Polyt. Centralblatt 1855 p. 184.
**) Dingler, 88 p. 5.

9. Becquerel versilbert Bijouterien durch Sieden in einer filtrirten Lösung von Chlorsilber in Kochsalz und Wasser. Die Kochsalzlösung löst in der Kälte $^{17}/_{1000}$, in der Hitze $^{90}/_{1000}$ des Chlorsilbers.

10. Auch durch viertelstündiges Sieden in einer Lösung von 1 Chlorsilber, 4 Kochsalz, 4 Weinstein und Wasser erreicht man seinen Zweck.

§. 142.

b. Die Versilberung mit der einfachen constanten Kette gelingt mit allen unter a. 5—10 aufgeführten Auflösungen. Matt erhält man die Sachen aus concentrirteren Lösungen (1 Loth Silbersalz auf 1—2 Pfd. Wasser), namentlich, wenn man bei Anwendung von Cyankalium jeden Ueberschuss desselben sorgfältig vermeidet, einen recht schwachen Strom, und die Lösung entweder kalt oder siedend heiss anwendet. Sie werden dann mit Regenwasser gut abgespült, oder auch einige Minuten darin gekocht und an der Luft getrocknet. Glänzend wird die Vergoldung aus einer verdünnteren Lösung (1 Loth Salz auf 3—4 Wasser), namentlich bei Zusatz von einigen Tropfen Schwefelkohlenstoff und bei einer mittleren Temperatur von etwa 30—40° C. Soll Neusilber versilbert werden, so thut man sehr gut, es erst momentan in eine verdünnte Lösung von salpetersaurem Quecksilberoxyd zu tauchen, gut abzuspülen und dann in die Silberlösung zu bringen.

§. 143.

D. Entsilberung von Kupferabfällen nach Stölzel.[*]

In einem Kessel von Gusseisen oder Steinzeug wird englische Schwefelsäure mit einem Zusatz von 5 % salpetersaurem Natron bis auf 100° C. erwärmt. Die Abfälle werden dann in einem Siebe von Eisenblech in das Bad eingehängt und auf und ab bewegt. Sobald die Entsilberung beendet ist, spült man in kaltem Wasser ab und giebt neue Abfälle hinein. Die Entsilberung erfolgt anfangs sehr schnell, später, wenn sich schon viel schwefelsaures Silberoxyd gebildet hat, langsamer. Das Silber wird dann als Chlorsilber gefällt und reducirt.

§. 144.

3. Vergoldung und Entgoldung.

Die Vergoldung des Kupfers und seiner Legirungen ist von der Versilberung dem Princip nach durchaus nicht verschieden und gelingt, namentlich auf galvanischem Wege, noch leichter als diese, da das Gold noch leichter reducirt wird als das Silber.

A. Die Plattirung mit Gold möchte zu den seltener ausgeführten Operationen gehören. Der einzige mir·bekannte Fall, mit Ausnahme des bei der Drahtfabrikation zu besprechenden unächten Golddrahtes, ist ein sehr dünnes

---

[*] Dingler 154 pag. 51 u. 193.

Kupferblech, welches entweder auf der einen Seite durchaus vergoldet, oder in abwechselnden $1\frac{1}{2}$ Linien breiten Streifen vergoldet und versilbert ist. Das Blech kommt aus Nürnberg und wird in Lüdenscheid namentlich zu sehr feinen, gemusterten Westen- und Hemdenknöpfen verarbeitet. Ueber die Anfertigung ist mir nichts Sicheres bekannt.

§. 145.

B. Feuervergoldung mit Gold-Amalgam.

Dünn ausgewalztes, in Stücke zerschnittenes Gold wird in einem mit Kreide stark ausgestrichenen hessischen Tiegel über Kohlenfeuer zum schwachen Rothglühen erhitzt, das achtfache Gewicht reines, erwärmtes Quecksilber zugesetzt, noch einige Minuten unter Umrühren mit einem Eisenstab erhitzt und schnell in kaltes Wasser ausgegossen, damit das Amalgam nicht bei langsamer Erstarrung krystallinisch körnig werde, wodurch das gleichmässige Auftragen auf die zu vergoldende Waare erschwert wird. Das unter Wasser geknetete Amalgam wird nun durch Sämischleder gepresst, um ihm das überflüssige Quecksilber zu nehmen. Die gut gereinigten und durch Eintauchen in eine Mischung von 360 Salpetersäure, 120 Schwefelsäure und 1 Kochsalz matt gebeizten Waaren werden noch einen Augenblick in eine sehr verdünnte Lösung von salpetersaurem Quecksilberoxyd (Quickwasser) getaucht. Hierauf wird nun mittelst einer kleinen, ebenfalls verquickten, aus Messingdraht gefertigten Kratzbürste das Amalgam gleichmässig aufgetragen, die Waare mit Wasser abgespült, getrocknet und nun unter einem sehr gut ziehenden Kamine das Quecksilber abgeraucht. Wird eine stärkere Vergoldung verlangt, so muss das Verfahren unter Anwendung eines stärkeren, mit Salpetersäure versetzten Quickwassers 2—4mal wiederholt werden. Das Verfahren ist wegen der furchtbar giftigen Quecksilberdämpfe sehr gefährlich. Ein von d'Arcet[*]) construirter Ofen für Feuervergolder soll die Arbeiter indessen gegen alle Gefahr schützen. Zuletzt wird die Waare, um die Farbe zu erhöhen, mit Glühwachs (16 Th. Wachs, $1\frac{1}{2}$ Bolus, 1 Grünspan, 1 Alaun) überstrichen und über Kohlenfeuer erhitzt, bis dieses verbrannt ist, hierauf in Wasser abgelöscht, mit Weinsteinwasser gebürstet und nöthigen Falls mit dem Glättstuhl polirt.

Wagner[**]) gibt folgende Theorie der Anwendung des Glühwachses. Durch den Grünspan wird auf der Oberfläche des vergoldeten Gegenstandes eine wirkliche, rothe Karatirung, d. h. eine Legirung von Gold und Kupfer erzeugt. Dies wird erstlich dadurch erreicht, dass sich aus dem schmelzenden Gemenge auf das Zink der Bronze Kupfer metallisch niederschlägt, und zweitens dadurch, dass unter Mitwirkung der Producte der trocknen Destillation des Wachses

---

*) d'Arcet, die Kunst, Bronze zu vergolden, übers. von Blumhof, und Dumas, Handb. der angewendeten Chemie, übers. von Engelhart, III. 671.

**) Wagner, Lehrb. der Technologie I. 359.

und der Essigsäure (Kohlenwasserstoff und fein vertheilte Kohle) das Kupferoxyd des Grünspans zu Kupfer reducirt wird und sich ebenfalls mit dem Gold
zu der rothen Karatirung vereinigt. Die übrigen Stoffe dienen nur zur Verdünnung der wirksamen Bestandtheile, obgleich einige Vergolder die Beobachtung gemacht haben wollen, dass ein alaunhaltiges Glühwachs eine hellere
Farbe gebe, als ein mit Borax dargestelltes. Mit indifferentem Pulver (z. B.
Porzellanerde), gemischte Kupferseife (stearinsaures Kupferoxyd) möchte nach
Wagner wohl das Glühwachs vollständig ersetzen.

§. 146.

C. Galvanische Vergoldung.

Gegenwärtig am allgemeinsten angewendet, hat sie die Feuervergoldung
fast überall verdrängt, wenigstens, wo mehr nach Schönheit und Billigkeit, als
nach Haltbarkeit gefragt wurde. Es ist kaum glaublich, wie unendlich dünn
die in einzelnen Fällen erhaltene Golddecke ist. Wenn Réaumur bei der Anfertigung des lyoner Tressendrahtes aus dem Gewichte des verbrauchten Goldes
und aus der Länge und Stärke des erhaltenen Drahtes die Dicke der Vergoldung zu 1/845000 Par. Linie berechnete und die Behauptung aufstellte, ein Ducaten
reiche aus, um einen Reiter mit seinem Pferde zu vergolden, so erscheint dies
noch als eine Verschwendung an Gold, im Vergleich zur Contactvergoldung.
In Iserlohn werden Haarnadeln angefertigt, die oben schwarz lackirt, an den
Spitzen 3/4 Zoll weit vergoldet sind. Man bezahlt für die Vergoldung von 12.000
Stück derselben, wobei der Vergolder noch das Gold und alle Zuthaten selbst
liefern muss, einen Thaler. Diese 24,000 Spitzen, à 3/4 Zoll, bilden eine Draht-
länge von 750 Fuss, und da der dazu verwendete Draht 1/44 Zoll stark ist, eine
Oberfläche von 7.85362 Quadratfuss, die also für einen Thlr. vergoldet wird.
Der Werth des für 12,000 Nadeln verwendeten Goldes beträgt ziemlich genau
5 Groschen. Rechnet man nun die Oberfläche eines Reiters mit dem Pferde
zu 75 Quadratfuss, so würden diese ungefähr 1 Thlr. 18 Groschen an Gold
verbrauchen, die Dicke der Goldschicht also auch nur halb so stark, als nach
der Angabe Réaumurs sein, nämlich 1/845000 pariser Linie.

Als Goldlösung verwendet man fast ausschliesslich das Goldchlorid, eine
Lösung von Gold in Königswasser. Man verdampft die Lösung im Wasserbade
zur Trockniss, um die freie Säure zu verjagen und löst dann das trockne Salz
in Wasser.

§. 147.

a. Contactvergoldung.

1. Vergoldung durch Anreiben. Man taucht einen Leinenlappen in
die Goldlösung, verbrennt ihn zu Asche und reibt diese durch einen Kork auf
die gut abgebeizte Waare. Man polirt darauf mit einem mit Leinwand über-
zogenen Kork oder mit Blutstein und Seifenwasser.

2. Nasse Vergoldung nach Regnault.*) Man löst 100 Gr. Blattgold in Königswasser. Andererseits löst man in einem vergoldeten, gusseisernen Kessel in der Hitze 3 Kilogr. doppeltkohlensaures Kali in 20 Liter Wasser. Die Goldlösung versetzt man in einer Porzellanschale mit ebenfalls 3 Kilogr. doppeltkohlensaurem Kali, giesst die erhaltene Lösung zu der im Kessel befindlichen und kocht 2 Stunden lang unter Ersatz des verdampften Wassers. Die zu vergoldenden kupfernen Gegenstände werden mit einem Draht zusammengebunden, um viele zugleich behandeln zu können. Sie werden in einer Mischung aus Salpetersäure und Schwefelsäure nochmals gebeizt, gut abgespült. in einer verdünnten Lösung von salpetersaurem Quecksiberoxyd verquickt, wieder abgespült, $^1\!/_2$ Minute lang in das Goldbad getaucht, abgespült und in warmen Sägespänen getrocknet. Um die vergoldete Waare zu färben, taucht man sie in eine sehr concentrirte, siedende Lösung von 6 Salpeter, 2 Th. Eisenvitriol und 1 Th. Zinkvitriol, erhitzt über Kohlenfeuer bis zum Dunkelrothglühen, reinigt sie mit Wasser und trocknet über Feuer. Die Vergoldung ist dünn, aber schön und wird namentlich in Paris für aus Kupferblech gearbeitete Bijouterien angewendet. Für Bronzewaaren oder Neusilber ist es nur anwendbar, wenn man die Gegenstände mit einem blanken Eisen-, Zink- oder Kupferdrahte umwickelt. Grössere, namentlich gegossene Artikel brauchen längere Zeit zur Vergoldung, als kleinere; ebenso arbeitet die Lösung langsamer, wenn sie schon länger gebraucht, also erschöpft ist. Glänzende Sachen bleiben glänzend, matte bleiben matt.

3. Elsner**) wendet im Wesentlichen dieselbe Vergoldung an. Er löst 1 Th. Goldchlorid in 130 Th. Regenwasser und setzt dazu nach und nach so viel doppelt kohlensaures Kali, dass die Flüssigkeit grünlich und schwach trübe wird, nämlich auf 1 Th. Goldchlorid etwa $5^1\!/_2$ Th. Kali, und kocht die Lösung. Will man doppelt kohlensaures Natron anwenden, so nimmt man eine um die Hälfte grössere Menge.

§. 148.

b. Vergoldung mit der einfachen constanten Kette.

Elsner versetzt, als Abänderung des Verfahrens von Elkington, die wässrige Lösung von dem aus 1 Ducaten erhaltenen Goldchlorid mit einer Lösung von 8 Loth gelbem Blutlaugensalz und 1 Loth krystallisirtem kohlensaurem Natron in 1 Quart Regenwasser, kocht und filtrirt das niedergeschlagene Eisenoxyd. Die Lösung wird je älter, um so besser. Er wendet für kleinere Sachen eine poröse Thonzelle mit der Goldlösung an, welche in einem grösseren, eine concentrirte Kochsalzlösung in einem amalgamirten Zinkcylinder enthaltenden Gefässe steht. Zur Vergoldung grösserer Stücke dient folgender Apparat. Ein Kasten von Eichenholz, A. ist gut mit Bernsteinlack gefirnisst und unten mit

---

*) Regnault, Lehrbuch der Chemie Th. 3 p. 450.
**) Elsner, galvanische Vergoldung und Versilberung.

einem Hahn H zum Ablassen versehen. Der starke Kupferdraht B geht wasser-
dicht durch den Boden, ragt 2 Zoll in den Kasten hinein, steht unten 1 Zoll
vor und trägt oben ein durchlöchertes Kupferblech, auf dem die Zinkplatte
liegt. Unter dem Kasten ist ein Fussgestell, C, in ihm der mit Quecksilber
gefüllte Kanal DC. In dieses
Quecksilber nun taucht einerseits
der Kupferdraht B, andererseits
der starke Kupferstab E mit dem
drehbaren Arme F, an dem die
zu vergoldenden Stücke durch
dünne Drähte befestigt sind. In
dem Kasten A hängt, auf den
Armen G'' ruhend, ein mit Blase
straff bespannter Rahmen von
Eichenholz G, so dass die Blase
1 Zoll von der Zinkplatte absteht.

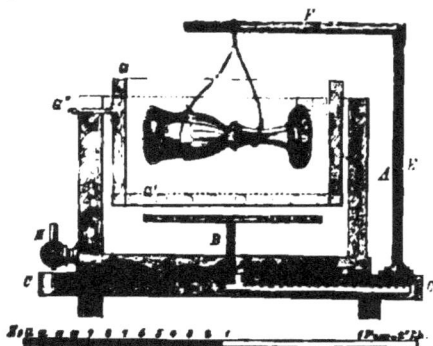

Das innere Gefäss enthält die Goldlösung. Die Stücke werden zuerst $\frac{1}{2}$ Minute,
bei der Wiederholung 2 Minuten eingetaucht, nach jedesmaligem Eintauchen
in Regenwasser gut abgespült, sorgfältig mit einer Bürste geputzt, die man
in einen, mit Wasser angerührten Brei von pulverisirtem Weinstein taucht,
wieder gut abgespült und so wiederholt, bis zur erlangten guten Vergoldung
eingehängt. Eine Erwärmung der Lösung auf 30° C. wirkt vortheilhaft. Liegen
die Stücke zu lange in der Lösung, so werden sie dunkel-bräunlichgelb, erhalten indessen durch Bürsten mit Weinstein ihr schönes Ansehen wieder. Matt
gebeizte Sachen bleiben matt; die matte Vergoldung wird durch Poliren glänzend. Nicht zu vergoldende Sachen werden mit Deckgrund überzogen. Man
erhält ihn, wenn man 2 Th. Asphalt und 1 Th. Mastix schmilzt, die erkaltete
schwarze Masse in erwärmtem Terpentinöl löst und mit einem Pinsel aufträgt.
Nach der Vergoldung entfernt man ihn durch Bürsten und Abreiben mit Terpentinöl und Spiritus.

Das schöne Matt wird namentlich durch einen schwachen, aber anhaltenden
Strom aus einer ziemlich verdünnten und kalten Lösung erhalten. Besonders
schön wird es, wenn die Stücke vorher gut versilbert wurden.

§. 149. Gewinnung des Goldes aus alten Lösungen und Entgoldung von Kupfer.

Um das Gold aus alten Lösungen wieder zu gewinnen, mischt man den
eingedampften Rückstand mit gleichviel Salpeter, glüht in einem hessischen
Tiegel gut aus, laugt den Rückstand mit Wasser aus, kocht ihn wiederholt
in Königswasser, verdampft diese Lösung, löst den Rückstand mit Wasser, filtrirt und fällt das Gold durch Eisenvitriol.

Um alte vergoldete Gegenstände zu entgolden, bestreicht man dieselben mit einem Brei von 2 Th. Schwefel und 1 Th. Salmiak und Essig. Man erhitzt die Stücke und wirft sie noch rothglühend in concentrirte Schwefelsäure. Das Gold schuppt sich, gemengt mit Schwefelverbindungen und Oxyden der unten liegenden Metalle ab, und wird durch Umschmelzen mit Salpeter und Borax wiedergewonnen.

Zur Unterscheidung der Feuer- von der galvanischen Vergoldung behandelt Barral die vergoldeten Gegenstände in gelinder Wärme in verdünnter Salpetersäure, wodurch Goldblättchen sich ablösen, die bei der galvanischen Vergoldung auf beiden Seiten lebhaft goldgelb und im durchgehenden Lichte zusammenhängend erscheinen, während sie bei der Feuervergoldung auf der inneren Seite mehr oder weniger dunkelbraunroth gefärbt sind und im durchgehenden Lichte sich durchlöchert zeigen.*)

4. Platinirung von Kupfer. Kupfer und seine Legirungen werden nach Hunt in Birmingham mit einer Platinaschicht überzogen und dadurch bronzirt, indem man eine schwache Lösung von Platinchlorid in siedendem Wasser darstellt, so dass ein Pfund der Lösung 2 Gran metallisches Platin enthält, sowie eine zweite concentrirtere von 43° C. Wärme von dem doppelten Gehalte. Die zu färbenden Artikel befestigt man an Kupferdraht, taucht sie einige Sekunden in eine siedende Lösung von Weinstein, die 2 Loth Weinstein auf 10 Pfund Wasser enthält, spült sie mehrmals in destillirtem Wasser ab, und bringt sie nun zuerst in die verdünnte heisse Platinalösung, in der man sie, bis zum Eintreten einer deutlichen Farbenveränderung hin und her bewegt, dann aber sofort in die concentrirtere Lösung, in der sie bleiben, bis die gewünschte Farbe erzielt ist. Zuletzt spült man ab und trocknet in heissem Sägemehl. Sollen die Sachen nur theilweise platinirt werden, so werden sie vorher vergoldet oder lackirt und der Ueberzug darauf an den zu platinirenden Stellen durch die Kratzbürste entfernt.**)

§. 150.

4. Das Verkupfern und Vermessingen.

Ueberzog man vorher das Kupfer mit Zinn, Gold, Silber, um es zu verschönern oder dauerhafter zu machen, so wird nun auch umgekehrt wieder Kupfer und Messing, als schützender oder verschönernder Ueberzug für andere Metalle benutzt. Auch hier hat man das heisse und das nasse Verfahren zu unterscheiden.

A. Das heisse Verfahren ist bei weitem weniger häufig und kann, der Strengflüssigkeit des Kupfers wegen, natürlich nur auf sehr schwer schmelzbaren Metallen, wie Eisen, angewendet werden, ist aber für diese vielfach durchaus empfehlenswerth. Das Eisen wird nach Grisel und Redwood gut abgebeizt

---

*) Elsner, chem.-techn. Mittheilungen für 1846—48 pag. 18, und Dingler, Journal 105 p. 32.

**) Schweizerische polytechnische Zeitschrift 1863 p. 66.

und durch Scheuern mit Sand von allen Unreinigkeiten befreit, dann durch Eintauchen in eine siedende, mit Salzsäure angesäuerte Lösung von Chlorzink oberflächlich verzinkt, und nun in Messing oder Kupfer getaucht, welches unter einer Decke von borkieselsaurem Bleioxyd (24 Th. Borsäure, 112 Glätte, 16 Kieselsäure) geschmolzen wird. Bucklin*) empfiehlt das gereinigte Eisen in eine Salmiaklösung, dann in geschmolzenes Zink, welches mit einer Salmiakdecke bedeckt ist, darauf schnell in geschmolzenes Kupfer zu tauchen, bis das Zischen in diesem aufhört. Der Ueberzug ist vollständig und dauerhaft und kann durch Wiederholung des Eintauchens in Salmiaklösung, Zink und Kupfer beliebig verstärkt werden.

Wandhaken, die vielfach von Eisen angefertigt und dann durch Anstreichen bronzirt werden, kann man viel schneller und zweckmässiger mit einem schönen Ueberzuge von Kupfer oder Messing versehen, wenn man dieselben mit einem feuchten Gemenge aus fein pulverisirtem Messing oder Kupfer und Borax bestreut, die Mischung trocknen lässt und die Stäbe nun auf einem Roste über Kohlenfeuer erhitzt. Das Kupfer oder Messing schmilzt und überzieht den Stab sehr gleichmässig.

Nach dem patentirten Verfahren von Webster in Birmingham schmilzt man 1 Theil Antimon und 3 Th. Zinn, fügt dies zu 10 Th. geschmolzenen Kupfers und bedeckt die Oberfläche 2 Zoll dick mit einer Mischung aus gleichen Theilen Blutlaugensalz und Potasche. Der bis zur Rothgluth erhitzte eiserne Gegenstand wird eingetaucht und überzieht sich schnell mit der Legirung, die das Eisen gegen Rost schützt und zugleich oberflächlich härtet.**)

Eine im polytechnischen Centralblatt 1841 p. 398 gegebene Vorschrift: blank gebeiztes Eisen in eine Lösung von Messing in wenig verdünnter Schwefelsäure zu tauchen, abzuwaschen, dann mit Kohlenpulver umhüllt zu erhitzen und ihm so einen Messingüberzug zu geben, bewährte sich bei wiederholten Versuchen nicht.

Dagegen ist hier noch des bei der Anfertigung des cementirten Drahtes eingeschlagenen Verfahrens zu gedenken. Reine Kupferstangen werden in einen länglich viereckigen gusseisernen Kasten gelegt, dessen schmale Seitenöffnungen Löcher zur Aufnahme der Stäbe haben, und zwar so, dass die Enden etwas hervorstehen. Auf dem Boden des Kastens befindet sich granulirtes Zink und Salmiak. Der Kasten wird geschlossen, der Ofen stark erhitzt. Das verdampfende Zink legirt sich oberflächlich mit dem Kupfer; die Stangen müssen dabei öfter gedreht werden, damit die Einwirkung der Dämpfe recht gleichmässig wird.

---

*) Liebig und Kopp, Jahresbericht über die Fortschritte der Chemie. 1853. p. 724.
**) Deutsche Industriezeitung 1863 p. 165.

§. 151.

B. Das Verfahren auf nassem Wege, oder die galvanische Verkupferung und Vermessingung.

1. Verkupferung.

Die Verkupferung durch den electrischen Strom ist viel allgemeiner, theilweise auch weit einfacher, als das Verfahren auf heissem Wege: ausserdem kann sie auf allen Metallen ausgeführt werden, während jene nur auf Eisen anwendbar ist. Auch sie wird, wie die galvanische Verzinnung, Vergoldung und Versilberung entweder durch blosses Eintauchen, oder mit Hülfe einer einfachen Zelle, oder einer Batterie zu Stande gebracht. Letzteres gilt namentlich auch für das Niederschlagen der Legirungen, namentlich des Messings und der Bronze, indem aus deren Lösungen in Säuren beim Eintauchen nur Kupfer, nicht aber gleichzeitig Zink und Zinn gefällt werden.

a. Verkupferung durch Eintauchen.

Eisen verkupfert sich sehr leicht und ziemlich dauerhaft durch Eintauchen in eine concentrirte Lösung von Kupfervitriol, die man mit ungefähr ihrem halben Volum Schwefelsäure versetzt, wodurch sich ein Theil des Vitriols als wasserfreies, weisses Pulver niederschlägt. Die Verkupferung erfolgt augenblicklich; man wäscht dann mit heissem Wasser ab und trocknet mit Kreide. Nach Reinsch*) mischt man 1 Volum Salzsäure mit 3 Volum Wasser und löst darin etwas Kupfervitriol. Das mit Weinsteinpulver abgeriebene und mit Holzkohlenpulver glänzend gemachte Eisen wird einige Stunden in diese Lösung gelegt, dann mit Lappen abgerieben, und wieder in die, durch noch etwas Kupfervitriol verstärkte Lösung gelegt. Man setzt dies fort, bis der Ueberzug stark genug ist. Er wird zuletzt in starke Sodalösung gelegt, mit Kreide blank geputzt und mit dem Polirstahl polirt.

Zink nach Bacco durch Eintauchen zu verkupfern**), versetzt man Kupfervitriollösung mit Cyankalium bis zur Wiederauflösung des Niederschlages und versetzt die Lösung mit $\frac{1}{10}-\frac{1}{4}$ Volumen Ammoniak und fügt nun soviel Wasser hinzu, dass das Bad 8° Bé. zeigt. Die gereinigten Zinkwaaren werden 24 Stunden lang eingelegt; der Ueberzug haftet fest. Das Zink wird vorher durch Abreiben mit Bimssteinpulver und Wasser gereinigt. Durch den galvanischen Apparat kann der Ueberzug beliebig verstärkt werden.

Messing verkupfert man, indem man es in eine schwache, etwas saure Lösung von Kupfervitriol legt, der man etwas Eisenfeile zusetzt, oder indem man es mit einem Eisendrahte umwickelt und in Schwefelsäure taucht. Nach Rust***) erhält das Messing eine helle Kupferfarbe, wenn man die blank gebeiz-

---

*) Journal für practische Chemie 16. Heft 5.

**) Polytechn. Centralblatt 1859 p. 1304 und le Technologiste 1859. Juin.

***) Dingler, polyt. Journal 139. 213.

ten Stücke über rauchfreiem Feuer erhitzt, bis sie schwärzlich braun geworden
sind, noch heiss in Chlorzinklösung ablöscht, die durch wiederholte Operationen
oder durch Sieden von Kupferblech bereits kupferhaltig geworden ist. Man
kocht darin kurze Zeit, spült flüchtig ab, erhitzt, bis das noch anhaftende
Chlorzink stark raucht und lässt erkalten. Man kocht nun wieder in der Zinklösung und berührt dabei die Rückseite mit einem Zinkstäbchen, welches man
auf der ganzen Oberfläche herumführt, spült gut ab und trocknet in Sägemehl.
Sollte der fast rosarothe Ton noch nicht schön genug hervorgetreten sein, so
wiederholt man den Process.

Dunkler und tombakartig wird das Messing, wenn man es mit verdünnter Salzsäure behandelt, die das Zink löst, das Kupfer aber ungelöst lässt;
— oder wenn man das polirte Messing in eine verdünnte Lösung von neutralem
(destillirtem) Grünspan taucht, der aber durchaus keine freie Säure enthalten
darf. — Auch durch Poliren mit Schwefelpulver und Kreide wird es dunkel-
goldfarbig, wahrscheinlich, indem sich eine dünne Haut von Schwefelkupfer bildet.

§. 152.
b. Verkupferung durch die Batterie.

Tailfer*) schlägt folgendes Verfahren vor, welches in der Fabrik von
Sorin und Comp. angewendet wird, um schmiedeeiserne Sachen, namentlich
Maschinentheile gegen Oxydation zu schützen. Die Stücke werden gereinigt
durch Abbeizen in verdünnter Schwefelsäure, Waschen in kaltem, dann in
heissem Wasser, zuletzt in Natronlauge, um jede Spur von Schwefelsäure zu
entfernen, und werden dann mehrere Wochen hindurch in Kalkmilch gelegt. —
Zur Verkupferung sind 2 Bäder nothwendig.

Das Bleioxydbad. Man löst Glätte in Kalilauge, die 10 % Kali enthält, befestigt das Eisen am Zinkpole, während der Kupferpol durch ein Stück
Blei gebildet wird, um die Sättigung des Bades zu unterhalten. Die Batterie
kann klein und der Ueberzug dünn sein; man lässt das Eisen etwa 1 Stunde
in diesem Bade. Obgleich das Bad durch Aufnahme von Kohlensäure aus der
Luft nicht unbrauchbar wird, so ist es doch immerhin rathsam, dieselbe durch
Bedecken des Troges möglichst abzuhalten.

Das Kupferbad. Kupfervitriol wird in heissem Wasser gelöst, durch
kaltes Wasser dann auf 20° Bé. verdünnt und darauf Schwefelsäure zugesetzt,
bis die Lösung 22° Bé. hat. Die Batterie wird in Thätigkeit gesetzt, und nun
legt man die durch das vorige Bad präparirten Sachen hinein. Nach einigen
Stunden ist der Niederschlag hinreichend dick. Den Kupferpol bildet eine
Kupferplatte.

Hossauer's Verkupferung,**) nach der ursprünglich von Balard und
Usiglio angegebenen Methode, erstreckt sich auf Zink, Zinn, Blei, Eisen u. s. w.

---

*) Dingler, polytechn. Journal 140. 206.
**) Dingler, polyt. Journal 137 p. 118.

Alte Zinkstücke werden in einer Lösung von 10 Th. Kali in 100 Regenwasser gereinigt, indem sie in die Lauge, mit dem Zinkpole der Batterie verbunden, eingehängt werden, während mit dem Kupferpole ein hartes Kupfer- oder Messingblech verbunden wird. Sobald sich die Unreinigkeiten lösen, nimmt man das Stück heraus, reinigt es durch Bürsten und Abspülen und hängt es dann, um sicher zu sein, dass die Oberfläche ganz rein ist, nochmals kurze Zeit hinein. Frische Zink-, Zinn- oder Bleiarbeit braucht nur ½ Stunde in der Lauge zu stehen und kann auch ohne Batterie mit der Lauge behandelt und dann mit Wasser abgespült werden. Eisen und Stahl werden in einem Bade von verdünnter Schwefelsäure, welches mit Eisenvitriollösung versetzt ist, mittelst der Batterie gereinigt. Eine Reinigung aus der Hand ist hier nie ausreichend, da sich das Kupfer dann nur oberflächlich ansetzt, nicht aber fest legirt. Nach dem Reinigen kommen die Sachen sofort in das

Kupferbad, welches man erhält, indem man 100 Gramm Cyankupfer in einer Lösung von 500 Gr. KCy in 3 Litre Wasser bei gelinder Wärme löst, die Lösung mit noch 2 Litres Wasser versetzt, in emaillirten gusseisernen Geräthen ¼ Stunde kocht, nach dem Abkühlen abklärt und filtrirt und das Filtrat mit einem gleichen bis doppelten Volum destillirten Wassers verdünnt. — — Durch ein am Kupferpole befestigtes Kupferblech bleibt das Bad von constantem Kupfergehalte. Man darf sich übrigens nicht mit dem sofort entstehenden Kupferanflug begnügen, sondern thut gut, die Sachen lange in der Lösung zu lassen, da sie sonst bald graugrün werden. Soll die Verkupferung roth und matt werden, so muss das Bad für Eisen und Stahl auf 40—50° Bé., für andere Metalle auf 25—30° erwärmt und das verdampfende Wasser ersetzt werden. Es ist ein Uebelstand, dass aus den kleinen Poren des Zinkgusses, selbst nach heissem Abtrocknen, später ein Rückstand von Feuchtigkeit ausschwitzt und schwarzgraue Flecke bildet. Man kann sie zwar nach dem Trocknen durch Scheuern mit feuchten Lappen und Formsand entfernen, das Matt aber ist zerstört.

§. 153.

2. Vermessingung.

Das gleichzeitige Niederschlagen mehrerer Metalle im Zustande einer Legirung ist mit ziemlichen Schwierigkeiten verknüpft, da die Metallsalze bei ihrer Zersetzung dem electrischen Strome einen ungleichen Widerstand entgegensetzen. So wird namentlich das electronegative Kupfer weit leichter reducirt, als das mehr positive Zink. Benutzt man daher eine Auflösung, welche beide Metalle in demselben Verhältniss enthält, wie sie im Messing vorkommen, so wird sie eine reine Verkupferung, aber kein Messing abscheiden. Verlangt man daher einen Messingniederschlag, so muss man die Reduction des Kupfers erschweren und erreicht dies durch Anwendung einer Flüssigkeit von sehr grossem Zink- und sehr kleinem Kupfergehalte.

a. Vermessingen durch Eintauchen.

Kupfer wird oberflächlich vermessingt, wenn man es mit verdünnter Salzsäure unter einem Zusatz von Weinstein und Zinkamalgam siedet.

Zink nach Bacco[*]) durch Eintauchen zu vermessingen, löst man gleiche Theile Kupfer- und Zinkvitriol in Wasser, versetzt mit Cyankalium bis zur Wiederauflösung des Niederschlages, darauf mit $1/10 - 1/4$ Volum Ammoniak und fügt um so viel Wasser hinzu, dass das Bad 8° Bé. zeigt. Die gereinigten Waaren erhalten nach 24 Stunden einen glänzenden Ueberzug von Messing. Soll der Ueberzug heller werden, so nimmt man 3 Th. Zinkvitriol auf 1 Th. Kupfervitriol. Das Zink wird vorher durch Abreiben mit Bimsteinpulver und Wasser gereinigt. Durch den galvanischen Apparat kann der Niederschlag verstärkt werden.

Oder: Man erhitzt eine Lösung von 1 Kupfervitriol und 1 Weinstein in 24 Th. Wasser zum Sieden, nimmt die Lösung vom Feuer und versetzt sie mit 24 Theilen einer Lösung von 1 Aetzkali oder Aetznatron in 3 Th. Wasser und mit 48 Theilen einer Lösung von 1 Th. neutralem weinsteinsauren Kali. Aus der Flüssigkeit schlägt sich auf hineingelegtes Zink ein Ueberzug von hochgelber Messingfarbe nieder; doppelte Mengen des neutralen weinsauren und des Aetzkali geben ein helleres Gelb. Die Farbe ist nach 1—2 Minuten am schönsten, und wird dann missfarbig; man muss daher vorsichtig arbeiten. Abreiben mit Kreide verbessert einen missrathenen Ueberzug etwas.

Eisendraht zu vermessingen[**]), wird derselbe zuerst verkupfert, indem man eine concentrirte Kupfervitriollösung mit dem halben Volum englischer Schwefelsäure versetzt (wobei sich ein Theil des Kupfervitriol niederschlägt), den Draht eintaucht, abspült, mit Schlemmkreide putzt und trocknet. Man taucht ihn darauf in ein Amalgam von 1 Th. Zink und 12 Quecksilber, das man mit etwas Weinstein versetzt hat, kocht ihn darauf mit sehr verdünnter Salzsäure, wäscht und glüht ihn gelinde, um das Quecksilber zu verflüchtigen. Nach dem Poliren erscheint er dann goldfarbig.

§. 154.

b. Vermessingen mit der Batterie.

Eisendraht, in der oben angegebenen Art verkupfert, wird mittelst der Batterie in einer filtrirten Lösung von 100 Th. Wasser, 10 Th. kohlens. Kali, 1 Chlorkupfer, 2 Zinkvitriol und 1 Cyankalium gut vermessingt; als Anode dient ein ausgeglühtes und geheiztes Messingblech.

Um ihn zu bronziren, wendet man eine Anode von Bronze und eine Lösung von 100 Th. Wasser, 10 Th. kohlens. Kali, 2 Th. Chlorkupfer, 1 Th. Zinnsalz und 1 Th. Cyankalium an.

---

[*]) Le Technologiste 1859, Juin, und Polyt. Centralblatt 1859 p. 1304.
[**]) Karmarsch, mech. Technologie I, 463.

Hossauer[*]) wendet zum Vermessingen von Eisen, Zinn, Blei, Zink folgendes Bad an. Zinkchlorid wird in nur so vielem heissen Wasser gelöst, bis die Lösung klar ist; ebenso Kupfervitriol. Hierauf löst man 100 Gramm Cyankalium in 1 Maass heissem Wasser, und fügt nun hierzu unter Umrühren so lange von der Kupfervitriollösung, bis ein bleibender Niederschlag zu entstehen anfängt. Diesen Niederschlag löst man durch einen neuen Zusatz von Cyankalium wieder vollständig auf und giesst hierzu unter Umrühren Zinkchloridlösung bis zum Entstehen einer weisslichen Trübung. Man kocht die Mischung darauf in einem emaillirten Kessel mit 2 Maas Wasser, kühlt ab, filtrirt und verdünnt noch mit dem doppelten Gewicht Wasser.

Der gereinigte Zinkgegenstand wird am Zinkpole befestigt, ein ausgeglühtes Messingblech am Kupferpole. Das Bad wird mässig erwärmt, und das Stück so lange darin gelassen, bis der Ueberzug papierdick geworden ist. Der Ton der Farbe richtet sich nach der Messinganode und nach der Stärke des Stromes: je stärker der Strom, um so dunkler der Niederschlag. Das Reinigen der zu vermessingenden Sachen ist ebenso, wie oben bei der Verkupferung nach Hossauer angegeben wurde.

Heeren[**]) theilt folgendes, durchaus practische Verfahren mit. Man löst 1 Th. Kupfervitriol in 4 Theilen, 8 Th. Zinkvitriol in 16 Theilen, 18 Th. Cyankalium in 36 Th. heissem Wasser, mischt die heissen Lösungen und rührt sie bis zur Auflösung des entstehenden Niederschlages um, nöthigenfalls unter einem Zusatz von noch etwas Cyankalium. Eine Trübung der Lösung schadet nicht. Das Gemisch wird mit 250 Th. heissem Wasser verdünnt, die Lösung in einem Wasserbade immer dem Sieden nahe gehalten, der gut gereinigte Gegenstand durch einen Kupferdraht am Zinkpole einer, aus 2 Bunsen'schen Elementen bestehenden Batterie befestigt, während den positiven Pol ein an einem Messingdraht befestigtes Messingblech bildet. Als Zeichen der gehörigen Stärke dient lebhafte Wasserstoffentwickelung am negativen Pole. Der Niederschlag entsteht bei gehöriger Hitze schon nach einigen Minuten. Er bildet sich namentlich sehr gut auf Kupfer, Zinn, Zink und Britanniametall, schwerer auf Eisen, namentlich auf Gusseisen.

§. 155.

3. Bronzirung durch die Batterie.

Elsner[**]) löst 32 Gramm Kupfervitriol in $\frac{1}{2}$ Liter Wasser und setzt eine Lösung von 4 — 5 Gramm Zinnchlorid in Kalilauge hinzu. Man muss einen

---

[*]) Mittheilungen des Gewerbe-Vereins für das Königreich Hannover, Lieferung 61 p. 279, und Polyt. Notizblatt 17. 188.

[**]) Elsner, galvan. Vergoldung und Versilberung, pag. 233.

starken Strom von 3 Eisen-Zinkelementen und als Anode am Kupferpole ein
Stück ächter Bronze anwenden. Der matte, gelbbraune Niederschlag erlangt
nach einigen Stunden eine gewisse Stärke und wird durch Poliren glänzend.
Wegen der langsamen Entstehung des Niederschlages, sowie der nicht sehr an-
genehmen Farbe desselben, ist das Bronziren in practischer Beziehung weniger
wichtig als das Vermessingen.

Dritter Theil.

Legirungen, die vorherrschend Kupfer und Zink enthalten.

Cap. 8. Von den Legirungen im Allgemeinen.

§. 156.

Von den 48 bis jetzt bekannt gewordenen Metallen sind es nur etwa 9, von denen man im regulinischen und isolirten Zustande vielseitige Anwendung macht. Es sind dies: Eisen, Kupfer, Blei, Zinn, Zink, Quecksilber, Silber, Gold, Platin; ihnen kann man, als weniger häufig gebraucht, noch Antimon, Wismuth, Arsen und allenfalls Kadmium und Aluminium beifügen. Aber, wenn auch die meisten derselben im reinen Zustande mannigfaltig verwendet werden können und somit schon für sich sehr wichtig sind, so entsprechen sie doch bei weitem in den wenigsten Fällen den Bedürfnissen der Künste und Gewerbe, welche Eigenschaften von ihnen verlangen, die sie an sich nicht besitzen. Man muss in diesem Falle zu den Legirungen seine Zuflucht nehmen, die durch die verschiedenen Eigenschaften, die sie zeigen, zu den wichtigsten Verbindungen gehören, die wir besitzen. Die Eigenschaften der Legirungen rühren zum Theil von dem einen oder anderen der zur Mischung verwendeten Metalle her, sind aber auch zum Theil von den Eigenschaften der ursprünglichen Metalle ganz abweichend, und ändern sich bei derselben qualitativen Zusammensetzung nach dem quantitativen Verhältniss, in welchem die Metalle gemischt sind. Als Beleg mag nur angeführt werden, dass man dem zum Drehen verwendeten Messing 2—3 % Blei zufügt, um das Verschmieren der Feilen zu verhindern, während das zu Blech bestimmte Messing kein Blei erhalten darf; dass eine Legirung von 90 Kupfer und 10 Zinn das harte und zähe Kanonenmetall, eine solche von 80 Kupfer und 20 Zinn das wohlklingende Glockenmetall, endlich die von 60 Kupfer und 30 Zinn das sehr politurfähige, fast silberweisse Spiegelmetall giebt.

Man ist somit berechtigt, jede Legirung als ein neues Metall anzusehen, welches entweder nützlich ist, oder keine Anwendung findet, je nach seinen physikalischen und chemischen Eigenschaften. Man bewirkt daher durch das Legiren der Metalle beziehungsweise eine wahre Metallveredelung, zwar nicht im Sinne der Alchemie, wohl aber im wahrhaft practischen Sinne. Selbst die edlen Metalle, wie Gold und Silber, können durch Legirung mit dem weniger edlen Kupfer noch verbessert und für vielfache Zwecke geeigneter gemacht werden, indem das Kupfer sie härter macht und so gegen zu starke Abnutzung schützt.

Leider kann man die Eigenschaften einer Legirung aus denen der einzelnen in sie eingehenden Metalle nicht vorher bestimmen, sondern ist hier dem Zufall anheim gegeben, oder muss sie speciell studiren, indem man die ganze Reihe möglicher Legirungen bereitet, was bis jetzt erst mit wenigen Reihen der Fall gewesen ist. Auch hier ist die Empirie der Wissenschaft theilweise vorangeeilt und hat, wenn auch ohne sich des Grundes klar bewusst zu sein, für die einzelnen Zwecke ganz bestimmte Verhältnisse der Metalle angewendet.

§. 157. Physikalische Eigenschaften der Legirungen.

Die Farbe ist verschieden: in den meisten Fällen gelb, weiss oder roth, mit Uebergängen in Grau und Grün. Auch hier kommt es nicht blos auf die Qualität, sondern auch auf die Quantität der gemischten Metalle an. Während z. B. eine Legirung von 60 Kupfer mit 40 Zink rein goldgelb erscheint, geht sie bei 90 Kupfer, 10 Zink in die rothe, bei 55 Kupfer 45 Zink in die blassgelbe, bei 43 Kupfer 57 Zink in die weisse Farbe über. Also erst bei einem Zinkzusatz, der über 50 °/₀ beträgt, tritt hier die weisse Farbe ein. Anders verhält sich das Zinn, welches schon, wenn es den dritten Theil der Legirung ausmacht, das Kupfer weiss färbt. Setzt man nun zu einer gelben Composition von 62 Kupfer und 35 Zink noch 3 Theile Zinn, so sind diese 3 % ausreichend, das Metall sofort weiss zu färben, während durch den bedeutenden Kupfergehalt das Metall natürlich weit weniger spröde sein wird, als die oben aus 43 Kupfer und 57 Zink zusammengesetzte, ebenfalls weisse Legirung.

Die Härte ist meist grösser, als die der einzelnen Metalle. Namentlich gilt dies nach den Untersuchungen von Calvert und Johnson[*] auch für die Kupfer-Zinklegirungen, die einen Ueberschuss von Kupfer haben.

§. 158.

Der Schmelzpunkt der Legirungen liegt niedriger, als man dem Schmelzpunkt der einzelnen Metalle nach erwarten sollte. Namentlich scheinen Wismuth und Kadmium geeignet zu sein, denselben herabzudrücken, so dass

---

[*] Philos. Magazin 1859 p. 114.

man durch ihren Zusatz Legirungen erhält, die bei niedrigerer Temperatur schmelzen, als das am leichtesten schmelzbare Metall.

Von kupferfreien Legirungen sind in dieser Beziehung bekannt: Das Rose'sche Metall aus 6 Theil Wismuth, 3 Blei, 3 Zinn, welches bei 94 ° C. schmilzt; — ein anderes aus 8 Wismuth, 5 Blei, 3 Zinn bei 75.5° C. schmelzend, und das Wood'sche Metall: 2 Kadmium, 8 Wismuth, 2 Zinn, 4 Blei, welches schon bei 65° C. flüssig wird. Bis zu dieser Schmelzbarkeit kommt es natürlich bei kupferhaltigen Legirungen niemals. Bei der Verbindung der Gemengtheile während des Schmelzens wird oft eine beträchtliche Menge von Wärme frei. Giesst man z. B. 70 Th. geschmolzenes Kupfer zu 30 Th. geschmolzenem Zink, so erhöht sich die Temperatur so stark, dass ein Theil der Mischung umhergeschleudert wird.

Lässt man eine Legirung, nachdem sie geschmolzen worden, ruhig stehen, so erstarrt sie allmälig und krystallisirt verworren. Bei Metallen von sehr verschiedenem specif. Gewichte sondert sich oft das schwerere unten ab und man kann eine einigermaassen genügende Legirung nur durch anhaltendes Umrühren, oder durch mehrmaliges Umschmelzen erhalten. Allerdings kann durch öfteres Umschmelzen auch der Schmelzpunkt der Legirung sich erhöhen, wie dies z. B. mit dem erwähnten Rose'schen Metall der Fall ist, welches frisch bereitet unter Wasser schmilzt, nach öfterem Gebrauch aber diese Eigenschaft verliert.

Besteht die Legirung aus Metallen, deren Schmelzpunkte weit auseinander liegen, und ist das leichter schmelzbare im grossen Ueberschuss vorhanden, so kann dies bei so niedriger Temperatur zum Schmelzen gebracht werden, dass es abfliesst, während das schwerschmelzbare mit einem geringen Theile des zweiten verbunden zurückbleibt und den sogenannten Kienstock bildet: so beim Saigerprocess.

Erhitzt man Legirungen, die ein flüchtiges Metall enthalten, weit über ihren Schmelzpunkt, so werden sie zwar in einigen Fällen gänzlich zersetzt, in der Regel aber wird ein Theil des flüchtigen Metalles hartnäckig zurückgehalten, so dass man z. B. das Kupfer durch blosses Erhitzen nicht vom Arsen, Zink, Antimon, selbst nicht vom Quecksilber vollständig reinigen kann. Die zurückbleibenden Verbindungen sollen nach Dumas[*]) stets Verbindungen in bestimmten Mengenverhältnissen sein.

§. 159.

Das specifische Gewicht der Legirungen ist in der Regel grösser, als das mittlere specifische Gewicht der angewandten Metalle der Rechnung nach sein sollte; bisweilen findet jedoch auch das Umgekehrte Statt.

Nach den Untersuchungen von Matthiessen[**]) findet namentlich bei der

---

[*]) Dumas, Handbuch der angewandten Chemie II p 60
[**]) Poggendorff's Annalen 110 p. 21 und 190.

Antimonlegirung eine Ausdehnung statt, während Legirungen von Quecksilber, Gold, Silber und Wismuth sich zusammenziehen.

In den meisten Fällen erfolgt sonach bei der Verbindung eine Verdichtung, wie dies gewöhnlich bei der chemischen Verbindung zweier Körper eintritt. Man kann daher ohne genaue Kenntniss der Contractions- und Expansions-Verhältnisse der Metallgemenge in den verschiedenen Verhältnissen aus dem specifischen Gewicht keinen sicheren Schluss auf die relativen Mengen der verbundenen Metalle machen. — So sind z. B. die Legirungen von Kupfer mit Zink, Zinn, Palladium, Wismuth, Antimon specifisch schwerer, als sie dem mittleren specifischen Gewicht der Metalle nach sein sollten, die Legirungen von Kupfer mit Gold und Silber aber leichter.

Als Leiter der Electricität und Wärme stehen die Legirungen meist den Metallen nach, aus denen sie zusammengesetzt sind. Nach den Untersuchungen von Matthiessen leiten nämlich nur die Legirungen von Blei, Zinn, Cadmium und Zink unter sich die Electricität im Verhältniss ihrer relativen Volumina, die Legirungen aller übrigen bisher untersuchten Metalle unter sich oder mit den eben genannten Metallen leiten die Electricität schlechter, als es im Verhältniss ihrer Volumina der Fall sein sollte.

§. 160.   Chemisches Verhalten.

Wenngleich sich die Legirungen in den meisten Fällen wie ihre Componenten, d. h. wie die sie zusammensetzenden Metalle verhalten, so dass also z. B. verdünnte Schwefelsäure aus dem Messing oberflächlich nur Zink, nicht aber Kupfer löst und so das Messing roth färbt, Ammoniak dagegen dunkles Messing durch oberflächliche Auflösung des Kupfers und Rücklassung des Zinks hell färbt, — so ist dies doch nicht immer der Fall. Bisweilen ist die Verbindung so innig, dass verschiedene Reagentien, welche auf die einzelnen Metalle leicht einwirken, die Legirung nur schwierig angreifen. Namentlich scheint dies mit den nach stöchiometrischen Verhältnissen zusammengesetzten der Fall zu sein. In andern Fällen wirken die Säuren auf die Legirung wie auf das vorherrschende Metall, so dass z. B. eine Legirung von 2 Gold mit 1 Silber nur oberflächlich von der Salpetersäure angegriffen wird.

Auch die Luft wirkt gewöhnlich schwächer auf die Legirung als auf die einzelnen Metalle, aus denen jene besteht. Das früher an Stelle des Neusilbers verwendete Weisskupfer, aus 57 Kupfer, 20 Mangan, 23 Zink bestehend, hielt sich, wenn auch nicht so gut, als unser jetziges Neusilber, aber doch jeden Falls weit besser, als man von dem so sehr zur Oxydation geneigten Mangan erwarten sollte. Es giebt indessen auch Ausnahmen, wie z. B. eine Legirung von 2 Blei, 1 Zinn, die in der Glühhitze verglimmt, oder von 3 Blei, 1 Zinn, die sogar mit heller Lichtentwickelung zu Oxyd verbrennt.

Haben die die Legirung bildenden Metalle verschiedene Verwandtschaft zum Sauerstoff, wie z. B. Blei, Silber, Zinn, Kupfer, so kann man das weniger oxydirbare Metall fast oder auch ganz rein erhalten, wenn man den Oxydationsprocess im geeigneten Zeitpunkte unterbricht. Auf diese Weise trennt man das Blei vom Silber beim Frischprocess, das Zinn vom Kupfer beim Scheiden der Glockenspeise. Indessen wird in der Regel auch ein kleiner Theil des schwerer oxydirbaren Metalles zugleich mit oxydirt.

§. 161. Anfertigung der Legirungen im Allgemeinen.

Wie ungemein wichtig dieser Punkt ist, geht aus der bekannten Thatsache hervor, dass zwei Legirungen von genau derselben Zusammensetzung häufig schon verschieden ausfallen, wenn die Art der Darstellung mehr oder weniger abweicht. Ich erinnere an die Kanonen, die bei derselben Zusammensetzung oft ganz verschiedene Eigenschaften haben. Diese Umänderungen bestehen zuweilen aus der Anwendung einer höheren Temperatur, als die gewöhnliche ist, oder aus der Ordnung, in der die Schmelzung der Bestandtheile bewirkt wird, oder endlich aus einer Schichtung der verschiedenen Metalle nach ihrem specifischen Gewichte. Bei den Versuchen von Hatchett, der Legirungen von Gold mit Silber, Blei, Kupfer und Antimon goss, zeigte die darauf folgende Analyse in den oberen Theilen der Barren, die also dem Boden des Tiegels entsprachen, einen grösseren Goldgehalt, als in den übrigen Theilen. Nach den umfangreichen Versuchen von Guettier*) ist es am zweckmässigsten, die schwer schmelzbarsten Metalle zuerst zu schmelzen, sie dann soweit erkalten zu lassen, als sie es vertragen, ohne zu erstarren, dann das nächst strengflüssige Metall unter Umrühren zuzusetzen. Man arbeitet dabei bei Zink unter einer Decke von Kohlenstaub, bei Zinn aber unter einer solchen von fein gemahlenem Sand. Nach jedesmaligem Zusatz erhitzt man etwas stärker und rührt mit einem gedörrten Holzstab gut um. Umrühren mit einem Eisenstab kann leicht eine Aenderung der Eigenschaften der Legirung zur Folge haben. — Bei Legirungen mit 3 oder 4 Metallen, z. B. Kupfer, Zink, Zinn, Blei ist es zweckmässig, die 3 letzten, leicht schmelzbaren Metalle erst für sich zusammenzuschmelzen und diese Legirung dann dem geschmolzenen und etwas abgekühlten Kupfer zuzusetzen. Durch nochmaliges Umschmelzen wird die Legirung bedeutend gleichmässiger; jedoch ist zu beachten, dass durch oft wiederholtes Umschmelzen die Eigenschaften der Legirungen nicht selten wesentlich verändert werden.

§. 162. Sind Legirungen chemische Verbindungen in bestimmten Verhältnissen, oder nur Gemenge?

Diese Frage, von den verschiedensten Seiten genau erwogen, ist bis jetzt noch nicht vollkommen gelöst, und bald in dem einen, bald in dem andern Sinne beantwortet worden.

---

*) Moniteur industr. 1848 p. 1255 ff.

Nach den Untersuchungen von Fr. H. Storer[*]), die sich namentlich auf Kupfer und Zink beziehen, sind die Legirungen nicht bestimmte chemische Verbindungen, sondern nur isomorphe Mischungen zweier oder mehrerer Metalle, die unter günstigen Verhältnissen in allen Mengen zusammenkrystallisiren. Er stellt die Krystalle in der gewöhnlichen Art dar, indem er die geschmolzene Masse in den Giesspuckel ausgiesst und darin oberflächlich abkühlen lässt, bis sich eine Kruste gebildet hat, diese durchstösst und den inneren noch flüssigen Theil ausgiesst. Der zurückbleibende Theil zeigt beim Zersägen des Stückes im Innern zum Theil wohl ausgebildete Krystalle. Diese Krystalle sind Octaeder, wie sich bei den kupferreichen Legirungen durch directe Messung, bei den kupferarmen aber aus der vollständigen Uebereinstimmung mit den ersteren schliessen lässt, obwohl die abgerundeten Krystalle keine Krystallmessung zulassen.

Diese Gleichmässigkeit der Krystallisation ist ihm der Hauptgrund, sämmtliche Kupferzinklegirungen nicht als wahre chemische Verbindungen nach bestimmten Proportionen anzusehen. Dazu kommt noch, dass die Farben der verschieden zusammengesetzten Legirungen allmälige und niemals sprungweise Uebergänge zeigen, vom reinsten Kupferroth (bei zunehmendem Zinkgehalt) in Gelb und dann in Weiss, sowie dass die Härte mit dem Zinkgehalte zunimmt.

Auch Matthiessen[**]) kommt zu dem Resultate, dass die meisten Legirungen nicht als chemische Verbindungen, sondern nur als Lösungen des einen Metalles in dem andern zu betrachten seien, giebt indessen zu, dass einzelne wirklich chemische Verbindungen sind.

Es dürfte indessen richtiger sein, den Satz umzukehren, indem man sagt, Legirungen sind chemische Verbindungen nach geometrischen Verhältnissen, die sich in den überschüssig zugesetzten geschmolzenen Metallen in derselben Art auflösen können, wie sich ein Salz in einer Säure zu lösen im Stande ist und die sich dann unter geeigneten Verhältnissen aus dieser Auflösung wieder abscheiden.

Die Unregelmässigkeit der im Handel vorkommenden Legirungen rührt eben theils von dem Ueberschusse des einen Metalles, theils davon her, dass ein Theil dieses Ueberschusses sich mit einer bestimmten stöchiometrischen Legirung verbindet und deren Zusammensetzung abändert. Ist z. B. das im Ueberschuss zugesetzte Metall sehr schmelzbar, so bleibt es flüssig und verbindet sich mit dem letzten Antheil der Legirung, erzeugt also eine andere Legirung, als die an der Aussenseite entstandene; ist es dagegen weniger schmelzbar, so erstarrt es früher und man erhält in beiden Fällen keinen

*) On the alloys of copper and zink by Frank H. Storer, durch Wagner, Jahresbericht über die Fortschr. d. chem. Technologie im J. 1860 p. 119.

**) Poggendorff, Ann. 110 p. 190.

homogenen Guss. Es wird daher in einzelnen Fällen Alles darauf ankommen, die Bildung solcher Legirungen in stöchiometrischen Verhältnissen zu verhindern. In diesem Sinne werden jetzt die bronzenen Kanonen kurz nach dem Gusse abgekühlt, wodurch nur etwa $1/10$ der Güsse fehlerhaft ausfallen, während dies früher mit $1/2$ der Fall war.

Auch Calvert und Johnson*) halten die meisten oder doch viele Legirungen für stöchiometrische Verbindungen, und haben mehrere derselben zum Zwecke eines weiteren Studiums nach stöchiometrischen Verhältnissen zusammengesetzt. Sie schmelzen dabei zuerst das Zinn, fügen diesem dann Zink, oder Blei und Zink hinzu, giessen diese Mischung zu dem geschmolzenen Kupfer und giessen nach gehörigem Umrühren in Barren aus. Folgende sind die von ihnen für stöchiometrische Verbindungen gehaltenen Legirungen:

nach Procenten:	Cu	Zn	Sn	Pb	stöchiometrisch
	56.25	43.75	—	—	$= Cu^4 Zn^3.$
	87.05	5.07	7.88	—	$= Cu^{10} Zn Sn.$
	77.45	14.39	8.16	—	$= Cu^{10} Zn^3 Sn.$
	11.06	68.32	20.62	—	$= Cu^1 Sn^1 Zn^6.$
	6.10	62.64	11.32	19.94	$= Cu^1 Sn^1 Pb^1 Zn^{10}.$
	6.80	69.56	12.58	11.06	$= Cu^2 Zn^{20} Sn^3 Pb^1$

§. 163.

Als Gründe nun, dass die Legirungen wirklich chemische Verbindungen nach bestimmten Proportionen sind, kann man folgende aufführen:

1. Das natürliche Gold im goldführenden Sande und in Gebirgsgesteinen ist niemals rein, sondern stets mit Silber legirt und zwar immer in dem Verhältniss von 1 Aeq. Silber zu 4, 5, 6, 8, 10 Aequivalenten Gold, niemals aber sind die beiden Metalle in Bruchtheilen eines Aequivalentes des einen oder anderen Metalles verbunden.

2. Legirungen, die nach stöchiometrischen Verhältnissen zusammengesetzt sind, werden nach Johnson und Calvert weit weniger von Säuren angegriffen, als andere.

3. Die Legirungen bilden sich in der Regel unter bedeutender Erwärmung, oft sogar unter Feuererscheinung. Die Erhitzung kann so hoch steigen, dass ein Theil des Metalles umhergeschleudert wird.

4. Es findet ein ungleichförmiges Sinken der Temperatur bei der Erstarrung statt.

5. Legirungen haben, wie oben ausgeführt ist, nicht die mittlere Dichtigkeit der sie zusammensetzenden Metalle.

6. Eine geschmolzene Legirung sondert sich in der Ruhe in zwei oder drei Schichten, welche ebenso viele verschiedene Verbindungen sind.

---

*) Philos. Magaz. 1855 p. 240.

7. Erhitzt man eine Legirung, die ein flüchtiges Metall enthält, so wird letzteres nie ganz verflüchtigt, sondern ein Theil desselben zurückgehalten. Ist seine Menge gering, so verflüchtigt es sich gar nicht. Selbst das Quecksilber ist hiervon nicht ausgenommen.

8. Auch der Saigerungsprocess ist ein Beweis für die nach stöchiometrischen Gesetzen stattfindende Bildung der Legirungen. Man schmilzt dabei 3 Theile silberhaltiges Schwarzkupfer, welches circa 95 % Kupfer enthält, mit 10—12 Theilen Blei zusammen, welches auch wo möglich silberhaltig ist. Es ist dies fast genau 1 Aequivalent Kupfer auf 1 Aequivalent Blei (Cu 31.7, Pb 103.7). Erhitzt man die Doppellegirung ziemlich stark, so zerfällt sie in zwei Verbindungen. eine leichtflüssige, $Pb^{12} Cu^1$, die zugleich das Silber enthält und eine strengflüssige, $Cu^{12} Pb^1$, die fast silberfrei ist.[*]

9. Endlich möchte der Umstand, dass die Legirungen bei niederer Temperatur schmelzen, als bei der mittleren der Schmelzpunkte ihrer Bestandtheile, ebenfalls für eine chemische Vereinigung sprechen. Die erwähnte Legirung von 8 Wismuth, 5 Blei und 3 Zinn, schmilzt z. B. bei 100° C., während der mittlere Schmelzpunkt der Metalle 267° entspricht. Ebenso geht Eisen, wenn es mit Gold legirt ist, nahe beim Schmelzpunkt des letzteren in eine Schmelzung ein, obwohl es für sich eins der unschmelzbarsten Elemente ist, und Platin schmilzt mit dem Blei in einer Temperatur zusammen, die wenig über dem Schmelzpunkte des Bleies liegt.

Aus dem Gesagten scheint also hervorzugehen, dass man wenigstens sehr viele Legirungen für chemische Verbindungen halten muss, deren Eigenthümlichkeiten aber oft dadurch zum Theil oder gänzlich verdunkelt werden können, dass die Verbindung sich im Momente des Entstehens im überschüssigen Metalle auflöst. Bei einigen Metallen, wie beim Kupfer-Zinn, treten diese Verbindungen schärfer hervor; sie werden weiter unten bei der Bronze besprochen werden. In anderen Fällen, wie beim Kupfer-Zink, sind sie vorhanden, lassen sich aber schwerer nachweisen. Ueberhaupt scheint gerade das Zink weniger Neigung zu einer Vereinigung in stöchiometrischen Verhältnissen zu haben, ja sogar unter Umständen jeder innigen Vereinigung feind zu sein. Schmilzt man Blei mit Zink in etwa gleichen Mengen zusammen, so scheidet sich das Blei zum grössten Theile fast rein wieder aus; ebenso lässt sich Zink wohl kaum mit Wismuth allein legiren.

§. 164.   Die Legirungen des Kupfers.

Das Kupfer ist wahrscheinlich geeignet, sich mit allen Metallen zu verbinden. Wie aber die Kenntniss von den Legirungen im Allgemeinen, so befindet sich auch die von den Kupferlegirungen noch ganz in der Kindheit. Man unterschied früher hauptsächlich folgende Legirungen:

*) Dumas, angew. Chemie II, 50.

1. **Gelbkupfer**, der Hauptsache nach aus Kupfer und Zink bestehend, und trennte dies wieder in Messing, mit 27—35 % Zink, und in Tombak, welches die Compositionen umfasste, welche nicht über 20 % Zink enthielten. Eine zweite Abtheilung bildete die Bronze, d. h. Legirungen, die aus Kupfer und Zinn, mit oder ohne Zink, bestanden; eine dritte endlich das aus Kupfer, Zink und Nickel zusammengesetzte Neusilber.

Diese Eintheilung ist ungenügend, da es bei den Legirungen nicht allein auf die Qualität der sie componirenden Metalle, sondern namentlich auch auf das relative Verhältniss ankommt, in welchem dieselben gemischt sind. Ein weiterer Nachtheil der bisherigen Lehrbücher liegt in der geringen Uebersichtlichkeit des Gegebenen. Man führt die Legirungen nach den Verhältnissen an, in denen sie von dem einen oder anderen Techniker zusammengesetzt wurden, ohne sie sämmtlich auf ein bestimmtes Verhältniss zurückzuführen. Daher kommt es, dass in ein und demselben Werke dieselbe Legirung zwei und dreimal aufgeführt werden kann, dass z. B. verschiedene zu weissen Knöpfen verwendbare Compositionen angegeben werden, als bestehend aus:

a. 43 Kupfer, 57 Zink,
b. 301 „ 399 „
c. 100 „ 132.66 „

ohne dass man bemerkte, dass diese verschieden sein sollenden Legirungen unter sich vollkommen gleich waren. Es sind deshalb im Folgenden alle Angaben auf den Procentsatz zurückgeführt worden.

Man kann ihrer Zusammensetzung nach die Kupferlegirungen in mehrere scharf getrennte und gut charakterisirte Gruppen eintheilen. Die beiden einfachsten Gruppen sind:

Kupfer und Zink auf der einen, Kupfer und Zinn auf der anderen Seite. Beide können miteinander in Verbindung treten und ergeben dadurch 2 fernere Gruppen, nämlich Kupfer-Zink mit untergeordnetem Zinn und Kupfer-Zinn mit untergeordnetem Zink. Das Zinn kann hier theilweise durch Blei vertreten werden. Alle Nickel enthaltenden Legirungen bilden eine Gruppe für sich. Ihr schliesst sich dann eine Gruppe an, in der das Kupfer untergeordnet ist, dagegen Zinn, Zink oder Antimon die Hauptrolle spielen. Endlich fasst man alle Legirungen, die ein edles Metall, Gold, Platin, Silber oder Quecksilber enthalten, zweckmässig in eine letzte Gruppe zusammen. Es bleiben demnach nur noch zu besprechen die Legirungen des Kupfers mit dem Blei, Aluminium, Arsen und Silicium, die als Anhang beim Kupfer-Zinn ihre Stelle finden.

Wir erhalten demnach 7 scharf getrennte Gruppen:

1. Messing, die Legirungen aus Kupfer und Zink.
2. Bronzeartiges Messing, d. i. Legirungen aus Kupfer und Zink mit untergeordneten, aber wesentlichen Beimengungen von Zinn und Blei.

3. **Gelbes Lagermetall**, d. i. Legirungen von Kupfer und Zink mit ziemlich vielem Zinn.

4. **Aechte Bronze**, d. i. Legirungen von Kupfer und Zinn.

5. **Neusilber**, d. i. Legirungen von Nickel mit Kupfer und Zink.

6. **Münzmetall**, d. i. Legirungen des Kupfers mit edlen Metallen.

7. **Weisses Lagermetall**, die Legirungen von Zinn, Zink oder Antimon mit untergeordnetem Kupfer.

Cap. 9. Erste Gruppe.

Messing, d. i. Legirungen aus Kupfer und Zink.

I. Eigenschaften der Kupfer-Zink-Legirungen.

§. 165.

Wichtiger als alle übrigen Legirungen des Kupfers sind die mit dem Zink, deren erste Anwendung sich in das Alterthum verliert. Im kalten Zustande hämmerbar und durch Walzen und Drahtzüge streckbar, sind sie zu den mannigfachsten Bedürfnissen verwendbar. Die angenehme Farbe, geringe Oxydirbarkeit, grössere Härte und Steifheit, der niedere Schmelzpunkt, grössere Dünnflüssigkeit, verbunden mit der Eigenschaft, die Formen gut auszufüllen, und grösse Billigkeit sind Vorzüge der Messingarten vor dem Kupfer. Die unendlich vielfachen Verwendungen aber, die das Messing erhalten hat, setzen natürlich verschiedene Eigenschaften voraus, die nur durch eine verschiedene Zusammensetzung erzielt werden können.

Kommt es auf Erzeugung einer schönen, goldähnlichen Farbe an, so vermehrt man den Kupfergehalt, wodurch zugleich Hämmerbarkeit, Weichheit und Feinheit des Kornes zunehmen. Beabsichtigt man dagegen die Darstellung einer billigeren Legirung, so wird der Zinkzusatz vermehrt, wodurch im Allgemeinen Dichtigkeit, Hämmerbarkeit und Dehnbarkeit abnehmen, während Härte, Sprödigkeit und Schmelzbarkeit sich vergrössern und die Farbe heller wird.

1. Das **specifische Gewicht** der Legirung ist grösser, als die berechnete mittlere Dichtigkeit ihrer Bestandtheile; es findet also eine Verdichtung derselben statt. Es schwankt nach Karmarsch[*])

für gelbes Messing mit 18³/₄ % Zink, zwischen 7.82 und 8.73,

für Tombak mit 12¹/₂ % Zink, zwischen   8.73 und 9.00,

---

[*] Prechtl, Encyclopädie, IX. 577.

wächst also mit dem Gehalt an Kupfer. Draht von 1 Linie Dicke mit 9.3 % Zink hat 8.605, solcher mit 20.4 % Zink hat das spec. Gew. 8.448.

Den Einfluss der Bearbeitung ersieht man aus den Angaben von Baudrimont und Karmarsch:

	Baud.	Karm.
Messingguss	—	8.71
Messingblech	8.5079	8.52—8.61
Messingdraht, geglüht	8.3758	
„ ungeglüht, gewalzt .	8.4931	
„ geglüht, gewalzt .	8.4719	8.49—8.73
„ gezogen	8.4281	

Das Messing ist also im gegossenen Zustande am dichtesten.

Die Dichtigkeit nimmt durch schnelles Ablöschen des glühenden Metalles nach Dumas von 8.94 auf 8.92 und von 8.344 auf 8.250 ab; zu gleicher Zeit mindert sich nach Dussaussoy die Zähigkeit und Härte.*)

Ein Kubikfuss Messing (spec. Gew. 8.49) wiegt 524.94 bis (sp. Gew. 8.73) 539.79 Zollpfund; Tombak mit 12½ % Zink und dem spec. Gew. 9.0 wiegt 556.5 Zollpfund.

§. 166.

2. Die absolute Festigkeit wird verschieden angegeben, und zwar, auf den Quadratzoll berechnet, nach Karmarsch:

für Gussmessing zu . . . . . 16,000 Pfd.,
„ Draht, geglüht . . 40,900—49,700 „
„ Draht, dünn, hart . 52,300-100,500 „

Von allen Legirungen von gleichen Aequ. Kupfer und Zink, bis zu 6 Aequ. Kupfer auf 1 Aequ. Zink sind Messing mit 28.5 % Zink und Tombak mit 15.5 % Zink die festesten. Sie entsprechen den Formeln: Messing $Cu^2 Zn^1$ und und Tombak $Cu^6 Zn^1$. Die Legirung $Cu^1 Zn^2$ ist schon so spröde, dass sie unter Hammer und Walze kantenrissig wird.

3. Härte. Nach Calvert und Johnson**) sind die Legirungen mit mehr als 50 % Kupfer viel härter als Kupfer oder Zink. Der stärkere Härtegrad rührt vom Zink her, also vom weicheren Metalle, doch darf die Menge des Zinks 50 % nicht übersteigen, weil sonst die Legirung spröde wird. Diese letztere, ungefähr entsprechend der Formel $Zn^1 Cu^1$ hat (die Härte des Gusseisens = 1000 gesetzt) die Härte 243.33 und dabei eine schöne gelbe Farbe.

4. Die Dehnbarkeit, Weichheit und Feinheit des Korns wachsen mit der Menge des Kupfers, nehmen in den mittleren Verbindungsstufen ab und kehren endlich bis zu einem gewissen Grade wieder zurück in den Legirungen, in denen das Zink den Hauptbestandtheil ausmacht. Die meisten Legirungen

---

*) Dumas, angewandte Chemie III. 457.
**) Philos. Magazin 1859 p. 114.

sind aber nur dehnbar in gewöhnlicher Temperatur, dagegen spröde im erhitzten Zustande, besonders im Glühen, können daher nur kalt bearbeitet werden. Welch' grossen Einfluss die weitere Bearbeitung auf die Dehnbarkeit
ausübt, geht aus dem Verhalten des Gussmessings hervor, welches selbst bei
gewöhnlicher Temperatur durch starke Hammerschläge leicht zerbricht, sich
aber durch mässiges Hämmern und Walzen leicht dehnen lässt, dabei aus dem
krystallinischen in den feinkörnigen und faserigen Zustand übergeht und viel
dehnbarer und zäher wird.

Aus den schon früher erwähnten Untersuchungen von Storer[*] geht hervor,
dass unter den gelben Legirungen bei der aus gleichen Gewichtstheilen Kupfer
und Zink bestehenden die Neigung zur Krystallisation am stärksten ausgebildet
ist, wobei sich sehr leicht lange. aus auf einander sitzenden Octaedern bestehende Fasern bilden. Die Neigung zur Faserbildung findet sich bei einem
Kupfergehalte zwischen 58 und 43 %, und ist am ausgesprochensten bei gleichen Gewichtstheilen beider Metalle. Bei vorherrschendem Zinkgehalt bekommen die Moleculareigenschaften des Zinkes die Oberhand und die Legirungen
nehmen einen blasigen Bruch an. An der oberen Grenze der Faserbildung
bildet sich in ziemlich engen Grenzen eine Legirung von gleichmässig dichtem
Bruch, die sich heiss und kalt walzen, hämmern und ziehen lässt, während
sich etwas kupferreichere Legirungen nur bei hoher Temperatur, solche mit
weniger als 60 % Kupfer aber nur kalt strecken lassen. Es scheint somit die
Faserbildung von grosser practischer Bedeutung zu sein.

Es sind also die Legirungen mit:

1—10 % Zink, in der Kälte vorzüglich dehnbar, in der Hitze brüchig,

11—35 % Zink, in der Kälte noch gut dehnbar, in der Hitze aber brüchig;
    Dehnbarkeit abnehmend mit dem vermehrten Zink.

36—37 % Zink, in Kälte und Hitze wenig zähe.

38.5—41.6 % Zink, in der Kälte und Hitze gut dehnbar.

42—90 % Zink, kalt und heiss spröde und nicht durch Hammer oder Walze
    streckbar, und zwar mit

60.57 und 67.22 % Zink,[**] entsprechend den Formeln $Cu^2 Zn^3$ und $Cu Zn^3$ am
    sprödesten und schon bei gelinden Hammerschlägen zerspringend; mit

91—100 % Zink, wieder dehnbar. Sie können die Stelle des Zinkes ersetzen,
    vor dem sie grössere Dichtigkeit und Härte voraus haben. Ihre Dehn-
    barkeit wächst mit dem Zinkgehalte.

---

[*] Wagner, Jahresber. über die Fortschritte der chem. Technol. im J. 1860 p. 119.
[**] Moniteur industr. 1848 p. 1261.

§. 167.

5. Die Ausdehnung in der Wärme von 0—100° C. beträgt für:

Gussmessing nach Lavoisier $\frac{1}{588}$, nach Smeaton $\frac{1}{588}$,

Messingdraht nach Lavoisier $\frac{1}{588}$, nach Herbert $\frac{1}{881}$,

Messingblech nach Smeaton $\frac{1}{617}$.

6. Der Schmelzpunkt des Messings sinkt mit der Vermehrung des Zinks und liegt im Allgemeinen bei einer starken Rothglühhitze. Daniell giebt ihn für Messing mit 25% Zink auf 737° R. oder 921° C., mit 50% Zink auf 730° R. oder 912½° C. an; es kann also als Loth für Kupfer dienen, dessen Schmelzpunkt nach Daniell bei 1398° liegt.

Das Schmelzen selbst hat mitunter grosse Schwierigkeiten. Kupfer und Zink verbinden sich mit grosser Heftigkeit und zwar ist die Reaction bei den ersten Zusätzen von Zink am heftigsten und wird in Folge davon eine Menge Zink verflüchtigt. Die Giesser schmelzen daher erst Gelbmetall und Kupfer und setzen diesem dann mehr Zink hinzu. Auch bei vorherrschendem Zink tritt wieder starke Verdampfung desselben ein. Man schmilzt dann zuerst das Kupfer, kühlt es ab, soweit es dasselbe verträgt, ohne zu erstarren und setzt das Zink in kleinen Portionen nach und nach hinzu, nachdem man es bis nahe an seinen Schmelzpunkt erwärmt hat.*) Es gelingt dadurch, die Verdampfung des Zinkes fast ganz zu vermeiden. Lässt man Zink auf einem Kupferstück schmelzen, so findet die Verbindung unter heftigem Aufkochen und darauf folgendem Erstarren statt, was aber nicht mit einer Sauerstoffabgabe, sondern nur mit Entbindung latenter Wärme zusammenhängt. — Rührt man nicht oft genug um, so setzt sich am Boden eine kupferreiche Legirung an, besonders bei Gegenwart fremder Metalle oder unregelmässig geleiteter Feuerung. In der Praxis setzt man in solchen Fällen etwas Kochsalz zu.

Die Art der Abkühlung ist nicht ohne Einfluss auf die Eigenschaften des Messings, welches durch langsames Erkalten weicher, weniger zähe und dicht wird. Doch hat man bis jetzt die Leitung des Processes bei grösseren Massen noch nicht gehörig in seiner Gewalt.

§. 168.

7. Die Farbe der Zink-Kupferlegirungen zeigt eine schöne Abstufung von Roth, in Rothgelb, Gelb, Weiss und Grau. Sie wird im Allgemeinen heller mit der Vermehrung des Zinks, zeigt indessen an einer Stelle, bei $Cu^1 Zn^1$, eine auffallende, noch nicht erklärte Abweichung.**) Die Legirungen sind mit:

1—7% Zink roth oder dunkelrothgelb, mit

7.4—13.8% Zn ($Cu^{12} Zn$ bis $Cu^6 Zn$) röthlich goldgelb in abnehmendem Verhältniss, mit

---

*) Moniteur industr. 1848 pag. 1261.

**) Siehe die Untersuchungen von Hoffmann in Neukranz, Gewerbeblatt Th. 4 p. 350, und von Karsten im polyt. Notizblatt 1857 p. 1.

16.6—25 % Zn ($Cu^4 Zn$ bis $Cu^3 Zn$) ist die Legirung rein gelb. Von

33.9 % Zink ($Cu^2 Zn$) an wird die Legirung wieder röthlich gelb und zeigt diese Farbe bei

50 % Zink (CuZn) am stärksten; sie ist in diesem Falle aber sehr spröde und krystallinisch im Bruch. Von

51 % Zink aufwärts hört die gelbe Farbe plötzlich auf, das Metall wird weiss oder weissgrau. Bei

65—75 % Zink erhält man ein gutes Spiegelmetall, ähnlich dem aus 75% Kupfer und 25% Zinn zusammengesetzten, welches indessen stark anläuft. Mit

76—100 % Zink sind die Legirungen grau.

Zu erwähnen bleibt hier noch, dass die gelben Legirungen durch Reiben mit Salzsäure, durch vorzugsweise Auflösung des Zinks roth, durch Reiben mit Ammoniak aber weisslich gelb werden, da dieses das Kupfer oberflächlich auszieht.

§. 169.

8. Verunreinigungen des Messings. Der Unterschied in den Mischungsverhältnissen des Kupfers und Zinkes ist oft ein höchst unbedeutender oder ganz verschwindend. Wenn dann doch noch Verschiedenheiten in Ansehen und Verhalten nachweisbar sind, so haben diese ihren Grund in der Behandlung beim Einschmelzen und in der grösseren oder geringeren Reinheit der angewendeten Metalle. Kupfer und Zinkerze, sowie die daraus gewonnenen Metalle sind selten rein, wie schon oben beim Hüttenprocess entwickelt wurde. Zuweilen wird sogar dem Kupfer absichtlich Blei zugesetzt, um den geringen Silberantheil zu gewinnen. Diese fremden Beimengungen lassen sich aber nur schwierig entfernen und äussern dann entweder einen günstigen oder ungünstigen Einfluss auf das daraus erzeugte Messing. Enthält das Kupfer Spuren von Eisen, Zinn, Antimon, Blei, Arsen und Schwefel, so lässt es sich für sich schwer bearbeiten und namentlich auch schlecht legiren, da reines Kupfer nach Karsten 1 — $2\frac{1}{2}$ % Zink mehr aufzunehmen vermag als unreines und dann immer noch ein besseres Product liefert. Nur in einzelnen Fällen können derartige Beimengungen nicht blos unschädlich, sondern sogar nützlich sein. So macht Blei zwar im Allgemeinen, wie Zinn und Eisen, das Messing spröde und hart und vermindert seine Dehnbarkeit, hat aber, indem es zugleich die Adhäsion des Messings zum Eisen vermindert, den grossen Vortheil, dass das Messing seine sogenannte fettige Beschaffenheit verliert, d. h. die Eigenschaft, sich beim Verarbeiten durch Drehen und Feilen an die Werkzeuge zu hängen und diese zu verschmieren. Man setzt daher wohl dem Gussmessing etwas Blei hinzu und zwar auf 20 Pfd. Messing kurz vor dem Giessen 4 Loth Blei; es sind dies $\frac{1}{2}$ oder 0.625%. Solches Messing nennt man trocken und kann es zu Gusssachen sehr wohl verwenden, während es sich zu Draht und Blech kaum eignet.

§. 170.

Ehe wir zur Beschreibung der einzelnen Kupferzinklegirungen übergehen, mag hier noch folgende von Mallet aufgestellte Tabelle ihren Platz finden.

Eigenschaften des Kupferzinks nach Mallet.*)

Aequiv. Cu : Zn	Kupfer. Procent.	Specifisches Gewicht.	Farbe.	Bruch.	Cohäsion.	Dehnbarkeit bei 15 Grad C.	Härte.	Schmelzbarkeit.
1 : 0	100	8.667	roth	—	24.6	8	22	15
10 : 1	90.72	8.605		grobkörnig	12.1	6	21	14
9 : 1	89.80	8.607	rothgelb	grobkörnig	11.5	4	20	13
8 : 1	88.60	8.633			12.8	2	19	12
7 : 1	87.30	8.587			13.2	0	18	11
6 : 1	85.40	8.591			14.1	5	17	10
5 : 1	83.02	8.415	gelbroth	feinfaserig	13.7	11	16	9
4 : 1	79.65	8.448			14.7	7	15	8
3 : 1	74.58	8.397	blassgelb		13.1	10	14	7
2 : 1	66.18	8.299	hochgelb		12.5	3	23	6
1 : 1	49.47	8.230		grobkörnig	9.2	12	12	6
1 : 2	32.85	8.263	dunk.gelb		19.3	1	10	6
8 : 17	31.52	7.721	silb.weiss		2.1	sehr spröde	5	5
8 : 18	30.36	7.836		muschlig	2.2		6	5
8 : 19	29.17	7.019	hellgrau		0.7		7	5
8 : 20	28.12	7.603	aschgrau	glasig	3.2	spröde	3	5
8 : 21	27.10	7.058	hellgrau	muschlig	0.9		9	5
8 : 22	26.24	7.882			0.8	sehr spröde	8	5
8 : 23	25.39	7.443			5.9	wenig dehnb.	1	5
1 : 3	24.50	7.449	aschgrau	feinkörnig	3.1	sehr spröde	2	4
1 : 4	19.65	7.371			1.9	spröde	4	3
1 : 5	16.36	6.605	dunkelgrau		1.8		11	2
0 : 1	0	6.895	hellgrau	—	15.2	—	23	1

NB. Die Zahlen unter „Cohäsion" zeigen das zum Zerreissen einer 1 Quadratzoll dicken Stange nöthige Gewicht in Tonnen an. Bei der Härte ist 1 das Maximum.

Die Verbindung $Zn Cu^6$ ist Prinzmetall oder Bathmetall: $Zn Cu^4$ deutsches und holländisches Messing; $Zn Cu^3$ gewalztes Messingblech; $Zn Cu^2$ englisches Messing; $Zn Cu$ deutsches Messing; $Zn^2 Cu$, deutsches Messing für Uhrmacher.

Aus dem bisher Gesagten sieht man, dass es bei der Anfertigung von Messing wesentlich ist, die Benutzung des zu erzielenden Productes zu berücksichtigen, und so verschieden der Zweck der Legirung, so verschieden sollte auch das Recept ihrer Anfertigung sein.

---

*) Dingler's polytechn. Journal 85.378 nach Gmelin, Handb. d. Chemie III. p. 450.

II. Aufzählung der verschiedenen Kupferzink-Legirungen.

§. 171.

A. Rothguss oder Rothmessing,

mit 80 und mehr Procent Kupfer, Farbe roth oder röthlich gelb.

1. **Pinchbeak**, die kupferreichste, nach ihrem Erfinder benannte Legirung. Sie ist höchst geschmeidig, dunkel goldfarbig und leidet wenig vom Roste. Sie wird namentlich zu Bijouterien verwendet und durch Zusammenschmelzen von 128 Kupfer, 7 Messing und 7 Zink unter einer Kohlendecke erhalten, nach Anderen aus 2 Kupfer und 1 Messing, oder aus 3—4 Kupfer und 2 Messing. Es würde dies

im ersten Falle   93.6 Cu +   6.4 Zn.

im andern   „   88.8 Cu + 11.2 Zn ergeben.

Hierher gehört auch eine Legirung von:

92.5 Cu + 7.5 Zn,

die sich wegen ihrer geringen Abnutzung und Reibung vortrefflich zu Achsenlagern eignen soll. *)

2. **Oréïde****), eine von Mourier und Vallent in Paris zu Löffeln und Gabeln verarbeitete, namentlich aber zu Ornamenten und Beschlägen geeignete Legirung, die dem 14karätigen Golde täuschend ähnlich sieht, und, wenn erblindet, durch Putzen leicht wieder den vollkommenen Glanz erhält. Sie hat ein feines Gefüge, einen backigen Bruch und ist in hohem Grade dehnbar und polirbar. Die Composition wird aus 100 Theilen reinem Kupfer, 17 Th. Zink, 6 Th. Magnesia, 3.6 Th. Salmiak, 1.8 Th. Kalk und 9 Th. rohen Weinstein zusammengeschmolzen. Man schmilzt zuerst das Kupfer, setzt dann die anderen Stoffe ausser Zink unter Umrühren, zuletzt das vorher granulirte Zink hinzu, bedeckt den Tiegel, schmilzt noch ½ Stunde, schäumt ab und giesst in Metall- oder Sandformen.

Nach den Analysen enthält die Legirung:

90 Kupfer, 10 Zink, oder auch

80.5   „   14.5 „

Verwendet man Zinn an Stelle des Zinkes, so wird die Farbe noch brillanter.

Wenig davon verschieden ist eine sehr dehnbare, zu getriebenen Waaren, unächtem Schmuck und Knöpfen brauchbare Legirung, die sich mit wenig Gold gut vergolden lässt und nach Leonhard Tournay durch Zusammenschmelzen von 1 Pfd. Rosettenkupfer und 4 Loth Messing unter Umrühren mit einem Holzstabe und Zusatz von noch 6 Loth Zink dargestellt wird. Vor dem Giessen soll man eine Hand voll Salpeter darauf werfen. Aus obigen Mengen berechnet sich die Zusammensetzung zu Cu 82.54 + Zn 17.46,

---

*) Verhandlungen des nieder-österr. Gewerbe-Vereins 1859.
**) Polytechnisches Centralblatt 1856 p. 831. Cosmos 1857. Deutsche Gewerbe-Ztg. 1861 p. 288.

wobei indess das Verbrennen des Zinkes nicht in Anschlag gebracht ist. Nach dem Bairischen Gewerbeblatt (1843 p. 52) enthält sie noch kleine Mengen von Zinn und Blei, also: Cu 82.257, Zn 17.441, Sn 0.238, Pb 0.024.

Dieselbe Legirung erhält man durch Zusammenschmelzen von **384** Kupfer und 72 Zink, also nach Procenten Cu 82.86 + Zn 17.14.

In der Londoner Ausstellung waren sehr dünne Abgüsse von Pflanzenblättern, die sich durch schöne Farbe und Schärfe des Gusses auszeichneten. Sie enthielten nach der Untersuchung von Faisst:

Cu 86.38 + Zn 13.61 mit Spuren von Eisen.

Haberland[*] schmolz nach dieser Vorschrift

Cu 87 + Zn 13

zusammen, goss die sehr stark erhitzte Masse in gut gearbeitete und getrocknete Formen von fettem Formsand und erhielt Abgüsse, die so scharf wie geprägte waren.

Unter dem Namen Similor und mannheimer Gold wird eine Legirung aufgeführt, die man aus 7 Loth Kupfer, 3 Loth Messing und 15 Gran Zinn zusammenschmelzen soll. Dies würde nach Procenten ergeben

Cu 89.44, Zn 9.93, Sn 0.62.

Man wird dieselbe, mit Rücksicht auf die so unbedeutende und jedenfalls durchaus unwesentliche Zinnbeimengung, unbedingt den vorigen Legirungen anzureihen haben.

Ebenso möchte ich hierher rechnen eine von Tissier in Paris vorgeschlagene Legirung aus 97 Kupfer, 2 Zink und 1—2 Arsen, die tombakfarbig, hart und ziemlich dehnbar ist, aber bei 2 % Arsen leicht durch Schwefelwasserstoffgas dunkel anlaufen soll, — sowie auch

das Talmigold, in Paris zu Uhrketten verarbeitet und der Analyse nach aus 86.4 Kupfer, 12.2 Zink, 1.1 Zinn und 0.3 Eisen bestehend. Der Zusatz von Eisen ist sicher nur zufällig. Die Waaren kommen schwach vergoldet in den Handel.

§. 172.

3. **Tombak oder Rothguss.** Diese Legirung, die nur mit Unrecht den chinesischen Namen Tombak führt, der eigentlich Weisskupfer bedeutet, ist sehr verschieden in ihrer Zusammensetzung. Darnach wechselt die Farbe, die dauerhafter und glänzender als die des Kupfers ist, von kupferroth bis orangegelb. Die Dehnbarkeit ist sehr bedeutend, so dass man aus den zinkreichen, mehr goldgelben Sorten unächtes Blattgold oder Goldschaum, so wie Knistergold verfertigt. Die geringe Abnutzung macht ausserdem das Material für gewisse Maschinentheile sehr geeignet. Tombak enthält auf 1 Theil Zink 2½, 5. 8, sogar 10 Theile Kupfer; es sind dies also:

71.5—90.9 % Kupfer + 28.5—9.1 % Zink.

---

[*] Dingler, Polyt. Journal 162 p. 316.

Nach Prechtl soll derselbe nie über 20 % Zink enthalten. Er führt folgende Legirungen an:

a. zu vergoldeten Waaren nach d'Arcet . . Cu 82.3 + Zn 17.5
b. von der Oker bei Goslar . . . . „ 85 + „ 15
c. gelblich, aus Paris, zu Schmucksachen . . „ 85.3 + „ 14.7
d. zu vergoldeten Waaren, aus Hannover . . „ 86 + „ 14
e. roth, aus Paris und Iserlohn . . . . . „ 92 + „ 8
f. roth, aus Wien . . . . „ 97.8 + „ 2.2

Die beiden erstgenannten enthalten Spuren von Zinn. In Iserlohn verarbeitet man eine aus 7 Kupfer + 1 Zink zusammengeschmolzene Legirung, die also dem rothen pariser Tombak gleich ist. Auf dem Messingwerke Hegermühl werden 11 Kupfer + 2 Zink zusammengeschmolzen, in Tafeln gegossen und zu Blechen ausgewalzt. Sie enthalten also 84.6 Kupfer + 15.4 Zink, und stehen, nach Berechnung des Zinkverlustes, in der Mitte zwischen b und c, dem Tombak von der Oker und dem gelben aus Paris. Das in Lüdenscheid zu Knöpfen verwendete Tombakblech wird aus 32 Loth Kupfer mit 3 Loth oder mit 6 Loth Zink zusammengeschmolzen. Es enthält also:

das dreilöthige Kupfer 99.15 + Zink 0.85,
das sechslöthige „ 84.21 + „ 15.79.

4. Bronzepulver, wie sie von den Lithographen und zum Bronziren von Eisen, Gyps, Holz u. s. w. gebraucht werden, sind auch nichts weiter als Tombak mit mehr oder weniger Kupfer. König[*]), der eine Anzahl derselben untersuchte, fand sie in folgender Art zusammengesetzt.

Bezeichnung im Handel.	Cu	Zn	Fe	Bemerkungen
1. blassgelb.	82 33	16.69	0.16	speisgelb.
2. hochgelb.	84.50	15.30	0.07	schön goldfarbig.
3. rothgelb.	90.00	9.60	0.20	messinggelb, Stich ins Rothe.
4. orange.	98.93	0.73	0.08	Farbe des angelauf. blanken Kupfers.
5. kupferroth.	99.90	—	Spur	kupferroth, Stich in Purpur.
6. violett.	98.22	0.5	0.3	purpurviolett, Spuren von Zinn.
7. Grün.	84.32	15.02	0.03	hellbläulich grün, Spuren von Zinn.

Die verschiedene Färbung beruht namentlich auf der Hervorbringung der Anlassfarben, indem man das Bronzepulver bei einem Zusatz von Fett unter stetem Umrühren in einem eisernen Kessel bis zum Eintritt der verlangten Farbe erhitzt. Das Weitere wird später §. 194 und 195 bei der Verarbeitung der zu dieser Gruppe gehörigen Legirungen angeführt werden.

Auch Blattgold oder Goldschaum gehört hierher. Eine besonders schöne, nicht leicht anlaufende Sorte wird in Nürnberg aus einer Legirung von 2 Zink auf 11 Kupfer geschlagen, enthält also

---

*) Polytechn Centralblatt 1857 p. 463.

Kupfer 84.6 + Zink 15.4,

fällt also mit der unter No. 2 angeführten Bronze zusammen. Die Abfälle werden auf Bronze verarbeitet.

Ein Blattgold aus Wien enthielt 77.9 Kupfer und 22.1 Zink, entspricht also dem neunlöthigen Messing aus Lüdenscheid, welches aus 9 Loth Zink auf 32 Loth Kupfer zusammengesetzt ist, also aus

78.05 Kupfer + 21.95 Zink.

Dieselbe Legirung ist das gemeine Juweliergold, welches aus 3 Kupfer, 1 Messing, ¼ Zinn zusammengesetzt sein soll. Zinn scheint nur Verwechselung mit Zink zu sein, was dann ergeben würde:

77.2 Kupfer + 22.8 Zink.

· Die Darstellung des Goldschaumes siehe §. 194.

§. 173.

B. Gelbguss oder gelbes Messing.

Gelbguss ist im Allgemeinen aus 2 Kupfer und 1 Zink, oder aus 7 Kupfer und 3 Zink zusammengesetzt. Indessen ergeben sich auch hier noch wesentliche Unterschiede, je nach der Verwendung des Metalles, so dass die Menge des Zinkes bis 50 % aufwärts und bis 20 % abwärts gehen kann. Gleiche Theile Kupfer und Zink sind das letzte Verhältniss, welches ein für die gewöhnlichen Zwecke anwendbares Messing zu geben vermag. Härte und Festigkeit sind schon gering; etwas Blei steigert jedoch erstere und macht das Messing zur Darstellung von nicht arbeitenden Maschinentheilen brauchbar.

5. Messing zur Verarbeitung unter Walze und Hammer. Es muss sehr zähe und dehnbar sein und deshalb aus den reinsten Materialien gemacht werden. Namentlich ist schwedisches und russisches Kupfer zu empfehlen, während inländisches wegen seines Blei- und Eisengehaltes, sowie australisches Kupfer wegen der Verunreinigung mit Wismuth von den Fabrikanten verworfen wird. Ein Zusatz von Weinstein oder Potasche beim Einschmelzen vergrössert nach französischen Erfahrungen die Dehnbarkeit bedeutend, indem sich etwas reducirtes Kalium mit dem Messing verbinden soll. Indessen gelang es mir nicht, in mehreren in Iserlohn dargestellten und mit Potasche geschmolzenen Legirungen das Kalium nachzuweisen. In einem zu Gardinenstangen daselbst sehr geschätzten Messing fand ich bei der Analyse

70.1 % Kupfer + 29.9 % Zink.

Fast die gleiche Zusammensetzung hat das Blech aus der Fabrik zu Romilly.

Für hart zu löthende Sachen verwendet man in Iserlohn und zu Knöpfen in Lüdenscheid, 12 Zink auf 32 Kupfer und nennt es 12löthig; es verträgt das Löthen sehr gut und besteht also aus:

72.73 Kupfer + 27.27 Zink.

Eine als Chrysorin bezeichnete, schön goldfarbige, aus 13 Zink + 32

Kupfer bestehende Legirung, die sich namentlich gut feilen und drehen lässt, weicht von der vorigen nur wenig ab, da sie besteht aus etwa

$$72 \text{ Kupfer} + 28 \text{ Zink.}$$

Ein ordinäreres, aber auch noch sehr brauchbares, nur etwas weicheres Messing erhält man beim Schmelzen von 2 Theilen Kupfer auf 1 Theil Zink, also $66.66 \text{ Kupfer} + 33.33 \text{ Zink.}$ Es wird dies in Lüdenscheid 16löthig genannt, weil es aus 32 Loth Kupfer auf 16 Loth Zink zusammengesetzt ist.

§. 174.

Eine sehr grosse Wichtigkeit hat das Messing in seiner Anwendung zu Schiffsbeschlägen. Bobierre[*], der früher Bronze zu diesem Zwecke vorgeschlagen hatte (das Nähere weiter unten bei der Bronze §. 249), empfiehlt als beste Legirung die aus 2 Aequ. Kupfer und 1 Aequ. Zink, also aus

$$74.62 \text{ Kupfer} + 25.38 \text{ Zink}$$

zusammengesetzte, die nur in der Kälte gewalzt werden kann, in der Hitze aber reisst. Die Verbindungen $Cu^3 Zn^2$, also

$$59.5 \text{ Kupfer} + 40.5 \text{ Zink}$$

und ähnliche können heiss gewalzt werden, werden aber gerade dadurch leichter vom Seewasser angegriffen und zwar in der Art, dass das Zink aufgelöst wird und das Kupfer als Schwamm übrig bleibt. Die Platte wird in Folge dessen so brüchig, dass sie oft schon durch einen gelinden Schlag zu Pulver zerfällt. Das Walzen in der Hitze veranlasst nämlich eine ungleichmässige, namentlich sehr brüchige Beschaffenheit des Messings, Verringerung des spec. Gewichtes und die Geneigtheit, das Zink schon unter verhältnissmässig schwachen, verändernden Einflüssen zu verlieren.

Muntzmetall. In Folge dessen hat Muntz[**] sich ein Verfahren patentiren lassen, wonach er die Bleche zuerst ausglüht, dann kalt walzt, und im harten Zustande zu Schiffsbeschlägen verwendet. Bei der Herstellung wird von den Giessern ein Theil des abgewogenen Zinks zurückbehalten und, wenn die Masse recht heiss geworden ist, nach und nach in kleinen Portionen zugesetzt. Nach jedem Zinkzusatz wird eine Probe herausgenommen, bis dieselbe einen gleichmässigen Bruch zeigt, mag sie nun schnell oder langsam abgekühlt worden sein. Dies Verfahren soll den gewünschten Punkt sehr leicht erkennen lassen, weil sich über und unter demselben leicht Ungleichheiten im Bruch zeigen. Indessen ist dieses Verfahren auch nicht absolut sicher, da bei sehr grossen Massen, in Folge der ungleichmässigen Abkühlung, die verlangte Gleichmässigkeit des Bruches nicht immer eintritt, das Metall während des Walzens sodann faserig und in Folge dessen an diesen Stellen vom Seewasser stärker angegriffen wird.

---

[*] Comptes rendu T. 47 p. 357.

[**] Rep. of Pat. inv. 1858 p. 476.

Weiterhin liess sich dann J. Gedge *) eine sowohl kalt als glühend bearbeitbare, der Einwirkung des Meerwassers gut widerstehende, aus

60 Kupfer, 38.2 Zink, 1.8 Eisen

bestehende Legirung patentiren. Es ist dieselbe bis auf die Bruchtheile mit dem Aichmetall **) übereinstimmend, dies also nur Nachahmung der Legirung von Gedge. Aich gibt das spec. Gewicht zu 8.37—8.40 an und behauptet, dass sich die Härte, die für gewöhnlich die des Messings übertrifft, durch die Bearbeitung fast bis zur Härte des Stahles steigern lasse. Auch das Sterrometall ***) ist eine nur wenig abweichende aber noch härtere Legirung.

Messing zum Drahtziehen muss ebenfalls sehr zähe und dehnbar und daher namentlich für dünne Drähte durchaus frei von Zinn und Blei sein. Einen sehr guten, dünnen Draht fand ich zusammengesetzt aus:

65.4 Kupfer + 34.6 Zink,

einen, auch bei ziemlich bedeutender Dicke sehr brüchigen, aus:

65.5 Kupfer + 32.4 Zink + 2.1 Blei;

und ebenso Berthier einen brüchigen Draht von Gemappe:

64.2 Kupfer + 33.1 Zink + 1.2 Blei + 1.5 Zinn.

Storer empfiehlt als sehr zähe eine Legirung aus:

54 Kupfer + 46 Zink.

Eine ähnliche, schöne goldgelbe Legirung erhält man durch Zusammenschmelzen von 4 Th. Kupfer, 1 Th. altem bristoler Messing und 3½ Th. Zink, was eine Zusammensetzung ergeben würde von:

54.9 Kupfer + 45.1 Zink.

§. 175.

6. Schmiedbares Messing. Das gewöhnliche Messing, so wie der Rohguss haben die lästige Eigenschaft, sich nur kalt hämmern zu lassen, können daher zu den meisten Sachen nur als Guss verwendet werden. Sehr wichtig war daher eine englische Legirung, die sich in der Hitze wie Schmiedeeisen bearbeiten liess und nach der Untersuchung theils aus:

65.03 Kupfer + 34.76 Zink,

mit Spuren von Blei, theils aus:

60.16 Kupfer + 39.79 Zink

bestand. Letzteres Metall wurde als yellow metal bezeichnet. Die Legirung wird nach Machts erhalten durch Zusammenschmelzen von 33 Kupfer mit 25 Zink, woraus man in Folge des Zinkverlustes 53 Th. Messing erhält, oder aus 33 Kupfer, 22 Zink, was 52 Th. Messing gibt. Die Legirung ist schön

---

*) Kopp und Will, Jahresbericht über den Fortschritt der Chemie für 1860 p. 685.
**) Monatsblatt des Hannöverschen Gewerbe-Vereins pro 1862.
***) Mittheilungen des Gewerbe-Vereins für das Königreich Hannover 1861 p. 71.

goldgelb von Farbe, mit einem Stich ins Röthliche, härter als Kupfer und
sehr fest und zähe. In der Dunkelrothglühhitze lässt sie sich selbst zu feinen
Arbeiten sehr gut ausschmieden, in der Weissglühhitze dagegen zerspringt sie
sofort. Nach der obigen Zusammensetzung enthält die erste Legirung, entsprechend der Formel $Cu^2 Zn^2$:

$$60 \text{ Kupfer} + 40 \text{ Zink,}$$

die zweite Legirung 63.5 Kupfer + 36.5 Zink.

Eine Legirung von   66 Kupfer + 34 Zink

soll sich sogar zu Schiffsbeschlägen vortrefflich eignen, da sie wenig vom Seewasser angegriffen wird.

Ueberhaupt sind nach Kessler*) alle Legirungen, welche innerhalb der
Grenzen von 7 Kupfer, 5 Zink und 10 Kupfer, 5 Zink, also zwischen

$$58.33 \text{ Kupfer} + 41.77 \text{ Zink und}$$
$$61.54 \text{ Kupfer} + 38.46 \text{ Zink}$$

liegen, in der Hitze schmiedbar. Indessen ist das bei der Anfertigung derselben beobachtete Verfahren von grossem Einfluss auf die Brauchbarkeit der
Legirung. Um ein gutes Metall zu erhalten, wird die Legirung zunächst im
Tiegel möglichst überhitzt, wobei man durch eine Lage Kohlenstaub das Verbrennen verhindert. Man setzt nun von einer vorher bereiteten gleichen Legirung so viel kaltes Metall in Stücken hinzu, bis die Masse nicht mehr spie-
gelt und giesst nun in Formen aus. Die erhaltenen Stücke sind in der Rothgluth äusserst dehnbar. Diese Eigenschaft scheint dem Messing vom Zink
überkommen zu sein, welches ebenfalls vor dem Ausgiessen so behandelt werden muss, wenn es sich zum Auswalzen eignen soll. Beim Auswalzen der
Barren zu Stangen ist noch ein Kunstgriff zu beachten, ohne den das Metall
spröde bleibt. Sobald nämlich die Stangen die Walze verlassen, müssen sie
sofort in kaltem Wasser abgekühlt werden. Diese Eigenschaft hat das Metall
vom Kupfer angenommen, welches ja auch, schnell abgekühlt, am dehnbarsten
bleibt. Der Bruch der alsbald abgelöschten Stangen ist faserig und röth-
lichgelb, der der nicht abgelöschten Stücke kurz, körnig und mattgelb. Bleche
werden ebenfalls am besten in der Rothgluth gestreckt, indem man, wenn
mehrere zugleich gewalzt werden, sie mit einem Ueberzug von concentrirter
Kochsalzlösung bedeckt, um das Anhaften zu verhindern. Ein Gehalt an Eisen
oder Blei soll auf die Schmiedbarkeit nach Reich einen höchst nachtheiligen
Einfluss haben.**) Diese Legirungen stimmen also fast genau mit der angeführten Legirung von Gedge, sowie dem Aichmetall und Sterrometall überein.

§. 176.

7. Chrysorin. Hierher gehören eine Anzahl schöner Legirungen von
feurigglänzender, dem 18—20 karätigem Golde ähnlicher Farbe und feinkör-

---

*) Dingler 156 p 141.

**) Liebig u. Kopp, Jahresbericht für die Fortschritte der Chemie 1850 p. 638.

nigem Bruche. Sie werden namentlich zu gegossenen Luxusartikeln verwendet und halten sich sehr gut an der Luft. Selbst durch Nässe angelaufen, erhalten sie durch blosses Abwischen ihren Glanz wieder und lassen sich sehr schön und mit sehr wenigem Golde vergolden. Eine Verwendung derselben zu Tischgeräthen ist wegen der Gefahr einer Kupferauflösung durchaus nicht rathsam. Nach ihrer Zusammensetzung und den wenig abweichenden Eigenschaften unterscheidet man folgende:

Chrysorin*) wird nach seinem Erfinder Peter Rauhenberger in München aus 100 Kupfer und 51 Zink dargestellt und eignet sich namentlich zu Uhren und deren Theilen. Es enthält, da etwas Zink verflüchtigt wird, ziemlich genau

$$66.7 \text{ Kupfer} + 33.3 \text{ Zink.}$$

Prinzmetall, Prinz-Ruprechts-Metall, bristoler Messing sind willkürlich gebrauchte Bezeichnungen für ganz ähnliche Compositionen. Sie werden zusammengeschmolzen theils aus 6 Kupfer, 2 Zink, theils aus 2 Kupfer, 1 Zink, theils aus 16 Messing und 2 Zink, und würden unter Berechnung des verdampften Zinkes also enthalten:

$$75.7 \text{ Kupfer} + 24.3 \text{ Zink}$$
$$\text{oder } 67.2 \quad „ \quad + 32.8 \quad „$$
$$\text{oder } 60.8 \quad „ \quad + 39.2 \quad „$$

Auch das mosaische Gold gehört hierher, das aus 100 Kupfer mit 52—54 Zink dargestellt wird, im Mittel also besteht aus:

$$65.3 \text{ Kupfer} + 34.7 \text{ Zink.}$$

8. Messingschlagloth oder Hartloth.*) Zum Löthen von Schmiedeeisen, Stahl, Kupfer und strengflüssigem Messing bedient man sich des Schlaglothes, welches aus Kupfer und Zink in verschiedenem Verhältniss zusammengesetzt, immer aber um so blasser, leichtflüssiger, weniger dehnbar und weniger haltbar ist, je höher der Zinkgehalt steigt. Kleine Beimengungen von Zinn sind unwesentlich und rühren von verzinntem Messing her. Doch gibt es auch Schlaglothe, in denen ein Zusatz von Zinn wesentlich ist; sie werden in der folgenden Gruppe berücksichtigt werden. Bei der Darstellung schmilzt man nicht Guss-, sondern Walzmessing zuerst im Tiegel, setzt dann stark angewärmtes Zink unter Umrühren hinzu und erhält die Masse nun nur noch 5 bis 10 Minuten im Fluss, wobei man den Tiegel bedeckt hält. Besser ist es wohl, Messing und Zink, jedes für sich in zwei verschiedenen Tiegeln zu schmelzen, unter Umrühren das Zink dem abgeschäumten Messing zuzusetzen und nun schnell durch einen nassen Besen in Wasser zu schütten und so zu granuliren. Man wendet sie mit Borax gemengt an, dessen Säure sich mit dem von ihr gelösten Kupferoxyd zu einer leichtflüssigen Schlacke verbindet, dadurch das

---

*) Polytechn. Notizblatt 1856 p. 96.
**) Siehe auch §. 236. 309. 334.

reine Metall bloslegt und das Anhaften des Lothes möglich macht. Man nennt diese Lothe Hartlothe, im Gegensatz zu den auf Zinn verwendeten, meist aus 2 Th. Blei und 1 Th. Zinn zusammengesetzten Weich- oder Schnelllothen. Vorschriften dazu sind folgende:

$$
\begin{aligned}
49 \text{ Kupfer, } 31 \text{ Zink} &= 61.25 \text{ Kupfer} + 38.75 \text{ Zink} \\
7 \text{ Messing, } 1 \quad \text{„} &= 58.33 \quad\text{„} \quad + 41.67 \quad\text{„} \\
3 \quad\text{„} \quad 1 \quad\text{„} &= 50.00 \quad\text{„} \quad + 50.00 \quad\text{„} \\
2 \quad\text{„} \quad 1 \quad\text{„} &= 44.40 \quad\text{„} \quad + 55.60 \quad\text{„} \\
1 \quad\text{„} \quad 1 \quad\text{„} &= 33.34 \quad\text{„} \quad + 66.66 \quad\text{„}
\end{aligned}
$$

Nach Appelbaum[*]) sollen die gewöhnlichen Schlaglothe wegen des grossen Zinkgehaltes selten eine reine, gut hämmerbare Löthnath geben. Er schlägt dafür ein Schlagloth aus 85.42 Messing + 13.58 Zink vor, welches zwar schwer, aber gleichmässig fliesst und nie an den Rändern der Löthnath frisst, während ein Schlagloth aus 84.65 Messing + 15.35 Zink dies in der Regel thut. Nach ihrem Gehalte an Kupfer berechnet, ist:

$$
\begin{aligned}
\text{das erste} &= 57.94 \text{ Kupfer} + 42.06 \text{ Zink,} \\
\text{das zweite} &= 56.43 \quad\text{„} \quad + 43.57 \quad\text{„}
\end{aligned}
$$

sie stimmen also mit dem zweiten der angeführten ziemlich überein. Für Gürtler und Mechaniker empfiehlt er ein Loth aus:

$$
81.12 \text{ Messing} + 18.88 \text{ Zink} = 54.08 \text{ Kupfer} + 45.92 \text{ Zink.}
$$

Eine sehr hämmerbare und ziehbare Löthnath für grosse Stücke, bei denen Silberloth zu theuer sein würde, gibt eine Legirung von 78.26 Messing, 17.41 Zink und 4.33 sechszehnlöthigem Silber. Es fliesst sehr gleichmässig und kommt dem Silberloth an Dehnbarkeit nahe. Nach Procenten berechnet wären dies:

$$
54.33 \text{ Kupfer} + 43.50 \text{ Zink} + 2.17 \text{ Silber,}
$$

es würde also eigentlich nicht bei dieser Gruppe, sondern später bei den Münzmetallen aufzuführen sein.

§. 177.

C. Weissmessing.

Unter diesem Namen kann man nach verschiedenen Verhältnissen aus Kupfer und Zink bereitete Legirungen zusammenfassen, deren Farbe durch den grossen Zinkgehalt blassgelb bis silberweiss erscheint. Sie sind sämmtlich sehr spröde und können daher nur zu gegossenen Waaren verwendet werden. Der Gehalt an Zink beträgt in der Regel über 50% und steigt bis 80% und darüber.

---

[*]) Dingler, polyt Journal 153 pag. 421.

9. Bathmetall, eine zu Knöpfen, Leuchtern, Theekannen dienende, sehr blassgelbe oder fast weisse Legirung, die aus 32 Messing und 9 Zink zusammengesetzt wird, also nach Procenten aus:

$$55 \text{ Kupfer} + 45 \text{ Zink.}$$

Wenn Tenner[*) anführt, dass Muschelgold durch Zusammenschmelzen von 45—48 Kupfer mit 52—55 Zink dargestellt wird, so ist dies ein Irrthum. Die daraus entstehende Legirung würde dem Bathmetall entsprechen, also höchstens eine sehr blassgelbliche Farbe haben; es sei denn, dass durch lange fortgesetztes Schmelzen Zink genug verflüchtigt würde, um eine goldgelbe Verbindung zurückzulassen.

10. Platine, eine weisse Legirung zu den sogenannten birminghamer Kleiderknöpfen, besteht aus 2 Messing und 5 Zink, also aus:

$$43 \text{ Kupfer} + 57 \text{ Zink.}$$

Forbes fand in einer glänzend weissen, sehr spröden Legirung (von 8.09 spec. Gewicht) 46.5 % Kupfer + 53.5 Zink, der Formel Cu^7Zn^8 nahe entsprechend; in einer gelben, krystallinisch brüchigen Legirung (von 7.94 spec. Gewicht) 56.9 % Kupfer + 43.1 % Zink, nahe entsprechend der Formel Cu^4Zn^3; das Zusammenschmelzen von Kupfer und Zink in einem der letzten Formel entsprechenden Verhältniss ergab indess eine weisse Legirung.[**)

11. Eine ebenfalls zu weissen Knöpfen dienende, in Lüdenscheid verarbeitete Legirung fand ich zusammengesetzt aus:

$$20 \text{ Kupfer} + 80 \text{ Zink.}$$

12. Als ein Messing, welches das Eisen vor dem Rost schützt, bezeichnet Mallet eine Legirung aus:

$$25.4 \text{ Kupfer} + 74.6 \text{ Zink.}$$

Alles Messing nämlich, welches mehr als 31% Kupfer enthält, befördert, ebenso wie das Kupfer allein, das Verrosten des damit in Berührung gebrachten Eisens, indem es sich electro-negativ verhält. Die zinkreichen Legirungen dagegen sind electro-positiv in Berührung mit dem Eisen, schützen dies also vor dem Verrosten, und zwar schützt obige Legirung am meisten, während sie selbst am wenigsten angegriffen wird. Ein Stück von 356.25 Gramm, das mit Eisen in Berührung unter Meerwasser eingetaucht blieb, hatte nur 0.51 Grm. verloren, während ein Stück Zink von 425.85 Grm. in derselben Zeit 3 Grm. verlor. Beide schützten das Eisen vor dem Verrosten in Meerwasser vollständig.

---

*) Tenner, Metall-Legirungen pag. 9.
**) Jahresbericht über die Fortschritte der Chemie 1854 pag. 779.

§. 178.

Tabellarische Uebersicht der Kupferzink-Legirungen.

	Kupfer. Procent.	Zink. Procent.	Procent.	
A. Rothguss oder Rothkupfer.				
1. Pinchbeak, 128 Kupfer, 7 Messing, 7 Zink .	93.6	6.4		
oder 2 Kupfer, 1 Messing	88.8	11.2		
Achsenlager österreichisch	92.5	7.5		
2. Oreïde, französisch	90.0	10.0		
oder	85.5	14.5		
Tournay's Legirung für Schmuck, 1 Ku., 4 Messing	82.54	17.46		
oder 384 Kupfer, 72 Zink . . . .●	82.86	17.14		
Feinste Gusswaaren, Blätterabgüsse, englisch .	86.38	13.61		
die imitirte Legirung nach Haberland	87.0	13.0	Zinn.	Eisen
Talmigold	86.4	12.2	1.1	0.3
Similor oder manheimer Gold (ausserdem 0.62 %			Arsen.	
Zinn)	89.44	9.93		
Tissier's Knopfmetall	97.0	2.0	1.0	
3. Tombak im Allgemeinen	71.5—91	28.5—9		
vergoldete Waaren nach d'Arcet	82.3	17.7		
Tombak von der Oker bei Goslar	85.0	15.0		
Pariser Schmucksachen, Tombak von Hegermühle	85.3	14.7		
vergoldete Waaren von Hannover	86.0	14.0		
Rother Tombak, in Paris, auch Iserlohn	92.0	8.0		
Rother Tombak, Wien	97.8	2.2		
Lüdenscheider Knopfblech, 3löthig	99.15	0.85		
Glöthig	84.21	15.79		
4. Bronzepulver für Lithographen	83—99	17—1		
Goldschaum, Blattgold	84.6	15.4		
Wiener Blattgold, gemeines Juweliergold, 9löthi-				
ges Messing von Lüdenscheid	77.9	22.1		
B. Gelbguss oder Gelb-Messing.				
5. Walz- und Hammer-Messing, Iserlohn u. Romilly	70.1	29.9		
12löthiges Messing, Lüdenscheid	72.73	27.27		
Chrysorin	72.0	28.0		
ordinaires, aber noch brauchbares Messing, 16-				
löthiges von Lüdenscheid	66.6	33.4		
Bobierre's Messing zu Schiffsbeschläg., Muntzmet.	74.62	25.38		
Unbrauchbares Schiffsmessing	59.5	40.5		
Gedge-Legirung für Schiffsbeschläge, Aichmetall,				
Sterrometall	60.0	38.2	1.8	
Drahtmessing, gutes	65.4	34.6	Blei.	
„ schlechtes und brüchiges	65.5	32.4	2.1	Zinn u. Blei
ebensolches von Gemappe	64.2	33.1		2.7
sehr zähes Messing nach Storer	54.0	46.0		
oder	54.9	45.1		

	Kupfer. Procent.	Zink. Procent.	Procent.
6. Schmiedbares Messing nach Machts	65.0	34.76	
oder	60.16	39.71	
Nachbildungen desselben	60.0	40.0	
oder	63.5	36.5	
oder	66.0	34.0	
oder nach Kessler . .	58.33	41.77	
bis	61.54	38.46	
7. Chrysorin nach Rauhenberger 100 Kupfer, 51 Zink	66.7	33.3	
Prinzmetall oder Bristol-Messing	75.7	24.3	
oder	67.2	32.8	
oder	60.8	39.2	
mosaisches Gold	65.3	34.7	
8. Messingschlagloth	33.34	66.66	
bis	61.25	38.75	
C. Weissmessing.			
a. Bathmetall	55.0	45.0	
Platine	43.0	57.0	
b. Lüdenschrider Knopfmetall	20.0	80.0	
Mallet's Messing, welches Eisen gegen Rost schützt	25.4	74.6	

III.   Anfertigung und Verarbeitung des Messings im Grossen.

§. 179.

Von den zu dieser Gruppe gehörigen Legirungen haben der Roth- und Gelbguss in ihren verschiedenen Unterarten bei weitem die grösste Anwendung. Die wichtigsten Fabriken in Preussen sind in Stolberg bei Aachen, in Iserlohn, Altona und Lüdenscheid in Westfalen, zu Hegermühl am Finow-Canal und zu Berlin. Die Gesammtproduction an Rohmessing beträgt jährlich in Preussen gegen 12000 Ctr., die an Messingwaasen gegen 6000 Ctr.

1.   Messing-Darstellung mit Galmei, Ofenbruch oder Blende.

§. 180.   Aeltesto Darstellung des Messings.

Die alten Griechen und Römer kannten zwar den Galmei, Cadmia, nicht aber das Zink selbst, verwendeten ihn als Zuschlag beim Kupferschmelzen und erhielten so gelbe Metallgemische, die sie Aurichalcum nannten. Von ihnen ist wohl diese Darstellungsart als die älteste auf uns übergegangen; indessen soll das Messing in Deutschland erst 1550 durch Erasmus Eber auf diese Art dargestellt worden sein. Das metallische Zink, obwohl in China und Ostindien längst bekannt, wird zuerst von Paracelsus um 1525 erwähnt, kam aus Asien unter dem Namen Tutanego im 17. Jahrhundert zu uns, wurde aber erst in der

Mitte des 18. Jahrhunderts in Europa, und zwar zunächst in England, hütten-
männisch gewonnen. Im Jahre 1781 lehrte Jacob Emerson das Messing aus
Kupfer und Zink direct zusammenschmelzen; doch blieb die erste Methode,
die Darstellung unter Anwendung des Galmei, bis in das zweite Decenninm
unseres Jahrhunderts die vorherrschende. Der Galmei wird durch Klauarbeit
vom Bleiglanze getrennt, geröstet, gepocht, gemahlen und gesiebt. Er enthält
in diesem Zustande etwa 66% Zinkoxyd, von welchem aber der an Kieselsäure gebundene Theil nicht zur Reduction kommt. Der Ofenbruch, Tutia,
ist eine aus Zink, Zinkoxyd, Eisenoxyd, Bleioxyd, Sand und Kohlenstaub bestehende Masse, die sich beim Verschmelzen zinkhaltiger Erze in den kälteren
Ofentheilen absetzt. Er wird gemahlen und gesiebt; seine Anwendung ist aber
wegen des Blei- und Eisengehaltes unvortheilhaft. Dasselbe gilt von der
Blende (Schwefelzink), die, da Schwefel die Dehnbarkeit des Messings beeinträchtigt, vollständig abgeröstet werden muss, was grosse Arbeit und Kosten
verursacht. Das Kupfer wird als Rosetten- oder Bruchkupfer, auch wohl granulirt verwendet; in vielen Fällen setzt man altes Messing hinzu.

§. 181. Das Arcoschmelzen.

Da mit Galmei oder Ofenbruch allein das Messing nicht über 27—28%
Zink erhalten kann, so liess man früher die Messingfabrikation in zwei Processe
zerfallen. Der erste lieferte durch Zusammenschmelzen von 3 Th. Kupfer mit
5 Th. geröstetem Galmei und 2 Th. Kohlenstaub das Arco, Roh-, Stück- oder
Mengemessing mit nur 20% Zink, welches dann in einer späteren Schmelzung
durch Zusatz von metallischem Zink in Tafelmessing verwandelt wurde.
Das Verfahren ist unvortheilhaft wegen des Zeitverlustes und der Vergrösserung
der Schmelzkosten, da jeder Brand 10—12 Stunden dauert und auf 1 Ctr.
Messing 3½ Ctr. Steinkohlen erfordert.

§. 182. Die Messingbrennöfen.

Die Messingbrennöfen sind verschieden construirt, aus feuerfesten Steinen
meist eiförmig aufgemauert, vom Kohlenrost bis zur Gichtöffnung 5 Fuss hoch,
an der weitesten Stelle 3½ Fuss, oben und unten 2 Fuss weit. Die Tiegel,
von denen einer, der grösste oder der Giesser, leer ist, um den geschmolzenen Inhalt der übrigen aufzunehmen, stehen auf einem gemauerten und
durchbrochenen Gewölbe, durch dessen Oeffnung die Flamme der, 1 Fuss tief
unter dem Gewölbe auf einem Roste verbrennenden Kohlen schlägt. Bei den
Oefen älterer Construction ist die Sohle des Ofens durch eine gusseiserne
Platte gebildet, die mit einer dicken Lage feuerfesten Thones bedeckt ist. In
der Platte und dem Thone befinden sich 11 runde Zuglöcher, die den Luftzug
vermitteln und in den Aschenfall führen. Die Tiegel sind regelmässig zwischen
die Zuglöcher vertheilt und rings von Holzkohlen, Steinkohlen oder Koks umgeben, die durch die obere Oeffnung immer nachgeschüttet werden. Diese

Oeffnung wird während des Schmelzens durch eine Steinplatte verschlossen, die in ihrer Mitte ein Loch zum Abzuge der Gase hat. Die Tiegel, aus feuerfestem Thon und zer-
brochenen und pulverisirten
alten Schmelztiegeln angefertigt, fassen 30—40 Pfd.
Legirung, werden vor dem
Eintragen der Beschickung
im Ofen selbst glühend gemacht, und halten bei vor-
sichtiger Behandlung 40 bis
50 Schmelzungen aus. —
Die in Iserlohn gebräuch-
lichen Oefen haben meist
je . 2 einen gemeinschaft-
lichen Schornstein und gleichen gewöhnlichen, vorn
offenen und durch eiserne
Thüren verschliessbaren Kaminen. Sie haben etwa 3'
Seite und fassen 2 Schmelztiegel, die bald auf dem Roste
selbst zwischen den zu der
Feuerung verwendeten Steinkohlen, bald auf einem sehr flachen durchbrochenen
Gewölbe über der Feuerung stehen. Ein Blechmantel von etwa 6 Fuss Höhe
bildet den oberen Theil des Ofens, um die Flamme mehr zusammenzuhalten.
Man verwendet Graphittiegel, die 25—30 Pfd. fassen, und 6—8, bei Holzkohlen
12 Schmelzungen aushalten. Die Schmelzung dauert hier nur 2 Stunden und
consumirt auf 1 Ctr. Messing 1 Ctr. Steinkohle. ·

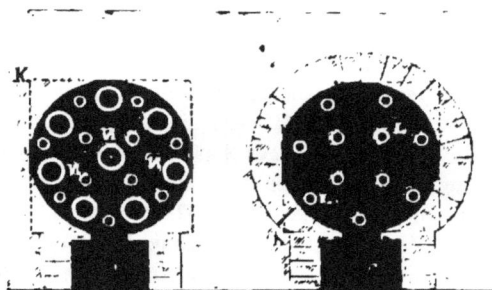

§. 183. Mengenverhältnisse.

Die zur Messingfabrikation angewendeten Mengenverhältnisse sind
sehr verschieden und richten sich zum Theil nach der Bestimmung des Metalles.
Nach Karsten*) schmolz man früher: 40 Th. Kupfer, 65 Galmei und 25
Kohlenstaub und erhielt daraus 51 Th. Arco mit 26% Zink; — oder 55 Kupfer,
82½ Galmei, 34 Kohlenstaub und erhielt 77 Arco mit 28½% Zink; — oder
endlich 120 Kupfer, 55 Galmei, 45 Zink und erhielt 180 Arco mit 33% Zink.
Zur Erzeugung von Tafelmessing werden dann 48 Kupfer, 48 Arco, 72 Galmei und 30 Kohlenstaub geschmolzen und geben 116½ Messing; — oder man
schmilzt 40 Kupfer, 120 Arco und 50 Galmei und setzt später für Draht-

---

*) Karsten, Syst. der Metallurgie 4 p. 493.

messing 10 Th. Zink, für Blechmessing 6 Th. Zink hinzu, und erhält im ersten
Falle 182, im letzteren 178 Th. Metall.

2. Messingdarstellung mit metallischem Zink.

§. 184. Darstellung in Hegermühl und Iserlohn.

Das umständliche Rösten des Galmei's, welches doch auf das Gerathen der
Fabrikation grossen Einfluss hat und die doppelte Schmelzung des Arco und
dann des Tafelmessings haben die Darstellung des Messings aus Galmei fast
ganz verdrängt. Zu dem wird sich das Erz im Allgemeinen viel weniger leicht
beschaffen lassen, als das metallische Zink selbst. In Iserlohn, dem für Verarbeitung des Messings in Preussen wichtigsten Orte, der zugleich Galmei im
Ueberflusse hat, hält man dies Zusammenschmelzen von Galmei und Kupfer
für durchaus unvortheilhaft, weil ersterer in der Regel Blei und Eisen enthält, daher ein schlechtes Messing liefert.

In Hegermühl am Finow-Canal schmilzt man 82 Pfd. Abfall von früheren
Schmelzungen, 110 Pfd. Garkupfer, 48 Pfd. Zink, zusammen also 240 Pfd. in
8 Tiegeln vertheilt im gewöhnlichen Schmelzofen mit Steinkohlenfeuerung. Der
Abgang an verdampftem Zink beträgt 5—8 Pfd., also 2—3.3%. Die erhaltenen Gussplatten wiegen also 232—235 Pfund. Beim Einschmelzen wird zuerst
der Abfall niedergeschmolzen, dann die Hälfte der Zinkmenge mit Kohlenstaub
bedeckt eingetragen, darauf die Hälfte des Kupfers, ebenfalls mit Kohle bedeckt, schliesslich in gleicher Art der Rest des Zinkes und Kupfers. Die
Schmelzung dauert 3¼—4 Stunden und verlangt für 8 Tiegel 10 Scheffel
Holzkohlen.

Es ist durchaus unzweckmässig, das Zink zum geschmolzenen Kupfer zuzusetzen, indem dabei stets etwas von der Masse durch Explosion herausge-
schleudert wird, die Metalle sich auch nicht so innig vereinigen, als wenn man
sie gemengt in den Tiegel bringt.

In Iserlohn wird ein hartes, sprödes und nur zu ordinairen Gusswaaren
taugliches Metall durch Einschmelzen blosser Messingabfälle aller Art dargestellt. Eisentheile, die auf diese Art mit in das Messing kommen und sich
der vorangehenden flüchtigen Behandlung mit einem Magneten entzogen haben,
tragen nicht wenig zur Verschlechterung des Materials bei, indem sie mechanisch vertheilt darin zurückbleiben.

Das bessere Messing wird daselbst in der in Hegermühl gebräuchlichen
Weise aus altem Messing unter Zusatz des erforderlichen Kupfers und Zinkes
angefertigt.

§. 185. Zinkverlust beim Schmelzen.

Während des Schmelzens verbrennt, einer dicken Kohlendecke ungeachtet,
ein Theil des Zinks mit weissbläulicher, schöner Flamme zu Zinkoxyd. Das
aus altem Messing geschmolzene Metall fällt deshalb durch Kupferüberschuss

stets dunkler aus und muss durch einen vermehrten Zinkzusatz auf die ursprüngliche Farbe gebracht werden. Der Zinkverlust beträgt im Durchschnitt nicht über 3% Zink und es ist herkömmlich, auf 1 Pfd. einzuschmelzendes Messing 3 Loth Zink als Ersatz zuzusetzen.

Das Verdampfen des Zinks hat vielfach zu Befürchtungen und Klagen über die schädliche Einwirkung von Messingfabriken auf die benachbarten Gebäude und Gärten Veranlassung gegeben, indem einmal eine, durch das Zinkoxyd zu befürchtende Vergiftung der Menschen in Aussicht gestellt, dann aber namentlich eine Vergiftung der Gewächse in den benachbarten Gärten geradezu behauptet wurde. In Folge solcher Klagen im Jahre 1855 mit der Untersuchung der Sache von der Königlichen Regierung zu Arnsberg beauftragt, wurden von mir die genauesten Untersuchungen angestellt, als deren Resultat sich Folgendes herausstellte. Das gebildete Zinkoxyd setzt sich zum grössten Theile schon innerhalb des Blechmantels ab und bildet darin eine Dicke, aber leichte und flockige Schicht. Sie ist in dem unteren Theile des Mantels lichtgrau gefärbt und besteht aus 76% Zinkoxyd und 24% Russ. Schon 3 Fuss über dem Blechmantel ist das Zinkoxyd durch die Menge des Russes verdeckt und wurden in den abgekratzten Theilen von mir nur noch 15% Zinkoxyd gefunden. In den oberen Theilen des Schornsteines nimmt der Gehalt an Zinkoxyd im Russ immer mehr ab. Der in der Nähe der Fabriken auf Pflanzen u. s. w. niedergeschlagene Staub enthielt nur in einem einzigen Falle Spuren von Zinkoxyd. Er wirkt daher auf die Umgebung nicht durch den Gehalt an diesem Metall, sondern wie der Rauch der meisten Hüttenwerke und Feuerungsanlagen durch Russ schädlich.

Selbst die Arbeiter in dem Giesshause in der Fabrik, die sich beim Giessen des Messings unvermeidlich in einer dicken Wolke von Zinkdämpfen befinden, leiden erfahrungsmässig nicht durch diese Dämpfe. Erbrechen, oder andere giftige Wirkungen, kommen bei ihnen nicht vor. Die gewöhnliche Krankheit der Leute ist Diarrhoe, die aber nicht durch das Zink erzeugt wird, sondern durch unvorsichtiges Trinken vielen kalten Wassers, während sie der grossen Hitze der Oefen ausgesetzt sind.

3. Messinggiesserei.

§ 186.   a. Tafelmessing.

Hat man auf die eine oder die andere Art das Messing geschmolzen, so entleert man den Inhalt von je 4 kleineren Tiegeln in einen grösseren, den Giesser, der vor dem Messingschmelzofen in einer Vertiefung, dem Monthal, steht. Der Inhalt wird mit einem Kratzer, dem Kaliol, umgerührt, Schlacken und Oxyde mit demselben oder einem stumpfen Besen entfernt und die kleineren entleerten Tiegel sofort wieder beschickt und eingesetzt. Aus der Krätze wird durch Pochen und Waschen noch Messing gewonnen.

Aus dem Giesser wird das Messing entweder (Areoschmelzen) in Sandformen gegossen, die noch heiss zerschlagen und in Stücken verkauft werden, oder man giesst in Tafelform. Die Formen zum Giessen der Tafeln sind flache, 5—6 Fuss lange, 3 Fuss breite und 1 Fuss dicke, glatte, feinkörnige Granitplatten, zwischen die man $1/_4$—$2/_4$ Zoll dicke eiserne Schienen legt, um die Grösse der Tafeln zu bestimmen. Der untere Stein ruht auf Dielen, der obere wird durch Schienen und Schrauben darauf befestigt, hängt an Ketten, die über eine Welle gehen, und kann, ebenso wie der untere, mittelst eines Haspels aufgerichtet werden, etwa wie man ein Buch aufschlägt. Der ganze Apparat ruht auf einer Welle und kann durch diese während des Giessens etwa 30" gegen den Horizont geneigt werden. Die Granitplatten werden mit zähem Lehm, oder Lehm und Kuhmist dünn überzogen, getrocknet und vor dem Guss sehr gut angewärmt, auch nach dem Herausnehmen der gegossenen Tafeln mit wollenen Decken gut eingehüllt, um sie von einem Guss zum andern warm zu erhalten. Nach 20 Güssen wird der Ueberzug erneuert. Bei ununterbrochenem Gebrauch dauern ein Paar Gusssteine 5 Jahre, zuweilen aber viel kürzere Zeit.

In Frankreich verwendet man Granitplatten aus den Steinbrüchen von Basanches, in Deutschland solche aus der Oberpfalz, von Pirna oder aus dem Harz. Den theueren Granit durch Gusseisen zu ersetzen, ist wiederholt ohne Erfolg versucht worden. Das Messing erstarrt in diesen Formen zu schnell und liefert in Folge davon fehlerhafte Platten. Nicht besser erwiesen sich thönerne Platten, die zwar gute Güsse lieferten, aber nach dem 4ten oder 5ten Gusse zersprangen. In Iserlohn und Wien giesst man einfach in Sandformen und kann dadurch jede beliebige Grösse herstellen. Man vermeidet die zu grossen Platten, die fehlerfrei zu erhalten überhaupt grosse Schwierigkeiten hat, und die dann doch wieder in kleinere Stücke zertheilt werden müssen, nachdem sie vorher mit der Feile überarbeitet worden waren.

§. 187. b. Gusswaaren.

Als Material für die Formen verwendet man selten Lehm, in der Regel den thonhaltigen Formsand, der mit Wasser befeuchtet und durcharbeitet die nöthige Plasticität haben muss. Magerem Thon, dem es an Bindekraft fehlt, setzt man vor dem Anmachen etwas Mehl zu oder nimmt anstatt des Wassers dünnen Stärkekleister oder Dextrinlösung, auch wohl dünnen Zuckersyrup oder Bier. Der beste Formsand ist der englische von rother Farbe, demnächst der gelbgraue sächsische. Guter Formsand muss sehr feinkörnig und scharfkörnig sein. Zu fetter Formsand wird mit Kohlenstaub gemischt, der ausserdem die Formen weniger wärmeleitend und poröser macht, so dass einerseits das Messing weniger schnell abkühlt, andererseits die Luft besser entweichen kann. Die Formerei fällt mit der Giesserei zusammen, so dass ein und derselbe Arbeiter formt, während der Zeit seinen Ofen heizt und dann giesst. Die Modelle sind gewöhnlich von Holz, aber auch aus einer Legirung von Zinn und Blei oder aus Messing gegossen. Da das Messing beim Giessen um $\frac{1}{63}$—$\frac{1}{40}$ schwindet, so muss für ein Stück, dessen Grösse genau vorgeschrieben ist, die Form um $\frac{1}{63}$—$\frac{1}{40}$ grösser gemacht, ausserdem noch auf die nachfolgende Bearbeitung durch Feilen und Schleifen Rücksicht genommen werden.

§. 188.

Das Formen geschieht in Flaschen. Dies sind 2 eiserne oder messingene viereckige Rahmen von etwa 2—$2\frac{1}{2}$ Fuss Länge, 1—$1\frac{1}{2}$ Fuss Breite, $2\frac{1}{2}$ bis $3\frac{1}{2}$ Zoll Höhe, die durch Oehre und Stifte aufeinandergepasst und fest verbunden werden. Sie haben an einer schmalen Seite 1—3 Eingüsse. Der eine Rahmen liegt vor dem Former auf einer mit Eisenblech belegten Tafel und hat als Unterlage ein Formbrett aus Lindenholz, um das Ganze ohne Beschädigung handhaben zu können. Der Arbeiter füllt ihn ziemlich fest mit Formsand und formt im Sande nun die Modelle je nach ihrer verschiedenen Gestalt theils halb, theils mehr, theils weniger ab. Unterhöhlungen und Ausspringungen müssen durchaus vermieden werden, da man das Modell sonst nach dem Formen nicht aus der Flasche heben könnte, ohne die Ränder der Form zu zerstören. Da die meisten Gussstücke zu klein sind, um eine Form für sich auszufüllen, so macht man in diese eine Hauptgussrinne durch Einlegen eines vierkantigen Eisenstabes; an diesen legt man dann die eigentlichen Modelle so an, dass nach dem Herausnehmen derselben alle Formen mit der Hauptgussrinne in Verbindung stehen. Nachdem die Modelle eingelegt, und mit hölzernem Hammer vorsichtig festgeschlagen sind, wird das Ganze mit Kohlenstaub bestreut, um das Anhaften des nun daraufzusetzenden Obertheiles zu verhindern. Nach Rouz, der für diese Entdeckung von der pariser Academie prämiirt wurde, hat das Bepudern der Formen mit Kartoffelmehl anstatt des Kohlenstaubes grosse Vortheile, da die Arbeit dadurch reinlicher und gesunder wird. Man setzt nun den zweiten Rahmen auf, füllt ihn gleichfalls mit Sand, presst die Füllung durch Rollen mit einer 50—60 Pfd. schweren eisernen oder messingenen Kugel zusammen und streicht den überschüssigen Formsand endlich durch ein eisernes Lineal ab. Die Form wird darauf auseinandergenommen, die Modelle werden vorsichtig entfernt, etwaige Beschädigungen ausgebessert, die Flaschen gut am Feuer getrocknet, wieder zusammengesetzt und die Stücke vor dem nun folgenden Guss in Bretter eingespannt.

§. 189.

Beim Giessen wird der Tiegel mit einer Zange gefasst, die Schlacke oder Kohlendecke sorgfältig entfernt, das Metall in die Form entleert und diese bis zur Mündung des Eingusses vollgegossen. Ist das Metall zu wenig heiss, so rinnt es zu langsam und füllt die Form schlecht, ist es zu heiss, so wird der Guss leicht porös. Man hat dabei durchaus auf ein gleichmässiges Eingiessen

ohne Absatz zu halten, weil sonst eine unvollständige Vereinigung den sogenannten Kaltguss bewirkt, der sich bei der späteren Bearbeitung unter dem
Hammer leicht trennt. Besonders rein soll der Guss werden durch Zusatz
von etwas Wismuth zum Messing, doch möchte dies bei den jetzigen Preisen
dieses Metalles kaum ausführbar sein. Ausserdem ist zu bedenken, dass Wismuth das Messing spröde macht. Beim Giessen grösserer Gegenstände, z. B.
der Mörser, muss der Eingusscanal immer ziemlich dick und etwas länger sein,
damit das eingeschlossene Metall von oben einen Druck bewirkt. James Hol-
lingrak in Manchester gebraucht dabei eiserne Formen, in denen mit Stempeln
das eingegossene Metall auf der oberen und unteren Fläche zusammengepresst
und dadurch der Guss dichter gemacht wird.

Sofort nach dem Giessen ist die Masse erstarrt und wird noch heiss
herausgenommen und abgelöscht. Dies geschieht theils, um das Messing durch
das Abschrecken dehnbar und zur Bearbeitung tauglich zu machen, theils,
weil beim Erkalten das Metall sich zusammenzieht, also, im Sande erkaltend,
da dieser nicht nachgibt, an den dünnsten Stellen reissen würde.

§. 190. Das Formen von Polsternägeln.

In einer Fabrik in Altena sah ich folgende interessante, ursprünglich englische Methode der Formerei, die das bisher übliche einzelne Abformen eines
jeden Nagels auf das glücklichste beseitigte. Auf einer etwa 2 Zoll dicken
Messingplatte a und b von
der Grösse der gewöhnlichen
Gussrahmen sind die Köpfe
der Polsternägel mit dem
Doppelkopfe erhaben gear-
beitet; sämmtliche Angüsse
und Anzüge zum Eingiessen
des Metalles ebenso. Der
Stift des Nagels fehlt, dagegen ist der Doppelkopf
genau in der Mitte durch-
bohrt und mit ihm die ganze
Platte. Unter ihr befindet
sich eine andere Platte c von
Messing zwischen Führun-
gen, auf ihr stehen die Na-
gelstifte, die genau in die
genannten Bohrlöcher pas-
sen. Mittelst eines um die Axe f drehbaren Hebels fg kann sich diese Bodenplatte nach oben und unten bewegen; im ersteren Falle treten die Stifte durch
die Oeffnungen hindurch, und zwar bis auf 2 Zoll, wenn dies erforderlich ist.

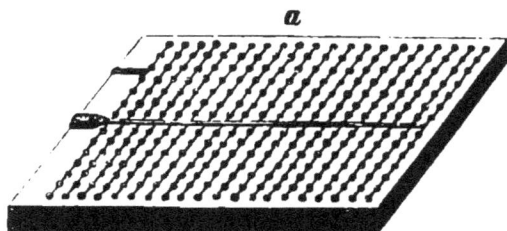

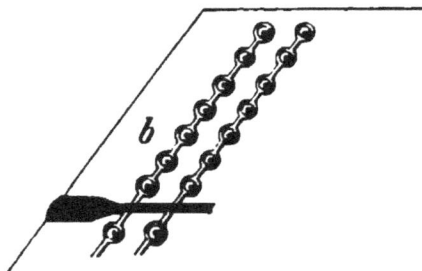

Ein Rahmen von Holz, d, wird nun
auf die erste Form a aufgesetzt, mit
Sand gefüllt, fest gerollt und durch
Hebelbewegung die Stifte in die Höhe
und in den Sand hineingetrieben.
Man hat nun die Form, darin die
vertieften Nägel mit den Angüssen.
Eine zweite Platte ist mit der ersten
von gleicher Grösse, aber mit Aus-
nahme der halben Gusslöcher durchaus eben. Auch auf sie wird ein Rahmen
aufgesetzt und mit Sand gefüllt, wodurch man das Deckstück zur Platte a erhält, die beiden Formhälften werden nun abgenommen von ihren Platten, zu-
sammengeschraubt und gegossen, die Nägel darauf abgeschnitten und durch
Feilen, Prägen, Beizen u. s. w. weiter bearbeitet. Jede Art von Nagel erfordert natürlich eine besondere Art von Bodenplatte mit der zugehörigen Stift-
platte, während die Deckplatte in allen Fällen dieselbe und daher nur in einem
Exemplar vorhanden ist. Vier Arbeiter, von denen zwei formen, einer die
Formen trocknet und giesst, der vierte die Angüsse und Anzüge abschneidet,
liefern täglich 80000 Nägel, während beim gewöhnlichen Formen kaum 15000
gefertigt werden können.

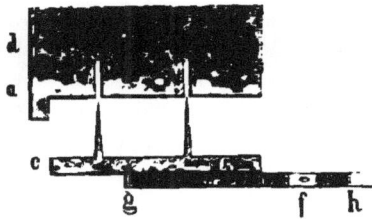

§. 191. Kernguss.

Das Formen von Gegenständen, die entweder der Metallersparniss wegen,
oder weil der Zweck es nöthig macht, hohl gegossen werden sollen, erfordert
einen Kern, der von sehr fettem Sande oder besser von Lehm gebildet, gut
getrocknet und gebrannt wird. Man bildet den Kern entweder mit der Hand
oder in einer besonderen, aus zwei Theilen bestehenden Form, dem Kern-
drücker, und giebt demselben eine oder mehrere Verlängerungen, damit er
später in der Form hohl liege und rings um sich den gehörigen Raum leer
lasse. Der Kern wird nach dem Gusse entweder im Ganzen oder stückweise
entfernt.

4. Verarbeitung des Messings unter Walze und Hammer.

§. 192.

a. Drahtfabrikation.

Guter Draht muss überall von gleicher Dicke, im ungeglühten Zustande
biegsam sein, ohne zu brechen oder zu spalten. Die Form oder der Durchschnitt des Drahtes ist verschieden, je nach den Löchern des Zieheisens; meist
rund, aber auch Dessindraht oder Façondraht: oval, viereckig, dreieckig, halbrund, halbmondförmig oder sternförmig. Die Stärke des Drahtes ist verschieden und wird nach Nummern bezeichnet, die indessen sehr willkürlich sind.
Man bestimmt sie nach der Drahtlehre oder Drahtklinke, einem Stahl-
blech mit Löchern von verschiedener Weite.

Grobe Sorten bis zu ¼ Zoll Durchmesser werden jetzt gewalzt und zwar kalt, unter öfterem Ausglühen und Ablöschen. Das Walzwerk besteht aus 2—3 übereinanderliegenden Walzen mit correspondirenden, halbrunden Rinnen von verschiedenem Durchmesser, die bei der Drehung die dazwischen gesteckten Metallstäbe fassen und in die Form der Rinnen pressen. Die Walzen machen 250—500 Umdrehungen in der Minute.

§. 193.

Die feineren Sorten werden auf den Drahtrollen oder Ziehbänken gezogen. Zum Drahtziehen werden die gegossenen und gewalzten Messingtafeln der Länge nach in 5 Streifen oder Drahtbänder zerschnitten, wozu eine grosse, durch Hebel in Bewegung gesetzte Scheere verwendet wird. Die unreinen Stellen der Tafeln werden ausgeschnitten, gewalzt und zu kleinen Küchen- oder Hausgeräthen verwendet. Auf einigen Messingfabriken hat man angefangen, an Stelle der zu zerschneidenden grossen Platten schmale Messingzaine oder runde Stangen von 8—12 Linien Durchmesser zu giessen. Die runden Stangen werden vor dem Ziehen befeilt, die Drahtbänder unter wiederholtem Ausglühen verschiedene Male gewalzt, sodann in schmale Streifen, Regale, zerschnitten und diese gezogen. Sie kommen meist sogleich auf die Drahtwinde oder Bo-

bine F, werden an einem Ende zugespitzt und durch das weiteste Loch des hartstählernen Zieheisens AB gesteckt, welches sich zwischen den 4 eisernen Stäben D senkrecht auf und nieder bewegen kann, um dem nun gerundeten Drahte immer die horizontale Lage zu lassen. Eine an der zweiten gusseisernen Trommel C befestigte Zange fasst den Draht, die Trommel wird durch die Winkelräder p q in Bewegung gesetzt, indem das an der Axe a b befestigte Rad r p durch eine Rolle mit einem Riemen ohne Ende bewegt wird und das Rad q mitnimmt. Der Draht muss sich also auf C aufrollen. Der Durchmesser der Trommel beträgt für dicke Drahtsorten 15 — 24 Zoll, für dünne Sorten 8—10 Zoll. Ist er durch das erste Loch durchgezogen, so geht er durch das nächst kleinere, indem er wieder von der Trommel auf die

Drahtwinde gebracht wird. Man setzt dies fort bis zur erforderlichen Feinheit. Da der Draht durch das Ziehen aber nicht blos verlängert, sondern auch zusammengedrückt wird, so nimmt seine Härte und Sprödigkeit derartig zu, dass er bald reissen würde, wenn man ihn nicht von Zeit zu Zeit ausglühte und noch heiss ablöschte, um ihn wieder weich zu machen. Er muss darauf wieder mit Holzessig oder verdünnter Schwefelsäure (20 Pfd. Wasser auf 1 Pfd. Vitriolöl) gebeizt und dann wohl auch noch mit einer Auflösung von rohem Weinstein gekocht werden.

§. 194.

Die Zieheisen werden aus dem härtesten Stahl angefertigt und noch glühend mit conischen Löchern versehen, die von dem einen zum folgenden nicht über $^1/_{10}$ ihres Durchmessers differiren dürfen. Auch die härtesten Zieheisen werden bald abgenutzt, so dass sie, wenn 90000 Fuss Draht passirt sind, wieder kleiner gehämmert werden müssen. Seit 1819 hat man nach dem Vorschlage von Brockedon in vielen Fällen, namentlich für feine Sorten, die Löcher des Zieheisens mit gebohrten Edelsteinen, Rubinen, Saphiren und Chrysolithen ausgefüttert, die ungleich haltbarer sind, so dass durch ein Rubinziehloch von $^3/_{1000}$ Zoll Durchmesser Silberdraht in der ungeheuren Länge von 170 deutschen Meilen in vollkommen gleicher Stärke gezogen wurde.

§. 195.

Der Widerstand, den der Draht beim Ziehen leistet, oder die Kraft, die erforderlich ist, um ihn durch das Zieheisen zu ziehen, wächst mit der Härte und dem Durchmesser des Metalls, mit der Differenz zwischen Ziehloch und Drahtdurchmesser und mit der Geschwindigkeit des Ziehens selbst. Für gleich starke Drähte und sonst gleiche Verhältnisse verhalten sich die Ziehungswiderstände nach Karmarsch in folgender Art:

hartgezogener Stahldraht	100
hartgezogener Messingdraht	77
hartgezogener Kupferdraht	58
geglühter Messingdraht	46
geglühter Kupferdraht	38.

Von 400 Pfd. Drahtband erfolgen durch das Auswalzen, Zerschneiden und Ziehen etwa 352 Pfd. schwarzer Draht, 45 Pfd. Abfall, 3 Pfd. Glühabgang; von 100 Pfd. schwarzem Draht: 96 Pfd. blanker Draht, 1 Pfd. Abfall, 3 Pfd. Beizabgang.

§. 196.

Der Draht kommt theils, aber nur in dicken Nummern, schwarz in den Handel, wenn er nach dem letzten Ziehen nochmals geglüht und dadurch weich und biegsam gemacht wurde, theils licht oder blank, wenn dies nicht der Fall war. Solcher Draht heisst dann lichthart. Hat man den geglühten Draht wieder mit verdünnter Schwefelsäure gebeizt, so wird er ebenfalls blank und heisst dann lichtweich.

Im Handel trifft man gewöhnlich Drähte von 0.6 Zoll bis 0.017 Zoll, in 36 — 48 Abstufungen. Die höchste in einzelnen Fällen erreichte Feinheit ist $^1/_{450}$ — $^1/_{800}$ Zoll. Man unterscheidet:

1. Musterdraht, und zwar schwarz und weich, lichtweich und lichthart.
2. Scheibendraht zu Claviersaiten, Nadeln und Bremsen, er ist lichthart.
3. Banddraht für Nadler, lichtweich.
4. Siebmacherdraht zu Drahtgeweben, deren Kette aus hartem, deren Einschlag aus weichem Draht gemacht wird.
5. Claviersaitendraht, feiner als No. 2.*)
6. Façonnirter Messingdraht, und zwar quadratisch, zu Regenschirmstäben anstatt des Fischbeins, Schwalbenschwanzdraht (keilförmig im Querschnitte) für Uhrmacher, halbrund zum Binden zerbrochener Porzellangefässe und Sammetnadeldraht, fast herzförmig.

Andere Façondrähte werden öfters von den Formschneidern zur Verfertigung einzelner Theile der Kattundruckformen angewendet.

Kupferdraht kommt in der Regel nur blank, als Muster- und Scheibendraht in den Handel und zwar in Ringen von 1, 5, 10, 20, 25 Pfund.

§. 197.

Gewicht des Messing- und Kupferdrahtes bei verschiedener Dicke, mit Zugrundelegung des mittleren spec. Gewichtes von 8.57 für Messingdraht und 8.878 für Kupferdraht.**)

Dicke in Zoll.	Messingdraht. Fuss auf 1 Pfd.	Kupferdraht. Fuss auf 1 Pfd.	Dicke in Zoll.	Messingdraht. Fuss auf 1 Pfd.	Kupferdraht. Fuss auf 1 Pfd.
0.010	3794	3662 †)	0.10	37.9	36.6
0.015	1686	1628	0.15	16.8	16.3
0.020	984	915	0.20	9.48	9.15
0.030	421	407	0.30	4.21	4.07
0.040	237	229	0.40	2.37	2.29
0.050	152	146	0.50	1.52	1.46
0.060	105	102	0.60	1.05	1.02
0.070	77.5	74.8	0.70	0.775	0.748
0.080	59.3	57.2			

*) Beste Claviersaiten früher aus Nürnberg, jetzt aus Birmingham und Wien.

**) Wagner, Theorie und Praxis der Gewerbe, Bd. I.

†) Feinster besponnener Kupferdraht, unter der Bezeichnung No. 8, wird in Berlin zu Inductionsspiralen verwendet. Es gehen davon 2500 Fuss auf 1 Pfund.

§. 199. Unächter Gold- und Silberdraht.

Er wurde zuerst in Lyon dargestellt und heisst daher noch jetzt auch leonischer oder lyonischer Draht. Man versteht darunter sehr feinen 0,072 bis 0,0045 Zoll starken silber- oder goldplattirten oder cämentirten Kupferdraht.

Der plattirte Silberdraht wird aus gegossenen, darauf geschmiedeten, beschnittenen und befeilten und durch vorläufiges Ziehen vollkommen gerundeten Kupferstangen angefertigt, die durch sanftes Streichen mit einer Feile etwas rauh gemacht, geglüht und noch glühend mit Blattsilber belegt werden, welches man mit dem Polirstahl andrückt, worauf man noch glühend durch die ersten Löcher, dann kalt durch die übrigen zieht. Die Versilberung sollte mindestens $\frac{1}{30}$ des Kupfergewichtes betragen, weshalb man zuweilen auch 20 bis 30 Silberblätter auflegt, wobei man durch gleichzeitiges Auflegen von 4 bis 6 Blättern die mühsame Arbeit abkürzt. Häufig aber begnügt man sich mit einer weit dünneren Schicht von 7—8 Blättern. Der Draht wird, um das Abschaben des Silbers zu vermeiden, vor dem Ziehen mit Wachs bestrichen. Wird er hart, so glüht man ihn aus, beizt, trocknet ihn und zieht wieder, bis zur Dicke eines starken Bindfadens. So weit zieht man mit Schleppzangen; das weitere Ziehen geschieht auf der Bobine bis zur Rosshaardicke.

Um eine stärkere Plattirung herzustellen, wird über einem Dorn eine Röhre von gewalztem Silberblech bereitet, indem die Kanten des Bleches etwas übereinander greifen. In diese Röhre schiebt man die etwas längere, durch Schaben blankgemachte, rothglühende Kupferstange, drückt mit dem Polirstahl auf der Beschneidebank das Silber sehr fest an, glüht und zieht ihn zur beliebigen Feinheit aus. Der Silberdraht kommt dann auf Spulen gewickelt unter dem Namen gezogenes Silber, oder in Ringen als Paternosterdraht in den Handel. Neuerdings kommt auch feiner Kupferdraht galvanisch versilbert zum Verkauf, der indessen eine weit geringere Haltbarkeit hat.

§. 199.

Unächter Golddraht kann auf dieselbe Weise aus Kupferdraht gemacht werden, jedoch versilbert man denselben besser erst, legt dann die Goldplatte darauf, plättet sie heiss an und zieht nun wie gewöhnlich aus.

Der Kupferdraht muss sowohl für Silber- als Golddraht nochmals ausgeglüht werden, ehe er die grösste Feinheit erreicht. Da es jedoch ebenso unnütz, als gefährlich sein würde, den schon im hohen Grade feinen Draht der Glühhitze auszusetzen, so wickelt man ihn blos mittelst des Spulrades auf eine von Kupferblech gefertigte Spule, welche man durch kleine, in ihrer Höhlung angezündeten Holzspäne nur so stark erhitzt, dass sie bei der Berührung mit dem nassen Finger zischt. Besser ist es indessen noch, die Spule auf einen schwachglühenden Eisencylinder aufzusetzen.

§. 200.

Cementirter Kupferdraht ist eine nürnberger Erfindung. Sehr reine, gegossene, geschmiedete, befeilte und durch Ziehen gerundete Kupferstangen von 2 Fuss Länge und 1 Zoll Dicke werden in einen länglich viereckigen gusseisernen Kasten, dessen schmale Seiten Oeffnungen zur Aufnahme der Kupferstangen haben, so gelegt, dass die Enden hervorstehen. Auf dem Boden des Kastens wird granulirtes Zink und Salmiak ausgebreitet, der Kasten verschlossen und im Flammenofen stark erhitzt. Das verdampfende Zink legirt sich oberflächlich mit dem Kupfer zu Messing. Die Stangen müssen dabei oft gedreht werden, damit die Einwirkung der Dämpfe möglichst gleichmässig Statt finde. Nach dem Erkalten werden die Stangen gebeizt und wie oben gezogen. Der daraus erhaltene goldfarbige Draht wird natürlich leicht oxydirt und dadurch schwarz. Im Handel führt er, wenn er in Ringen vorkommt, den Namen Schwertdraht, wenn in Spulen, gezogenes Messing.

Geplätteter leonischer Draht, zu Dressen verarbeitet, heisst Lahn oder Plasch; schraubenartig aufgewundener, zu Epauletten, Quasten u. s. w. verwendet, bildet die Cantillen oder Bouillons. Zur Herstellung der dünnen Drahtflittern und der etwas stärkeren Plättlein wird leonischer Draht über Stahldraht zu Cantillen oder Bremsen gewunden, diese aufgeschnitten, dadurch in Ringe verwandelt, die nun mit einem Schlage auf der etwas convexen polirten Bahn des Flitterstockes, einer Art Ambos, mit fein polirtem Hammer ausgeplättet werden.

Nach R. Wagner hat ein Franzose, Antoine Fournier, im Jahre 1570 die erste leonische Drahtfabrik in Nürnberg errichtet, wo man die Fabrikationsmethode geheim hielt, bis sie Ende des vorigen Jahrhunderts durch Arbeiter verrathen und nach anderen Staaten und Ländern verpflanzt wurde. Die Fabrikation war der französischen so weit vorausgekommen, dass man selbst zu Anfange unseres Jahrhunderts die Drähte dort nur bis zur Dicke einer schwachen Stricknadel herstellen konnte, und auch dies nur dann, wenn die Fabrikanten die Kupferstangen aus Nürnberg bezogen. Eine ursprüngliche Kupferstange von 6 Fuss Länge wird dabei bis auf 38 deutsche Meilen ausgedehnt.

b. Blechfabrikation.

§. 201. Das Walzen des Bleches.

Messingblech lässt sich, da es glühend nicht geschmeidig ist, im Allgemeinen nur kalt hämmern und walzen. Ausgenommen ist nur das weiter oben besprochene, sogenannte schmiedbare Messing mit 58.3—61.5 pct. Kupfer, welches indess wenig zu Blech verwendet wird. Früher wurde das Messing blos mit Hämmern ausgereckt, jetzt fast allgemein mit Walzen, was ungleich vortheilhafter in Bezug auf Zeitersparniss, wie auf die Gleichförmigkeit des Productes ist. Beim Hämmern müssen die Hämmer leicht sein, weil das Messing zuerst spröde ist und seine Sprödigkeit erst verliert, wenn es eine gewisse Dünne erreicht hat. Für das Walzblech werden die gegossenen Messingtafeln der Quere nach in Streifen zerschnitten und diese in Glühöfen bei Holzfeuerung ausgeglüht. Auf dem Messingwerke zu Hegermühl befinden sich 2 Glühöfen, ein grösserer von 18 und ein kleinerer von 8½ Fuss Länge. Der Glühraum ist durch Glühbalken vom Feuerraum getrennt, aber so verbunden, dass die eingeschobenen Messingstücke durch die Flamme von beiden Seiten getroffen werden. Nach jedem Durchgang durch die Walzen wird das Blech ausgeglüht und abgelöscht und dann von neuem kalt gewalzt, bis die erforderliche, durch Mikrometer bestimmbare Stärke erreicht ist. Bevor die Bleche durch die Walzen gelassen werden, bestreicht man sie mit Fett, wodurch sie leichter durchgehen und glatter werden. Nach dem Walzen werden die überstehenden Spitzen abgeschnitten. Man rechnet auf 200 Pfd. zugeschnittener Gussplatten etwa 190 Pfd. fertiges Blech, 9 Pfd. Abfall und 1 Pfd. Glühverlust. Soll, wie es in der Regel der Fall sein wird, das Messingblech weich sein, so wird es nach vollendetem Walzen nochmals ausgeglüht und abgelöscht; soll es indessen hart und federnd sein, wie es z. B. die Uhrmacher gebrauchen, so wird es nach dem letzten Ausglühen noch einige Mal kalt gewalzt.

§. 202. Das Fertigmachen des Bleches.

Das durch das wiederholte Ausglühen mit einer schwarzen Oxydschicht überzogene Blech wird schliesslich gebeizt und geschabt. Man verwendet dazu verdünnte Schwefelsäure oder, zu Hegermühl, die vom freienwalder Alaunwerk erhaltene saure Mutterlauge. Sind sie gehörig rein, so werden sie in fliessendem Wasser von anhängendem Schmutz befreit und dann mit nassem Sande abgescheuert, abgespült und über Kohlenfeuer schnell getrocknet und geschabt. Das mittelst eines eisernen Ringes auf einen 8 Fuss langen, 15 — 16 Zoll dicken halbrunden Arbeitsblock von Lindenholz gespannte Blech wird mit einem gebogenen Messer, dessen Schneide etwas umgelegt ist, zunächst rein geschabt, dann mit Oel bestrichen und mit einem anderen Messer Strich neben Strich geebnet. 75 Ctr. Blech geben dabei 4 Ctr. Späne, also etwa 5.3 %. Besser sind die mechanischen Schabebänke, bei denen, wie bei einer Eisenhobelmaschine, das auf der beweglichen Schabebank ausgespannte Blech hin und her bewegt und unter dem feststehenden Hobeleisen durchgezogen wird.

Nach dem Schaben werden die dünneren Sorten noch durch die Polirwalzen gelassen, um ihnen den höchsten Glanz zu geben. Statt des Schabens wendet man auch wohl trockenes Abschmirgeln an, indem man das Blech auf einem etwas schrägen Tische unter einer ausserordentlich schnell umlaufenden, mit aufgeleimtem Schmirgelpulver bekleideten Walze ziemlich rasch durchzieht. Sehr dünne und breite Bleche werden zuerst gewalzt, dann unter Schnellhämmern (400 Schläge in 1 Minute) fertig geschlagen. In dieser Art wird auch die dünnste Gattung des Messingbleches, das sogenannte K n i s t e r g o l d oder R a u s c h g o l d angefertigt, welches aus sehr dünn geschlagenem oder gewalztem Messingblech durch weiteres Aushämmern gewonnen wird, wobei man 40—80 Blätter zugleich verarbeitet. Man hat es auch durch Cementation von dünnem Kupferblech mit Zinkdämpfen in eisernen Röhren dargestellt, indem man die Bleche dann weiter auswalzte und ausschlug. Immer erhält es nur durch das starke Schlagen den Glanz und die Festigkeit, die es auszeichnen.

§. 203. Das Blech im Handel.

Man unterscheidet im Handel folgende Arten von Messingblech: R o l l e n - b l e c h, die dünnsten Sorten, die dicht zusammengerollt als R o l l m e s s i n g oder R o l l t o m b a k verkauft und zu gedrückten und geprägten Arbeiten verwendet werden. Zu ihnen gehört als das dünnste das eben erwähnte R a u s c h g o l d mit einem Durchmesser von $\frac{1}{1800}$ Zoll Dicke; ferner das T r o m m e l b l e c h, hart gewalzt, in verschiedenen Nummern, zu Trommeln verwendet und die dünneren Nummern des K l e m p n e r b l e c h e s. Alle stärkeren Bleche werden blos einige Male umgebogen und flach zusammengelegt und führen den Namen L a i t o n, L a t u n, B u g m e s s i n g oder T a f e l m e s s i n g. Man unterscheidet das-selbe dann wieder als S c h l o s s e r b l e c h (zu Beschlägen verwendet), U h r - m a c h e r m e s s i n g (federhart gewalzt und zu Uhrentheilen verwendet), S a t t e l - m e s s i n g (sehr stark und breit zu Feuerspritzenröhren und Pumpenstiefeln), l i c h t e s T a f e l b l e c h, von $6\frac{1}{2}$—20 Zoll Breite und 4—18 Fuss Länge und $\frac{1}{70}$—$\frac{1}{10}$ Zoll Dicke, von Gürtlern und Wagenarbeitern verarbeitet, und s c h w a r z e s T a f e l b l e c h, in dicken schwarzen Tafeln von $\frac{1}{10}$—$\frac{1}{2}$ Zoll Dicke. Die dünnsten Bleche sind auch die längsten. Die Tafeln und Rollen haben ge-wöhnlich ein Gewicht von 5—6 Pfd.

§. 204.

c. Kesselschlägerei.

Die Messingtafeln werden zuerst in viereckige Stücke, B e c k e n m e s s i n g, zerschnitten, und dieses unter Hämmern und Walzen zu Blech bis auf $\frac{1}{4}$ Zoll Stärke ausgereckt, hierauf in runde Scheiben, K e s s e l b ö d e n, zerschnitten und so an die Kesselschlägerhütten abgegeben. Etwa 5 solcher Scheiben (ein Ge-spann) werden zusammen eingebunden, d. h. auf eine grössere Scheibe gelegt, deren Rand man umschlägt, geglüht und nun nach und nach unter 4 verschie-den gestalteten Schwanzhämmern in die Kesselform gebracht. Der letzte Ham-mer ebnet die Schläge der ersteren. Während der Arbeit muss wiederholt ausgeglüht werden, zu welchem Zwecke Glühöfen in der Hütte errichtet sind. Von 100 Pfd. Kesselblech erfolgen 82 Pfd. schwarze Schalen, $17\frac{1}{2}$ Pfd. Abfall-messing und $\frac{1}{2}$ Pfd. Glühabgang. Von 100 Pfd. schwarzen Kesselschalen er-hält man 90 Pfd. fertige Kessel, $9\frac{3}{4}$ Pfd. Schalenabgang und Abschnitt und

¼ Pfd. Drehspan. Seit einer Reihe von Jahren werden übrigens zu Heger-mühl auf einem patentirten Presswerke eigener Construction die Kessel ge-drückt, anstatt sie zu hämmern.

§. 203.

d. Fabrikation von Blattgold und Bronzepulver.

Aechtes Blattgold wird aus Feingold, welches mit ¼ Dukatengold legirt ist, dargestellt. Unächtes Blattgold, Metall oder Goldschaum ist Tom-bak, der je nach dem beigemengten Zink hochgelbes, hellgelbes oder grünes (messinggelbes) Metall liefert. Es wird namentlich in Nürnberg, Fürth und deren Umgegend von den Goldschlägern angefertigt.

Das Metall wird in eiserne Stangenformen gegossen, die Stangen in Blech-streifen von der Stärke eines Kartenblattes gewalzt, geglüht, mehrere derselben aufeinander gelegt und auf eisernen Ambossen mit kleinen Hämmern bis zur Dicke von schwachem Schreibpapier gestreckt oder gezäunt. Die erhaltenen Bänder werden darauf mit Glasstaub abgeschliffen, zerschnitten und in Stücken von Quadratzollgrösse zwischen gereinigten und mit Gewürzwein gewaschenen und getrockneten Pergamentblättern von 3 Zoll Länge und Breite geschichtet. 180 (bei Feingold) Blätter bilden eine Form. Sie kommen in eine Perga-mentkapsel und werden nun auf Granit- oder Marmorblöcken mit Hämmern von 16 — 20 Pfund vom Zurichter unter öfterem Umdrehen ausgeschlagen. Hierauf werden sie in einer eisernen Kapsel ausgeglüht und nachher zwischen grösseren Pergamentblättern in eine gleiche Form gebracht, die die Dünn-quetsche oder Herausquetsche heisst, und hierin wie vorher ausgeschlagen. Sie haben nun etwa 3½ Quadratzoll. Diese Stücke werden in vier Theile zer-schnitten und zu 600, 750, in Frankreich sogar zu 850 in Blättchen von Gold-schlägerhaut gelegt. Diese Haut ist die äussere feine Haut vom Blinddarm des Rindes; sie wird vorsichtig von den übrigen Häuten getrennt, zwischen weisses Papier geschichtet, mit einem hölzernen Hammer bearbeitet und so das Fett entfernt, darauf von beiden Seiten mit einer Lösung von Hausenblase in Gewürzwein bestrichen, getrocknet, beschnitten, gepresst.

Die besten Hautformen kommen aus England; doch sollen neuerdings von C. März in Nürnberg den ausländischen gleichstehende geliefert werden. Es ist dies von grosser Wichtigkeit, wenn man bedenkt, dass noch jetzt aus Nürnberg jährlich mehr als 10,000 Gulden für Hautformen nach England gehen, und dass der Preis der englischen Formen für 850 Blätter 109 Gulden, der der deutschen nur 43 Gulden beträgt.

In diesen Formen wird das Metall nun wieder wie vorher weiter gehäm-mert und gestreckt, und schliesslich in kleine Bücher von sehr glattem, mit Bolus und Röthel eingeriebenem Papier verpackt. Das mühsame Ausschlagen mit einem Hammer durch Ausstrecken mit Walzen zu ersetzen, ist bis jetzt noch nicht genügend gelungen.

Für das unächte Blattgold werden nur Formen verwendet, die zur Fein-
goldschlägerei nicht weiter brauchbar sind. Die Verpackung geschieht in
Büchelchen à 9—21 Blättchen; 12 Büchelchen bilden ein Päckchen, 10 Päckchen ein Pack, welches also 1080—2520 Blättchen hat.

§. 206.

Der Abfall, Schawine oder Schabig, wird auf Marmorplatten mit Gummiwasser fein gerieben, durch Siebe getrieben (geschottelt) und durch vorsichtiges Erhitzen unter Zusatz von etwas Fett mit gewissen Anlassfarben versehen.
Man erhält so die grünen, blassgelben oder rothen Bronzefarben.

Nach dem Patent von J. Brendels in Fürth,[*] schmilzt derselbe rohes
Kupfer und Zink in verschiedenen Compositionen zusammen, und schlägt zwischen Häuten mittelst eines durch Dampf betriebenen Hammers dünn. Ist das
Metall so dünn, dass 1 Pfund etwa 700 Quadratfuss bedeckt, so wird es mit
Kratzbürsten in einem groben Eisendrahtsieb (10 Maschen auf 1 Zoll) unter
stetem Zufluss von heissem Fett oder Olivenöl, dann in einer Reibemaschine
(die groben Sorten 1½, die feinsten 4 Stunden) verrieben, und schliesslich
alles überflüssige Fett durch starken Druck mit Beihülfe von kochendem
Wasser entfernt.

Nach der oben erwähnten Untersuchung von König[**] beruhen die verschiedenen Färbungen der Bronzepulver auf der Hervorbringung von Anlassfarben durch die Hitze, so dass für sämmtliche Bronzefarben Eine Legirung zu Grunde gelegt werden kann, welche man unter stetem Umrühren bei
Zusatz von Fett, am besten von Paraffin mit Zusatz von ½ % Wachs, in einem
eisernen Kessel über Kohlenfeuer bis zum Eintritt der verlangten Farbe erhitzt. Der höchste Farbenton ist hierbei Grün. Vorher bildet sich eine violette Farbe, die bei weiterem Erhitzen die blaue Farbe zur grünen so schnell
durchläuft, dass es bisher nicht gelungen ist, auf diese Weise eine blaue
Bronze herzustellen.

§. 207.

Diese letztere nun stellt Bechmann in Nürnberg auf folgende Weise dar.[***]
Er schmilzt 100 Theile reines Zinn, 3 Th. arsenfreies Antimon und ¼ Kupfer
im hessischen Tiegel unter einer Kohlendecke, lässt sie dann auf gewöhnliche
Weise in Metallschlägerformen zu feinen Blättern schlagen und diese zu feinem Brokat verreiben, übergiesst diese weisse, eigentlich zur sechsten Gruppe
gehörige Bronze in einer gut verschlossenen Flasche mit dem doppelten Gewicht Schwefelwasserstoffwasser, lässt sie unter öfterem Umschütteln 16—12
Stunden, oder so lange stehen, bis sie goldgelb geworden ist, und wäscht sie

---

*) Bairisches Kunst- und Gewerbeblatt 1861 p. 16.
**) Gewerbevereinsblatt der Provinz Preussen 1858 p. 35.
***) Polytechnisches Notizblatt 1861 p. 123.

auf einem Filtrum anhaltend aus. Man trocknet nun dieselbe sehr gut auf Papier in einem Ofen. Die eigentliche Färbung erfolgt dann durch vorsichtiges Erhitzen bis auf 200 oder 230° C., wobei sie sich dunkelgelb, orange, hellviolet, blauviolet, endlich blau färbt. Wenig weiter erhitzt, fängt die Bronze gewöhnlich Feuer, ohne vorher zu schmelzen und verglimmt zu Oxyd. Um daher jede Ueberhitzung zu vermeiden, wendet Bechmann ein Bad von Rapsöl mit ¼ Colophonium an, leitet die Oeldämpfe durch ein Abzugsrohr ab, bringt die Bronze in einen kleineren eingehängten Kessel, in welchem sie unter stetem Umrühren durch einen Rührapparat bis zum Eintreten der gleichmässigen Farbe erhitzt wird.

5. Weitere Verarbeitung des Messingblechs.

§. 208. Das Drücken auf der Drehbank.

In früheren Zeiten fast einzig von den Klempnern handwerksmässig verarbeitet, ist das Messingblech jetzt grossen Fabriken überwiesen, die sich in die Verarbeitung, je nach der Art derselben, theilen. Während die durch Biegen und Treiben mit Hämmern hervorgebrachten Gegenstände zum Theil noch dem Klempnerhandwerk zufallen, werden die unter Anwendung der Drehbank über Futter oder Formen von hartem Holz gedrückten oder getriebenen Sachen meist in Fabriken mit grosser Ersparniss von Zeit und Geld und unter Entwickelung grosser Schönheit gefertigt. Der Druck muss, um das Zerreissen zu verhindern, nach und nach stattfinden, und es werden namentlich bei tiefen Sachen, wie Kaffekannen u. s. w., mehrere Modelle nach einander angewendet. Dass nur Sachen von rundem Durchschnitt auf der Drehbank erzeugt werden können, versteht sich von selbst.

Zum Treiben benutzt man auch, obwohl jetzt nur noch sehr selten, Punzen, d. h. 3 — 6 Zoll lange, unten dünn abgeschliffene, polirte Stahlstäbchen, mit denen durch Treiben mit Holzhämmern in dem Blech Vertiefungen erzeugt werden, die auf der anderen Seite als halb erhabene Verzierungen erscheinen. Als Unterlage benutzt man für Eisenblech Hartblei oder Weichblei, für das Messingblech das sogenannte Treibpech, ein Gemenge von schwarzem Pech, Wachs, Talg und Ziegelmehl. Die Arbeit nennt man Ciseliren oder Treiben; sie ist sehr mühsam und wird nicht bezahlt, obgleich die Arbeiten zum Theil wirkliche Kunstwerke sind.

§. 209. Das Stampfen oder Prägen.

Eine weit grössere Bedeutung als das Drücken auf der Drehbank, welches, wie erwähnt, blos auf runde Sachen anwendbar ist, hat das, namentlich in Iserlohn, in grösster Ausdehnung in den sogenannten Bronzefabriken betriebene Stampfen oder Prägen. Um z. B. Gardinenstangen anzufertigen, werden die zuerst in Thon modellirten, dann vertieft in Gips abgegossenen

Modelle in Sand abgeformt, aus Messing, seltener (der mühsameren Arbeit wegen), aus Gusseisen oder Stahl vertieft gegossen und durch Graviren vollendet. In diese Formen oder Stampfen (Stanzen) wird nun Hartblei, eine Legirung von Blei und Antimon, gegossen und dadurch der sogenannte Kopf gebildet. Die Stampfe wird sodann auf einem Holzblock durch Keile befestigt, der Kopf ebenso unter einem $1\frac{1}{2}$—2 Ctr. schweren Eisenblock, der in Riemen und Leitstangen über der Stampfe hängt und durch einen Hülfsarbeiter auf und nieder gezogen wird. Statt der Fallwerke werden hier und da auch wohl Hebelwerke und Schraubenpressen oder Prägewerke, namentlich für Neusilber und Silber angewendet. Die mit Oel bestrichene Tafel wird über die Stampfe gelegt und durch den Kopf hineingetrieben. Ist erstere sehr tief, so würde die Tafel reissen, wenn man sie sofort ausprägen wollte. Deshalb werden verschiedene Köpfe angefertigt. Man streicht zu dem Zwecke die Stampfe zuerst zum grössten Theile mit Lehm aus, lässt diesen trocknen, giesst den nicht ausgefüllten Theil voll Hartblei und erhält so einen ziemlich flachen Kopf, der die Formen des Modells nur im Allgemeinen andeutet. Ein zweiter Kopf wird in gleicher Art gegossen, nur war die Stampfe weniger mit Lehm gefüllt; der Kopf wird also schon erhabener. So werden 4 — 6 Köpfe für eine Stampfe angewendet, deren letzter erst scharf ausgegossen ist. Während des Stampfens werden die Bleche öfter ausgeglüht und nach jedem Glühen wieder geölt. Man stampft die Tafeln nicht einzeln, sondern je nach der Stärke zu 4—12 Stücken übereinander. Die fertig gestampften Stücke werden nun in Muffelöfen in der Dunkelrothglühhitze nochmals ausgeglüht, theils um das daran haftende Oel zu zerstören, theils um dieselben weich zu machen, indem das durch das Prägen hartgewordene Metall bei dem darauf folgenden Beizen ungleichmässig angegriffen werden würde.

6. Das Beizen oder Gelbbrennen des Messings.

§. 210.

Die gestampfte und geglühte Waare kommt nun in die Beizhäuser, um daselbst gebeizt zu werden. Es ist dies der wichtigste Theil der ganzen Fabrikation, da von ihr das Ansehn und die Verkäuflichkeit der Waare ganz allein abhängt. Es existiren darüber verschiedene, nicht unwesentlich von einander abweichende Vorschriften, die so viel als möglich in den Fabriken geheim gehalten werden, im Ganzen aber sämmtlich in einer zweckmässigen Anwendung von Schwefelsäure und Salpetersäure übereinkommen. Man kann ziemlich überall vier deutlich gesonderte Processe unterscheiden, die ich mit den in Iserlohn üblichen Benennungen Pöckeln, Vorbrennen, Sieden und Beizen bezeichnen will.

Von sehr grosser Wichtigkeit ist die Einrichtung der Beizlocale, da bei den verschiedenen Operationen in Folge der Reduction von Salpetersäure ungemein grosse Mengen von braunen Dämpfen, salpetriger und Untersalpetersäure frei werden. Beide wirken eingeathmet höchst nachtheilig, verursachen Uebelkeit, hartnäckige Heiserkeit und können zu sehr gefährlichen Lungenleiden Veranlassung geben. Aller Pflanzenwuchs in der Nähe solcher Locale wird vollkommen zerstört. Es ist daher durchaus rathsam, in derartigen Localen durch gut construirte Schwadenfänge und Schornsteine für den schleunigen Abzug dieser Dämpfe zu sorgen.

§. 211. a. Das Pöckeln.

Es dient zur Beseitigung des auf den Platten durch das Glühen entstandenen Kupferoxydes. In Iserlohn besteht der Pöckel aus Abgängen der folgenden Bäder und einem Zusatz von Schwefelsäure und Wasser, enthält also Kupfer- und Zinksalze, Schwefelsäure, Salpetersäure und Wasser. Die ausgeglühten Platten werden noch glühend hineingeworfen. Die schwarze Oberfläche derselben wird roth, indem zuerst Kupferoxyd aufgelöst wird, wodurch theoretisch die gelbe Messingfarbe zum Vorschein kommen muss. Da nun aber die freien Säuren das Zink stärker angreifen als das Kupfer, so tritt dies mit rother Farbe hervor, analog dem Weisssieden der Silbermünzen. Gleichzeitig entsteht aber ein galvanischer Niederschlag von Kupfer auf der Platte, ähnlich wie beim Entzinnen alter verzinnter Kupferkessel, die in Kupfervitriollösung gekocht, das Zinn verlieren, während sich entsprechende Mengen Kupfer niederschlagen. Es scheint dies hervorzugehen aus dem feinkörnigen Ansehen der gepöckelten Platte. Prechtl[*]) giebt zur Erklärung der rothen Farbe an, dass durch das vorangegangene Ausglühen ein Theil des Zinks an der Oberfläche verflüchtigt und diese dadurch verhältnissmässig kupferreicher geworden sei. Es ist dies indess nicht anzunehmen, da Zink erst bei 1040° C. siedet, die Platten aber höchstens bis 557° C., d.,h. bis zur Dunkelrothgluth erhitzt werden.

In Frankreich bringt man die ausgeglühten Sachen noch heiss in ein Gemisch von 1 Schwefelsäure und 10—12 Wasser, spült sie mit Wasser ab und taucht sie nun in Salpetersäure, bis sie gelb und blank erscheinen. Ebenso verfährt man in berliner Gelbgiessereien, doch lässt man hier das Eintauchen in Salpetersäure auch häufig weg, oder ersetzt dieselbe durch verdünnte Salzsäure. Auch in England wendet man zuerst Schwefelsäure mit 8—20 Theilen Wasser an. Sie ist namentlich und ausschliesslich anwendbar bei hartgelötheten Gegenständen, weil nur durch sie der Borax, welcher die Löthstellen bedeckt, ohne Anwendung der Feile entfernt werden kann. Sollen die Sachen gleich durch die Vorbeize die gelbe Farbe erhalten, so nimmt man in England anstatt der Schwefelsäure lieber Salpetersäure mit 8—12 Wasser oder eine siedende Lösung von 1 Th. Weinstein in 30 Th. Wasser. Salpetersäure löst

---

[*]) Prechtl, technologische Encyklopädie III. 160.

die Oxyde schnell und vollständig, Weinsteinlösung wirkt weit langsamer und
ist auch viel theurer, wird daher seltener angewendet.

§. 212.

Der Pöckel, von vorn herein schon aus Auflösungen von Kupfer- und Zinksalzen bestehend, wird durch das Einlegen der geglühten Platten immer mehr
mit diesen Salzen gesättigt, so dass dieselben endlich herauskrystallisiren und
als sogenannter blauer Vitriol an Färbereien verkauft werden. Wenn die
Flüssigkeit nicht mehr concentrirt genug ist, um die Krystallisation durch frei-
williges Verdunsten an der Luft zu verlohnen, so wird dieselbe in Iserlohn
weggeschüttet, wodurch einerseits dem Fabrikanten ein namhafter Verlust
durch das verloren gegebene Kupfer erwächst, andernseits, da man die Flüssigkeit in einen durch die Stadt fliessenden Bach schüttet, die an demselben liegenden schönen Wiesen vergiftet und total entwerthet werden. In England[*]
dagegen werden diese Flüssigkeiten noch verwerthet, indem man metallisches
Zink im Ueberschuss hineinstellt und das Kupfer als Cementkupfer fällt. Dies
wird ausgewaschen, getrocknet und bei späteren Schmelzungen verwendet. Der
Rückstand wird eingedampft und so krystallisirter Zinkvitriol gewonnen.

§. 213. b. Das Vorbrennen.

Aus dem Pöckel kommen die Platten in die kalt angewendete Blank-
beize, worin sie vorgebrannt werden, so dass sie nun gelb und blank erscheinen. Sie ist in Iserlohn zusammengesetzt aus 3 Schwefelsäure, 1 Salpetersäure, etwas Kochsalz oder Salzsäure, auch wohl Urin. Kochsalz und
Salzsäure geben den Platten eine frischere Farbe. Indessen setzt man sie meist
nur dann zu, wenn die nachfolgende Mattbeize schon zu alt geworden ist und
das Metall nicht mehr recht angreifen will. Die Meinung, dass das Kochsalz
durch die Entwickelung von Chlor und durch die dadurch bedingte Bildung
von Königswasser wirke, welches auch das im Messing gewöhnlich (?) enthaltene Zinn auflöse und somit ein reineres Beizen ermögliche, scheint dadurch
widerlegt zu werden.

Auf einen Zusatz von Russ legen die Arbeiter ein grosses Gewicht. Die
Intensität der Farbe wird dadurch etwas gemindert und zugleich wird die
Farbe heller. Da bei jedem Russzusatze eine sehr starke Entwickelung von
salpetriger Säure und Untersalpetersäure in der Form rothbrauner Dämpfe erfolgt, so scheint durch diese vorzugsweise die energische Wirkung der Beize
bedingt zu werden. Die Salpetersäure[**] oxydirt nämlich vorzüglich nur dann
die Metalle, wenn sie salpetrige Säure enthält. Diese bildet zuerst unter Ausscheidung von Stickoxyd ein salpetrigsaures Salz, welches im Entstehen durch

---

[*] Repertory of pat. invent. Septbr. 1859 p. 185.
[**] Gmelin, Handbuch der Chemie I. 826.

die Salpetersäure in salpetersaures Salz verwandelt wird. Die hierbei ausgeschiedene salpetrige Säure, sowie diejenige, welche aus der Salpetersäure durch das Hinzutreten des ausgeschiedenen Stickoxyds erzeugt wird, zersetzt sich mit neuen Mengen Metall in Stickoxyd und salpetrigsaures Metalloxyd u. s. f. Hierbei nimmt die Menge der salpetrigen Säure namentlich auch durch den Zusatz von Russ immermehr zu und somit auch die Wirkung. — Sägemehl, Steinkohlentheer, Holztheer oder Schnupftaback leisten dasselbe. Nach einer im Moniteur industriel (1848. p. 1224) ausgesprochenen Ansicht, sollen Glycerin, Naphthalin, Kreosot, Fettsäuren und Schwefel als Zusatz zur Beize deren zu starke Einwirkung vermindern.

Schubert sucht die Wirkung des Kienruss, den Karmarsch zugleich mit dem Kochsalz gänzlich verwirft, in dem Gehalte an Chlorverbindungen, indess wohl mit Unrecht. Benz hält den Russ sogar im Allgemeinen für durchaus nachtheilig, indem derselbe durch seinen Fettgehalt einmal ein gleichmässiges Beizen, dann aber namentlich eine später folgende gleichmässige Vergoldung und Versilberung hindere. — Die Erfahrung spricht jedoch durchaus für den Russzusatz. Der angebliche Nachtheil eines Fettgehaltes widerspricht direct den angegebenen französischen Beobachtungen.

§. 214.

In Berlin lässt man vielfach das Kochsalz, in einigen Fabriken auch die Schwefelsäure weg, und nimmt auf 2 Th. Schwefelsäure 1 Th. Salpetersäure und etwas Russ, oder nur verdünnte Salpetersäure mit Schnupftabak. Auch in Frankreich lässt man die Schwefelsäure weg und nimmt nur auf 100 Theile Salpetersäure, 1 Th. Kochsalz und 1 Th. Kienruss, in einzelnen englischen Fabriken sogar nur unreine, verdünnte Salpetersäure aus den folgenden Bädern, während die meisten englischen Fabriken das iserlohner Verfahren anzuwenden scheinen. Das Weglassen der Schwefelsäure ist indessen auch nicht zu billigen, da Salpetersäure allein einen grünlichgelben Ton, die Mischung von ihr mit Schwefelsäure aber einen rein goldgelben Ton giebt.

§. 215. c. Das Sieden oder Mattiren.

Das Metall kommt nun in die Mattbeize, um in ihr, die heiss angewendet wird, gesiedet zu werden. Sie enthält in Iserlohn 2—3 Th. Salpetersäure, 1 Th. Schwefelsäure und einen Zusatz von Zink, gelöst in Salpetersäure. Salzsäure hinzuzufügen hält man im Allgemeinen für schädlich. Bei vorherrschender Salpetersäure erhält man ein stärkeres, bei vorherrschender Schwefelsäure ein schwächeres Matt. Manche Fabrikanten verwenden eine gesättigte Lösung von Zink in Salpetersäure, der sie ein gleiches Volumen Schwefelsäure zusetzen. Im Winter muss die Salpetersäure noch verstärkt werden. Das Metall überzieht sich hier mit einem gleichförmigen milchigen Schaum unter starker Entwickelung von salpetriger Säure und erhält ein graugelbes mattes Ansehen.

Die Zeit des Eintauchens ist nur sehr kurz und darf jedenfalls nicht länger dauern, als bis der Ueberzug gleichmässig geworden ist. Lässt die Wirkung der Mattbeize nach, so setzt man neue Mengen von Zinksalzlösung hinzu. Ist die Beize aber zu stark, oder wird, wie der Arbeiter sagt, das Matt zu dick, so fügt man neue Portionen von Salpeter- und Schwefelsäure hinzu.

Was die Wirkung der Mattbeize anlangt, so scheint es, dass der Zusatz von gesättigter Zinklösung ein weiteres Angreifen des Zinkes in der Platte verhindert, so dass also das Kupfer des Messings stärker angegriffen würde, als das Zink, wodurch vorherrschend Zink auf der Oberfläche erscheint. Es ist nicht unwahrscheinlich, dass sich die Oberfläche dabei mit einer Oxyddecke, bestehend aus etwas Kupferoxyd mit vielem Zinkoxyd, überzieht, als deren Folge die vollkommen glanzlose, unmetallische, graugelbe, zuweilen sogar schwärzliche Farbe anzusehen ist.

§. 216.

In England und vielen berliner Fabriken werden die Sachen in einem heissen Bade von 2, im Winter 3 Theilen Salpetersäure und 1 Theil Wasser mattirt, in Frankreich aber in einem Bade von 360 Th. Salpetersäure, 120 Th. Schwefelsäure und 1 Th. Kochsalz.*) Nach Benz werden in englischen Fabriken zum Theil auch heisse Lösungen sauerreagirender Salze, wie Alaun, Weinstein, saure Metallsalze angewendet, welche letzteren aber so zu wählen sind, dass keine Fällung stattfindet.

Bemerkenswerth ist ein in einer iserlohner Fabrik befolgtes Verfahren, nach welchem der Process des Vorbrennens und Mattirens verbunden wird. Die Beizflüssigkeit besteht in 1 Th. Salpetersäure und 1 Th. Schwefelsäure, dem $\frac{1}{30}$ Zink zugesetzt wird. Die Lösung wird erwärmt und von Zeit zu Zeit eine kleine Quantität Russ eingetragen. Die gereinigten Waaren werden etwa $\frac{1}{2}$ Minute eingetaucht und dann im Wasser abgespült. Das darauf folgende eigentliche Beizen wird in diesem Falle durch flüchtiges Eintauchen in eine Mischung von 2 Th. Salpetersäure, 1 Th. Schwefelsäure und etwas Salzsäure bewirkt.

§. 217.

Kalte Mattbeize nach Mongeot.

Alle diese Mattbeizen werden heiss angewendet. Mongeot*) aber empfiehlt für Sachen, die nachher vergoldet werden sollen, folgende kalt anzuwendende Mattbeize. Er löst in 400 Th. Salpetersäure und 200 Th. Schwefelsäure 1 Th. Quecksilber, 100 Th. schwefelsaures und 100 Th. salpetersaures Zinkoxyd und bewegt die gereinigten Waaren etwa 5 Minuten darin herum. Man kann das

---

*) Soll die Waare blank gebeizt werden, so kehrt man das Verhältniss um, nimmt also 360 Th. Schwefelsäure, 120 Salpetersäure und 1 Kochsalz.

**) Dingler, polyt. Journal 134 p. 132.

Bad aber auch zsammensetzen aus 5 Th. Schwefelsäure, 5 Th. Salpetersäure und 1 Th. Kochsalz. Es soll dies Bad erst nach längerem Gebrauche seine höchste Vollkommenheit erhalten. Man nimmt dann den nach einigen Tagen des Gebrauches gebildeten Niederschlag von Kupfer- und Zinksalzen heraus, versetzt ihn mit Quecksilber und etwas Salpetersäure und soll so ein Bad erhalten, welches dem vorigen weit vorzuziehen ist.

Diese Beize stimmt im Wesentlichen mit der in Iserlohn gebräuchlichen überein, und unterscheidet sich nur durch den Zusatz von Quecksilber und dadurch, dass sie kalt angewendet wird. Die Waare wird darin mattirt, ohne den graugelben Ueberzug zu erhalten, der der Anwendung der heissen Beize eigenthümlich zu sein scheint. Dass die Beize vor der in Iserlohn gebräuchlichen Vorzüge haben sollte, hat sich mir bei wiederholten Versuchen nicht bestätigt; das durch diese erzielte Matt war im Gegentheile weit sanfter, gleichmässiger und feiner.

§. 218.

Ein durchaus abweichendes Verfahren, das Matt zu erzielen, ist das, dass man die mit Salpetersäure gebeizte Waare durch Ammoniakflüssigkeit zieht.[*]) Die Einwirkung des Ammoniak geht so rasch, dass man sehr aufmerksam dabei verfahren muss. Wie bei dem gewöhnlichen Beizen ändert plötzlich die ganze Oberfläche des Metalles ihr Ansehn, sie wird ganz rein, hell, weisslichgelb und körnig matt. In diesem Augenblicke muss die Waare schnell in reines oder weinsteinhaltiges Wasser getaucht werden, weil sonst das Metall stark anlaufen und unsauber werden würde. — Ob dies Verfahren im Grossen angewendet wird, weiss ich nicht, bezweifle es aber, da die weissgelbe Farbe des Metalles nicht besonders schön ist und hinter der durch das gewöhnliche Verfahren erzielten weit zurücksteht.

§. 219. d. Das Beizen.

Durch das Mattiren hatte das Messing ein feinkörniges mattes Ansehen, aber auch eine dunkelgraugelbe Oxydschicht erhalten, die nun durch das Beizen wieder entfernt werden muss. Die Einwirkung der Beize darf aber nur ganz kurze Zeit dauern, das Metall in der Flüssigkeit also nur hin und her bewegt werden, damit die Waare nicht zu hell und das vorher aufgesetzte Matt nicht ganz heruntergenommen werde. Man wendet fast allgemein ganz concentrirte oder doch nur sehr wenig verdünnte Salpetersäure an, die nun die Oxydschicht löst und die Farbe des Metalles lebhaft gelb und matt glänzend hervortreten lässt. Sollen die Sachen blank gebeizt werden, so wird natürlich das Eintauchen in die heisse Mattbeize unterlassen, und die Waare aus dem zweiten Bade der Vorbeize sofort in das vierte Bad gebracht.

---

[*]) Wagner, Jahresbericht der technol. Chemie 1858 p. 76

Ist die Mattbeize zu alt geworden, oder hat man zu lange eingetaucht, so wird die Oberfläche der Waare beim nachfolgenden Beizen oft trübe, schwärzlich-grau, oder bekommt wenigstens einzelne solcher Flecke. Wiederholtes Eintauchen verbessert den Fehler nicht nur nicht, sondern verschlimmert ihn. Man muss dann frisch ausglühen, oft auch die Beize erneuern. Einfache Abhülfe gewährt nach Rust[*]) eine Lösung von Chlorzink, in die man die Waare eintaucht, dann zum Trocknen erhitzt und abspült. — Das Chlorzink eignet sich auch zum Wiederaufbeizen blankgebeizter Waaren, die nach dem Beizen durch starkes Erhitzen sich etwas oxydirt hatten. Man kocht sie einfach in Chlorzinklösung und spült sie in Wasser ab.

§. 220.

Das Fertigmachen der Waare.

Es muss noch erwähnt werden, dass die Waare während des ganzen Beizprocesses nie aus einem Bade in das nächstfolgende gebracht werden darf, ohne vorher durch wiederholtes Abspülen in Wasser von der daran haftenden saueren Flüssigkeit befreit worden zu sein. Ebenso wird dieselbe nach dem letzten Beizen in reinem oder in weinsteinhaltigem Wasser, auch wohl in warmer Potaschelösung gewaschen, darauf in Sägemehl getrocknet und mit Wasser und Ochsengalle oder Weinstein auf der Drehbank oder aus der Hand polirt. Zweckmässig ist zum Poliren auch ein Gemenge von Schwefel und Kreide, wodurch das Messing dunkler und goldfarbiger erscheint.

Die polirte Waare wird schliesslich auf einem Ofen stark handwarm erhitzt, und mittelst eines Pinsels mit einer Schellacklösung gefirnisst, die durch Zusatz einer Tinctur von Orleans u. s. w. dunkel goldgelb gefärbt ist. Das Nähere darüber ist schon früher §. 124—127. mitgetheilt worden.

Sollen die Sachen nicht gefirnisst werden, so werden sie häufig entweder mittelst eines Lappens aus der Hand mit Stearinöl und wiener Kalk gerieben, oder man bringt sie, wenn ihre Form es erlaubt, auf die Drehbank und behandelt sie in folgender Art. Ein Pfd. Stearinöl und $\frac{1}{4}$ Pfd. Schwefelsäure werden gemischt, auf Braunkohle getropft, die auf eine Holzunterlage geleimt ist, und dies wird nun auf der Drehbank eingebrannt, bis das Messing zischt, wobei das Oel verraucht. Zuletzt wischt man mit einem Kalklappen nach.

Sachen, die nachher vergoldet oder versilbert werden sollen, werden zweckmässig zuletzt noch einige Augenblicke in eine sehr verdünnte Lösung von salpetersaurem Quecksilberoxyd getaucht, wodurch sie oberflächlich amalgamirt werden; doch ist die Anwendung des Quecksilbers nicht absolut nöthig, und bleibt ohne Nachtheil für die darauf folgende Vergoldung oft weg.

---

[*]) Dingler. polyt. Journal 139 p 213, auch Bair. Kunst- u. Gew.-Bl. 1856 p. 10.

§. 221.

Uebersichtliche Darstellung des Beizverfahrens.

	1. Das Pbeizen.	2. Das Verbrennen. Blankbeize. Kalt.	3. Das Sieden. Mattbeize. Heiss. Platten graugelb, matt.	4. Beizen. Kalt. Platten gold-gelb, matt.	5. Waschen und Trocknen.
	Ausglühen der Waaren zur Zerstörung von Fett.	*Waschen mit violem Wasser.*	*Waschen mit violem Wasser.*	*Waschen mit vielem Wasser.*	
Iserlohn: erstes Verfahren.	Abgänge der folgenden Bäder, also Kupfer- und Zinksalze, freie Säuren und Wasser. Platten roth und matt.	3 Schwefelsäure, 1 Salpetersäure, etwas Kochsalz und Russ. Platten gelb, blank.	2—3 Salpetersäure, 1 Schwefelsäure, Zink, gelöst in Salpetersäure oder gesättigter Lösung von salpetersaurem Zink und gleiches Volumen Schwefelsäure.	Ziemlich concentr. Salpetersäure.	Waschen mit Wasser, dann mit weinsteinhaltigem Wasser, Trocknen in Sägespänen; für blank zu boizende Waaren fällt No. 3, das Sieden, aus.
Iserlohn: zweites Verfahren.	1 Th. Schwefelsäure, 10—12 Th. Wasser, dann Salpetersäure. Platten gelb, blank.	Heiss. 1 Salpetersäure, 1 Schwefelsäure, $\frac{1}{36}$ Zink, etwas Russ. Platten graugelb matt.	Heiss. 1 Salpetersäure, 1 Schwefelsäure, $\frac{1}{6}$ Zink, etwas Russ. Platten graugelb matt.	2 Th. Salpetersäure 1 Schwefelsäure und etwas Salzsäure.	
Frankreich		100 Salpetersäure, 1 Kochsalz, 1 Russ, Platten gelb, blank.	360 Salpetersäure, 120 Schwefelsäure, 1 Kochsalz.	Ziemlich concentrirte Salpetersäure.	

Ausgleben der Waaren zur Zerstörung von Fett.	1. Das Pöckeln.	2. Das Vorbrennen. Blankbeize. Kalt.	3. Das Sieden. Mattbeize. Heiss. Platten orangegelb, matt.	4. Beizen. Kalt. Platten gold-gelb, matt.	5. Waschen und Trocknen.
England	1 Th. Schwefelsäure mit 8—20 Wasser, oder Salpetersäure mit 8—12 Wasser oder Weinstein mit 80 Wasser. Platten gelb.	Wie Iserlohn, oder nur unreine, vordünnte Salpetersäure.	2—3 Salpetersäure, 1 Wasser, heiss, oder siedende Lösung von Alaun, Weinstein od. sauren Metallsalzen, kalt. Oder Ammoniak.	Concentrirte Salpeter-Säure, fällt bei Anwendung des Ammoniak in No. 3 aus.	Waschen mit Wasser, dann mit weinsteinhaltigem Wasser, Trocknen in Sägespänen; für blank zu beizende Waaren fällt No. 3, das Sieden, aus.
Berlin	Wie Frankreich, doch fällt Salpetersäure oft weg, oder wird durch Salzsäure ersetzt. Platten gelb.	2 Schwefelsäure, 1 Salpetersäure und Russ, oder verdünnte Salpetersäure und Schnupftabak.	2—3 Salpetersäure, 1 Wasser, heiss.	Concentr. Salpeter-Säure.	do.
Paris, Mongeot	1 Th. Schwefelsäure, 10—12 Th. Wasser, dann Salpetersäure. Platten gelb, blank.	100 Salpetersäure, 1 Kochsalz, 1 Russ. Platten gelb, blank.	Kalt. 400 Salpetersäure, 200 Schwefelsäure, 1 Quecksilber, 100 schwefelsaures Zinkoxyd, 100 salpetersaur. Zinkoxyd.	do.	

(Zwischen den Spalten: „Waschen mit vielem Wasser.“)

7. Vertrieb der Messingwaaren.

§. 222. Iserlohner Gewerbethätigkeit.

Die Verarbeitung des Messings zu den verschiedenartigsten Waaren concentrirt sich in Preussen namentlich auf den Kreis Iserlohn, wo sie in den sogenannten Bronzefabriken in überraschender Menge und Mannigfaltigkeit producirt werden. Ueber $\frac{1}{2}$ Million Stampfen, theils von Messing, theils von Gusseisen oder Stahl, die daselbst aufgespeichert liegen, zeugen für die Verschiedenartigkeit der Muster. Zu den Prägewaaren: Fensterverzierungen (Gardinenarmen und Gallerien- oder Gardineuleisten), Möbelbeschlägen, Spiegel- und Bilderrahmen, Schilden zu schwarzwalder Uhren, Kronen- und Wandleuchtern, Kruzifixen u. s. w. verwendet man wegen seiner grösseren Dehnbarkeit ein Messing mit 25 — 30 % Zink. Diese Luxuswaaren gehen nach allen Theilen der Welt, wo kein Prohibitivsystem entgegensteht, namentlich die reicheren Muster der Fensterverzierungen, sowie Kronen-, Wandleuchter und Kandelaber nach Nord- und Südamerika. Auch England kann sich denselben nicht verschliessen. Iserlohn besteht*) in den Prägewaaren, soweit dieselben nicht in das Gebiet der Kunst übergehen, jede Concurrenz. Sowohl die Prachtsäle des reichen Yankee, sowie die üppigen Gemächer des vornehmen Orientalen schmücken sich mit iserlohner Fabrikaten.

Von kleineren gedrückten und geprägten Waaren mögen: Pfeifenbeschläge, Schlüsselbüchsen, Thürschilder, Schlossbeschläge, Zündholz- und Tabaksdosen, Gürtel- und Bandschlösser, Sarg- und Ofenverzierungen, Rosenkränze, Kreuze und die aus Messing- (oder Eisen-) Blech geschnittenen Charniere, Tischbänder, Thürgehänge etc. erwähnt werden.

Nicht minder verschieden sind die kleineren Gusswaaren: Fingerhüte, Vorhang-, Sattler-, Näh-, Schraubringe, Thür- und Kastengriffe, Tisch-, Stuhl-, sonstige Möbel- und Fensterrollen, Bilder- und Polsternägel, Wand-, Thür-, Wagen-, Fenster-, Schubladen- und Ofenknöpfe, Wandhaken, Schrauben, Thürklinken, Vorreiber, Leuchter, Lichtscheeren und Schnallen.

Knöpfe liefert namentlich Lüdenscheid in vielen Tausenden von gegossenen und geprägten Mustern, mit eingelegter oder emaillirter Arbeit, von schlichtem Kupfer und Messing, oder gefirnisst, bronzirt, vergoldet oder versilbert, auch aus lackirtem Eisenblech, Neusilber, oder mit Gold- und Silberplattirung, für Uniformen und bürgerliche Kleidung.

§. 223. Panzerwaaren und Carcasse.

Panzerwaaren werden namentlich in Iserlohn angefertigt. Ihren Namen haben dieselben von der uralten Zunft der Panzerarbeiter oder Panzerer, die im Mittelalter von Iserlohn aus ganz Deutschland mit geflochtenen und ge-

---

*) Jacobi, Berg-, Hütten- und Gewerbewesen des Regierungsbezirks Arnsberg, p. 424.

13*

webten Panzerhemden versorgte. Jetzt versteht man darunter alle Arten von
Drahtarbeiten (auch Eisendraht): als feine und grobe Drahtgeflechte, leichte
Kettchen, Haken und Augen, Stecknadeln, Fischangeln, Drahtstifte u. s. w.
Die Drahtweberei ist namentlich zu Limburg bei Iserlohn zu Hause, wo
Eisen- und Messingdraht in den verschiedensten Stärken, theils für gröbere
Sorten aus der Hand geflochten, theils auf Webestühlen, die von denen für
Leinwand wenig abweichen, gewebt wird, wobei die Kette aus hartem, der Ein-
schlag aus weichem Draht besteht. Die Gewebe werden theils roh verkauft,
theils mit Oelfarben gestrichen, oder (für Fenstervorsetzer u. s. w.) mit Land-
schaften bemalt, wobei die Malerei nach dem Quadratfuss bezahlt wird. Wiegen, Körbchen aller Art, Käseglocken, Theesiebe, zu denen die nothwendige
Silbergaze aus Nürnberg bezogen wird, Fechthüte, Cigarrenbecher, Volièren
und kleinere Vogelbauer, Käfige für die Thiere in Menagerieen u. s. w., gehen
in grösster Auswahl aus den Fabriken hervor. Es darf hier indessen nicht
unerwähnt bleiben, dass man bei der Auswahl der Farben nicht immer mit
der nöthigen Gewissenhaftigkeit zu Werke geht, sondern Wiegen, Körbchen
und Käseglocken mit dem furchtbar giftigen Schweinfurtergrün gestrichen in
den Handel bringt.

Ein ganz eigenthümlicher, nur in einer einzigen Fabrik in Iserlohn und
einer weit kleineren an der holländischen Grenze gefertigter Artikel ist die
Carcasse, ein Drahtgeflecht, welches als Gerippe in Frauenmützen verwendet,
und nur nach Holland ausgeführt wird. Der dazu verwendete Messingdraht
wird weiss gesotten, dann mit blauer oder weisser Oelfarbe gestrichen und auf
der Maschine mit Baumwolle oder Seide besponnen. Die Fabrik verarbeitet
wöchentlich etwa 300 Pfd. Draht.

§. 224. Pariser Bijouterien.

Die Verfertigung ächter und unächter Bijouterien oder Schmuckwaaren hat
in Paris in neuerer Zeit eine erstaunenswerthe Ausdehnung erlangt. Während
früher Frankreich diese Waaren aus Deutschland bezog, von dem fast die
ganze Welt versorgt wurde, haben die unächten Bijouterien in Paris einen solchen Grad der Vollendung, sowohl in Form als Ausführung erreicht, dass sie
selbst von dem geübtesten Auge des Kenners von den ächten kaum mehr zu
unterscheiden sind, so lange sie ganz neu sind, und dass Damen in der besten
Gesellschaft solche unächte Bijouterien, aber nur einmal tragen.*)

Die Fabrikation dieser Artikel aus vergoldetem, emaillirten oder durch
Einsetzen falscher Edelsteine verziertem Tombakblech, beschäftigt jetzt eine
Menge von Arbeitern in Paris, und wird in solcher Ausdehnung betrieben, dass
die Einfuhr der unächten Bijouterien aus Deutschland aufgehört hat, und dass
Frankreich im Gegentheile dieselben ausführt. Dasselbe gilt von den vereinig-

---

*) Muhl, Reise in Frankreich p. 390.

ten Staaten Nordamerikas, von wo aus in Kurzem ganz Amerika mit diesen Artikeln versorgt werden dürfte.*) Diese Absatzquellen hat Deutschland (namentlich Augsburg, Berlin, Hanau, Pforzheim, Wien) jetzt grossen Theils verloren und England, Paris, Genf, New-York haben die Erbschaft in Empfang genommen. Dadurch und durch die Einfuhrverbote für Polen, Russland, Oesterreich und Ungarn ist dieser Fabrikationszweig für Deutschland fast ganz zu Grunde gerichtet. Die erste Ursache der Calamität hat man in der Geschmacklosigkeit und dem Stillstande der deutschen Fabrikanten zu suchen. Man blieb nicht nur bei den geschmacklosen Formen, sondern auch bei den alten Mischungsrecepten stehen, anstatt neue Mischungen zu versuchen und in einer Fabrikation, die ganz von der Mode abhängig ist, den wandelbaren und ewig neuen Gesetzen des Geschmacks zu folgen.

Cap. 10. Zweite Gruppe.

Bronzeartiges Messing, d. h. Legirungen aus Kupfer und Zink mit untergeordneten Beimengungen von Zinn und Blei.

§. 225. Allgemeine Bemerkungen.

Auch die Legirungen dieser Gruppe sind sehr verschieden zusammengesetzt und stehen in ihren Eigenschaften zwischen Messing und Bronze. Der Kupfergehalt ist bei allen ziemlich hoch, selten unter 50 %, in einem Falle sogar über 90 %. Die Mischungen werden um so fester, hämmerbarer, dehnbarer und schöner gefärbt, je mehr das Kupfer vorherrscht. Sie werden trocken, hart, brüchig und mehr oder weniger weiss, wenn das Kupfer weniger beträgt als $^2/_3$ der Legirung. — Auch der Zinkgehalt ist bedeutend, wechselt zwischen 57 und 55 % und sinkt nur einmal auf etwa 8 %.

Zinn und Blei sind untergeordnet, richten sich nach dem jedesmaligen Zweck der Legirung und erheben sich in der Regel nicht über 3 %; nur in einem Falle finden sich 14 % Zinn. Gewöhnlich sind beide Metalle in den Legirungen vorhanden, seltener nur entweder das eine, oder das andere. Sie werden meist absichtlich beigefügt, und zwar das Zinn, um den Schmelzpunkt zu erniedrigen und die Masse dichter zu machen, wodurch sie sich besser giesst, politurfähiger und klingender wird. Auch erhält die Legirung, wenn die Menge des Zinnes im Vergleich zu dem zugesetzten Blei gering ist, ein schöneres Gelb als das Messing, was von wesentlichem Vortheil für zu vergoldende Waaren ist. Gleichzeitig wird aber auch die Composition hart und spröde und kann

---

*) Preuss. Gewerbevereinsblatt 1848 p. 24.

in Folge dessen bei der Zusammenziehung sehr dünn gegossener Gegenstände von bedeutendem Durchmesser leicht Risse bekommen.

Das Blei übt in dieser Beziehung nach allen Erfahrungen einen höchst wohlthätigen Einfluss aus, indem es den spröden Legirungen viel von ihrer Brüchigkeit nimmt und noch den weiteren Vortheil hat, dass das Messing trocken, d. h. geeigneter für die Bearbeitung durch Ciseliren und Abdrehen wird. Diese Vorzüge werden allerdings theilweise durch den Umstand wieder aufgehoben, dass, während eine sehr kleine Menge Blei die Dehnbarkeit und Hämmerbarkeit befördert, durch eine etwas grössere Menge dieses Metalles die Dehnbarkeit bedeutend herabgestimmt wird. So führt Berthier als Beispiel eines schlechten und brüchigen Drahtes eine Legirung aus:

Kupfer 64.2, Zink 33.1, Blei 1.2, Zinn 1.5

an, Guettier*) dagegen als eine zu Blech und Draht vorzüglich geeignete Composition

Kupfer 67, Zink 32, Blei 0.5, Zinn 0.5.

Ausserdem erfordert der Zusatz von Blei noch ganz besondere Vorsicht, da beim langsamen Erkalten sehr leicht eine Aussaigerung eintritt. Man erblickt dann unzählige kleine Bleikügelchen, welche der Oberfläche ein ungleichmässiges, fleckiges Ansehen geben und eine ungleiche Patina hervorbringen. Auch pflegt sich das Blei namentlich beim langsamen Erstarren in den unteren Theilen abzusondern. — In manchen Fällen wird die Anwendung unreiner Metalle, z. B. eines alten gelötheten Kupfers die Anwesenheit von Zinn und Blei im Messing erklären.

§. 226.

Hambly**) hat als Beitrag zur Entscheidung der Frage, in wiefern bei dem Guss von Bronze eine in den verschiedenen Theilen gleichartige Masse erhalten wird, folgende nach dem Guss einer colossalen Statue genommene Proben untersucht: A. Von der höchsten Stelle des Gusses, wo das Metall am langsamsten erkaltet; die Probe war ungleichartig in Folge der Ausscheidung einer weissen Legirung. B. Von dem unteren Einguss, wo das Metall zuerst erkaltet. C. Von der Mitte der Statue; die beiden letzten Proben zeigten homogene Structur. Die Zusammensetzung war:

	Kupfer,	Zinn,	Blei,	Zink,	Eisen,	Schwefel,	Antimon.
A.	83.37	4.48	3.99	6.42	0.45	0.30	Spuren.
B.	82.28	4.75	4.32	7.07	0.48	0.28	„
C.	83.33	4.28	3.96	6.26	0.42	0.30	„

Auffallend ist hierbei einmal der bedeutende Gehalt an Schwefel und Eisen, der zusammen an $^3/_4\%$ beträgt und für die Bildung einer guten Patina gewiss nicht vortheilhaft ist, und dann die bedeutende Menge von Blei und Zinn, im

---

*) Moniteur industr. 1848 No. 126.

**) Liebig und Koppe, Jahresbericht 1856. 779, und Chem. Gaz. 1856. 216.

Verhältniss zu der geringen Menge von Zink. Die Statue scheint eine englische gewesen zu sein.

Man kann in dieser Gruppe nun folgende Hauptarten unterscheiden:

§. 227. 1. Chrysokale, französischer Tombak, Talmigold.

Chrysokale, eine goldgelbe, ziemlich harte Legirung, die sich gut polirt und früher namentlich zu Uhrgehäusen verwendet wurde, für diesen Zweck aber jetzt ziemlich ausser Gebrauch gekommen ist, da sie an der Luft leicht anläuft. Sie besteht aus:

Kupfer 90.5, Zink 7.9, Blei 1.6.

Böttcher*) führt unter dem Namen **Chrysokalk** ohne weitere Bemerkung eine aus 19 Kupfer + 1 Zinn, also aus:

Kupfer 95 + Zinn 5

bestehende Legirung an, die von der obigen demnach durchaus verschieden ist und zur Bronzegruppe gehört. Verwandt dagegen sind:

a. **Französischer Tombak** zu Gewehrbeschlägen, nach Dussausoy zusammengesetzt aus

Kupfer 80, Zink 17, Zinn 3.

b. **Goldähnliche Bronze**, erhalten durch Zusammenschmelzen von 7 Kupfer, 3 Messing, $^1/_{18}$ Zinn, also aus

Kupfer 89.97, Zink 9.96, Zinn 0.05.

c. **Goldähnliche Bronze** zu Schmucksachen:

Kupfer 82, Zink 17.5, Zinn 0.5.

Das Zinn möchte bei b und c wohl durch Löthmessing hineingekommen, die Legirung also wohl als gewöhnlicher Tombak aufzufassen sein.

Eine ähnliche Legirung ist das neuerdings aus Paris in Form von Uhrketten in den Handel gebrachte **Talmigold**, von schön hochgelber, luftächter Farbe. Die Analyse ergab nach Sauerwein:

Kupfer 86. 4, Zink 12.2, Zinn 1.1, Eisen 0.3.

Auch hier ist das Eisen wohl nur als Verunreinigung anzusehen.

§. 228. 2. Moderne oder Statuenbronze.

Ungleich wichtiger, aber im Ganzen kupferärmer, sind die unter dem Namen **moderne Bronze oder Statuenbronze** zusammenzufassenden Legirungen. Unter dem Namen Bronze werden eine Menge von Compositionen verstanden, die in ihrer Zusammensetzung äusserst verschieden sind und zum Theil an das Messing erinnern. Gar nicht hierher gehörig ist die unter dem Namen Bronze in Iserlohn zu geprägten und gedrückten Waaren verwendete Legirung, die als kupferreiches Messing schon oben besprochen wurde. Ebenso wenig gehört

---

*) Polyt. Notizblatt II. 84.

die nur aus Kupfer und Zinn bestehende, weiter unten zu besprechende Bronze der Alten hierher.

Die moderne Bronze vielfach zu Bildsäulen, Büsten, architectonischen Verzierungen, Luxusgeräthen u. s. w. benutzt, besteht aus Kupfer und Zink, mit einem Zusatz von Zinn und Blei. Sie muss sehr dünnflüssig sein, um auch die feinsten Gussformen vollständig auszufüllen und einen reinen, scharfen, von Löchern und Rissen freien Guss zu liefern, der sich leicht feilen und ciseliren lässt und eine rein grüne Patina annimmt. An Härte und Zähigkeit übertrifft sie das Messing, steht aber der ächten Bronze bedeutend nach; doch ist diese letztere wieder weit weniger dünnflüssig. Ihre Dichtigkeit ist grösser als die mittlere Dichtigkeit der Bestandtheile, ihre Farbe gelb bis rothgelb.

Man setzt sie je nach den verschiedenen Bedürfnissen zusammen und schmilzt sie, um das Abbrennen von Zink und Zinn möglichst zu vermeiden, sehr schnell in Flammenöfen mit stark flammenden Steinkohlen, oder für kleinere Sachen in Graphittiegeln ein. Man schmilzt zuerst das Kupfer ein und setzt dann die übrigen vorher erwärmten Metalle hinzu, und muss sich bei dem Zusatz von Zink namentlich bemühen, es auf den Grund des geschmolzenen Kupfers zu bringen. Durch Umrühren mit grünen Holzstangen wird theils die Mischung gleichförmiger, theils wirken diese durch Entwickelung von Kohlenoxydgas, wie beim Polen des Kupfers durch Reduction der beim Schmelzen gebildeten Oxyde.

§. 229. Untersuchungen von C. Hoffmann.

Sehr umfassende Untersuchungen über die Statuenbronze hat C. Hoffmann[*]) angestellt. Nach ihm sind alle Verbindungen von Kupfer und Zinn Gemenge zweier Legirungen. Die eine, $61^2/_1$ Kupfer + $38^1/_4$ Zinn, also Cu^3Sn^1 ist stark bläulich, von krystallinischem Bruch und sehr hart; die andere, $95^1/_4$ Kupfer + $4^3/_4$ Zinn, also $Cu^{20-40}Sn^1$ ist hochgelb in's Rothe, sehr zähe, von zackiger Oberfläche und fein krystallinischem Bruche. Die Strengflüssigkeit, und wegen der unregelmässigen Abkühlung nur schwer zu erreichende Gleichmässigkeit der Bronze, die mangelhafte Ciselirung und die schlechte Patina, die sich darauf bildet, lassen sie zu grossartigen und dabei feinen Arbeiten ungeeignet erscheinen.

Eine Legirung aus Kupfer und Zink, mit 5—25 % Zink, bearbeitet sich gut, ist indess meist etwas zu zähe und nicht hart genug. Ihre Farbe ist rothgelb bis goldgelb und die Patina gut. Ein grösserer Zusatz von Kupfer steigert die Strengflüssigkeit und macht sie zu feinen Gusswaaren noch weniger geeignet. Dünnflüssig werden sie erst bei 50—58 % Zink, dabei aber so hart, dass sie unter dem Meissel ausspringen. Beide Bronzen, die aus Kupfer-Zinn und die aus Kupfer-Zink erfüllen daher wohl einige der an gute Statuenbronze

---

[*]) Berliner Gewerbe-, Industrie- und Handelsblatt 1843 p. 209.

zu stellenden Anforderungen, alle Erfordernisse einer solchen aber erfüllt nur eine Legirung aus Kupfer, Zink und Zinn. Hoffmann geht nun bei den weiteren Versuchen von den Kupfer-Zink-Verbindungen aus und fügt ihnen procentweise die oben genannte Cu^3Sn Legirung, die er als den Repräsentanten der Härte bezeichnet, hinzu.

§. 230.

Die brauchbaren Legirungen für Statuenbronze liegen nun zwischen folgenden Zusammensetzungen als äussersten Grenzen.

I. Am stärksten rothgelb gefärbte, zugleich kupferreichste und theuerste Statuenbronze:

$88^3/_4$ Cu^9Zn^1, also nach % 87.29 Kupfer + 12.71 Zink,
$11^1/_4$ Cu^3Sn^1, also nach % 61.75 Kupfer + 38.25 Zinn.

II. Fast goldgelbe, kupferärmste und wohlfeilste Legirung;

$93^1/_2$ Cu^9Zn^1, also 66.25 Kupfer + 33.75 Zink,
$6^1/_2$ Cu^3Sn^1, also 61.75 Kupfer + 38.25 Zinn.

Alle zwischen beiden Grenzen liegende Verbindungen geben brauchbare Statuenbronze, und zwar wird die Farbe schöner rothgelb, je mehr man sich der Legirung I. nähert, mehr reingelb mit der Annäherung an II.; letztere ist für Vergoldungen vorzuziehen. — Obgleich die Zahl der Zwischenglieder willkürlich gross angenommen werden kann, so sind doch folgende nur wesentlich:

1) $89^3/_4$ Cu^4Zn^1 = 85.48 Cu + 14.52 Zn
   $10^1/_4$ Cu^3Sn^1 = 61.75 Cu + 38.25 Sn

2) $90^1/_2$ Cu^4Zn^1 = 83.07 Cu + 16.93 Zn
   $9^1/_2$ Cu^3Sn^1 = 61.75 Cu + 38.25 Sn

3) 91 Cu^4Zn^1 = 79.70 Cu + 20.30 Zn
   9 Cu^3Sn^1 = 61.75 Cu + 38.25 Sn

4) $91^3/_4$ Cu^3Zn^1 = 74.64 Cu + 25.36 Zn
   $8^1/_4$ Cu^3Sn^1 = 61.75 Cu + 38.25 Sn

5) $92^3/_4$ Cu^4Zn^2 = 71.04 Cu + 28.96 Zn
   $7^1/_4$ Cu^3Sn^1 = 61.75 Cu + 38.25 Sn.

Diese Bronzen bestehen also aus einer veränderlichen Menge der Kupfer-Zink- und einer unveränderlichen Menge der Kupfer-Zinn-Verbindung. Diese Zusammensetzung nennt Hoffmann das Structurverhältniss.

Umstehende Tabelle giebt eine Uebersicht dieser Legirungen.

§. 221.

Tabellarische Uebersicht der Kupfer-Zink-Zinn-Legirungen.

Laufende Nro.	Struotur-Verhältniss. Kupferzinkverbindung. Kupfer Atomgew.	pCt.	Zink Atomgew.	pCt.	Kupferzinnverbindung. Kupfer Atomgew.	pCt.	Zinn Atomgew.	pCt.	Elementar-Verhältniss. In 100 Theilen. Kupfer.	Zink.	Zinn.
1	7	87.29	1	12.71	3	61.75	1	38.25	84.42	11.28	4.30
		88.75				*11.25*			*Grenze der rothgelben Färbung, spec. Gewicht 8.7875*		
2	6	85.48	1	14.52	3	61.75	1	38.25	83.05	13.03	3.92
		89.75				*10.25*					
3	5	83.07	1	16.93	3	61.75	1	38.25	81.05	15.32	3.63
		90.50				*9.50*				*orangegelb.*	
4	4	79.70	1	20.30	3	61.75	1	38.25	78.09	18.47	3.44
		91				*9*				*orangegelb.*	
5	3	74.64	1	25.36	3	61.75	1	38.25	73.58	23.27	3.15
		91.75				*8.25*				*orangegelb.*	
6	5	71.04	2	28.96	3	61.75	1	38.25	70.36	26.88	2.76
		92.75				*7.25*				*hellgelb.*	
7	2	66.25	1	33.75	3	61.75	1	38.25	65.95	31.56	2.49
		93.50				*6.50*			*Grenze der hochgelben Färbung, spec. Gew. 8.4675*		

Die drei ersten dieser Legirungen sind für Kunstsachen vorzuziehen, namentlich auch wegen der guten Patina, die sie bilden. Die folgenden sind härter und schwerer zu bearbeiten, aber natürlich billiger. Zu bemerken ist hierbei, dass Hoffmann das Blei für Statuenbronze weglässt, während andere dasselbe noch immer beibehalten. Es soll nach Gladenbeck's Ansicht die Aussaigerung befördern und leicht auf der Oberfläche graue und unschöne Flecke bilden.

§. 232.

Nach den mir von Gladenbeck gemachten Angaben nimmt derselbe auf 30 Loth Kupfer, $2\frac{1}{2}$ Loth Zink und 1 Loth Zinn, also nach Procenten:

Kupfer 89,55, Zink 7.46, Zinn 2,99.

Der für Wittenberg bestimmte Melanchthon und die für Cöln bestimmte Reiterstatue Friedrich Wilhelm IV. haben diese Zusammensetzung. Die Statue des Grafen von Brandenburg, Thär's und der Löwenkämpfer vor dem Museum enthalten dagegen auf 32 Loth Kupfer $3\frac{1}{2}$ Loth Zink und $\frac{1}{2}$ Loth Zinn, also:

Kupfer 88.88, Zink 9.72, Zinn 1.40.

Die Amazone, gegossen von Fischer, enthält:

Kupfer 90, Zink 6, Zinn 4, Blei 1.

Die Statue Blücher's, gegossen von Lequune, enthält 68 Kupfer, 4 Zink, $3\frac{1}{2}$ Zinn, also:

Kupfer 90.1, Zink 5.3, Zinn 4.6.

Zur Statue Friedrich des Grossen wurden von Friebel genommen auf 55 Pfd. (Alt-Gewicht) Kupfer 6 Pfd. Zink, $27\frac{1}{2}$ Loth Zinn und $13\frac{3}{4}$ Loth Blei; was nach Procenten ergeben würde:

Kupfer 88.3, Zink 9.5, Zinn 1.4, Blei 0.7.

Da das ungeheure Werk (die Reiterstatue des Königs allein wiegt 280 Ctr., das Bronzefussgestell mit allen Figuren 368 Ctr. Alt-Gew., das Ganze also über 666 Ctr. Zollgewicht) nicht mit einem Mal gegossen werden konnte, so ergaben sich nicht unwesentliche Verschiedenheiten im Guss, so dass manche Theile viel dunkler aussahen, als andere. Mit der Zeit hat sich dies verwischt und das Ganze gleichmässig oxydirt, man wird also wohl auch auf eine gleichmässige Patina rechnen dürfen. Dieselbe Zusammensetzung hat das Beuthdenkmal und die als Ersatz der verwitterten Marmorstatuen auf dem Wilhelmsplatze aufgestellten Bronzedenkmäler der Generale Friedrichs des Grossen.

Gladenbeck rechnet beim Tiegelschmelzen $3\frac{1}{2}$ %, beim Flammenofen, bei ganz normalem Guss 5 % Abbrand, der sich aber unter Umständen auf 10 % steigern kann. Analysen der fertigen Statuen stehen mir augenblicklich nicht zu Gebote. Da man aber annehmen kann, dass ein eigentliches Verdampfen nur beim Zink stattfindet und auch hier nur 3, höchstens 5 % von dem zugesetzten Zinke beträgt, während der sogenannte Abbrand sich gleichmässig auf alle 3 oder 4 Metalle vertheilt, so wird auch die Zusammensetzung der fertigen Bronze wenig von obigen Verhältnissen abweichen. Uebrigens wird ein grosser Theil der zur Zeit verloren gegebenen Bronze später wieder gewonnen, indem man das in die Schlacken gegangene, oder selbst in die Herdmasse eingezogene Metall durch Pochen und Waschen reinigt, die Oxyde aber durch Schmelzen mit Kohle wieder reducirt.

Die Bildgiesserei.

§. 233. Früheres Verfahren beim Formen.

Alle Bildsäulen müssen, um ihnen nicht ein zu ungeheures Gewicht zu geben und zu viel Erz zu verschwenden, hohl gegossen werden. Je dünner die Wandstärke, um so besser gelingt der Guss. Ausserdem ist es zwar nicht unmöglich, aber höchst beschwerlich und überflüssig, das Bild im Ganzen zu giessen, weshalb man das Gipsmodell theilt, indem man mittelst einer Drahtsäge die hervorragendsten Stücke abschneidet, für sich formt und giesst. So besteht z. B. das Reiterbild Friedrich Wilhelms IV. (für Cöln bestimmt) aus zehn, der Löwenkämpfer vor dem Museum zu Berlin aus eilf einzelnen Stücken.

Nach den Angaben von Benvenuto Cellini formte man im Mittelalter und ebenso im Alterthume zuerst roh einen Kern der Figur, trug darauf Wachs in der Stärke, die das Metall haben sollte, auf und arbeitete hierin das Modell vollständig aus. Auf das Wachs trug man einen Ueberzug von ganz feingeschlemmtem, sogenanntem Zierlehm, verstärkte diesen Ueberzug nach und nach auf 1—2 Zoll, trug dann gröberen Lehm in gehöriger Stärke auf und umzog das Ganze mit eisernen Ankern und Bändern, um ihm die gehörige Festigkeit zu geben. Nachdem das Stück vollkommen ausgetrocknet war, wurde das Wachs durch Feuer ausgeschmolzen und der Kern stand nun, durch Anker mit der Form verbunden, in derselben frei da, den leeren Raum für das Metall offen lassend. Nachdem man nun diese Form mit geschmolzenem Metalle gefüllt hatte, wurde sie, sobald sie erkältet war, zerschlagen, die Anker abgesägt und die Figur ciselirt. In dieser Art ist das Reiterbild des grossen Churfürsten in Berlin gegossen, und noch in den zwanziger Jahren arbeitete Rigetti in Neapel, ebenso.

Das Verfahren hat wesentliche Uebelstände. Abgesehen von dem grossen Aufwand an Brennmaterial, den das oft Monate lang dauernde Ausbrennen der Formen verursachte, ist nicht zu übersehen, dass der Künstler hierbei durchaus im Finstern tappte. Nie konnte er die Form vor dem Gusse übersehen. Das Losgehen eines einzigen Ankers konnte den Kern verrücken und die Form beschädigen, und es mangelte nicht an Fehlgüssen der Art, wo der Kern an der Seite zum Vorscheine kam, so dass ganze Theile der Statue später durch nachgeformte mit Mühe und Zeitverlust ersetzt werden mussten.

§. 234. Die Formerei in unserer Zeit.

Von dieser alten Methode des Arbeitens ist man jetzt gänzlich abgegangen, indem man eine Art von Flaschenformerei in feinstem Formsand anwendet. Man bringt den Sand in einzelnen Stücken auf das Gipsmodell, drückt das Stück fest an, beschneidet es sorgfältig, bepudert die Schnittflächen mit Bärlappsamen, bringt ein neues Sandstück neben und auf das erstere und führt so fort, bis das ganze Modell bis zum vierten Theile seiner Höhe, eine stehende Figur also etwa bis zur Kniehöhe, von einzelnen Formsandstücken umgeben ist. Hierauf giesst man über sämmtliche Stücke eine 3—4 Zoll starke Gipslage in etwa 4 Theilen, die durch eingelegte eiserne Anker mit Schrauben zusammengehalten werden können. In derselben Art formt man das zweite Segment bis zur Magenhöhe, das dritte bis zur Schulterhöhe und endlich das vierte oberste Segment.

Man entfernt nun zunächst die Mantelstücke von Gips, darauf die Formsandstücke, die genau in den Gipsmantel hineingelegt und mit langen, feinen Drahtstiften darin festgenagelt werden. Sie bilden also gleichsam mit dem Mantel eine feste Masse. Setzt man die einzelnen Stücke zusammen, so bilden sie eine Hohlform des abzugiessenden Modells.

§. 235. Die Bildung des Kerns.

Da das Bild hohl gegossen wird, so schreitet man nun zur Bildung des Kerns. An einer, in einer eisernen Bodenplatte eingelassenen starken Eisenstange, dem Kerneisen, die durch den Fussraum und Leib geht und über den Hals hoch hinausragt, befestigt man ähnliche Stangen, als Gerippe für Arme und Füsse, und bringt das ganze Gerüst in die vor dem Ofen in der untern Etage des Giesshauses liegende Dammgrube. Man setzt nun die untersten Segmente der Formstücke um dieses Gerüst, füllt den entstandenen leeren Raum gegen die Formwand hin mit Formsand, den man vorsichtig aber genau gegen die zuvor mit Kohlenstaub oder Bärlappsamen gepuderten Formstücke andrückt. Den zwischen dem Eisen und dem eingedrückten Sand bleibenden Raum, giesst man mit Gipsbrei aus, der mit Ziegelmehl gemischt ist. Nachdem man die folgenden Segmente aufgesetzt hat, verfährt man mit ihnen in derselben Weise. Nach Entfernung der Formstücke hat man jetzt das Modell des Bildes in Formsand mit der Unterlage von Gips und Ziegelmehl.

Von diesem Modell schabt man nun eine Schicht in der Stärke der künftigen Metallwand ab. Stellt man jetzt von Neuem die Form um den beschnittenen Kern, so bleibt zwischen beiden ein leerer Raum übrig, den das flüssige Metall nur auszufüllen hat, um einen nach aussen getreuen Abdruck der Originalstatue zu zeigen, der indessen innen in allen Theilen hohl, oder vielmehr mit der Kernmasse ausgefüllt ist.

Ehe man jedoch zum Giessen schreitet, muss der Kern gehörig ausgetrocknet werden. Man setzt zu diesem Zwecke in geringem Abstande von
ihm einen Mantel aus losen Backsteinen auf, der gleichsam die äussere Um-
fassung eines improvisirten Ofens bildet und an dem unteren Theile Oeffnungen zur Regulirung des Luftzuges hat, zündet am Grunde dieses Ofens, in dem
der Kern steht, ein Holzkohlenfeuer an, und schüttet den Zwischenraum zwischen Mantel und Kern ebenfalls mit Kohlen voll. Man unterhält ein langsames Feuer 3—4 Tage lang, bis man sicher ist, dass der Kern vollkommen
trocken ist.

Auch die Formstücke werden sorgfältig in einem besonderen Ofen ausgetrocknet. Nachdem hierauf der Mantel beseitigt ist, stellt man die äusseren
Formstücke um den Kern, befestigt die Stücke durch die Anker, verstreicht
die Fugen ausserhalb noch mit Gipsbrei und stürzt endlich Sand oder Erde
in die Grube um die Form herum. Der Sand wird gehörig festgerammt, oder
wie man zu sagen pflegt, die Form eingedämmt. Ueber die Form selbst
wird nun aus Backsteinen ein vierseitiges Becken aufgemauert, in dessen Ecken
die Angussröhren und an dessen Aussenseite die Windpfeifen münden. Man
kann nämlich das geschmolzene Metall nicht von oben in die Form hinein-
stürzen lassen, einmal, weil die Form selbst dadurch leicht beschädigt werden
würde, dann aber auch, weil das Metall auf diese Art die äusserste Tiefen
kaum erreichen dürfte, da es sehr schnell erstarrt. Neben der Form befinden
sich deshalb Thonröhren, die beim Guss gleich mit in den Gips eingegossen
werden, längs der ganzen Form hinabgehen und durch Seitenkanäle mit derselben in Verbindung stehen. Das Metall fliesst also in diesen Gussröhren
herunter und seitwärts in die Form, diese von unten nach oben ausfüllend.
Die eingeschlossene Luft entweicht durch ähnliche, seitlich angebrachte Röhren,
die in die ebenfalls senkrecht aufsteigenden Windpfeifen münden.

§. 236. Das Schmelzen des Metalles.

Der für grössere Metallmassen angewendete Flammenofen hat im Ganzen
genommen die Form des umstehenden. Der Trichter zum Aufschütten bleibt
weg und wird ersetzt durch eine bei E befindliche Oeffnung, durch die man
das Metall hineinbringt. Bei C liegt die Rostfeuerung, auf der man, um ein
schnelles Feuer zu erzielen, recht trockenes Holz verbrennt. An der Stelle
von G liegt, nur tiefer und weiter, und von der Seite natürlich zugänglich,
die Dammgrube. Die Sohle des Herdes ist ziemlich stark sackartig vertieft
und mündet in die Abstichöffnung oder das Auge, welches unter der Einsatz-
thüre bei E, an der tiefsten Stelle der Sohle liegt und durch einen Thonzapfen
vorläufig geschlossen ist. Ein Krahn dient dazu, die fertigen Stücke aus der
Dammgrube wieder herauszuschaffen.

Man bringt den Ofen zunächst auf die Rothglühhitze, setzt dann die
Kupferbarren und nachdem diese geschmolzen sind, das Zink und endlich das

Zinn hinzu, indem man von Zeit zu Zeit durch Einstossen eines Rührbaumes umrührt. Die immer noch zähe breiartige Masse brodelt bei dem Ausbrechen

der Flammen aus dem eingestossenen Rührbaume heftig auf und mischt sich inniger. Das entwickelte Kohlenoxydgas wirkt auf die etwa entstandenen Metalloxyde reducirend. Man wirft ausserdem oft Kohlen auf das geschmolzene Metall, um diese Reduction zu befördern, oder vielmehr die Oxydation der Metalle von vornherein zu verhindern.

§. 237. Das Giessen.

Ist das Metall endlich dünnflüssig wie Wasser geworden, so schreitet man zum Guss. Mit einer langen, am Krahn befestigten Brechstange, stösst man den Zapfen heraus. Das flüssige, weissglühende Metall bricht aus dem Ofen, einer Feuerschlange gleich, hervor, und stürzt durch eine steinerne, mit Lehm ausgestrichene Rinne, in das über der Form befindliche Becken. Auch dieses muss vollkommen trocken und, um ein augenblickliches Erstarren zu verhindern, durch vorher darin entzündetes Kohlenfeuer sehr gut angewärmt sein, unmittelbar vor dem Guss aber natürlich von Asche und Kohlen sorgsam gereinigt werden. Die Gussröhren sind durch eingesetzte Eisenpfropfen, die Birnen, zunächst noch geschlossen, das Metall sammelt sich also im Becken. „Bald ist es gefüllt, und noch immer rollt das Metall nach, da ruft der Meister: „die Birne auf,“ und lautlos stürzt die glühende Lava in die Tiefe der Form. Aus den Windpfeifen aber rauscht es auf und im nächsten Augenblicke schiessen lange blaue Feuersäulen aus ihrem Munde. Noch immer rollt neues Metall nach vom Kessel und immer verschwindet es wieder, endlich bleibt es stehen, sein Spiegel erhebt sich, die Form ist voll und der Guss vollendet!“

Der ganze Raum des Giesshauses füllt sich während des Gusses mit einem kratzenden, weisslichen Rauche, der wesentlich Zinkoxyd enthält. Sollte die Form nicht vollkommen trocken gewesen sein, das glühende Metall also noch mit Wasserdämpfen in Berührung kommen, dann sind Explosionen die unvermeidliche Folge. Die Luft fährt stossweise heftig aus den Pfeifen und das geschmolzene Metall wird fontainenartig aus den Eingüssen zurückgeschleudert und bringt die Umstehenden in nicht geringe Gefahr. Möglich auch, dass die Form berstet und das Metall sich nach unten einen Ausweg sucht.

Unmittelbar nach dem Erkalten des Gusses, etwa den zweiten oder dritten Tag, räumt man die Dammgrube ab, hebt Form und Guss zusammen mittelst des Krahnes heraus, entfernt die Form, beseitigt mit Meissel, Hammer und Säge die Angüsse und vollendet das Bild durch Beizen mit Säuren und durch Ciseliren.

§. 23*. Die Bavaria.

Im Anschluss an das Vorige mögen noch einige Worte über die Bavaria, das grossartigste Gusswerk der Neuzeit, beigefügt werden, die an Grösse die meisten Werke des Alterthums übertrifft, und wohl nur dem Coloss zu Rhodus und der von Zenodorus angefertigten 120 Fuss hohen Statue des Nero, die später der Sonne geweiht wurde, an Grösse nachsteht. Sie wurde auf Befehl des Königs Ludwig von Baiern ausgeführt und ist auf der sendlinger Höhe bei München aufgestellt. Der Bildhauer Schwanthaler wurde mit dem Entwurfe und der Ausführung des Modelles, der Erzgiesser Stiglmayer mit dem Gusse des Werkes beauftragt. Da Letzterer vor Vollendung der Arbeit starb, so wurde seinem Neffen Miller die schwierige Aufgabe übertragen, die er mit dem grössten Geschick und Glück zu Ende führte. Das Monument stellt das Bild einer deutschen Heldenjungfrau dar, mit dem Schwerte in der rechten Hand, während der linke über den Kopf erhobene Arm einen Lorbeerkranz trägt. Neben der Figur steht der baierische Wappenlöwe. Schwanthaler arbeitete am eigentlichen Gipsmodell nur 4 Jahre lang. Die Statue selbst hat eine Höhe von 65 Fuss, das Postament eine Höhe von 30 Fuss, das Ganze also 95 Fuss. Der Coloss zu Rhodos hat eine Höhe von 70 Cubitus, was man meist als 70 Ellen übersetzt. Der Cubitus ist aber nur $1\frac{1}{2}$ röm. Fuss, von denen 100 F. auf $94\frac{2}{4}$ rheinl. F. gehen. Jene 70 Cubitus sind also nur $98^{8}/_{10}$ rheinl. Fuss, also etwa 9 Fuss höher als die Bavaria, mit Zurechnung des Sockels. Durch eine Thür auf der Rückseite des Sockels gelangt man auf einer steinernen Treppe in das Innere der Figur, die mit Ausnahme des Treppenganges bis zur Höhe der Waden ausgemauert, von da an aber frei ist. Treppen führen in den Oberkörper und Kopf, der ein geräumiges, mit den nöthigen Möbeln ausgestattetes Zimmer bildet, in dem 30 Personen Platz finden. Der Coloss ist in 12 Stücken geformt und gegossen; die Metallstärke beträgt unten $^{3}/_{4}$ Zoll, oben $^{1}/_{2}$ Zoll. Das dazu verwendete Erz betrug 1560 Ctr. und stammte aus erbeuteten Geschützen. Das ganze Stück ist im Feuer vergoldet. Obgleich die dazu gelieferte Bronze sehr billig berechnet wurde, so kam die Erzfigur allein, ohne Piedestal, doch auf 233,000 Gulden zu stehen. Als Seitenstück mag das Denkmal Friedrichs des Grossen erwähnt werden, an dem der Bildhauer Rauch 12 Jahre lang arbeitete, und welches mit Fundament, Granitbau, Candelaber und Gitter 240,000 Thaler kostete.

§. 239. Analysen von Statuen, Bildung von Patina.

a. Statuenbronze. Als das beste Verhältniss für Bildsäulen und Gusswaaren überhaupt, giebt d'Arcet an: 82 Kupfer, 18 Zink, 3 Zinn und 1½ Blei; wobei man indessen die Mengen von Zinn und Blei ohne erheblichen Nachtheil vertauschen und so ein billigeres Material herstellen kann. Dieselbe Legirung wird im Giesshause des königlichen Gewerbe-Institutes zu Berlin von Feierabend angewendet, und soll sich ebenso gut giessen als ciseliren und leicht vergolden lassen. Sie würde nach Procenten enthalten:

Untersuchte Statuen.	Kupfer.	Zink.	Zinn.	Blei.
Bei 3 Zinn 1½ Blei	78.47	17.23	2.87	1.43
Bei 1½ Zinn 3 Blei	78.47	17.23	1.43	2.87
Die Reiterstatue Ludwig's IV., von Keller, vom Jahre 1699, 21 Fuss hoch, in einem Stück gegossen, 52,263 Pfund schwer, enthält	91.40	5.53	1.70	1.37
Aehnlich sind die von Stiglmayr in München verwendeten Legirungen zusammengesetzt.				
Drei andere Statuen von Keller in Versailles enthalten,				
die erste	91.22	5.57	1.78	1.43
die zweite	91.30	6.09	1.00	1.61
die dritte	91.68	4.93	2.32	1.07
Die Reiterstatue Ludwig's XV. von Gor, 16½ Fuss hoch und 60,000 Pfund schwer, besteht aus	82.45	10.30	4.10	3.15
Eine andere Bildsäule zu Paris von Gor	84.00	11.00	2.00	3.00
Statue Heinrich's IV., auf dem pont neuf zu Paris . .	89.62	4.20	5.70	0.48
Minervastatue zu Paris	83	14	2	1
Napoleonstatue zu Paris, nicht besonders schön	75	20	3	2
Bronze der Vendome-Säule, aus erbeuteten Kanonen zusammengesetzt	89.2	0.5	10.2	0.1
Chinesische Bildsäulen	74	10	1	15

Die grossartigen Statuen des Alterthums gehören nicht hierher, sondern zur eigentlichen Bronze, da sie wesentlich aus Kupfer und Zinn mit kleinen Mengen von Blei zusammengesetzt waren.

Der Verein für Gewerbefleiss in Preussen,[*] bemüht, den Grund zu erforschen, warum Bronzestatuen bei uns und überhaupt in grossen Städten keine

---

[*] Verhandlungen des Vereins zur Beförderung des Gewerbefleisses in Preussen. 1864 p. 27.

schöne, grüne Patina annehmen, liess eine Zahl von Bronzen untersuchen, die sich durch ihre in der atmosphärischen Luft erhaltene Patina auszeichnen. Das Resultat der Analysen war folgendes:

Untersuchte Statuen.	Kupfer.	Zink.	Zinn.	Blei.	Eisen.	Nickel.	Antimon.
1) Der Schäfer am Teiche beim Neuen Palais zu Potsdam, vom Jahre 1825:							
a. nach Dr. Ziurek	88.68	1.28	9.20	0.77	—	—	—
b. Reimann	89.20	1.12	8.86	0.51	0.18	—	—
2) Bacchus im sicilianischen Garten zu Potsdam, vom Jahre 1830:							
a. nach Dr. Ziurek	89.34	1.68	7.50	1.21	0.18	—	—
b. Olshausen	88.23	2.55	7.09	1.63	0.31	0.08	Spur
3) Germanicus zu Charlottenhof bei Potsdam, 1820 gegossen von Hopfgarten a. nach Tieftrunk	89.78	2.35	6.16	1.33	—	0.27	—
b. nach Reimann	89.30	2.44	6.96	0.62	0.08	—	—
4) Grosse Kurfürst zu Berlin, vom Jahre 1703							
a. nach Dr. Finkener . . .	89.09	1.64	5.82	2.62	0.13	0.11	0.60
b. Dr. Weber	87.91	1.38	7.45	2.65	—	0.20	Spur
5) Von den Sclaven unter dem grossen Kurfürsten						Nickel u. Zink.	
a. nach Prof. Rammelsberg	90.55	—	7.50	0.73	0.25	0.40	—
b. nach Dr. Finkener . . .	88.92	0.48	7.54	1.10	0.06	Ni 0.21	0.13
6) Bronze aus Augsburg, aus dem 16. Jahrhundert							Schwef.
a. nach Dr. Rammelsberg	89.43	—	8.17	1.05	0.34	0.19	—
b. nach Dr. Hampe	90.37	—	6.90	2.55	Spur	Spur	0.08
7) Bronze von alten Gräbern in der Nähe von Augsburg nach Dr. Weber	94.74	0.54	1.64	0.24	—	0.71	0.84
8) Diana im Hofgarten zu München a. nach Tieftrunk	77.08	19.12	0.91	2.29	0.12	0.43	—
b. Dr. Hampe	76.90	19.69	0.64	2.68	0.17	0.10	—
9) Figur im Residenzhof zu München, aus dem Jahre 1600 a. nach Dr. Sonnenschein	92.88	0.44	4.18	2.31	0.15	—	—
b. nach Dr. Hampe	91.84	—	5.64	2.46	0.08	0.12	—
10) Mars und Venusgruppe in München, vom Jahre 1585 nach Dr. Weber	94.12	0.30	4.77	0.67	—	0.48	—

§. 240.

In diesen sämmtlichen Bronzen wird man zunächst Eisen, Nickel, Antimon und Schwefel für durchaus unwesentliche und zufällige Beimengung anzusehen haben. Vergleichen wir sie mit den eben angeführten französischen Bronzen, so finden wir, dass bei letzteren der Zinkgehalt den des Zinnes vielmals übertrifft, während hier, mit Ausnahme von No. 8, das Zinn derartig vorherrscht, dass man sich fast versucht fühlt, diese Legirungen der vierten Gruppe zuzuweisen, während No. 8 auffallend an die von d'Arcet empfohlenen Compositionen erinnert.

Trotz der grossen Verschiedenheit der Zusammensetzung, die sich durch die Analyse ergeben hat, haben die Bronzen doch alle eine schöne Patina angenommen; ein Beweis dafür, dass die Zusammensetzung der Bronze eben keinen wesentlichen Einfluss auf die Entstehung des kohlensauren Kupferoxyds hat, wenn man auch annehmen kann, dass die eine Bronze sich früher und leichter patinirt, als die andere. Professor Magnus findet den Grund der Schwärzung der Statuen in der Bildung eines Ueberzuges von schwarzem Schwefelkupfer, welches durch die Schwefelwasserstoff-Ausdünstungen Berlins und grosser Städte überhaupt entstanden sein soll und die Bildung eines grünen Ueberzuges verhindert.

Indem ich auf §. 128 und 131 verweise, wo von der Bildung der Patina auf dem Kupfer die Rede ist, möchte ich bemerken, dass, wenn wirklich jener Ueberzug Schwefelkupfer sein sollte, dieser doch die Entstehung einer Patina meiner Meinung nach höchstens verzögern, aber durchaus nicht verhindern kann. Man findet im Gegentheile die Schwefelkupfererze, Kupferkies, Buntkupfererz und Kupferglanz mindestens sehr häufig mit einem Ueberzuge von Malachit, der aus Zersetzung des Schwefelkupfers durch die Atmosphäre entstanden ist. Er bildet sich um so leichter, je feiner vertheilt das Kupfererz im Gesteine ist, daher namentlich auch leicht auf den Kupferschiefern, sowie auf dem Ausgehenden von Kupferkiesgängen. Ein Stück Kupferindig aus meiner Sammlung, früher ohne jede Spur von Grün, hat im Laufe von etwa 20 Jahren einen vollkommenen Ueberzug von kohlensaurem Kupferoxyd erhalten.

Berücksichtigt man ferner, dass die schönen Krystalle von Rothkupfererz anfangs roth sind, später schwarz und endlich grün werden, sowie, dass die kupfernen oder bronzenen, nach §. 129 c. mit einem braunen Ueberzug von Kupferoxyd versehenen Münzen und Medaillen nie schwarz anlaufen, wohl aber in feuchter Luft sich grün färben, so möchte ich glauben, dass darin der Weg gezeigt sei, den wir zur Erzeugung der Patina auf Bildsäulen zu gehen haben. Man giebt den Statuen eben diesen Ueberzug von Kupferoxyd, der die Bildung von Schwefelkupfer verhindert, und überlässt das Uebrige der Einwirkung der atmosphärischen Luft. Mindestens vermeidet man so sicher die unschöne Schwärzung der Kunstwerke.

§. 241. Compositionen für kleinere Gegenstände; Analysen von Draht und Blech.

b. Für kleinere Gegenstände, die vergoldet werden sollen, muss die Mischung dünnflüssig sein, feinkörnig und dicht erstarren, sich gut bearbeiten lassen und das Gold leicht annehmen, ohne zu viel von dem Amalgam zu verschlucken. Gewöhnliches Messing giesst sich nicht scharf genug, absorbirt zu viel Gold und hat beim Verarbeiten Neigung zum Springen. Die zu diesen Zwecken von d'Arcet und Anderen vorgeschlagenen Legirungen enthalten nach Procenten:

Kupfer.	Zink.	Zinn.	Blei.	spec. Gewicht
63.70	33.55	2.50	0.25	8.395
64.45	32.44	0.25	2.86	8.542
77.50	18.00	3.00	1.50	8.215
78.47	17.23	2.87	1.43	—
78.84	17.30	0.96	2.90	—
78.00	18.00	2.00	2.00	—
70.90	24.05	2.00	3.05	8.392
72.43	22.75	1.87	2.95	8.275

Von diesen Compositionen sollen namentlich die zweite und dritte, sowie die beiden letzteren von besonderer Güte sein.

c. Als Messingdraht und Messingblech bezeichnet, gehören hierher:

Bezeichnung der Legirung.	Cu	Zn	Sn	Pb
Draht von England	70.29	29.36	0.28	0.17
Augsburg	71.89	27.63	—	0.85
Hegermühle	70 16	27.45	0.20	0.79
Blech von Gemappe	64.60	33.70	1.40	0.20
Stolberg bei Aachen	64.80	32.80	2.00	0.40

§. 242. Weisses Knopfmetall, Jackson's Metall, Bidery, Neugold, Gedge's schmiedbares Messing.

3. Weisses Knopfmetall. Unter diesem Namen kann man mehrere harte, glänzend weisse oder schwach gelbliche zu gegossenen Knöpfen, Leuchtern, Theekannen u. s. w. brauchbare Legirungen zusammenfassen, die indessen sämmtlich ziemlich spröde sind. Das beste Metall aus Bristol wird erhalten aus 32 Messing, 4 Zink, 2 Zinn; eine andere Sorte aus 32 Messing, 3 Zink und 1 Zinn. Sie bestehen also aus:

Kupfer 57.9, Zink 36.8, Zinn 5.3 und
„ 61.12, „ 36.11, „ 2.77.

Beide werden auch in Lüdenscheid in gleicher Zusammensetzung verarbeitet.

Es ist dies im Wesentlichen dieselbe Legirung, die als Jackson's Blech-metall*) in Nordamerika patentirt ist und zu gepressten und geschnittenen Waaren verwendet wird. Jackson setzt sie aus 46 Kupfer mit 1—4 Zinn und 22—26 Zink zusammen, Nimmt man:

Cu 46, Sn 4, Zn 22, so sind dies nach % Cu 63.88, Zn 30.55, Sn 5.55
Cu 46, Sn 1, Zn 26, „ „ „ Cu 63.01, Zn 35.61, Sn 1.39.

4. Bidery, in Ostindien zu Vasen u. s. w. verarbeitet, sehr weiss und glänzend, ist zusammengesetzt aus 16 Kupfer, 11 Zink, 2 Zinn und 4 Blei, also nach Procenten aus:

Kupfer 48.50, Zink 33.32, Zinn 6.06, Blei 12.12.

5. Neugold, eine schwach gelbe aus 32 Kupfer, 18 Zink, 3 Zinn, $1\frac{1}{2}$ Blei zusammengesetzte Legirung, also nach Procenten:

Kupfer 58.71, Zink 33.03, Zinn 5.50, Blei 2.75.

6. Legirung von Gedge.**) Derselbe hat sich die Anfertigung und An-wendung einer Legirung patentiren lassen, welche sich kalt und warm bear-beiten lässt, ebenso dehnbar sein soll, als das beste Schmiedeeisen, so dass sie gehämmert, gewalzt, gepresst und zu Draht gezogen oder auch gegossen werden kann. Sie enthält in der fertigen Legirung auf 60 Pfd. Kupfer $38\frac{1}{4}$ Pfd. Zink und $1\frac{1}{4}$ Pfd. Eisen. Der Zinkzusatz kann für 60 Pfd. Kupfer ohne Nachtheil bis auf 44 Pfd. gesteigert werden und die Eisenmenge von $\frac{1}{2}$ bis 3 Pfd. variiren. Das zuerst angegebene Verhältniss beträgt nach Procenten:

Kupfer 60, Zink 38.14, Eisen 1.86;

nimmt man dagegen 44 Zink und 3 Eisen, so beträgt es:

Kupfer 56.08, Zink 41.12, Zinn 2.68.

Die Legirung ist wohlfeiler als Messing und fester als Kupfer, und soll sich namentlich für Platten zu Schiffsbeschlägen eignen, da sie zugleich den Einwirkungen des Meerwassers gut widersteht.***)

§. 243. Potin, Stirlings-Patentmetall.

7. Potin oder Hartmetall nennt man ein sehr unreines, durch Ein-schmelzen von Messinggekrätz, Abfällen und Bruchstücken alter Geräthe dar-gestelltes Messing. Das mechanisch beigemengte Eisen wird vor dem Schmel-zen durch einen Magneten so viel als möglich ausgezogen. Die Legirung ist wenig dehnbar, daher nur als Guss- und Drehmessing zu benutzen, und zwar zu groben Arbeiten, die keine feine Ausarbeitung erfordern. Durch die oft

---

*) Dingler, polyt. Journal 1849. November.
**) Report. of pat. inv. Oct. 1860 p. 330.
***) Siehe oben §. 174 und 175.

noch beigemengten Eisentheile, die sich selten damit legiren, wird es mit der Zeit rostfleckig.*)

Während Eisen, Zinn, Blei u. s. w. die Dehnbarkeit des Metalles beeinträchtigen, sind sie für Drehmessing von entschieden günstigem Einfluss, da sie das Verschmieren der Feilen verhindern, was bei reinem Kupfer oder Kupferzink unbedingt stattfinden würde.

Hierher gehören nun folgende Legirungen:

Bezeichnung der Legirungen.	Kupfer.	Zink.	Zinn.	Blei.
Potin, zusammengesetzt nach Berthier aus . .	71.9	24.9	1.2	2.0
Iserlohner gegossene, dann gedrehte Waaren .	64.2	34.6	0.2	2.0
oder	61.6	35.3	0.6	2.5
Iserlohner vergoldete Gusswaaren	63.7	33.5	2.5	0.3
oder	64.5	32.4	0.2	2.9
				Eisen.
Schwarzwälder Uhrenräder nach Faisst . .	60.66	36.88	1.35	0.74
und	66.06	31.46	1.43	0.88
Als Oreïde**) verkauftes Metall, vom specif. Gew. 8.79 nach Bruns — also verschieden von der §. 171 citirten Legirung .	68.21	31.52	0.48	0.24
				Blei.
Messing von Ocker am Harz nach Strenz***)	64.24	37.27	0.59	0.12

8. Stirling†) nahm ein Patent, nach welchem 100 Th. Zink mit 2—25 % Eisen zusammengeschmolzen, davon 1 Th. zu 2 Th. Kupfer gesetzt werden soll. Die Legirung soll vor dem Kupferzink mehrfache Vorzüge haben, da sie sich leichter drehen, feilen, lackiren und vergolden lässt, eine schönere Politur annimmt und steifen Draht bildet. Verlangt man grössere Härte, so fügt man noch etwas Zinn hinzu. — Je nachdem man auf 100 Theile Zink 2 Th. Eisen und 200 Kupfer oder 25 Th. Eisen und 250 Kupfer nimmt, enthält die Legirung (wenn man etwa verdampfendes Zink nicht berücksichtigt):

Kupfer 66.22, Zink 33.11, Eisen 0.66 oder

„ 66.66, „ 26.66, „ 6.66,

gehört also ebenfalls zu dieser Art von Legirungen.

---

*) Hierauf bezieht sich folgende Stelle des Plinius, hist. nat. XXXIV. 14, 40: „Als der Künstler Aristonidas einen aus Reue Wahnsinnigen darstellen wollte, mischte er Kupfer und Eisen, damit der durch den Glanz des Erzes durchschimmernde Rost die Röthe der Scham ausdrücken möchte.

**) Liebig und Kopp, Jahresbericht 1857 p. 621.

***) Berg- und hüttenmänn. Zeitung 1857 No. 24.

†) Kronauer, technische Zeitschrift I. p. 21.

§. 244. Nägel zu Schiffsbeschlägen. Hartloth.

9. Zu Nägeln für Schiffsbeschläge, welche der zerstörenden Einwirkung des Meerwassers widerstehen sollen, dient eine Legirung von

Kupfer 63.6, Zink 25, Zinn 2.6, Blei 8.8.

10. Hartloth. Bei der ersten Gruppe (§. 177. No. 8) wurde eine Reihe von Schlaglothen aufgeführt, die nur aus Kupfer und Zink zusammengesetzt waren. Die Zusammensetzung aller Schlaglothe richtet sich aber nach der Schmelzbarkeit des damit zu löthenden Metalles, indem das Loth natürlich immer leichtflüssiger sein muss als dieses. Man fügt daher dem zum Löthen des Messings benutzten viel Zink hinzu, wodurch es allerdings leichtflüssiger wird, aber auch sehr spröde, daher weniger haltbar und eine in's Graugelbe ziehende Farbe erhält. Ein Zusatz von Zinn fördert nun die Schmelzbarkeit ohne auf die Haltbarkeit den nachtheiligen Einfluss des Zinkes zu äussern. Auch Blei fördert die Schmelzbarkeit; dass dasselbe die Haltbarkeit beeinträchtigen sollte, scheint nach den von Domingo gemachten Erfahrungen nicht gegründet zu sein.

Prechtl[*]) führt als hierher gehörig folgende in Wien gebräuchliche Lothe an:

	Kupfer	Zink	Zinn	Blei
a) gelb, strengflüssig . . .	53.30	43.10	1.30	0.30
b) halbweiss, leichtflüssig . .	44.00	49.90	3.30	1.20
c) weiss, sehr leichtflüssig .	57.44	27.98	14.58	—

Diese letzte Legirung schliesst sich eigentlich schon durch ihre ansehnliche Menge von Zinn der folgenden Gruppe an.

Ferner gehören hierher mehrere aus Messing, Zinn und Zink zusammengesetzte Lothe, zu deren Herstellung[**]) zuerst das Messing geschmolzen, zu diesem das Zinn und zuletzt das Zink unter Umrühren zugefügt wird. Sie enthalten:

	Messing	Zink	Zinn, also nach pCt.		Kupfer	Zink	Zinn
a)	6	1	1	„	50.00	37.50	12.50
b)	18	3	2	„	52.18	39.10	8.69
c)	12	4	1	„	47.00	47.00	6.00
d)	16	16	1	„	32.00	65.00	3.00

Andere Schlaglothe aus Kupfer und Zink bestehend, sind §. 177. besprochen worden; das aus Kupfer und Blei bestehende, von Domingo, ist §. 300, solche mit Zusatz von Nickel sind unter §. 316, endlich solche mit Zusatz von Silber §. 341 behandelt.

---

[*]) Prechtl, Encyclop. 9.446.
[**]) Gewerbe-Vereinsbl. für die Prov. Preussen 1848 p. 38.

Cap. 11. Dritte Gruppe.

Lagermetalle, oder Legirungen aus Kupfer mit ziemlich ansehnlichen Mengen von Zink und Zinn und untergeordneten Beimengungen anderer Metalle.

§. 245. Einfluss der einzelnen Metalle auf die Eigenschaften der Legirung.

Die hierher gehörigen Legirungen werden in der Technik bald als Bronze, bald als Messing bezeichnet, je nachdem sie sich mehr der einen oder der andern Legirung in ihrer Zusammensetzung nähern. Da sie fast sämmtlich in der Maschinenconstruction ihre Anwendung finden, ist der allgemeine Name Lagermetall für dieselben gerechtfertigt. — Grosse Festigkeit und Widerstandsfähigkeit gegen den Druck schwerer Walzen, ein möglichst geringer Reibungswiderstand gegen die Drehung der Zapfen und in Folge davon geringe Erwärmung und Abnutzung sind die Hauptanforderungen, die man an diese Legirungen, wenn sie zu Zapfenlagern bestimmt sind, stellt.

Bedeutender Kupfergehalt, der den der vorigen Gruppe im Allgemeinen noch überwiegt und zwischen 73 und 94 % wechselt, sowie ein ziemlich bedeutender Gehalt von Zinn und Zink, der für jedes der beiden Metalle etwa zwischen 2 und 14 % schwankt, characterisirt die hierher gehörigen Legirungen und trennt sie ebenso scharf von den vorigen Gruppen, in denen Zinn ganz untergeordnet ist, oder doch nicht über 3 % steigt, wie von der folgenden, in welcher das Zinn fast alle andern Metalle verdrängt.

Die in der zweiten Gruppe noch vorherrschende schöne Goldfarbe wird matter und geht bei grösserem Zinnzusatze mehr in das Graue, oft sogar in das Weisse über. Die Härte steht in directem Verhältniss des zugesetzten Zinkes und Zinnes. Man würde dieselbe schon durch das Zinn allein bedeutend vergrössern können, indessen wird dadurch die Legirung zu spröde. Der Zusatz von Zink dagegen vergrössert die Härte und vermehrt die Festigkeit, beugt also dem Bersten der Lager vor, welches sonst jedenfalls oft eintreten würde. Auch wird dadurch der Reibungswiderstand wesentlich verkleinert.

Auffallend ist die Wirkung des Eisens. Wenn man nämlich in einem vorher zum Eisenschmelzen gebrauchten Ofen oder Tiegel Zinn schmilzt, nimmt dies das zurückgebliebene Eisen auf und bildet damit eine Legirung, die zwar für sich ohne Anwendung ist, aber statt des Zinkes bei der Darstellung von Kupferlegirungen angewendet, diesen für bestimmte Zwecke vortreffliche Eigenschaften ertheilt, besonders Härte und Festigkeit, weshalb derartige Legirungen für Construction von Maschinentheilen in immer grössere Aufnahme kommen. Indessen hat die Erfahrung gelehrt, dass der Zusatz von Eisen, der übrigens nicht über 1½ % gehen darf, nur für kleinere Sachen sich eignet, da die grossen Gusswaaren dadurch zu hart und zähe werden. Die eisenhaltigen Legirungen sind immer schwerer schmelzbar als eisenfreie, und, in Sandformen gegossen, weniger geneigt, Höhlungen in der Masse zu bilden. Zink ertheilt dem Gusse ähnliche Eigenschaften.

Blei dagegen ist, bestimmte Fälle abgerechnet, eher nachtheilig als vortheilhaft, da es nicht nur selbst leicht oxydirt, sondern auch andere Metalle dazu veranlasst und so den Verlust an solchen bei der Schmelzung unverhältnissmässig steigert. Ausserdem ist es geneigt, beim Guss sich mit dem Kupfer zu einer getrennten, specifisch schwereren Legirung zu vereinigen und am Boden abzusetzen, so dass dadurch eine grosse Ungleichheit im Producte erzeugt wird. Man lässt daher am zweckmässigsten das Blei ganz weg, indem der Hauptvortheil desselben nur in der Vergrösserung der Dehnbarkeit und Hämmerbarkeit zu suchen ist, welche Eigenschaften bei Lagermetallen, welche nur gegossen werden, wenig in Betracht kommen. Dennoch wird das Blei oft genug, und zwar in ziemlicher Menge, der Legirung zugesetzt und muss wohl gar das Zink ganz ersetzen. Ebenso möchte ein Zusatz von Antimon in den meisten Fällen entbehrt werden können.

§. 246. Untersuchungen von Marggraff.

Marggraff[*]) erhielt durch Zusammenschmelzen von Kupfer, Zink und Zinn folgende Resultate:

No.	Nach Gewicht			Nach Procenten			Nach Atomen
	Cu	Zn	Sn	Cu	Zn	Sn	
1	100	100	100	unbestimmbar, wegen des grossen Verlustes an			
2	100	50	50	Zink.			
3	100	25	50	57.2	14.3	28.5	Cu^4 Zn Sn
4	100	25	25	66.7	16.6	16.7	Cu^4 Zn Sn
5	100	20	20	71.4	14.3	14.3	Cu^{10} Zn^2 Sn
6	100	16	16	75.6	12.1	12.1	Cu^{12} Zn^2 Sn
7	100	14	14	78.2	10.9	10.9	Cu^{14} Zn^2 Sn
8	100	12.5	12.5	80	10	10	Cu^{16} Zn^2 Sn
9	100	11	11	82	9	9	Cu^{18} Zn^2 Sn
10	100	10	10	83.4	8 3	8.3	Cu^{19} Zn^2 Sn
11	100	8	8	86.2	6.9	6.9	Cu^{23} Zn^2 Sn
12	100	7	7	87.8	6.1	6.1	Cu^{27} Zn^2 Sn
13	100	6	6	89 29	5.35	5.36	Cu^{31} Zn^2 Sn

Eigenschaften dieser Legirungen:

No. 1. Beim Schmelzen verflüchtigt sich viel Zink; die Legirung ist sehr weiss, lässt sich feilen, ist aber sehr spröde und im Bruch grobkörnig.

_____

[*]) Dumas, Handb. der angew. Chemie II. 56: Die Procent- und Atomberechnungen sind von mir gemacht; das verdampfende Zink ist dabei nicht berücksichtigt, da es höchstens 3 % des zugesetzten Zinkes beträgt.

No. 2. Noch grosser Zinkverlust beim Schmelzen, Legirung weiss, Bruch feinkörnig; lässt sich feilen.

No. 3 u. 4. Weiss in's Gelbliche spielend, hart, im Bruch eben, lässt sich feilen, aber nicht hämmern, ist nicht sonderlich fest, erhitzt sich wenig durch Reibung. Von hier an abwärts ist der Zinkverlust gering.

No. 5. Gelblich, hart, spröde, lässt sich feilen, der Bruch körnig.

No. 6. Gelblich, etwas spröde, aber vollkommen brauchbar, hart und schwer zu feilen, der Bruch eben.

No. 7. Gelb, etwas hämmerbar, besser zu feilen.

No. 8 u. 9. Gelb, noch sehr hart, aber hämmerbar und feilbar, Bruch eben.

No. 10. u. 11. Sehr schön gelb, leichter hämmerbar und feilbar, feinkörnig.

No. 12 u. 13. Schön goldfarbig, hämmerbar und leicht zu feilen, Bruch sehr fein.

§. 247.

Es ist schon §. 245 darauf hingedeutet worden, dass die meisten Legirungen unserer Gruppe ihre Verwendung in der Technik finden und zwar namentlich als Lagermetalle bei der Construction von Locomotiven und Dampfmaschinen aller Art. Kupfer allein würde zu weich sein, um der Abnutzung durch Reibung zu widerstehen. Durch den entsprechenden Zusatz von Zinn und Zink erhält es die grosse Härte und Zähigkeit, die unsere Legirungen für diese Art der Benutzung ganz besonders geeignet erscheinen lässt. Man verlangt eine ziemliche Strengflüssigkeit für Theile, die anhaltend der Hitze ausgesetzt sind, namentlich aber Widerstandsfähigkeit gegen die ununterbrochenen, unvermeidlichen Stösse der Maschinen, denen weder Messing allein, noch Bronze gewachsen sein würden. Die Verhältnisse von Zink und Zinn können in gewissen Grenzen variiren, doch muss man sich vorsehen, diese zu überschreiten, da nur unbrauchbare Legirungen das Resultat davon sein würden. Zu grosser Gehalt an Zink und Zinn macht das Metall spröde und hart. Da die Artikel sämmtlich gegossen und dann meist auf der Drehbank oder mit der Feile polirt werden, so hat man darauf zu sehen, dass sie nicht zu strengflüssig sind, die Theile der Formen gut ausfüllen und schliesslich eine schöne Politur annehmen. Andererseits würden die in der siebenten Gruppe zu besprechenden weissen Lagermetalle den hier an sie gestellten Anforderungen nicht genügen, da sie viel zu leichtflüssig und zu wenig fest sind.

Merkwürdig ist der nachtheilige Einfluss, den in der unter No. 15 aufgeführten Legirung der grössere Zinkzusatz ausübt, in Folge dessen das Metall den Einwirkungen des Seewassers weniger widerstand. Im Gegensatze dazu enthalten die unter No. 2 erwähnten Abstreichmesser nur wenig Zink, und scheint gerade hierin der Grund ihrer grossen Widerstandsfähigkeit gegen die corrodirenden Einflüsse der Farben zu liegen.

Kommt es dagegen darauf an, dem Metalle eine grössere Geschmeidigkeit zu geben, wie es für die No. 3 und 4 aufgeführten Schaufeln und Bleche wünschenswerth ist, die erst gegossen und dann gehämmert und zum Theil auf Durchschnitten behandelt werden, so vermehrt man die Menge des Zinkes auf Kosten des Kupfers.

Von Legirungen zu feinen Gusswaaren (No. 8) verlangt man eine schöne goldgelbe Farbe, wie sie der kupferreiche, unter dem Messing besprochene Tombak (§. 172) zeigt. Sie müssen sich gut feilen, ciseliren und mit geringem Goldaufwande vergolden lassen. Die unter No. 8 aufgeführten Legirungen haben diese Eigenschaften, enthalten bedeutend weniger Kupfer als Tombak und sind daher billiger und leichter zu schmelzen und zu giessen.

Scheidemünze (No. 9) muss der Abnutzung durch den Gebrauch besonders gut widerstehen, da ja sonst in kurzer Zeit die Feinheit des Gepräges verwischt werden, die Münze am Ende gar ganz unkenntlich werden würde. Die Legirung ist ausserdem bedeutend billiger und von schönerem Ansehen als reines Kupfer und diesem unbedingt vorzuziehen.

Bidery und chinesische Bronze (No. 17 und 19) sind glänzend weisse Legirungen mit sehr bedeutendem Gehalt an Blei, wodurch sie sich leichter giessen und poliren und namentlich gut auf der Drehbank und mit der Feile bearbeiten lassen.

§ 248. Uebersicht der hierher gehörigen Legirungen.

Die in der Technik gebräuchlichen Legirungen dieser Gruppe sind nun folgende:

A. **Legirungen aus Kupfer, Zink und Zinn.**

Verwendung der Compositionen.	Nach Procenten.		
	Cu	Zn	Sn
1. Legirungen für verschiedene Theile an Locomotiven und anderen Dampfmaschinen.			
Lagermetall für die Hebel der Schieberbewegung an einer holländischen Locomotive*)	85.25	2.0	12.75
Lagermetall für Locomotivenkolben zu Seraing**)	89	9	2
Lager***) der Locomotivaxen der französischen Nordbahn. Zuerst das Kupfer geschmolzen, die andern Metalle dann müg-			

*) Bolley, techn.-chem. Untersuch. 224 No. 30. — **) ebenda No. 33.
***) Génie industr. 1852 p. 286.

Verwendung der Compositionen.	Nach Procenten		
	Cu	Zn	Sn
licht allmählich zugesetzt, wodurch die Legirung sehr hart wird	82	8	10
Lagermetall*) für Locomotiven, nach Calvert u. Johnson, ausserordentlich hart (Cu¹⁰, Sn, Zn)...............	87.05	5.07	7.88
Lager an Eisenbahnwagen	78	2	20
Desgl.; fast ebenso brauchbar, nur etwas porös im Bruch	97.2	2.5	
Lafond, Werkführer einer Giesserei zu Aubin, empfiehlt für Locomotiven und andere Maschinen folgende, von ihm erprobte Legirungen:			
Lager für Treibräder, weiss, feinkörnig, sehr hart, gut zu drehen und zu feilen; auch zu Dampfpfeifen, die sehr hellen Ton geben, aus: 100 Cu, 2.5 Zn, 22.5 Sn, also	80	2	18
Dampfpfeifen mit etwas dumpferem Tone	81	2	17
Lenkstangenlagerfutter, röthlich, dicht, sehr hart, bedürfen eines grösseren Kupferzusatzes, um das Metall weniger spröde zu machen, da sonst die Lagerfutter durch den Druck der Lenkstangen zerbrechen	82	2	16
Pumpencylinder, Ventilgehäuse, Hähne, blassroth, gut zu feilen und zu poliren: 100 Cu, 2.3 Zn, 11.4 Sn, also	88	2	10
Excentrikringe	84	2	14
Stopfbüchsen**) für Kolbenstangen einer belgischen Locomotive	90.2	6.3	3.5
Maschinentheile***), die Stössen ausgesetzt sind; Cylinderkolben, Stützen, Pumpenstiefel, aus 100 Cu, 30 Zn, 5 Sn, also	74.1	22.2	3.7

§. 249.

Verwendung der Compositionen.	Theile			Nach Procenten		
	Cu	Zn	Sn	Cu	Zn	Sn
Theile, die auf Eisen angegossen werden und festsitzen müssen	100	19	8	78.7	15	6.3
	100	2.5	17	83.7	2.1	14.2
Axenlager, Zapfenlager, Excentrikringe, Lagerfutter u. dergl.	100	2.5	13	85.5	2.1	12.8
	100	9.0	10.5	83.7	7.5	8.8
	100	6.5	41.5	67.6	4.4	28.0
Dampfkolben an Locomotiven	100	10	3	88.5	8.9	2.6
Schraubenmuttern an groben Gewinden	100	2.8	13.2	86.2	2.4	11.4
Wagenradbüchsen	100	3	11	87.7	2.6	9.7
2. Abstreichmesser oder Rakel, mit denen von den Walzen der Kattundruckmaschinen die Farbe abgestrichen wird, in Frankreich und England nach Berthier	100	13	10	80.5	10.5	8

*) Philos. Magaz. 1858 p. 240.
**) Bolley p. 224 No. 32.
***) Liebig u. Kopp, Jahresbericht 1849 p. 639.

Verwendung der Compositionen.	Theile			Nach Procenten		
	Cu	Zn	Sn	Cu	Zn	Sn
Ebensolche aus Dresden*), sehr elastisch, von der Farbe wenig angegriffen, messinggelb, nach wiederholtem Umschmelzen weiss und sehr spröde; scheinen also durch schnelles Abkühlen hämmerbar und dunkelfarbig geworden zu sein	17	2	1	85.8	9.8	4.9
3. Gegossene Schaufeln	3	2	1	50	33 6	16.4
4. Jackson's Metall**), für Bleche, bei deren Verarbeitung Durchschnitte und Gesenke zur Anwendung kommen sollen, die also sehr geschmeidig sein müssen	64	22	4	71.1	24.4	4.5
oder	64	25	1	71.1	27.7	1.2
5. Räder, in die Zähne geschnitten werden	100	3	9.5	88.8	2.7	8 5
6. Feine Gewichte, Reisszeuge, Waagebalken	100	2.3	9.5	90	2	8
7. Legirung für Mess- und andere mathematische Instrumente, von der Commission zur Herstellung neuer englischer Standard-Yards vorgeschlagen, weil sie weniger als andere Metalle durch Temperaturdifferenzen einer Veränderung unterworfen ist***).	16 100	1 6½	2½ 15¾	82.1	5.1	12.8
8. Legirungen zu feineren Gusswaaren und Luxusartikeln, auch unter dem Namen manheimer Gold, von hochgelber Farbe, 7 Kupfer, 3 Messing, 1½ Zinn	91	9	15	79.1	7.8	13.1
oder: Similor, schön goldgelb, nach Prechtl	28	12 Messing	3	83.7	9.3	7.0
Gemeines Juwelirgold	3	1	¾	77.2	7.0	15.8
Soll es eine feine Politur erhalten, so wird anstatt des Zinn eine Mischung von Blei und Antimon angewendet, deren Verhältniss nicht angegeben ist.						
Tombak, als solcher geht eine Legirung aus				89	5.5	5.5
9. Scheidemünze, in der Schweiz seit 1850, in Frankreich seit 1852, in Schweden seit 1855	100	1	4.2	95	1	4
In Dänemark seit 1856	100	5.5	5.5	90	5	5
Medaillenbronze	100	1	2.1	97	2	1
In einzelnen Fällen fehlt das Zink ganz und wird durch Blei oder Antimon ersetzt:						
10. Maschinentheile, Lager, Lagerfutter; man schmilzt das Kupfer, setzt dann das Zinn, zuletzt das Blei hinzu	100	Pb 28	22		Pb	
oder nach Tapp	32	9	7	66.7	18.7	14.6

*) Elsner, Mittheilungen 1861/62 p. 86.
**) The practic Mechan. Journ. 1849 Decbr. p. 216.
***) Bremer Handelsblatt 1854 No. 145.

Verwendung der Compositionen.	Nach Procenten.		
	Cu	Sb	Sn
11. Ventilkugeln und andere Theile, an denen Löthungen mit Schlagloth zu machen sind; geschmeidig, roth, feinkörnig; nach Lafond	87	1	12
12. Dampfpfeifen (Bolley, a. a. O. 225 No. 64) . . .	30	2	18
Schliesslich würde der quantitativen Zusammensetzung nach eine Legirung hergehören, die allerdings weder Zinn noch Zink enthält, sondern in welcher diese Metalle durch Blei und Antimon vertreten sind, nämlich ein:			Pb
13. Spiegelmetall (Bolley p. 225 No. 71)	80.84	8.43	9.04

§. 250.

B. Legirungen aus Kupfer, Zink, Zinn und Blei.

Verwendung der Compositionen.	Nach Theilen.				Nach Procenten.			
	Cu	Zn	Sn	Pb	Cu	Zn	Sn	Pb
14. Verschiedene Maschinentheile, Lager und Lagerfutter, Excentrikringe u. s. w. *)	100	12	12.8	9.4	74.5	8.9	9.5	7.1
Stephenson's Lagermetall für Locomotiven .	100	6.4	10.1	10.1	79	5	8	8
Dampfkolben an Locomotiven	100	10	3.5	5.5	84	8.4	2.9	4.7
Blasrohrapparate, Spülpfropfen, Zwischenringe um die Heizthüren der Locomotiven	100	6	3	1.5	90.5	5.4	2.7	1.4
Gegenstände, die eine höhere Temperatur auszuhalten haben, nach belgischen Erfahrungen	17	1	½	¼	90.7	5.3	2.7	1.3
Es ist also die vorige Composition.								
Verschiedene Gegenstände des Maschinenbaues					74	1	10	15
Desgl. schön goldfarbig, sehr brauchbar . .					74	10	1	15
Desgl. etwas härter, viel versprechend. . . .					70	10	10	10
Gegenstände, die Stösse und sehr starke Reibung auszuhalten haben, nach Lafond . . .					83	1.5	15	0.5
15. Nägel zu Schiffsbeschlägen, die den Einwirkungen des Seewassers widerstehen, nach Percy **)					68.6	24.6	2.6	3.7
Dagegen wurden vom Seewasser stark angegriffen Nägel aus					52.7	41.2	—	4.7
16. Genfer Compositionsfeilen, die beim Poliren kleiner metallener Gegenstände zum Auftragen von Polirroth dienen und von silberweisser Farbe sind, nach Vogel ***)	8	1	2	1	64.4	80	17.6	8.6

*) Organ für Eisenbahnwesen 1848. — **) Liebig u. Kopp, Jahresber. 1850 p. 637.
***) Polytechn. Centralblatt 1861 p. 891.

Verwendung der Compositionen.	Nach Gewicht.				Nach Procenten.			
	Cu	Zn	Sn	Pb	Cu	Zn	Sn	Pb
Vogel bildete sie nach verschiedenen Verhältnissen nach, indem er die Metalle unter Boraxdecke schmolz	8	1	4	1	57.1	7.1	28.6	7.1
und in Stangenform goss. Die	8	1	4	0	61.5	7.7	30.8	—
von ihm als für Feilen am geeignetsten bezeichneten Legirungen sind gelblich weiss, sehr spröde	8	0	4	1	61.5	—	30.8	7.7
und so hart, dass sie weichen Gussstahl ritzen; er empfiehlt namentlich:	8	0	2	1	72.7	—	18.2	9.1
17. Bidery, zu ostindischen Vasen*)	16	11	2	4	48.5	32.8	6.6	12.1
18. Thomsons Glockenmetall					80	5.6	10.1	4.3
19. Chinesische Metallbronze zu Beschlägen, weiss wie Neusilber, nimmt gute Politur an, ist sehr fest und gut zu giessen					72.5	14.3	4.7	18.5
20. Für Axenlager, Excentrikringe, Büchsen, Schiebeventile u. s. w. bewährte sich im Gebrauch bei belgischen Locomotiven**) eine Legirung, in der das Zink durch Antimon ersetzt wird, nämlich aus 20 Cu, 4 Sn, ½ Pb, ½ Sb, also					80	Sn 16	Pb 2	Sb 2

§. 251.

C. Eisenhaltige Legirungen.

Verwendung der Compositionen.	Nach Procenten.			
	Cu	Pb	Sb	Ni u. Fe
21. Stempelschuhe***), für die Pochstempel der lautertbaler Pulvermühle, aus einer Speise von der altenauer Silberhütte mit Zusatz von Glimmerkupfer (daher der Gehalt an Nickel) gegossen, hatten harte und weiche Stellen und sollen dadurch den Grund zu wiederholt vorgekommenen Explosionen gelegt haben, die wenigstens, seit man die Legirung durch Bronze ersetzt hat, nicht ferner vorgekommen sind. Sie besteht aus	64.9	11.1	19.3	5.5
22. Lagermetall für Treibaxen an englischen und belgischen Locomotiven†)	89	Zn 7.8	Sn 2.4	Fe 0.8
23. Zapfenlagermetall von Rothehütte im Harz, nach Blauel††)	81.17	Sn 15.2	Pb 14.6	0.9

*) Bolley a. a. O. p. 226 No. 81. — **) Bolley a. a. O. p. 226 No. 79.
***) Organ für Eisenbahnwesen. 1848.
†) Dingler 146 p. 233. — ††) Bolley, No. 28.

Verwendung der Compositionen.	Nach Procenten.				
	Cu	Zn	Sn	Pb	Fe
24. Axenlager einer englischen Locomotive, die ausgezeichnete Dauerhaftigkeit durch mehrjährige Erfahrung erprobt . . .	73.5	9.5	9.5	7.5	0.5
25. Stephenson's Kolbenringe von Locomotiven *) :	84	8.3	2.9	4.3	0.4
Man muss (nach Mittenzwei) zuerst die 3 leicht-flüssigen Metalle zusammenschmelzen und dem mit dem Eisen geschmolzenen Kupfer zusetzen, wodurch das Metall sehr dicht, gleichförmig und feinkörnig wird; setzt man sie einzeln zum Kupfer, so verbinden sie sich schlecht damit; namentlich gilt dies vom Blei.					
26. Zapfenlager nach Stolba, sehr gerühmt (wohl aus 50 Cu, 14 Zn, 3 Sn, 1 Pb zusammengesetzt)	72.4	20.9	4.7	1.5	0.5

*) Polytechn. Centralblatt 1856 p. 256.

Vierter Theil.

Legirungen. die vorherrschend Kupfer und Zinn enthalten.

Cap. 12. Vierte Gruppe. Aechte Bronze.

Eigenschaften der Gruppe.

§. 252.

Der Gesammtüberblick über die in diese Gruppe gehörigen Legirungen ist einfach, da eben bei weitem die meisten nur aus den beiden Hauptmetallen zusammengesetzt sind, alle anderen etwa beigemischten Metalle aber der Menge nach durchaus untergeordnet sind. Auch die Eigenschaften der Legirungen sind namentlich von den beiden Hauptmetallen abhängig und werden durch anderweite Zusätze nicht selten wesentlich verschlechtert. Je nach der Verschiedenheit des Zweckes ergeben sich aber sehr wesentliche Abweichungen im quantitativen Verhältniss, die natürlich wieder vom grössten Einfluss auf die physikalischen Eigenschaften der Legirung sind.

Die ächte Bronze ist die älteste der Kupferlegirungen, indem die Alten das unvermischte Kupfer, als zu weich, für gewöhnlich nicht gebrauchten, sondern in der Regel dessen Legirung mit Zinn, wie aus zahlreichen Analysen hervorgeht, die von alten Münzen, Waffen und Hausgeräthen gemacht worden sind. In einigen Fällen findet sich auch Blei, bei denen aus der vorchristlichen Zeit sogar bis 23 %; ferner Zink, Eisen und sogar ein wenig Silber. Indessen ist nicht anzunehmen, dass Eisen und Silber absichtlich zugesetzt sind; vielmehr mögen sie schon vorher im Kupfer enthalten gewesen sein.

Indessen gehört hierher die schon Seite 214 angeführte Stelle des Plinius, nach welcher der Künstler Aristonidas Kupfer und Eisen zusammenschmolz, als er einen aus Reue Wahnsinnigen darstellen wollte. Der durch den Glanz des Erzes durchschimmernde Rost sollte die Röthe der Scham ausdrücken. Ob hier indessen von einer wirklichen Legirung die Rede sein kann, ist mindestens zu bezweifeln; das Eisen war vielmehr wohl unverbunden geblieben, da sonst doch von einem einseitigen Rosten desselben unmöglich die Rede sein könnte. Eine andere Angabe: „berühmt ist Salamion's Jocaste mit todtenbleichem Gesicht, durch Silbermischung hervorgebracht", halte ich für ein Märchen, ebenso wie unsere silberhaltigen Glocken. Die Bronze zeigt je nach der Zusammensetzung sehr verschiedene Farben; die Alten wussten das so gut als wir, und verstanden es, diese Farben willkührlich durch Aenderung der Mischung zu erzeugen, um verschiedene Effecte hervorzubringen. Grössere Zinnmengen färben die Bronze weisslich. Die absolute Unmöglichkeit, die fertige Bronze zu analysiren und so eine Controle auszuüben, öffnete dem Betruge Thor und Thür und machte es möglich, schönfarbige Bronzen für goldhaltig, weissliche für silberhaltig auszugeben. Dass die Alten den Statuen ausserdem mancherlei Ueberzüge gaben, geht aus mehreren Stellen des Plinius hervor. Ich rechne dahin die zu Delphi aufgestellten meerblauen Seehelden, die besonders geschätzte bräunliche Athletenfarbe, das Färben des Kranzkupfers mit Ochsengalle und die durch eine kostbare Leberfarbe ausgezeichnete, Hepatizon genannte, Abart des korinthischen Erzes. Auch die Methode, die mit Oel eingeriebenen Statuen der starken Sonnengluth auszusetzen, um ihnen dadurch eine hübsche Farbe zu geben, gehört hierher. Es dürfte sich dabei zunächst fettsaures Kupferoxyd, also eine Art Patina gebildet haben, die später durch die Einwirkung der Atmosphäre in die eigentliche Patina überging.

Legirungen mit Zink sind jünger als die mit Zinn und werden zuerst von Aristoteles erwähnt. Das zu Statuen verwendete Erz enthielt kein Zink, wenigstens nicht in der Blüthezeit des griechischen Kunstgenusses, die mit Phidias um 450 v. Chr. beginnt und mit Lysippus und seinem Schüler Chares um 300 v. Chr. schliesst, um 150 Jahre später unter Kallistratos, Pythias und ihren Zeitgenossen nochmals auf kurze Zeit wieder aufzuleben. Das Weitere über die Verwendung der Bronze im Alterthum, namentlich über die zahllosen, ebenso durch ihre Schönheit, wie durch ihre oft gewaltige Grösse imponirenden Bildsäulen ist schon oben im antiquarischen Theile angegeben worden.

Glocken und Kanonen, Metallspiegel, Münzen, Medaillen und verschiedenartige Maschinentheile bilden die Hauptverwendung der Bronze in der Neuzeit.

Doch ist durchaus nicht zu verkennen, dass die Bronze dem Messing an Wichtigkeit bei Weitem nachsteht, da sie zwar durch ihren Zinngehalt leichtflüssiger, klingender und zäher wird als reines Kupfer, aber auch härter und spröder, an Dehnbarkeit ungemein verliert und selbst ihre Politurfähigkeit in vielen Fällen einbüsst. Sie ist daher der Hauptsache nach nur zu Gusswaaren zu verwenden.

Ehe wir die Eigenschaften der Bronze weiter besprechen, mag hier folgende Tabelle ihren Platz finden.

§. 253.

Eigenschaften des Kupfer-Zinns,

nach Riefel (No. 1—11), und Mallet (No. 12—25). — (Dingler's polyt. Journal 85—378).

No.	Aequivalent.	Cu Procent.	Specifisches Gewicht.	Farbe.	Bruch.	Cohäsion.	Dehnbarkeit.	Härte.	Schmelzbarkeit.	Bemerkungen.
1	Cu	100	8.607	roth.	—	24.6	1	10	16	härter als Kupfer, gut zu Medaillen zu verwenden.
2	$Cu^{96} Sn$	98.10	—	rosa.	—	—	—	11	—	von Salzsäure wenig angegriffen, daher zum Schiffsbeschlag geeignet.
3	$Cu^{72} Sn$	97.48	—	gelbrosa.	—	—	—	—	—	hart, geschmeidig, sonst ohne bestimmte Verwendung.
4	$Cu^{46} Sn$	96.27	8.79	morgenroth.	—	—	—	—	—	etwas hämmerbar, lässt sich feilen; zu Medaillon geeignet.
5	$Cu^{23} Sn$	93.17	8.76	gelbroth.	feinkörnig.	—	—	—	—	wohlklingend, Feile greift an, sehr fest und zäh, Kanonenmetall.
6	$Cu^{20} Sn$	91.49	8.76	röthlich.	körnig.	—	—	—	—	
7	$Cu^{18} Sn$	90.1	8.78	röthlich.	körnig.	—	—	—	—	do. do. Verwendung hart, etwas hämmerbar. im Maschinenbau.
8	$Cu^{16} Sn$	89.9	8.80	röthlichgelb.	feinkörnig.	—	—	—	—	lässt sich feilen, ebenfalls im Maschinenbau verwendet.
9	$Cu^{15} Sn$	89.0	8.80	röthlichgelb.	feinkörnig.	—	—	—	—	hämmerbar, leicht zu feilen, speciell für Maschinenbau.
10	$Cu^{14} Sn$	87.7	8.81	gelb.	körnig.	—	—	—	—	Maschinenbau.

15*

No.	Aequivalent	Cu Procent.	Specifisches Gewicht.	Farbe.	Bruch.	Cohäsion.	Dehnbarkeit.	Härte.	Schmelzbarkeit.	Bemerkungen.
11	Cu^{12} Sn	86.2	8.87	gelblich	körnig	—	—	—	—	etwas hämmerbar, von Feile angegriffen. Maschinenbau.
12	Cu^{10} Sn	84.3	8.561	rothgelb	feinkörnig	16.1	2	8	15	spröde, von Feile angegriffen. Stückgut.
13	Cu^{9} Sn	82.81	8.462	do.	do.	15.2	3	5	14	do.
14	Cu^{8} Sn	81.10	8.459	gelbroth	do.	17.7	4	4	13	spröde, aber zu feilen; für Glockenguss wohlklingendste Legirung, auch als Stückgut geeignet.
15	Cu^{7} Sn	78.97	8.728	do.	glattmuschlig	13.6	5	3	12	hartes Zapfenlager, für Glocken.
16	Cu^{6} Sn	76.29	8.750	blassroth	glatt	9.7	wenig spröde	2	11	von der Feile angegriffen. Glockengut.
17	Cu^{5} Sn	72.80	8.575	blassroth	muschlig	4.9	spröde	1	10	schwer zu feilen. Glockengut.
18	Cu^{4} Sn	68.21	8.400	aschgrau	do.	0.7	bröcklich	6	9	spröde, Glockengut, bestes Spiegelmetall.
19	Cu^{3} Sn	61.69	8.539	dunkelgrau	blättrig-körn.	0.5	bröcklich	7	8	Glockengut.
20	Cu^{2} Sn	51.75	8.416	grauweiss	glattmuschlig	1.7		9	7	von der Feile angegriffen. Glockengut.
21	Cu Sn	34.92	8.056	weisser	blättrig-körn.	1.4	etwas spr.	11	6	für kleine Glocken.
22	Cu Sn^{2}	21.15	7.387	noch weisser	glattkörnig	3.9		12	5	do.
23	Cu Sn^{3}	15.17	7.447		do.	3.1		13	4	Spiegelmetall, leicht erblindend.
24	Cu Sn^{4}	11.82	7.472		do.	3.1	8. zähe	14	3	do.
25	Cu Sn^{5}	9.68	7.442	zinnweiss	erdig	2.5	6. zähe	15	2	do.
26	Sn Sn^{24}	2.19	—	do.	—	—	—	—	—	Axenlager.
27	Cu Sn^{44}	1.11	—	do.	—	—	—	—	—	
28	Sn	0	7.291			2.7	7	16	1	

Die Zahlen unter „Cohäsion" zeigen das zum Zerreissen einer 1 Quadratzoll dicken Stange nöthige Gewicht in Tonnen an. Bei der Härte ist 1 das Maximum. Die Angaben von No. 2—11 sind z. Th. den Untersuchungen von Rieffel, z. Th. denen von Calvert und v. Marggraff entnommen.

§. 247. Specifisches Gewicht.

1. **Das specifische Gewicht** der dieser Gruppe angehörigen Legirungen ist, wie beim Messing, grösser als die berechnete mittlere Dichtigkeit der Bestandtheile; es findet also eine Verdichtung derselben Statt. Da die Bronze in der Regel beim Erstarren eine blasige Structur annimmt, so wird die Masse dadurch vergrössert und natürlich das specifische Gewicht des Metalles vermindert. Man muss daher, um dasselbe zu bestimmen, die Legirung im feinpulverigen Zustande wiegen.

Die folgende Tabelle einiger Legirungen zeigt ihre specifische Schwere und die Differenz zwischen dieser und der berechneten mittleren Dichtigkeit:

Legirung mit % Kupfer.	Berechnete Dichtigkeit.	Beobachtete Dichtigkeit.	Differenz.
96.2	8.74	8.79	0.05
94.4	8.61	8.78	0.07
92.6	8.68	8.76	0.08
91.0	8.66	8.76	0.10
89.3	8.63	8.80	0.17
87.7	8.61	8.81	0.20
86.2	8.60	8.87	0.27
75.0	8.43	8.83	0.40
50.0	8.05	8.79	0.74

Man sieht aus dieser und der vorangehenden Tabelle, dass das specifische Gewicht im Allgemeinen mit der Menge des zugesetzten Kupfers wächst, bis es bei einem Gehalte von 86.2 % das Maximum von 8.87 erreicht hat und dann wieder regelmässig abnimmt. Die leichteste Verbindung, vom Gewicht 7.39, scheint die mit 21 % Kupfer zu sein.

Demnach wiegt ein Kubikfuss Glockenmetall vom specifischen Gewicht 8.750 fast genau 541 Zollpfund und der Kubikzoll 9.844 Zollloth; der Kubikfuss Stückgut vom specifischen Gewicht 8.78 wiegt 542 Zollpfund 26 Loth und der Kubikzoll 9.877 Zollloth.

Der Einfluss der Bearbeitung ergiebt sich aus einer Angabe von Baudrimont[*]), nach welcher eine Legirung mit 80 % Kupfer folgendes Gewicht zeigt:

gegossen und langsam erkaltet = 8.4389

gehärtet . . . . = 7.9322

gehämmert . . . . = 8.8893

§. 255.

2. **Die absolute Festigkeit**, in der Tabelle durch Cohäsion bezeichnet, nimmt zunächst mit dem Kupfergehalte ab, und beträgt für Kanonen-

---

[*]) Hoffmann, Sammlung von Tabellen für Chemiker 117.

metall*) nach Mallet 16.1—17.7 Tonnen, für eine Legirung mit 61.2 Kupfer aber nur 0.5 Tonnen. Sinkt der Kupfergehalt unter 60 %, so nimmt die Festigkeit wieder etwas zu, bleibt aber im Ganzen sehr gering.

3. Die Härte wächst zuerst mit dem Zusatz von Zinn und wird bei der Legirung mit 27.2 % Zinn so gross, dass dieselbe nur schwierig von der Feile angegriffen wird. Ein grösserer Zinngehalt vermindert dann die Härte wieder, so dass die Legirung aus gleichen Theilen Kupfer und Zinn etwa die Härte des reinen Kupfers zeigt, die endlich, bei noch mehr Zinn, bis zu der des reinen Zinnes sinkt.

§. 256. Dehnbarkeit.

4. Die Dehnbarkeit nimmt im Allgemeinen mit dem Gehalte an Kupfer ab. Die kupferreichen Legirungen mit weniger als 15¼ % Zinn sind bei beträchtlicher Festigkeit, Zähigkeit und Politurfähigkeit bei gewöhnlicher Temperatur wenig hämmerbar, aber gut streckbar in der Rothglühhitze und von ausgedehnter Anwendung im Maschinenbau. Enthält die Legirung unter 4¼ % Zinn, so ist sie kalt sehr geschmeidig, obwohl leicht kantenrissig. Die Legirungen bis 15 % Zinn zeigen ein feinkörniges, fast vollkommen dichtes Gefüge, sind etwas geschmeidig und sehr fest und zähe, aber weniger hart. Die Legirung mit 9.1 % Zinn, das Kanonenmetall, ist die stärkste und festeste aller Kupferlegirungen. Von 15—25 % Zinn wird die Masse stufenweise immer härter, trockner, brüchiger und schwerer zu feilen. Die härteste und sprödeste Legirung ist die mit 31 % Zinn, die kaum von der Feile angegriffen wird und spröde wie weisses Gusseisen ist. Die Sprödigkeit setzt sich fort bis zu 50 % Zinn, später werden die Legirungen wieder etwas weicher und hämmerbar. Es ist wahrscheinlich, dass man Compositionen von 90—99 % Zinn als weisses Metall für Axenlager und andere Maschinentheile, die eine starke Reibung auszuhalten haben, wird gebrauchen können.

§. 257. Das Ablöschen der Bronze.

Diese Sprödigkeit der Bronzeverbindungen würde ihrer Verwendung in der Praxis grosse Hindernisse in den Weg legen, wenn man nicht im Ablöschen ein Mittel hätte, diesem Uebelstande zu begegnen. Während nehmlich Stahl, glühend in kaltes Wasser getaucht, erhärtet, vermindert ein gleiches Verfahren bei der Bronze die Dichtigkeit und Härte des Metalls; es bringt Hämmerbarkeit und Biegsamkeit hervor und macht zuweilen zähe. Ausserdem wird die Legirung dunkler und erhält einen bedeutend tieferen Klang und Ton, indem die Elasticität dadurch theilweise verloren geht.

Man kann diese Arbeit, die man auch das Anlassen oder Adouciren nennt, mit dem Gusse zugleich vornehmen, wenn man nach dem Erstarren des

---

*) Schubarth, phys. Tabellen p. 7.

Gegenstandes in der Form diese schnell öffnet und den Guss in kaltes Wasser taucht. Wollte man es dagegen an einer fertigen Waare ausführen, so darf diese höchstens bis zur Dunkelrothglühhitze erwärmt werden. Vorzugsweise findet dieses Verfahren Anwendung bei der Anfertigung von bronzenen Medaillen, Münzen und gewissen musikalischen Instrumenten, z. B. Cymbeln. Letztere, sowie überhaupt dünne und flache Sachen, dürfen nicht über die Hitze des schmelzenden Zinnes, (228^0 C.) angelassen werden; doch kann man das Anlassen mehrmals wiederholen. Auch hat man den vorderen Rand der Artilleriemörser auf diese Weise bearbeitet und dadurch vor dem sonst häufigen Zerspringen zu schützen gesucht. Ferner erlangen durch solches Anlassen die kleinen bronzenen Tapisserienägel zum Beschlagen der Sophas eine dem Bedürfniss entsprechende Zähigkeit. Sollen solche angelassene Gegenstände nach der Bearbeitung ihre frühere Härte wieder erhalten, so werden sie wieder erhitzt und langsam abgekühlt.

Uebrigens verhält sich die Bronze je nach ihrer Zusammensetzung in Bezug auf die durch das Ablöschen ertheilte Zähigkeit verschieden, und zwar eignet sich eine sehr leichtflüssige Legirung von 100 Kupfer und 19 Zinn, also mit 16 % Zinn, am besten zu diesem Zwecke. Sie wird nicht allein zäher als alle übrigen Bronzesorten, sondern erlangt dieselbe Zähigkeit und Dehnbarkeit auch in allen verschiedenen Dicken, während nach anderen Verhältnissen gebildete Compositionen zwar auch durch das Ablöschen zähe und hämmerbar werden, aber nur für eine bestimmte Dicke ihre höchste Dehnbarkeit erhalten.

§. 258. Farbe.

5. Die Farbe der Bronzelegirungen ist je nach dem Verhältniss der beiden Metalle verschieden und geht von roth, durch rothgelb, gelb, weiss in grau über, wobei zu bemerken ist, dass dem Zinn die weissfärbende Kraft in viel höherem Grade zukommt, als dem Zink in den früher besprochenen Gruppen. Die Legirungen sind mit: 99—90 % kupferroth oder dunkelrothgelb, mit 88 % Kupfer orangegelb, bei 85 % reingelb, bei 80 % gelblichweiss, von da an weiss; bei 50—35 % Kupfer grauweiss, bei Legirungen mit weniger als 35 % Kupfer wieder weiss und zinnähnlich.

§. 259. Verhalten in der Wärme.

6. Die Ausdehnung in der Wärme von 0—100° C. beträgt nach Smeaton für Bronze $\frac{1}{\text{..}}$, für Spiegelmetall $\frac{1}{\text{..}}$.

Die Contraction des Kanonenmetalles oder die Schwindungsgrösse, wenn es vom geschmolzenen Zustande in den festen übergeht und sich bis auf die mittlere Temperatur abkühlt, beträgt linear $\frac{1}{130}$, im Kubikinhalt $\frac{1}{44}$; für Statuenbronze (Gruppe 3) linear $\frac{1}{77}$ und im Cubikinhalt $\frac{1}{26}$.

Der Schmelzpunkt liegt für alle Bronzegemische tiefer als der des

Kupfers und wird für Kanonenmetall zu 900°, für eine Legirung aus 7 Kupfer 1 Zinn zu 835°, für eine solche von 3 Kupfer 1 Zinn zu 786° C. angegeben.

Das Aussaigern. Sehr einflussreich auf die Behandlung beim Guss ist die Neigung der kupferreichen Bronze, sich beim Erstarren in verschiedene Legirungen zu trennen, von denen die zinnärmeren strengflüssig, die zinnreicheren leichtflüssig sind. Diese Trennung erfolgt übrigens nicht bei allen Legirungen. Nach Karsten[*]) sind Legirungen, die auf 100 Theile Zinn 50, 100 oder 200 Kupfer enthalten, also mit 67.7 %, 50 % und 33.3 % Zinn, sie mögen langsam oder schnell erstarren, durchaus gleichmässig und werden auch durch Glühen nicht verändert. Anders schon ist es mit der aus 20 Zinn und 80 Kupfer bestehenden schmutzig weissen und spröden Legirung, die zwar, ob schnell oder langsam erkaltet, dasselbe Ansehn und den dichten Bruch behält. wenn sie aber nach dem Erkalten bis fast zur Rothgluth erhitzt und dann schnell abgelöscht wird. gelblichweiss, dehnbar und körnig wird. Erhitzt man sie über die Rothgluth hinaus, so zerlegt sich die Masse, indem eine zinnreiche, leichtflüssige Legirung in der Form kleiner, silberweisser Perlen aussaigert.

Noch schroffer tritt dies Verhältniss bei dem Kanonengut, einer Legirung von 1 Zinn mit 11 Kupfer, oder 8.3 % Zinn hervor. Sie erscheint nur homogen, wenn man die geschmolzene Masse in Form dünner Stäbe in starke Eisenformen ausgiesst und sehr schnell in kaltem Wasser ablöscht.

Lässt man die Masse dagegen langsam erkalten und betrachtet sie dann mit der Lupe, so bemerkt man ein weisses, sprödes, körniges Gemisch, eingelagert in eine röthlichgelbe, zähe, vorherrschende Grundmasse. Die Legirung ist also nur beim Schmelzen und schnellen Erkalten homogen, während beim langsamen Erkalten Aussaigerung der leichtflüssigeren, weissen Masse eintritt.

§. 260.

Diese Trennung tritt aber nicht, wie man erwarten sollte, um so leichter ein, je langsamer der Erstarrungsprocess erfolgt. sondern gerade dann am meisten, wenn grosse Massen in guten Wärmeleitern ziemlich schnell erstarren, da dann die strengflüssigere, zinnärmere Legirung schneller fest wird, sich an den Wänden der Form anlegt, dabei etwas ausdehnt und so die zinnreichere, leichtflüssige Legirung einige Minuten nach dem Guss unter Aufwallen aus dem oberen Theil der Form oder aus den Seitenwänden hervortreibt. Diese letzte Legirung erhält nach dem Erstarren die Form eines Hutpilzes und bildet bei den Geschützen den verlorenen Kopf. Sie enthält nach Karsten 21, nach Dussaussoy 19—24 % Zinn. Das Geschütz wird dabei blasig und in der Regel unbrauchbar.

Wie aber der entstandene Hut oder Kopf, so ist auch das Gussstück selbst, namentlich wenn es einigermassen gross ist, niemals gleichmässig zu-

---

*) Polyt. Notizbl. 4. 241.

sammengesetzt, sondern enthält in einiger Entfernung von der unteren Basis und im Centrum der Metallmasse das meiste Kupfer, während nach aussen hin, sowohl unten, als oben und nach den Seiten hin das Maximum von Zinn sich befindet.

Man sucht diese höchst nachtheilige Bildung jener zinnreichen Legirung, wenn man sie (da ein plötzliches Erstarren und Ablöschen grosser Massen unmöglich ist) nicht verbindern kann, doch möglichst unschädlich zu machen, indem man durch Anwendung von schlechten Wärmeleitern zu den Formen langsame Erstarrung veranlasst, wobei sich das weisse Metallgemisch ziemlich regelmässig in der Grundmasse vertheilt. Ein Theil desselben, das Krätzmetall, zieht sich dabei in die poröse Form hinein und wurde aus 17.7 Zinn und 82.3 Kupfer zusammengesetzt gefunden.

§. 261.

7. Veränderung der Masse während des Schmelzens. Ein anderer Umstand, der die Beschaffenheit der Bronze wesentlich ändert, ist der, dass man während des Schmelzens, namentlich grosser Massen, die Luft nie vollständig abhalten kann, Oxydation also unvermeidlich ist. Der Verlust, welcher daraus entsteht, der sogenannte Abbrand, muss daher nothwendig in Anschlag gebracht werden. Würden nun beide Metalle in gleichem Verhältniss oxydirt, so würde zwar Metallverlust entstehen, eine Veränderung der Mischung aber nicht stattfinden. Nun wird aber das Zinn viel stärker oxydirt als das Kupfer, die Masse muss also nach und nach zinnärmer werden.

Die nachstehenden Zahlen*) zeigen den durch Oxydation erlittenen Verlust und die Abweichung in der Schwere, welche in der untersuchten Probe stattfand. Die Legirung war in Sand gegossenes Kanonengut und enthielt 90 Th. Kupfer und 10 Th. Zinn.

Zahl der Schmelzungen.	Gewicht der Barre in Unzen.	Verlust in Procenten.	Specifisches Gewicht.	Zusammensetzung	
				Kupfer.	Zink.
1	268	1.2	8.565	90.4	9.6
2	236	1.6	8.460	90.7	9.3
3	204	2.1	8.386	91.7	8.3
4	172	2.5	8.478	92.8	7.2
5	140	2.6	8.529	93.7	6.3
6	104	3.0	8.500	95.0	5.0

Weniger gefährlich ist die Vermischung eines Theiles Oxydul der Metalle mit der Legirung, da durch Zusatz von Holzkohlen das Oxydul leicht wieder reducirt wird. Sollte es erforderlich sein, so kann man, wie beim Raffiniren des Kupfers, das Polen, d. h. das Umrühren mit grünen Birkenstangen an-

---

*) Dumas, Angew. Chemie III. 461.

wenden. Am zweckmässigsten erscheint es, zuerst das Kupfer unter Kohlendecke zu schmelzen, dann den grössten Theil des vorher erwärmten Zinnes unter Umrühren zuzusetzen, zuletzt noch von einer sehr zinnreichen Legirung so viel als nöthig zuzufügen und nun schnell zu giessen.

§. 262.

8. Zusätze zur Bronze. Ein Zusatz von Blei macht die Bronze leichtflüssiger, zäher, leichter zu feilen und zu drehen, befördert aber, da es selbst leicht oxydirt wird, zugleich die Oxydation der andern Metalle, und ist ausserdem geneigt, das Kupfer auf den Boden des Gusses zu fällen, so dass dadurch eine grosse Ungleichheit im Producte erzeugt wird. Blei ist daher eher nachtheilig als vortheilhaft für die Bronze.

Beim Bronzeguss im Grossen hat man die Erfahrung gemacht, dass die Masse für Maschinentheile vorzüglicher ausfällt, wenn in dem dazu benutzten Ofen vorher einigemal Gusseisen geschmolzen worden ist. Der Grund ist in einem kleinen Theile Eisen zu suchen, der, wie schon §. 245 ausgeführt wurde, die Bronze wesentlich verbessert, indem dieselbe dadurch weniger zur Blasenbildung geneigt, härter und zäher wird. Dem den antiken Bronzen selten fehlenden Eisengehalt hat man wohl vorzugsweise die verhältnissmässig grosse Dauerhaftigkeit ihrer Schlag- und Stosswaffen zuzuschreiben. Der Zusatz von Eisen muss sich indessen in engen Grenzen halten und es wird nach Dussausoy die Qualität der Bronze entschieden verschlechtert, wenn mehr als 2 % Eisen angewendet werden. Am besten fand er einen Zusatz von etwa 1 % Weissblech, jedoch kann auch dies nur für kleinere Gegenstände gelten, während bei grossen, in Lehm gegossenen Sachen der Vortheil verschwindet. Ein Zusatz von etwa 2 % Zink bringt dieselbe Wirkung hervor; in grösserer Menge zugesetzt erhöht es die Farbe und nähert sie dem Messing.

Es folgen nun die wichtigsten der zur Bronzegruppe gehörenden Legirungen.

§. 263.

1. Glockenmetall[*]).

Geschichtliches. Die Verwendung der Bronze zu Schellen, Cymbeln und kleinen Glocken ist sehr alt und stammt aus dem Orient. Die Aegypter gebrauchten Cymbeln und Handglocken bei ihrem Opferkultus und das Festgewand des jüdischen Oberpriesters war mit Schellen besetzt. Auch die Glocken (tintinnabulum) der Römer waren nur klein und wurden, wie bei uns, als Glocken über der Hausthür benutzt, um die Diener von der Ankunft eines Fremden in Kenntniss zu setzen, in den Bädern, um anzuzeigen, dass das

---

[*] Huhn, Campanologie, Erfurt 1802. — Zehe, histor. Notizen über Glockengiesserkunst des Mittelalters, Münster 1856. — Prechtl, technol. Encyclopädie.

Wasser bereit sei, auch bei den Opfern, und um den Hals der Thiere, sowohl als Schmuck, wie auch zum Nutzen.

Grosse Glocken, die wie heut zum Versammeln der Gemeinde gebraucht werden, gehören erst der christlichen Zeit an und finden sich auch hier im fünften und sechsten Jahrhundert noch nicht. Paulinus Nolanus, Bischof von Nola in Campanien, soll im vierten Jahrhundert die Kunst, grosse Glocken zu giessen, erfunden haben. Wahr oder nicht, jedenfalls steht fest, dass die reichen und reinen Kupfererze bei Nola schon früh zum Giessen von Glocken verwendet wurden, und dass die Glockengiessereien zu Nola bald so bekannt wurden, dass daselbst ein Markt entstand, auf dem man Glocken feil bot, sowie, dass die Glocken den Namen Nola oder Campana erhielten. Der Gebrauch der Glocken beim Gottesdienste stammt aus dem Ende des sechsten Jahrhunderts, bis wohin man durch Blasen mit einem Horn das Zeichen zum Anfang des Gottesdienstes gegeben hatte. Im siebenten Jahrhundert dehnte Papst Sabinian den Gebrauch der Glocken, der sich bis dahin auf das Zusammenrufen zum Gottesdienste beschränkt hatte, auch auf das Andeuten der Betstunden aus. In Deutschland finden sich die ersten Glocken im elften Jahrhundert.

§. 264. Grosse Glocken.

Reiche Kirchen haben von jeher in der Grösse der Glocken mit einander gewetteifert und es übersteigt fast allen Glauben, welche ungeheuren Metallmassen man mitunter auf Thürmen aufgehängt hat. Der Iwan Wielke in Moskau, vom Jahre 1653, wiegt 4320 oder gar 4800 Centner, hat 64 Fuss Umfang, 2 Fuss Dicke und 23 Fuss Höhe; sein Klöppel wiegt 10,000 Pfund. Er zerbrach bei einem Brande 1701, liegt im Hofe des Kremel und wird gelegentlich von Arbeitern als Wohnung benutzt. Eine zweite Glocke zu Moskau von 2880 Centner stürzte beim Einzuge des vorigen Kaisers herab; zwei andere Glocken, ebenfalls in Moskau, wiegen 1600 und 1420 Centner. Diese Glocken werden nicht geschwungen, sondern sind unbeweglich, es schlägt nur der Klöppel an. Dessenungeachtet ertönt, wenn die 1819 gegossene Bolshoi, d. i. die Grosse, geläutet wird, über ganz Moskau ein dumpfes Getöse, gleich dem fernen Rollen des Donners. Ueberhaupt hatte Moskau vor dem Brande von 1812 nicht weniger als 1706 Glocken. Weit kleiner sind die westeuropäischen Glocken, unter denen die zu Toulouse mit 550 Ctr., zu Wien mit 514 und 354 Ctr., zu Olmütz mit 358 Ctr., zu Paris mit 340 Ctr., zu Mailand mit 300 Ctr., vom Vatikan mit 280 Ctr. und zu Erfurt mit 275 Ctr. Erwähnung verdienen. Eine eiserne Glocke zu Pecking in China wiegt 1250 Ctr. Sie ist wie alle chinesischen Glocken oben und unten gleich weit und zur Verstärkung des Schalles oben offen. Vergleichungsweise mag hier angeführt werden, dass das geringste Gewicht einer Kirchenglocke auf $\frac{1}{2}$ Ctr. veranschlagt wird, sowie, dass der grösste englische Guss eines Maschinentheiles in Eisen aus der Graham'schen mechanischen Werkstätte das Gewicht von 1590 Ctr. hatte.

§. 265. Blüthezeit der Glockengiesserei.

Alle diese gewaltigen Glocken stammen aus dem Mittelalter und zwar erreichte die Glockengiesserkunst ihre Vollendung nicht, wie gewöhnlich angegeben wird, zu Ende des 17. Jahrhunderts in den Niederlanden durch die
Gebrüder Emony, sondern die Blüthezeit derselben ist zu Ausgang des 15.
und zu Anfang des 16. Jahrhunderts. Die wohlklingendsten und grössten Ge-
läute gehören dieser Zeit an, und namentlich waren es Vanoccio zu Anfang
des 16. und Mersenne zu Anfang des 17. Jahrhunderts, die die Construction
wesentlich verbesserten. Letzterer giebt schon Regeln und zeigt, dass gute
Glocken ausser dem Grundton noch die Octave geben müssen. Peter Emony,
Ende des 17. Jahrhunderts in Amsterdam, gab nun bestimmte Gesetze der
Construction und brachte es durch Befolgung derselben dahin, dass der volle
Grundaccord mit der Terz, Quinte, Octave und oberen Octave gehört wurde.
Nach seinen Regeln liegt der Grundton, welcher der stärkste ist und die andern gleichsam verschlingt, in dem sogenannten Schlagring, die Terz, nach
Maassgabe der Grösse der Glocke, 1—2 Handbreiten höher, die Quinte in dem
doppelten Abstand höher hinauf, die Octave sehr nahe der Haube, die Ober-
octave unten neben dem Grundton, am äussersten Rande der Glocke. Emony
machte aus seinen Proportionen ein grosses Geheimniss und vererbte dies, da
er kinderlos war, auf Abraham de Graaf, von dem es auf Julien und dadurch
in die Familie Petit und Edelbrock in Gescher bei Cösfeld überging, die jetzt
die ausgezeichnetsten Glocken liefert.

§. 266.

Gestalt und Verhältniss der Dimensionen sind für die Schaller-
zeugung von der grössten Wichtigkeit, da der Ton vom Durchmesser, der
Dicke, Elasticität und Schwere der Glocke abhängt. Es gelten dafür nach
Hahn folgende Sätze:

1. Der grösste Durchmesser der Glocke liegt an der Mündung, die grösste
Metallstärke am Schlagring oder Kranze.

2. Die grösste Weite beträgt die 15fache Metallstärke des Schlagringes;
die Höhe, aussen schräg an der Glocke gemessen, das 12fache.

3. Die Dicke der Glocke vermindert sich vom Schlagringe aufwärts bis
zur halben Höhe; von da an nach oben (im Obersatze) beträgt sie $\frac{1}{3}$ der
Ringstärke; auch der Rand unter dem Schlagring, der Bord, ist dünner.

4. Der Durchmesser des Obersatzes oder der Haube ist halb so gross
als der untere Durchmesser.

5. Der Klöppel wiegt $\frac{1}{40}$ vom Gewicht der Glocke.

Gewicht der Glocke. Eine nach den gewöhnlichen Verhältnissen der
Dimensionen gegossene Glocke, welche an der Mündung 2′ 8″ (wiener Maass)

im Durchmesser hat, wiegt erfahrungsmässig etwa 600 Zollpfund. Ueberhaupt lässt sich, wenn N den Durchmesser der Glocke in Zollen bezeichnet, das Gewicht x der Glocken in Pfund aus der Proportion: $32^3 : N^3 = 600 : x$ ermitteln. Da nun in allen Proportionen constant $\frac{600}{32^3} = \frac{600}{32768} = 0.0182$ ist, so ergiebt sich das gesuchte Gewicht x durch Multiplication des in Zollen ausgedrückten und auf die dritte Potenz erhobenen Durchmessers mit 0.0182. Da die Kranzdicke in gleichbleibendem Verhältnisse zum Durchmesser ($^1/_{15}$) steht, so kann statt des letzteren auch bloss jene gemessen werden, in welchem Falle die dritte Potenz der in Zollen ausgedrückten Kranzdicke, multiplirt mit $0.0182 \times 15^3 = 65.91$, das Gewicht der Glocke in Pfunden giebt. — Umgekehrt findet man den Durchmesser D der Glocke in Zollen für ein gegebenes Gewicht G derselben (in Zollpfunden ausgedrückt): $D = \sqrt[3]{\frac{G}{0.0182}}$ und die Dicke des Schlagringes $S = \sqrt[3]{\frac{G}{55.43}}$

Die Höhe oder Tiefe des Tones ist, wie schon Spiess 1746 gezeigt hat, nur von dem Durchmesser der Mündung abhängig. Die Höhe und Stärke der Glocke sind aber von Einfluss auf die Erzeugung eines reinen, hellen, nachhallenden Tones. Erfahrungsmässig giebt eine Glocke von 32 Zoll Weite und 600 Pfund Gewicht ungefähr den Ton des zweigestrichenen C. Berücksichtigt man nun das Verhältniss der Schwingungszahlen der Töne einer Octave, so lässt sich auch für jeden anderen Ton die Grösse der Glocken berechnen. Da nämlich die Schwingungen der Glocke in demselben Verhältniss schneller werden, in welchem sich der Durchmesser der Glocke vermindert, so erfordert ein Ton, der im Vergleich zum andern durch 2, 3, 4mal schnellere Schwingungen erzeugt wird, auch eine Glocke von 2, 3, 4mal kleinerem Durchmesser. Unter den Tönen einer Octave ist nun aber das Verhältniss der Schwingungszahlen und des Gewichtes der Glocken (das Gewicht der den Grundton gebenden Glocke = 1 gesetzt) folgendes:

Ton der Glocke.	Schwingungs-zahlen.	Gewicht der Glocke.	Ton der Glocke.	Schwingungs-zahlen.	Gewicht der Glocke.
c	1.000	1.000	g	1.500	0.296
d	1.125	0.702	a	1.667	0.216
e	1.250	0.512	h	1.875	0.152
f	1.333	0.422	c	2.000	0.125

Ist nun der Durchmesser einer den Grundton angebenden Glocke bekannt, so erhält man den Durchmesser für die Glocke des verlangten höheren Tones, indem man den gegebenen Durchmesser durch die entsprechende Schwingungszahl dividirt. Es sei z. B. der Grundton c, der Durchmesser 32 Zoll, und werde der Durchmesser eines Geläutes c, e, g, c gesucht, so ist:

$$c = 32''; \quad c = \frac{32}{1.25} = 25.6''; \quad g = \frac{32}{1.5} = 21.3''; \quad c = \frac{32}{2} = 16''.$$

c = 600 Pfd.; c = 306½ Pfd.; g = 177¼ Pfd.; c = 75 Pfd.

· Werden die der einen Octave angehörigen Durchmesser verdoppelt, so erhält man die gleichnamigen Töne der Unteroctave.

§. 267.

Nach diesem Principe sind zahlreiche Glocken gegossen, welche in ihren Tönen der Rechnung vollständig entsprachen[*]). Nach Schafhäutl[**]) dagegen soll die Tiefe des Tones bei übrigens gleichen Verhältnissen zunehmen mit dem Quadrate des Durchmessers, und, wenn Glocken von gleicher Materie in ihren Dimensionen in gleichem Verhältniss zu- und abnehmen, so sollen sich die Töne derselben umgekehrt wie die Kubikwurzeln aus dem Gewichte derselben verhalten.

Uebrigens haben auch hohes oder niederes Aufhängen, schwerer oder leichter Anschlag, sowie Anschlag mit breiter oder scharfer Fläche auf den Ton Einfluss. Den Ton durch Abdrehen auf der Drehbank zu ändern, ist zwar möglich, aber kaum ausführbar, des meist bedeutenden Gewichtes, sowie des häufigen Aufhängens wegen, da eine Glocke nur aufgehängt den richtigen Ton giebt. Eine zersprungene Glocke verliert den Ton. Die zersprungene Stelle durch eine leichter flüssige Legirung ausgiessen zu wollen, ist unmöglich, denn der Neuguss ist nie fest mit dem alten verbunden. Besser ist es, den Sprung am Ende auszubohren und dann ein Stück herauszusägen, so dass sich beim Schwingen die Sprungflächen nicht mehr berühren.

§. 268. Material der Glocken.

Als Material der Glocken wählt man noch immer in der Regel das Glockenmetall (Glockengut oder Glockenspeise), eine Mischung von etwa 80 Th. Kupfer und 20 Th. Zinn, von der der Kubikfuss ungefähr 500 Zollpfund wiegt. Eine gute Glockenspeise muss einen feinkörnigen, dichten Bruch haben, von grauweisser Farbe mit einem Stich in das Röthliche, leicht schmelzbar und sehr dünnflüssig sein. Grobe Zacken auf der Bruchfläche zeigen einen zu geringen, ein sehr feiner Bruch, dessen Korn man kaum bemerken kann, einen zu grossen Zinngehalt an. Das Material ist spröde, schwer zu drehen und zu feilen; die Glocke muss also ihren Ton durch Guss, Form und Mischung erhalten. Die Zusammensetzung weicht übrigens ziemlich bedeutend ab, indem man die Menge des Zinn bis auf 40 % vermehrt. Den hellsten und durchdringendsten Ton hat eine Legirung von 78 Kupfer und 22 Zinn, welches Verhältniss bei Anfertigung von Glocken stets festgehalten werden sollte. Indessen

---

[*]) Wagner, Jahresber. der technol. Chemie 1855 p. 33.
[**]) Münchener Ausstellungsber. 1855. Gruppe 6 p. 206.

ist dies, da man meist alte Stücke mit einschmilzt, deren Zusammensetzung nicht untersucht wird, in der Praxis mehrentheils unausführbar.

Alle anderen Metalle ausser Kupfer und Zinn sind unnütz oder schädlich, indem sie den Ton verschlechtern und das Metall noch spröder machen, als es an sich schon ist. Doch werden nichts desto weniger zu ordinären Glocken zuweilen des Preises wegen Blei und Zink beigefügt. Kleinere Mengen von Blei und Zink rühren meist von altem Messing, verzinktem und gelöthetem Kupfer u. s. w. her, die man der Masse zufügte, um an neuem Metall zu sparen. Auch Wismuth und Antimon hat man, wo sie sich finden, als zufällige Beimengungen anzusehen. Ein Zusatz von Silber ist Unsinn. Es verschlechtert nach den in der Glockengiesserei von Mears in London[*] angestellten Untersuchungen den Ton unter allen Umständen und zwar um so mehr, je mehr Silber zugesetzt wurde. — Das früher von frommen Gläubigen zum Einschmelzen in die Glocken bereitwillig hergegebene Silber, welches den schönen Ton derselben bedingen sollte, mag den Klöstern und Glockengiessern, den Glocken aber kaum jemals zu Gute gekommen sein; wenigstens zeigen Analysen nie grössere Mengen von Silber, als in vielem Kupfer von vorn herein schon enthalten sind.

§. 269. Eisen als Ersatz der Bronze.

Der hohe Preis des Glockenmetalles führte schon früher darauf, dasselbe durch Spiegeleisen zu ersetzen. Sie werden neuerdings ziemlich häufig auf preussischen und österreichischen Giessereien gegossen und zeichnen sich neben grosser Wohlfeilheit durch starken und guten Klang und Haltbarkeit aus. Wichtiger indessen sind die Glocken aus Gussstahl von Meyer & Künne in Bochum, die auf der pariser Ausstellung im Jahre 1855 grosses Aufsehen erregten. Sie werden vermuthlich aus Spiegeleisen unter Zusatz von Brennstahl und Stabeisen gemacht, wodurch die Masse zwar nicht dünnflüssig wie Wasser, aber doch flüssig genug wird, um die dicken und einfachen Formen der Glocke zu füllen. Der Ton derselben ist stark und sehr voll und entspricht dem Bedürfniss eines Kirchengeläutes vollständig. In America hat man die Kirchenglocken durch ungleich wohlfeilere, **A**förmig gebogene Stahlstabgeläute zu ersetzen versucht, die an der Spitze aufgehängt und durch Hämmer geschlagen werden. Der Ton ist ziemlich grell.

Die Glockengiesserei.

§. 270. Das Formen der Glocke.

Grosse Glocken werden in Lehmformen gegossen, deren Anfertigung in der Hauptsache mit dem Formen grosser Kessel für Eisengiessereien übereinstimmt.

---

[*] Well's American Journal of scientific discovery 1860 p. 81.

Der gut gereinigte, von Steinen u. s. w. befreite Lehm wird mit Wasser, Pferdemist und Kälberhaaren geknetet. Vor dem Flammenofen wird eine geräumige Grube, die Dammgrube gemacht und in dieser die Glocke aufrecht stehend geformt, so dass das Metall von oben, mitten über der Krone in die Form läuft. Man mauert zuerst den Kern, ungefähr von der Form und Grösse des hohlen Raumes der Glocke und giebt diesem durch Auflegen von Thon, unter Mitwirkung der um eine Axe drehbaren Schablone (Drehbrett oder Lehre) die bestimmte Form. Das Ganze wird sodann dick mit in Wasser oder Bier aufgeweichter Holzasche bestrichen, um das zu feste Anhaften des nun zu bildenden Modells zu verhindern. Indem man darauf im Inneren des nicht massiv, sondern hohl aufgemauerten Kerns ein nicht zu starkes Feuer anzündet, wird das Mauerwerk und der aufgelegte Lehm stark getrocknet.

Auf den nun fertigen Kern kommt jetzt eine neue Lehmmasse zu liegen, deren Dicke vollkommen mit der bestimmten Metallstärke der Glocke und deren Umrisse mit der äusseren Glockenform, ohne Henkel übereinstimmen müssen. Sie stellt das unverkleinerte Modell der künftigen Glocke dar und wird Modell, Hemd oder Dicke genannt. Auch dies Auftragen geschieht schichtweise und mit Hülfe einer entsprechenden Schablone unter abwechselndem Erwärmen und Trocknen der einzelnen Schichten.

Der letzte dünne Ueberzug des Modells besteht aus einer heiss aufgetragenen, mit der Schablone abgeglichenen Mischung aus Talg und Wachs. Aus dieser Mischung werden auch alle aussen auf die Glocke aufgelegten, hervorragenden Theile: Gesimse, Reifen, Stäbe, Kränze, Inschriften u. s. w. gemacht. Während Reifen und Gesimse schon durch entsprechende Einschnitte in die Schablone gebildet werden, pflegt man Buchstaben und Laubwerk aus dem Formwachs, d. i. mit Terpentin gemischtem Wachs (auch wohl 100 Wachs, 10 Terpentin, 10 Pech) in Gyps zu formen und mit Terpentin auf das Modell zu kleben.

§. 271.

Den dritten Theil der Form bildet der 4—6 Zoll dicke Mantel, der zwar innen sich dicht an das Modell anlegen muss, aussen aber keine regelmässige Form zu haben braucht. Die erste Schicht, der Zierlehm, aus einem dünnen Brei von Lehm, Ziegelmehl, Pferdemist, Kuhhaaren und Wasser gebildet, muss alle Vertiefungen zwischen den Verzierungen genau ausfüllen und an der Luft trocknen.

Nun wird die zweite Schicht, der Formlehm aufgelegt, die wie oben durch Feuer getrocknet wird, wobei die Wachs- und Terpentinschicht schmilzt, sich in den Lehm zieht und so der Mantel vom Hemd sich löst. Die Form zur Krone (Henkel oder Oehre) wird besonders angefertigt, in die obere Oeffnung des Mantels eingesetzt und mit Lehm befestigt. In ihr befinden sich das Giessloch und die Windpfeifen, d. h. Oeffnungen, durch die die im Innern der Form enthaltene Luft beim Giessen entweichen kann. Zur Verstärkung des Mantels und der mit demselben verbundenen Henkelform dienen aussen herumgelegte eiserne Schienen und Reifen, an denen noch Haken zur Befestigung von Seilen angebracht sind, um später mit Hülfe eines Flaschenzuges den Mantel in die Höhe heben zu können.

Nach Vollendung und vollständigem Austrocknen des Mantels wird derselbe etwas gelüftet, was man durch leise Schläge gegen die zu diesem Zwecke an mehreren Stellen unter seinen untersten Rand gesetzten Holzkeile bewirkt. Hierauf wird er mittelst des Flaschenzuges in die Höhe gewunden, so dass er frei schwebt und das Modell blos liegt. Nun wird das Hemd stückweise weggebrochen, der Kern, wenn es nöthig ist, ausgebessert, die Höhlung desselben mit Erde und Steinen ausgefüllt und seine obere Oeffnung mit Lehm gut abgeglichen. In diesen Lehm wird das Hängeeisen, in dem der Klöppel zu hängen kommt, eingesetzt, so dass seine mit Widerhaken versehenen oberen Schenkel von dem Metall eingeschlossen werden müssen. Besser soll es sein, nicht das Hängeeisen selbst, sondern einen aus der Haube hervorragenden eisernen Zapfen festzugiessen, in welchen man dann das Hängeeisen festschraubt.

Hierauf wird der Mantel wieder herabgelassen und die Fuge rund um seinen untern Rand mit Lehm gut verklebt. Hierauf wird die Dammgrube völlig mit Erde, Sand und Asche gefüllt, die Füllung festgestampft und die Gussrinne nach dem Ofen angelegt.

§. 272. Der Schmelzofen, das Giessen, der Klöppel.

Der Schmelzofen ist ein Flammenofen von kreisrunder oder ovaler, wenig vertiefter Form mit niedrigem Gewölbe, in welchem einige Löcher, Windpfeifen, angebracht sind, durch deren beliebiges Oeffnen oder Schliessen der Zug der Flamme nach den verschiedenen Theilen des Schmelzherdes geregelt und eine gleichmässige Erhitzung des Ofens bewirkt werden kann. Gegenüber dem Feuerherde befindet sich das Stichloch oder Auge zum Ablassen des Metalls. Seine Einrichtung ist fast ganz dieselbe, wie bei dem in Kanonengiessereien angewendeten, weiter unten zu beschreibenden Kanonenschmelzofen. Soll nicht blos altes Gut umgeschmolzen, sondern eine neue Mischung bereitet werden, so rechnet man auf 3 Th. Kupfer 1 Th. Zinn, schmilzt zuerst alles Kupfer, setzt demselben ²/₃ des Zinnes hinzu und fügt zuletzt, wenn alles in Fluss und das Gekrätz abgenommen ist, das übrige Zinn hinzu. Die Schmelzung erfordert 4—6, bei grossen Massen auch 12 Stunden. Das Gewicht des in den Ofen einzusetzenden Metalles muss mindestens ¹/₁₀ mehr betragen, als das, welches man der Glocke geben will; in der Regel aber beträgt es sogar ¹/₃ mehr.

Ist alles geschmolzen, so wird das Auge des Ofens aufgebrochen und das Metall durch die Gussrinne in die Form geleitet. Man lässt nun 24—48 Stunden abkühlen, entleert dann die Dammgrube, entfernt den Mantel und windet nun die Glocke heraus. Die Angüsse werden nun abgesägt, die Glocke befeilt und mit Sandstein gescheuert. — Kleine Glocken werden aus Glockengut oder Messing in Sand geformt und aus dem Tiegel gegossen.

Der Schwengel oder Klöppel ist von Eisen und endet oben in einen Ring, durch welchen ein starker Riemen von Pferdeleder gezogen wird, und muss genau in der Axe der Glocke hängen. Der Bogen, welchen der Schwerpunkt beschreibt, muss durch den Schlagring gehen, um beim Anschlagen die grösste Wirkung hervorzubringen. Was das Gewichtsverhältniss des Klöppels zur Glocke betrifft, so giebt man gewöhnlich den grossen Glocken verhältnissmässig leichtere, als den kleineren. Dumas giebt das Gewicht desselben für eine Glocke zu 500 Pfd. zu 24 Pfd., für eine solche von 1000 Pfd. zu 40 Pfd. an. Es würde dies im Durchschnitt $\frac{1}{23}$ vom Glockengewicht ausmachen. Nach Hahn indessen soll es nur etwa $\frac{1}{40}$ vom Gewicht der Glocke, also auf 100 Pfund etwa 2½ Pfund betragen, welchem Gewichte man dann noch 5 Pfd. zusetzt. Den Klöppelball macht man $\frac{2}{3}$ dicker als den Schlagring.

§. 273. Gonggongs und türkische Becken.

Gonggongs, vom spec. Gew. 8.815, aus 78 Kupfer und 22 Zinn bestehend, feinkörnig, spröde und von graugelber Farbe. Ihre Darstellung wurde erst möglich, nachdem man entdeckt hatte, dass Bronze durch schnelles Ablöschen dehnbar wird. Die geformten und gegossenen Stücke werden rothglühend zwischen 2 Eisenplatten eingeschlossen, in kaltem Wasser abgelöscht. Sie können sich auf diese Art nicht werfen und werden dehnbar genug, um mit dem Hammer getrieben werden zu können. Sie erhalten durch das Hämmern den hohen Grad der Elasticität und den vollen Ton, der sie auszeichnet und werden dabei so zähe, dass sie bei dem späteren Gebrauch auch durch die stärksten Schläge nicht zerspringen.

Ganz ebenso mag es sich mit den chinesischen und türkischen Becken verhalten, die, was Dauerhaftigkeit und schönen, metallreichen Ton anlangt, noch immer in Deutschland nicht nachgeahmt werden können. Das Gewicht der türkischen, 8.945, ist dem der deutschen fast gleich*), der schönere Klang kann also nicht in einer Verdichtung des Metalles bei der Verarbeitung liegen. Sie werden wahrscheinlich aus 4 Th. Kupfer und 1 Th. Zinn gegossen; das darin gefundene Blei und Eisen ist nicht wesentlich. Die chinesischen Becken, im Ganzen von derselben Zusammensetzung werden nach Stan. Julien**) ohne Ambos auf der Erde getrieben und man giebt ihnen, je nach dem Grade der Ausbauchung den weiblichen (scharfen) oder männlichen (tiefen) Ton.

---

*) Polyt. Centralblatt 1855 p. 69.
**) Journal für pract. Chemie 41 p. 284.

§. 274.

Zum Vergleich mögen noch folgende Analysen von Glocken und verwandten Instrumenten folgen.

Bezeichnung der Legirung.	Nach Theilen.		Nach Procenten.	
	Cu	Sn	Cu	Sn
Glockenmetall, beste Mischung	100	25—28	78—80	22—20
Andere Speise	100	66.7	60	40
Schweizer Uhrglocken, äusserst klingend, sehr spröde, fast weiss	100	33	75.2	24.8
Iserlohner grössere Glocken, Hausglocken, Cymbeln . . .				
Ebenso eine Glocke von Reichenhall, 800 Jahre alt, spec. Gew. 8.7	100	25	80	20
Glockenmetall, bleich, Klang des Silbers	100	150	40	60
Thurmglocken, Gong-Gongs, deutsche Becken	100	28	78	22
Eine grosse Thurmglocke aus Reichenhall, 600 Jahr alt, spec. Gewicht 9.1	100	31½	76.2	23.8
Uhrglocken in Iserlohn	100	33—37	75—73	25—27

	Cu	Sn	Pb	Zn	Fe	Ag
Türkische Becken, nach Fleck, spec. Gew. 8.945	78.55	20.28	0.54	—	0.18	
Iserlohner kleine Glocken	60	35	—	5	—	
Zwei Glocken aus dem 12. Jahrh. von Rouen,	76.1	22.3	—	1.6	1.6	
die Silber enthalten sollten	71	26	—	3.0	3.0	
Hausglocken aus Iserlohn	71.43	26.40	—	2.17	—	
Thomsons englische Glockenspeise	80	10	4	6	—	
Alte Glocke nach Reichart, das Silber bloss zufällige Beimengung	71.48	23.59	4.04	Nickel. 2.11	Eisen. 0.17	0.13 iron-spur.
Zwei Glocken des darmstädter Glockenspiels,	73.94	21.67	1.19	2.11	0.17	iron-spur.
1670 von Peter Enomy gegossen	72.52	21.06	2.14	2.66	0.15	iron-spur.

2. Kanonenmetall.

§. 275. Geschichtliches.

Eine neue, wichtige Epoche beginnt in der Kriegskunst mit der Verwendung der Bronze zu Geschützen. Die ältesten Geschütze wurden aus schmiedeeisernen Stäben fassartig zusammengesetzt und die Stäbe durch Reifen zusammengehalten, später zusammengeschweisst. Sie vertrugen nur schwaches Pulver, sprangen oft, warfen Steinkugeln und schossen höchst unsicher. Um die Mitte des 15. Jahrhunderts wurden die gusseisernen Geschütze eingeführt; dennoch kam man in allen Jahrhunderten wieder auf das Schmieden zurück, in der Hoffnung, die ehedem unüberwindlichen Schwierigkeiten durch die Fortschritte der Technik besiegen zu können. So versuchte man noch im letzten Jahrzehnt schmiedeeiserne Stäbe mit Kupfer zu löthen und bandartig mit Reifen zu umwickeln.

16*

Die ältesten Nachrichten datiren von 1131 und 1142, wo die Mauren gegossene messingene oder eiserne Maschinen vor Alicante und Algesiras anwendeten, um Steine zu werfen, die dem Feinde vielen Schaden thaten. Nach dem nördlichen Europa kamen sie weit später. Vom Jahre 1401 liegen Bronzegeschütze in Amberg, ein Geschütz von 1438 liegt in Toulouse; die ältesten deutschen Geschütze wurden von Aarau in Augsburg 1372 gegossen.

Sie hiessen im Allgemeinen Bombarden oder Donnerbüchsen, erhielten aber später je nach Grösse und Gestalt die verschiedensten Namen, als ganze, $^3/_4$, $^1/_2$, $^1/_4$ und $^1/_8$ Karthaunen, Schlangen, Drachen, Sirenen, Falken, Sperber, Basilisken, Nattern, Pelekan u. s. w. Das Gewicht derselben war zum Theil sehr bedeutend und machte dann die Geschütze höchst unbehülflich. Es stieg in den Basilisken auf 122 Centner, in den Karthaunen und Schlangen auf 70 und 72 Centner. Der Greif, jetzt im Arsenal in Metz, im Jahre 1500 gegossen, ist 17' lang und wiegt 22,500 Pfd., die Mündung ist 10$^1/_2$" weit, die Kugel 151 Pfd. schwer: er braucht 52 Pfd. Ladung und hat die Aufschrift:

> Wenn man mir giebt Ladung satt,
> Schiesse ich bis Andernatt.

Er lag bis 1800 in Ehrenbreitenstein und Andernach ist 3 Stunden davon entfernt. Ein Geschütz der Dardanellen schiesst eine Granitkugel von 800 Pfd., ein anderes eine solche von 1100 Pfd., wozu es 3 Ctr. Pulver als Ladung gebrauchen soll.

Vor dem Zeughause zu Moskau liegt eine Feldschlange, von 20 Fuss Länge, 170 Ctr. Gewicht und eine Haubitze, von 14 Fuss Länge und 960 Ctr. Gewicht. Sie ist in der Seele über 3 Fuss weit und ihre Kugel wiegt 4800 Pfd. Sie wurden 1686 unter Feodor Iwanowitsch durch den Giesser Tschochoff gegossen. Seit 1835 wurden erst die Lafetten dazu durch Bert gegossen und die Stücke aufgestellt.

Man goss die Geschütze in den älteren Zeiten und bis zum Jahre 1744 über den Kern, also hohl; im 18. Jahrhundert wurden sie zuerst von Maritz vollgegossen und dann gebohrt.

§. 276. Das Material der Kanonen.

Vier Eigenschaften sind es vorzugsweise, die ein gutes Kanonenmetall auszeichnen: grosse Härte, bedeutende Festigkeit, Zähigkeit und Elasticität, ferner Gleichförmigkeit in der Mischung und endlich Leichtflüssigkeit.

Hart muss das Metall sein, um vom Stosse der Kugel, die vor ihrem Austritt aus der Seele des Geschützes mehrmals an den Wänden anschlägt, keine tieferen Eindrücke (Kugellager) anzunehmen. Grosse Festigkeit, Zähigkeit und Elasticität ist erforderlich, damit dem, durch die häufigen und stossweisen Gasentwickelungen auf die Cohäsion geschehenden Angriffen entgegengetreten werde und die Geschütze nicht springen unter dem ungeheuren Drucke, der im Momente der Explosion des Pulvers auf ihre Wände wirkt. Er beträgt beim Entzünden der Ladung mindestens 12—1500 Atmosphären, d. h. 17,960—22,450 Pfd. auf den Quadratzoll.

Ferner muss das Metall möglichst gleichförmig in der Mischung sein, weil davon allein die Widerstandsfähigkeit gegen die Einwirkung der Luft, wie gegen die Zersetzungsproducte des Schiesspulvers und der Schiesswolle und gegen die durch die Entzündung derselben entstehende hohe Temperatur abhängt. — Endlich muss die Masse leichtflüssig sein, weil grosse Stücke nur durch den Guss geformt werden können und nur ein leicht und dünnflüssiges Metall die Form vollkommen ausfüllt. — Während die grosse Härte und Leichtflüssigkeit durch vermehrten Zinnzusatz erzielt wird, wird dadurch gleichzeitig die Festigkeit oder wenigstens die Zähigkeit und Elasticität, sowie die Gleichförmigkeit geopfert.

§. 277.

Die grosse Wichtigkeit, die der Besitz eines allen Anforderungen entsprechenden Kanonenmetalles hat, ist so einleuchtend, dass man zu allen Zeiten, in denen man einen ausgedehnten Gebrauch von den Geschützen machte, viele Aufmerksamkeit darauf verwendete, sich ein solches zu verschaffen. Enorme Summen wurden geopfert, um Erfahrungen zu sammeln, ob Eisen oder Bronze, und welche Mischung dieser letzteren vorzuziehen sei. Und doch steht es wohl fest, dass wir noch immer nicht im Besitze der Mittel sind, um willkürlich ein gutes Kanonenmetall und daraus ein gutes Geschütz zu verfertigen.

Die ersten umfassenden Versuche wurden 1770 in Turin durch Papacino d'Antoni angestellt, der 12—14 Theile Zinn auf 100 Th. Kupfer als das richtige Verhältniss angab. Lamartillière in Douay änderte 1786 dies Verhältniss auf 8—11 Zinn für 100 Th. Kupfer ab.

Die Untersuchung ergiebt in alten Geschützen stets namhafte Mengen von Zink und Blei, von denen ersteres als Messing zugesetzt wurde, letzteres theils durch das bleihaltige Zinkerz, theils durch die Oekonomie der Giesser in die Mischung kam, welche statt reinen Zinnes alte bleihaltige Zinngefässe einschmolzen. Das Verhältniss der Metalle war früher ganz dem Giesser überlassen. In Frankreich benutzten die Gebrüder Keller bald nach dem 30jährigen Kriege eine Legirung von 100 Kupfer, 9 Zinn und 6 Messing, also 91.5 Kupfer, 7.8 Zinn, 0.7 Zink. In andern Giessereien dagegen nahm man 100 Th. Kupfer, 15 Th. Zinn und 20 Th. Messing, also: 86 Kupfer, 11.1 Zinn, 2.9 Zink. Ueberall fügte man vor dem Giessen noch den sogenannten Sekretfluss hinzu, durch den Arsen, Antimon und Wismuth in die Mischung kamen, und legte grosses Gewicht darauf, in der Meinung, er mache das Kupfer geschmeidig. Jetzt vermeidet man diese Metalle, sowie das Blei wegen der Sprödigkeit, die die Legirung dadurch erhält. Um die Mitte des 18. Jahrhunderts liess man auch das Zink aus der Mischung fort.

§. 278.

Ueber den Werth oder Unwerth des Zinkes in der Legirung sind übrigens
die Ansichten getheilt. Nach Dussaussoy soll ein Zusatz von 3% Zink die
Legirung viel dünnflüssiger machen und die Bildung von Blasen verhüten, ohne
der Haltbarkeit zu schaden. Wagner[*]) sagt: „Im Allgemeinen kann man das
letzte Drittheil des vorigen Jahrhunderts als den Wendepunkt in der Güte
des französischen Geschützes annehmen. Es ist nun sehr die Frage, ob das
Abschaffen der Zinkbeimengung, das in Folge der grossen Artillerieversuche,
die in Frankreich nach dem siebenjährigen Kriege Statt hatten, angeordnet
wurde, zufällig nur in dieselbe Zeit fällt, oder ob es eine der Ursachen davon
ist. Jedenfalls ist es beachtenswerth, dass der Verfall des Bronzegeschützes
mit der Abschaffung des Zinkzusatzes zusammenfällt."

§. 279.

Heutigen Tages hält man in Preussen eine Legirung von 100 Kupfer und
10 Zinn für die geeignetste Geschützbronze. Sie hat im Durchschnitt ein specifisches Gewicht von 8.787, wonach der Kubikfuss = 542.5 Pfd. und der Kubikzoll = 10.1 Loth wiegen. Nach den für die preussische Artillerie geltenden
Instructionen soll bei der chemischen Untersuchung alter Geschützbronze in
quantitativer Beziehung nur auf Kupfer, Zinn, Zink und Blei Rücksicht genommen werden, auf Eisen, Nickel, Gold und Wismuth aber nur dann, wenn
die qualitative Analyse grössere Mengen dieser Metalle nachwies.

Auch das obige Verhältniss von 100 Kupfer, 10 Zinn kann übrigens keine
allgemeine Gültigkeit beanspruchen und scheint nur durch die geringere Reinheit des Kupfers und durch seinen Bleigehalt gerechtfertigt. In Frankreich,
wo man das reine Kupfer von Chessy bei Lyon zu diesem Zwecke anwendet,
rechnet man auf 100 Kupfer 11 Zinn und erhält dadurch eine allen Anforderungen entsprechende Legirung. Auch bedingt, wie es scheint, das Kaliber
der Kanonen einen Unterschied, indem die grösseren eine zinnreichere Legirung ertragen können, während man als die beste Legirung für Achtpfünder
eine solche von 100 Kupfer, 8 Zinn erprobt hat.

§. 280.

Auch bei der sorgfältigsten Mischung der Metalle ist übrigens das Gelingen des Gusses noch lange nicht gesichert, da das langsame oder schnelle
Abkühlen der geschmolzenen Masse auf deren Zusammensetzung von grossem
Einflusse, in seinen Einzelnheiten aber noch nicht genügend bekannt ist. So
viel man weiss, zerfällt das Metall beim Erkalten in 2 Legirungen, eine röthlich gelbe, schwer schmelzbare, kupferreiche und eine weisse, spröde, feinkörnige, krystallinische, leicht schmelzbare, von 8.78 spec. Gewicht, die aus

---

[*]) Wagner, Hand- u. Lehrb. der Technologie I 241.

77 Kupfer und 23 Zinn besteht. Sie erreicht mitunter die Grösse von Bohnen und liegt nesterartig abgesondert in der gelben Grundmasse. Giesst man Geschütze in gut wärmeleitende Formen, so tritt die weisse Legirung zuweilen gewaltsam am oberen Theile, dem verlorenen Kopfe heraus.

Es scheint sich die weisse Legirung besonders gern bei Anwendung neuer Metalle zu bilden, jedoch auch beim Umguss alter Geschütze. Durch starkes Umrühren kurz vor dem Abstechen suchen die Giesser die beiden Legirungen innig zu mischen. Ob schnelles oder langsames Erkalten in der Beziehung vortheilhafter sei, ist unentschieden. Einige tadeln das schnelle Erkalten, weil dadurch das Metall steige und hohle Stellen, Gallen erhalte; andere die langsame Abkühlung, weil sich dann die weisse Legirung in der Axe anhäufe, beim Bohren hinderlich sei und Ausbrechen oder schnelles Stumpfwerden der Bohrer verursache, während die Seelenwand zu weich werde und zur Bildung von Kugellagern Veranlassung gebe.

§. 281.

Die Geschützgiesserei. *)

Die Bronzeschmelzöfen, wie sie in der Geschützgiesserei zu Toulouse angewendet werden, sind runde Flammenöfen, mit sehr gedrücktem Gewölbe, die etwa 600, 300 und 160 Centner Metall fassen und mit sehr trocknem Holz (in anderen Giessereien auch mit Steinkohlen) gefeuert

werden, welches durch die Oeffnung B auf den Heerd A eingesetzt wird. Die Lage von Brennmaterial muss sehr dick sein, damit die von unten durch

---

*) Dumas IV. 492 ff.

den Aschenfall D und G zutretende atmosphärische Luft, bevor sie in den
Schmelzraum gelangt, ihren Sauerstoff vollständig verliert und nicht durch
Oxydation des Zinnes den Abbrand zu sehr vermehrt und dadurch die an sich
schon unvermeidliche Unsicherheit in der Zusammensetzung der Bronze noch
steigert. Der Zug wird durch 4 in den Schornstein C auslaufende Zugröhren
hervorgebracht. Neben dem Ofen liegen die mit Cement ausgekleideten, und
so gegen Feuchtigkeit geschützten Dammgruben R, in denen die Formen S mit
dem Zapfen nach unten aufgestellt und mit Erde festgestampft werden. Rinnen
P leiten das Metall vom Ab-
stichloche C nach den Formen. Man öffnet das mit
einem eisernen Zapfen ge-
schlossene Abstichloch, indem man den Zapfen mit
einer in der Kette Q hän-
genden eisernen Stange in
den Ofen hineinstösst. Ueber der Dammgrube liegt eine Eisenbahn für einen
Wagen, um die durch die Winden gehobenen Stücke transportiren zu können.
In den Raum U wirft man die Thonmassen, nachdem die Formen aus der
Grube heraufgezogen sind.

§. 282. Das Material; das Schmelzen.

Als Material verwendet man vorzugsweise alte Geschütze und Fabrika-
tionsbronze, d. h. alle Abfälle, die man beim Giessen, Bohren und Ciseliren
früherer Geschütze erhielt, ausserdem neues, gutes Garkupfer und neues Zinn.
Man rechnet auf einen Guss von 2221 Kilogr. 1162 Kilogr. Fabrikbronze,
804 Kilogr. alte Bronze, 222 Kilogr. neues Kupfer und 33 Kilogr. neues Zinn.
Man erhält davon 1000 Kilogr. neues Geschütz, also nur 45 % als Geschütz,
während 6 % der angewendeten Masse verschlacken und 49 % später als Fa-
brikationsabfall wieder erhalten werden.

Nach den Angaben der meisten Giesser soll die Bronze durch wiederholten Umguss inniger und feiner, das aus altem Material gegossene Geschütz
also besser werden. Es hat sich indessen nicht in allen Fällen bestätigt, indem zuweilen aus einst vortrefflichen alten Rohren schlechte neue Kanonen
erhalten wurden. Man schreibt das Misslingen in diesem Falle einer Aufnahme von Oxydul in die Masse zu, die das Metall brüchig und spröde macht.
Durch zweckmässige Bearbeitung des Metalles im Ofen, namentlich durch stärkeres und anhaltenderes Polen könnte dieser Uebelstand wohl vermieden werden.

Nachdem der Ofen durch die Einsatzthüren M N mit dem alten Geschütz,
den neuen Kupferblöcken und den gröberen Fabrikationsabfällen beschickt ist,
wird er in Brand gesetzt und die Hitze nur sehr allmählich verstärkt, so dass
etwa nach 6—7 Stunden alles Metall in Fluss ist. Man rührt nun anhaltend

flüchtig mit grünen Birkenstangen um. Das Eintauchen der Stangen erzeugt im Metallbade ein lebhaftes Aufkochen und befördert einmal die innige Vermengung von Kupfer und Zinn, während es anderuseits durch Reduction des Kupfer- und Zinnoxydes höchst vortheilhaft wirkt.

Man schäumt nun die Schlacken mit langen Krücken ab, setzt dann die feineren Fabrikationsabfälle, wie Bohr- und Drehspäne und eine Stunde vor dem Abstechen das nöthige vorher kleingeschlagene Zinn hinzu und feuert nun so stark wie möglich, da mit der steigenden Hitze die Bronze dichter, gleichartiger und zäher wird. Nach wiederholtem Umrühren und nochmaligem Abschäumen wird endlich abgestochen und das Metall durch die vorher durch glühende Kohlen stark erhitzte Gussrinne in die Formen geleitet.

§. 283. Das Formen der Geschütze.

Das Formen der Geschütze bildet einen Haupttheil der Arbeit und bedingt zum grossen Theil das Gelingen derselben. Man verwendet in Preussen dazu Masse, d. h. ein Gemenge von Lehm und Sand, in Frankreich Lehm mit Pferdemist und Kuhhaaren. Sandformen hat man versucht, doch ohne rechten Erfolg, da ihre Wände zu dicht sind, um den beim Guss sich entwickelnden Gasen den Durchgang zu gestatten. Diese Gase aber werden stets aus der auch in gut getrockneten Formen enthaltenen Feuchtigkeit entstehen, sobald das geschmolzene Metall hineinkommt. Sie würden daher nach oben entweichen müssen, dadurch ein fortwährendes Aufwallen der Masse hervorbringen und zur Entstehung von Blasen, so wie zur Ausscheidung zinnreicherer Legirungen Veranlassung geben.

Die Modelle werden aus Bronze, seltener aus Zink, Eisen oder Messing angefertigt und sind des Gewichtes wegen hohl gegossen mit einer Wandstärke von etwa 5 Linien. Sie bestehen aus einzelnen Stücken, die zusammengesetzt werden, und zwar aus dem hintersten Theile, dem Traubenstücke, dem Bodenstück, in welchem später das Zündloch zu liegen kommt, dem Langenfeld, an welchem die Schildzapfen und Delphine befestigt sind, dem Zapfenstück, welches die Mündung bildet, und dem verlorenen Kopfe. Ueber diese Modelltheile wird nun in gusseisernen Formkästen die Masse festgestampft.

Nach Vollendung der Formen werden die Kasten auseinander genommen, die Modellstücke entfernt, die Beschädigungen der Form ausgebessert, dieselben bei starkem Feuer gut ausgetrocknet, mit einem Gemisch von Milch und Graphit geschlichtet und wieder getrocknet. Die Geschützformen werden nun aufrecht, mit der Traube nach unten, in der Dammgrube aufgestellt und festgestampft und durch das von oben einfliessende Metall gefüllt. Durch die oben erwähnte Verlängerung des Geschützes, den verlorenen Kopf, die $1\frac{1}{2}$—2 Fuss lang ist und bis 16 Centner wiegt, wird das Metall in dem unteren Theile der Form zusammengepresst, wodurch das Steigen des Metalles, welches die Entstehung von Poren und Blasen bedingt, verhindert wird.

§. 284.

Nach etwa 48 Stunden werden die Dammgruben geräumt, die Formen herausgezogen und in der Giesshütte die eisernen Formkasten und der zum Theil von Metall durchdrungene Formlehm entfernt. Der verlorene Kopf wird nun auf der Drehbank abgeschnitten, die Kanone abgedreht, gebohrt und endlich durch verschiedene Proben geprüft.

Mörser werden hohl gegossen.

Gute Geschütze halten mehr als 3—4000 Schüsse aus, ehe sie endlich in Folge der durch das Aufschlagen der Kugeln erzeugten Vertiefungen ganz zu Grunde gehen; schlechte Geschütze springen oft schon beim fünfzigsten Schusse oder noch früher. Geschütz von grobem Kaliber hält weniger aus als kleines, da beim Giessen die Legirung in ihren Mischungsverhältnissen grössere Veränderungen erlitten hat.

§. 285.

Die Zusammensetzung verschiedener Geschütze ergiebt sich aus folgender Uebersicht.

Bezeichnung der Geschütze.	Cu	Sn	Zn	Pb	Fe
Geschützbronze im Allgemeinen, 100 Cu, 9 —11 Sn	89.3	10.7	—	—	—
	91.7	8.7	—	—	—
Französisches Kanonenmetall, 100 Cu, 11 Sn . . .	90.1	9.9	—	—	—
Preussische Geschütze, 100 Cu, 10 Sn	90.9	9.1	—	—	—
Achtpfünder, 100 Cu, 8 Sn	91.66	8.33	—	—	—
Englische Vorschrift: 100 Cu, 12 Sn, ausserdem auch wohl etwas Messing	91.74	8.26	—	—	—
Kanonen untersucht von Reichelt[*]	75.76	3.14	17.49	3.60	—
	89.23	10.77	—	—	—
	89.26	5.50	1.35	3.89	—
	90.73	9.27	—	—	—
Geschütze aus Luzern, untersucht von Bolley . . .	88.9	10.4	0.4	0.1	0.1
	89.8	9.8	0.1	0.1	0.1
Kanonen der Gebr. Keller in Frankreich, bald nach dem 30jährigen Kriege 100 Cu, 9 Sn, 6 Messing	91.5	7.8	0.7		Ausserdem kleine Mengen Bi, As, Pb, Fe.
Andere Giesser derselben Zeit: 100 Cu, 15 Sn, 20 Messing. Beide fügten noch den Secretfluss hinzu, der etwas Wismuth, Arsen und Blei enthielt.	86	11.1	2.9		
Mörser aus Cochinchina nach Roux[**] sehr zähe, gelbroth, dem matten Gold ähnlich	88.1	3.2	7.1	—	1.6
Chinesische Kanone, nach Roux	71.2	—	27.4	—	1.4
Cochinchines. Kanone, (Arsen-Spuren)	77.2	3.4	5.0	13.2	1.2
Cochinchines. Feldschlange (Arsen-Spuren)	93.2	5.4	—	—	1.4

Bekanntlich verwendet man in der neuesten Zeit den Gussstahl zur Herstellung von Geschützen, die leichter, billiger und wohlfeiler sind, als die von Bronze angefertigten.

[*] Pharmaceut. Centralbl. 1852 p. 752.

[**] Comp. rend. t. 52 p. 1046.

§. 286.

3. Spiegelmetall.

Ein steigender Zinngehalt in der Bronze bedingt bei namhafter Härte eine weisse oder hellstahlgraue Farbe und grosse Politurfähigkeit und macht so die Legirung für die Anfertigung von Metallspiegeln geeignet. Die ältesten Spiegel der Aegypter und Juden bestanden aus Kupfer, die der Römer in der früheren Zeit aus Bronze, und zwar waren nach Plinius[*]) die brundisischen am meisten gesucht. Silberne und goldene Spiegel kamen erst zur Zeit des Pompejus auf.

Den gewöhnlichen Angaben nach enthält das Spiegelmetall auf 2 Theile Kupfer 1 Theil Zinn, also Kupfer 66.7, Zinn 33.3, oder für Teleskopenspiegel Kupfer 67, Zinn 33. Nach Prof. Otto ist die polirt weisseste Legirung die aus 100 Kupfer auf 46 Zinn erhaltene, also mit 68.5 % Kupfer und 31.5 % Zinn. Ein erhöhter Kupfergehalt zieht die Legirung ins Gelbliche und macht sie zum bräunlichen Anlaufen geneigt, so mit 29.5 % Zinn. Noch grösserer Kupfergehalt macht die Mischung röthlich gelb, zähe und fest; eine Legirung von 10 Kupfer auf 1 Zinn, also 90.9 % Kupfer und 9.1 % Zinn kann hier als die äusserste Grenze für Spiegelmetall angesehen werden. Erhöht man den Zinngehalt auf 33 %, so geht die Farbe ins Bläuliche, doch laufen solche Spiegel weit weniger leicht an. Bei einem noch grösseren Zinngehalte würde die Legirung zwar nicht mehr anlaufen, wird aber höchst spröde und bröcklich und daher ungeeignet für diesen Zweck. Erst bei einem Gehalt von 80 und mehr Procent Zinn lässt sich die Legirung wieder bearbeiten, ist auch sehr weiss, aber zugleich ziemlich weich, so dass solche Spiegel durch Abnutzung ihre Politur sehr leicht wieder verlieren würden. Es ergibt sich demnach für die nutzbarsten Spiegelmetalle eine ziemlich enge Grenze, etwa zwischen 66 und 68 % Kupfer und 34—32 % Zinn. Der 90 Ctr. schwere Spiegel im Teleskop des Lord Ross ist nach diesem Verhältniss (67 Kupfer 33 Zinn) zusammengesetzt. Die Legirung Cu⁴Sn würde 68.21 Kupfer auf 31.7 Zinn ergeben. Der Umstand, dass schon kleine Verrückungen in der Mischung beim Bearbeiten fühlbar werden, spricht sehr dafür, das Spiegelmetall für eine wirkliche chemische Verbindung zu halten.

Ein kleiner Zusatz von Blei macht das Metall, wie schon beim Messing bemerkt wurde, für Drehstahl und Feilen bearbeitbarer, giebt aber, in grösserer Menge hinzugefügt, leicht Veranlassung zum Erblinden der Spiegel.

Der Engländer Edwards empfiehlt eine Legirung von 32 Kupfer und 15—16 Zinn, die also der allgemeinen Formel entspricht; aber er fügt, je nach der Reinheit des Kupfers, etwa 2 % Arsenik hinzu, wodurch er eine Legirung erhält, die das Licht vorzüglich reflectirt. Durch den Zusatz von Arsen wird die Masse dichter und fester; steigt aber der Arsengehalt über 10 % der Legirung, so läuft der Spiegel an der Luft an und wird blind.

---

[*]) Historia nat. 33. 9. 45.

§. 287.

Bei der Anfertigung wird zuerst Kupfer geschmolzen, dann Zinn unter Umrühren zugesetzt, die Masse durch Ausgiessen in kaltes Wasser granulirt, darauf zum zweiten Male geschmolzen und nun erst kurz vor dem Gusse Arsen hinzugefügt, da sich sonst zu viel verflüchtigen würde. Eine von mir nach diesem Verhältniss zusammengeschmolzene Legirung zeigte einen äusserst dichten, fast muschligen Bruch, silberweisse Farbe und hohen Glanz. Sie hielt sich an der Luft anfangs sehr gut, lief aber später, wohl durch Einwirkung saurer Dämpfe, plötzlich an und hatte darauf im Verlaufe einiger Jahre eine herrliche grüne Patina erhalten. Die Analyse ergab:

66.3 Kupfer 32.1 Zinn 1.6 Arsen.

Nach Otto soll es besser sein, zuerst das Zinn einzuschmelzen und dann nach und nach das Kupfer zuzusetzen.

§. 288.

Als Beispiele mögen noch folgende Angaben zur Zusammensetzung von Metallspiegeln angeführt werden:

Tabellarische Uebersicht der Zusammensetzung verschiedener Spiegel.

Zusammensetzung nach Theilen.	Cu	Sn	Zn	As	Pt
Spiegelmetall nach der Formel Cu⁴Su	66.21	31.7	—	—	—
Mudge, Teleskopenspiegel 2 Pfd. Kupfer + 29 Loth Zinn	68.82	31.18	—	—	—
Vortreffliche Hohlspiegel nach Ladwig	69	28.7	—	Spur	—
Spiegel, guter Glanz, schwach gelblich, aus 4 Kupfer, 3 Zink, 4 Zinn	50	28.6	21.4	—	—
Spiegelmetall von Little: 348 Kupfer, 165 Zinn, 12 Zink, 10.3 Arsen	65	30.8	2.2	1.9	—
Spiegelmetall) 100 Kupfer, 50 Zinn, 1 Arsen . . .	66.2	33.1	—	0.7	—
Oder nach Edwards: 32 Kupfer, 16 Zinn, 1 Arsen	64	32	—	4	—
Darnach nachgebildet, sehr weiss und glänzend . .	63.3	32.1	—	1.6	—
Oder 32 Kupfer, 4 Messing, 12½ Zinn, 1½ Arsen .	69.8	25.1	2.6	2.4	—
Spiegelmetall von Cooper: 350 Kupfer, 165 Zinn, 20 Zink, 10 Arsen, 60 Platin; der hohe Preis des letzteren Metalles möchte der Verbreitung desselben hinderlich sein	57.8	27.3	3.6	1.2	10.8
Richardson's Spiegelmetall zu Reflectoren: 32 Kupfer, 2 Zinn, je 1 Theil Messing, Silber u. Arsen, also	65.3	30	0.7	2	Ag 2
Sollit's Spiegelmetall*), sehr gut reflectirend; ein Zusatz von etwas Arsen während des Schmelzens soll die Oxydation des Zinnes verhindern: 32 Ku., 15½ Zinn, 2 Nickel	64.6	31.3	Nickel 4.1	Spuren	—
Chinesischer Metallspiegel nach Elsner	80.8	—	Pb 9.1	Sb 8.4	—

*) Cosmos, Revue encycl. 1853 p. 459.

Berücksichtigt man, dass gewisse Theile Blei und Antimon sich beim Einschmelzen verflüchtigen konnten, so liegt die Vermuthung nahe, die ursprüngliche Zusammensetzung der letzteren Legirung als aus 80 Kupfer, 10 Blei und 10 Antimon bestehend anzunehmen. Eine von mir nach diesem Verhältniss zusammengeschmolzene Composition war sehr weiss, mit einem Stich ins Bläuliche, feinkörnig, bearbeitete sich gut mit Feile und Drehstahl und nahm eine sehr schöne Politur an. Sie erblindete nicht, obgleich sie längere Zeit ohne besonderen Verschluss im Laboratorium lag.

Ein ordinärer alt römischer Metallspiegel, bei Mainz gefunden und von Souchay untersucht,[*] war grauweiss mit einem Stich ins Röthliche, wurde von der Feile ziemlich leicht angegriffen und an diesen Stellen lebhaft glänzend. Er war feinkörnig und spröde und nicht homogen, sondern mit weisslichen Ausscheidungen; das specifische Gewicht 9.21. Er bestand aus

Kupfer 63.39, Zinn 19.05, Blei 17.29,

scheint also aus 1 Zinn, 1 Blei und 3 Kupfer zusammengeschmolzen zu sein.

4. Medaillenbronze.

§. 289. Eigenschaften derselben.

Feines Korn, beträchtliche Härte und schwere Oxydirbarkeit machen die Bronze zur Verfertigung von kleinen Münzen und Medaillen brauchbar. Die Härte der antiken Münzen schützte die zartesten Gepräge 2000 Jahre vor der Zerstörung, wenn sie trocken lagen und selbst unter Einwirkung von Wasser hielten sich Schrift und Bildnisse so, dass sie fast immer noch erkannt und entziffert werden können. Als ein Fehler muss es daher bezeichnet werden, wenn man für Medaillen und Münzen von geringerem Werthe später dem Kupfer den Vorzug gab, welches sich zwar seiner Geschmeidigkeit wegen viel leichter prägt, aber auch im Laufe weniger Jahrzehnte, namentlich bei Münzen sein Gepräge durch Abnutzung bis zur vollständigsten Unkenntlichkeit verliert.

Um auch diese Kunst wieder zur früheren Vollkommenheit zu erheben, haben D'Arcet, Chaudet und de Puymaurin[*] viele Versuche angestellt, aus denen sich das Resultat ergab, dass die brauchbarsten Legirungen 8—12% Zinn enthielten, dass ein Zusatz von 2—3% Zink, sowie von etwas Blei, im Verhältniss der Kellerschen Bronze, nicht schadet. Wird weniger weisses Metall zugeschlagen, so wird die Legirung zu weich: bei mehr weissem Metall zu spröde. Nach Guettier[**] sind 98—99% Cu auf 2—1% Zinn am zweckmässigsten für Medaillen, da diese Legirungen sich auch kalt hämmern lassen. Steigt der Zinngehalt auf 5%, so geht die Hämmerbarkeit in der Kälte ver-

---

[*] Dingler 159. 463.
[**] Puymaurin, Rapport sur les procédés chim. et mech. pour la fabrication des medailles de Bronze. Paris 1824.
[***] Moniteur industr. 1848 p. 1261.

loren, tritt aber in der Rothgluth wieder hervor und verschwindet erst bei Legirungen, die über 15⁰/₀ Zinn enthalten. Guettier will also die spätere Härte und Dauerhaftigkeit der Medaillen theilweise opfern, für den Vortheil des leichteren Prägens. Die von D'Arcet gemachte Entdeckung des Adoucirens der Bronze durch Ablöschen aber hat diese Bedenken entkräftet und der Kunst grossen Vorschub geleistet.

§. 290. Anfertigung der Medaillen.

Bei der Anfertigung der Medaillenbronze wird die Masse in Tiegeln möglichst schnell eingeschmolzen und in Sandformen, die von den bei dem Massenguss benutzten Flaschen nicht verschieden sind, geformt, indem man als Modelle nach Puymauriu verzinnte Medaillen anwendet. Die dünne Zinndecke gleicht die Wirkung des Schwindens aus, verdeckt aber zugleich kleinere Fehler, so dass durch das Formen und Giessen die Medaillen blos die gröberen, äusseren Umrisse, die feineren und schärferen Details ihrer Form aber durch den Prägestempel erhalten. Das Metall darf beim Giessen weder zu kalt sein, weil es sonst zähflüssig ist und die Form nur unvollkommen ausfüllt, noch zu heiss, weil die Stücke sonst leicht porös werden. Man löscht dann noch heiss in kaltem Wasser ab, entfernt durch Bürsten adhärirenden Sand und Oxyd und prägt sodann. Nach je drei Stössen des Prägewerkes wird die Münze ausgeglüht, abgelöscht und wieder geprägt, bis die erwünschte Tiefe erlangt ist. Alsdann gibt man durch Erhitzen wieder die gehörige Härte und beizt oder bronzirt die Medaillen. Man taucht sie zu diesem Zwecke in eine heisse Auflösung von 2 Th. Salmiak, 1 Th. Kochsalz, 1 Th. Salpeter, 1 Th. Ammoniak in 96 Th. Essig oder kocht sie in einer Lösung von Salmiak und Grünspan. In beiden Fällen erhalten sie einen dünnen Ueberzug von braunem Kupferoxydul.

§. 291. Mischungsverhältnisse für Medaillen.

Die besten Verhältnisse zu Medaillenbronze liegen nach Dumas zwischen 100 Theilen Kupfer und 7 Zinn (93.5 % Cu, 6.5 % Sn) und zwischen 100 Th. Kupfer und 11 Zinn (90.1 % Cu, 9.9 % Sn), im Mittel also etwa 92 % Cu, 8 % Sn. Jedoch ändert sich die Mischung auch von 100 Kupfer und 4 Zinn (96.2 Cu, 3.8 Sn) bis auf 100 Kupfer 17 Zinn (85.5 % Cu, 14.5 % Sn), so namentlich die zur Zeit der französischen Republik aus Glocken geprägte der Abnutzung sehr unterworfene kleine Scheidemünze (86 % Cu, 14 % Sn).

Englische Medaillen erhalten oft einen kleinen Zusatz von Blei oder Zink, um Farbe und Schmelzbarkeit zu erhöhen, und bestehen im Allgemeinen aus 90—92 Cu, 10—8 Sn, französische Medaillen jetzt in der Regel 95 Cu, 5 Sn. Diese Legirung wird auch als Chrysochalk zu Bijouterien verwendet; zu Medaillen und kleinen Gefässen auch 97 Cu, 3 Sn. Als Medaillenbronze, die geschmeidig und blassroth ist, verwendet man 1 Zn, 97 Cu, 2 Sn.

§. 292.

5. Bronze für Maschinentheile.

Die Anwendung der Bronze zu Maschinentheilen ist im Allgemeinen nur sehr beschränkt. Sie muss wohl, gegenüber den im vorigen Capitel besprochenen, aus Kupfer, Zinn und Zink, mit oder ohne Zusatz von Blei, Eisen oder Antimon bestehenden Lagermetallen, als eine ziemlich verfehlte angesehen werden. Die Legirungen sind nämlich einmal, bei dem hohen Preise des Kupfers, wie des Zinns, theurer als die dort aufgeführten und haben ausserdem unter keinen Umständen die Widerstandsfähigkeit derselben.

Zum Maschinenbau sind nur die Legirungen mit wenigstens 80% Kupfer brauchbar; am häufigsten sind die zwischen 80 und 90% Kupfer, da die kupferreicheren für die allgemeine Anwendung zu weich sind. Die Legirungen von 20—80% Kupfer sind als zu spröde, für diese Zwecke durchaus unbrauchbar. Es ist indessen wahrscheinlich, dass auch die sehr zinnreichen Legirungen, mit 1—10% Kupfer und 99—90% Zinn als weisses Metall für Maschinentheile, die starke Reibung auszuhalten haben, zu gebrauchen sein würden, nur ist auch hier wieder daran zu erinnern, dass sie in der Herstellung ungleich höher zu stehen kommen, als die weiter unten in der siebenten Gruppe zu besprechenden weissen Lagermetalle, in denen der hohe Preis von Kupfer und Zinn wenigstens zum Theil durch das billigere Antimon übertragen wird.

§. 293.

Die wichtigsten hierher gehörigen Verbindungen sind folgende:

Bezeichnung der Maschinentheile.	Nach Theilen.		Nach Procenten.	
	Cu	Sn	Cu	Sn
Blasrohrapparate, Spülpfropfen und Montirhämmer für Locomotiven, nach Lafond; lassen sich schmieden wie reines Kupfer; der Zusatz von Zinn zur Verhütung der Gussblasen	100	2	98.04	1 96
Eisler*) empfiehlt für die meisten Zwecke des Maschinenbaues statt des Messings, sowie als Hartloth für Kupfer	16	1	94.1	5.9
Die Legirung ist goldgelb, lässt sich gleich vom Guss weg hämmern und strecken, ist elastischer als Messing oder Kupfer, fast so hart als Schmiedeeisen, fliesst leichter und dünner als Messing. Für gewöhnliche Zwecke wohl zu theuer.				
Räder, in welche Zähne geschnitten werden	100	9½	91.3	8.7
Haberland, Eisenwerksdirector, giebt an, dass Bronze aus 100 Kupfer, 11 Zinn, also französisches Kanonenmetall,				

*) Allgemeiner Anzeiger der Deutschen 1843 p. 935.

Bezeichnung der Maschinentheile.	Nach Theilen.		Nach Procenten.	
	Cu	Sn	Cu	Sn
recht flüssig in gut gearbeitete Formen aus fettem Form- sand gegossen, sich so scharf und schön ausgiesst, als wenn sie geprägt wäre	100	11	90.09	9.91
Hartguss, härter als Bronze, in der preussischen Artil- lerie zu Einsatzmuttern, Richtmaschinen, Meisseln . . .	8	1	88.8	11.2
Dieselbe zu gegossenen Schaufeln und Axenlagern für Per- sonenwagen empfohlen	100	12½	88.8	11.2
Köchlin in Mühlhausen[*]) verwendet zu kleinen Rädern bei Spinnmaschinen eine Legirung, die leichtflüssiger (?) als Messing ist, sich gut giessen, drehen und feilen lässt und wenig abbrennt	—	—	90	10
Axenlager zu Personenwagen und Locomotivaxen zu Seraing nach Schmidt	100	16½	86	14
Wagenradbüchsen	100	19	84	16
Stempel für Goldarbeiter, geben scharfe Contouren	5	1	83 3	16.7
Ein Zapfenlager von Rothehütte am Harz, enthielt nach nach Blauel nach Procenten	81.74	15.24	Pb 1.46	Fe 0.88
In China als Hartloth verwendet und mit einem Brei aus Reis aufgetragen	80 75	20 25	— —	— —

§. 294.

6. Bronze zu Schiffsbeschlägen und anderweitigen Verwendungen.

Eine wichtige Verwendung fand und findet die Bronze zum Theil noch jetzt bei den Schiffsbeschlägen, die je nach ihrer Zusammensetzung der Zer- störung durch Meerwasser mehr oder weniger ausgesetzt sind. Kupfer allein wird zu sehr angegriffen; man setzt daher ein positiveres Metall hinzu und zwar wählt man Zinn und Blei. Nach den früheren Untersuchungen von Bo- bierre wird das Metall um so stärker angegriffen, je weniger Zinn und Blei es enthält, und muss mindestens 3½% Zinn haben. Auch nach Mushet und Vievere widersteht eine Legirung aus 32 Kupfer, 1 Zinn, also 97% Kupfer + 3% Zinn der auflösenden Kraft der Salzsäure und der des Meerwassers viel besser, als reines Kupfer. Derartige Schiffsbeschläge, 19 Monate in See, verloren auf je 7 Pfd. nur 4 Lth., also 1.8%, während Kupfer in derselben Zeit 2½ Pfd., also 35.9% verlor. Dabei blieben die Bronzeplatten von äusserem Ansatze frei und wohlerhalten. Bronze, die weniger als 3.5% Zinn enthält, hat eine schlechte Farbe, grobes Korn und Zinnflecken, zeigt also eine ungleiche Vertheilung des electropositiven Metalles und nutzt sich in Folge davon un- gleichmässig ab.

———————

[*]) Dingler 27 p. 173.
[**]) Liebig u. Kopp, Jahresbericht 1858 p. 646 u. 1860 p. 193. — Compt. rend. 34 p. 688 u. 37 p. 131. — Dingler 26 p. 265 u. 38 p. 207. — Mushet, Philos. Magaz. 6. 444.

Versuche mit bleihaltigen Legirungen ergaben folgende Resultate:

Kupfer, Zinn, Blei.

97.1	2.4	0.5	schon nach 1 Jahre sehr stark angegriffen,
96.8	2.4	0.8	zeigen oben bemerktes schlechtes Ansehen.
95.2	3.5	1.3	
95.3	4.1	0.6	Proben von gutem Ansehen, haben theil-
94.7	4.4	0.9	weise 10 Jahre dem Seewasser wider-
93.5	5.5	1.0	standen.

Den fast allen untersuchten Bronzen beigemengten Spuren von Arsen schreibt Bobierre keine Wichtigkeit zu. Lavol hält diese Ergebnisse nicht für vollkommen sicher, ohne jedoch selbst einen Grund für die leichtere Zerstörung der einen oder der anderen Bronze anzugeben. Bobierre verwirft übrigens den Zusatz von Blei und schlägt Bronze aus reinem, bleifreiem Kupfer mit 4.5—5.5 % Zinn vor, da gerade der Bleigehalt und die des leichten Walzens wegen angewendete geringe Menge von Zinn die Dauerhaftigkeit der Bronze beeinträchtige. Ein Zusatz von einer kleinen Menge von Zink soll das Product wesentlich verbessern, indem es eine gleichmässigere Vertheilung des positiven Metalles bewirkt. Wir haben oben bei der Messinggruppe § 174 gesehen, dass Bobierre wenige Jahre später auch diese Verbindung wieder verwarf und einer reinen Kupferzinklegirung für diesen Zweck den Vorzug gab.

Von anderweitigen Verwendungen der Bronze mögen schliesslich noch folgende aufgeführt werden:

Goldähnliche Mischung zu Bijouterien 8 Kupfer 2 Messing 7 Zinn, also nach Proc. 54.9 Cu, 41.2 Sn, 3.9 Zn, Kelley's Bronze zu Schmucksachen 91 Cu, 2 Sn, 6 Zn, 1 Pb, Bronze für zu vergoldende Waaren 58.3 Cu, 16.7 Sn, 25.3 Zn, Bath's der Witterung gut widerstehende Bronze aus 576 Kupfer 48 Messing 59 Zinn, also nach Proc. 89 Cu, 8.5 Sn, 1.5 Zn.

Anhang zur Bronzegruppe.

§. 295.

An die Bronzegruppe schliessen sich noch einige Legirungen des Kupfers mit anderen Metallen, die zu isolirt dastehen und zum Theil bis jetzt von zu untergeordneter Bedeutung sind, um sie in besondere Gruppen zu vertheilen. Sie mögen hier wenigstens kurz angeführt werden.

7. Aluminiumbronze.

Aluminium schmilzt mit den meisten Metallen unter Feuererscheinung zusammen, indem es dabei viel von seiner Dehnbarkeit verliert und höchst spröde und krystallinische und zum Theil glasharte Legirungen giebt, die ohne Ausnahme keine Verwendung finden. Dagegen sind die Legirungen des Kupfers mit 5—10°/₀ Aluminium höchst beachtenswerth, indem sie sehr fest, geschmeidig, elastisch, luftächt, schönfarbig, und, weil wenig Aluminium enthaltend, verhältnissmässig billig sind. Die Legirung mit 50°/₀ Aluminium bildet nämlich eine bläulichweisse, ins Röthliche ziehende, wenig glänzende, kreideartig mürbe, unkrystallinische und technisch unbrauchbare Masse. Sinkt der Aluminiumgehalt auf 40—30°/₀, so nimmt die Härte wieder zu, die Masse wird krystallinisch und die Farbe ist röthlichweiss. Noch härter und fester ist die Legirung mit 20°/₀ Aluminium, doch bleibt sie noch spröde, röthlich weiss und gleicht dem Spiegelmetall. Auch diese Compositionen finden bis jetzt keine Verwendung.

Erst von 12¹/₂°/₀ Aluminium an erhält die Legirung eine goldgelbe Farbe und grosse Politurfähigkeit; sie lässt sich in der Hitze schmieden, wie das beste Eisen und zeigt auch kalt schon einige Geschmeidigkeit, die nun zunimmt, bis sie bei 7°/₀ ihr Maximum erreicht, unter 7°/₀ aber wieder abnimmt. Die Legirung mit 7¹/₂ Aluminium ist täuschend goldähnlich und wird von Morin u. Comp. zu Monterre bei Paris namentlich zu Tischgeräthen, Löffeln, Uhrgehäusen und Schmucksachen, Ketten u. s. w. verwendet und unterscheidet sich nur dem Gewichte nach vom Golde. Auch die Legirung mit 6°/₀ Aluminium ist schön goldgelb, geschmeidig, hart, nicht gut zu graviren, aber in der Hitze sehr gut zu bearbeiten. Den höchsten Goldglanz sowie die grösste Weichheit und Dehnbarkeit hat die Legirung mit 5°/₀ Aluminium.

Die Festigkeit dieser Bronzen ist bedeutend, fällt für die 10°/₀ Aluminium haltende nach von Burg's Versuchen für gegossene Stangen zwischen Eisen und Stahl und steht für gehämmerte Stangen dem Stahl nahe; nach Lancaster's Angaben übertrifft sie sogar den besten Gussstahl. Das specif. Gewicht derselben ist 7.689.

§. 296.

Diese bedeutende Festigkeit und namentlich die Eigenschaft, sich in der Rothgluth schmieden zu lassen, während gewöhnliche Bronze in der Hitze spröde ist, verschafften der Aluminiumbronze schon vielfach Eingang. Namentlich wird die mit 10°/₀ Aluminium, die in Luft, Brunnen- und Seewasser unveränderlich, sehr hart, zähe und gut zu verarbeiten ist, in Gewerben, wie in der Marine und für das Militär vielfach benutzt. Vorzüglich scheint sie für Gürtler und Bronzearbeiter empfehlenswerth, da ihre Farbe eine weitere Vergoldung überflüssig macht. Nach den Versuchen von Christofle eignet sie sich vorzüglich zur Anfertigung von Instrumenten und feineren Maschinentheilen, die der Abnutzung und oxydirenden Einflüssen stark ausgesetzt sind, namentlich zur inneren Plattirung von Lagerschalen, Messern zum Schälen der Früchte, sowie auch zu Zapfenlagern und Lagerfuttern, da ein Zapfenlager aus dieser Composition bei 2200 Umgängen in der Minute 18 Monate aushielt, während andre Legirungen nach 3 Monaten durchaus unbrauchbar wurden.[*]

---

[*] Dingler, polyt. Journal 152 p. 180.

Auch für Gewehrläufe eignet sie sich vortrefflich und nach Christofle's wie nach Lancasters Angaben wahrscheinlich auch für grobe Geschütze. Versuche, die in Folge davon in Frankreich angestellt worden sind, scheinen diese Vermuthungen zu bestätigen, doch möchte der noch immer sehr hohe Preis, 30 Francs für das Kilogramm, einer ausgedehnteren derartigen Benutzung im Wege stehen. Christofle verarbeitet jetzt eine Legirung mit 2—3% Aluminium, die eine schöne Goldfarbe zeigt und sich gut ciseliren lässt, namentlich zu Schmucksachen.[*] Noch schöner und dem feinen Golde täuschend ähnlich., daher zu Schmucksachen ganz besonders zu empfehlen, wird die Legirung durch einen Zusatz von 2½ % Gold. Sie gehört zu den Goldlegirungen und ist Cap. 14 aufgeführt.

§. 297.

In Bezug auf die Darstellung ist man bis jetzt noch immer auf das Zusammenschmelzen der beiden regulinischen Metalle angewiesen. Das von Wöhler zuerst regulinisch dargestellte Aluminium erhält man, indem man Chloraluminium oder auch den Kryolith, ein in Grönland sich findendes Mineral, mit Natrium behandelt. Als Kupfer nimmt man am liebsten Cementkupfer, weil das gewöhnliche Kupfer selten eisenfrei ist, und schmilzt mehrmals um, indem die Legirung nach der ersten Schmelzung nicht homogen und noch sehr bröcklich ist.

Nach Benzon[**] soll man zwar eine Aluminiumbronze erhalten, wenn man Kupfer oder seine Oxyde im feinvertheilten Zustande innig mit Thonerde und thierischer Kohle mischt und anhaltend und stark bis über den Schmelzpunkt des Kupfers erhitzt, und soll je nach den quantitativen Verhältnissen der angewendeten Substanzen verschiedene Legirungen erzeugen können; doch haben wiederholt von Meyer, Semper und mir angestellte Versuche ein negatives Resultat ergeben. Das Kupfer zeigte sich stets frei von Aluminium oder enthielt doch nur Spuren davon.

Auch die Methode von Calvert und Johnson, welche 20 Aequ. Kupfer, 8 Aequ. Chloraluminium und 10 Aequ. Kalk innig mischen und stark erhitzen, ist im Grossen nicht anzuwenden, da sie in der auf dem Boden des Tiegels erhaltenen Masse nur einzelne Körnchen einer Legirung von 8.47% Aluminium und 91.53% Kupfer, oder, wenn sie den Kalk wegliessen, eben solche Kügelchen aus 12.82 Aluminium und 87.18 Kupfer, keineswegs aber eine grössere geschmolzene Masse erhielten.

Man giesst die Aluminiumbronze in Sandformen auf die gewöhnliche Weise. Die Gussstücke werden befeilt, mit eigens präparirten Schleifsteinen aus vulkanisirtem Kautschuk mit Smirgelzusatz geschliffen und zuletzt an Lederscheiben und Bürsten mit Bimssteinpulver und Oel polirt.

---

[*] Deutsche Industriezeitung 1863 p. 227.
[**] Polyt. Centralbl. 1859 p. 1302, und Dingler 156 p. 154.

§. 298.

8. Siliciumbronze oder Kupferstahl.

Das Silicium, in neuerer Zeit durch die Arbeiten von Deville und Caron aus dem Kieselfluorkalium mit Zink und Natrium durch Schmelzen hergestellt, vereinigt sich in sehr verschiedenen Verhältnissen mit Kupfer. Eine sehr harte,. brüchige, weisse, dem Wismuth ähnliche Legirung mit 12 %, Silicium wird erhalten, wenn man 3 Th. Kieselfluorkalium (oder ein Gemenge aus Sand und Kochsalz) mit 1 Th. Natrium und 1 Th. Kupferdrehspänen bei einer Temperatur schmilzt, die hinreicht, um eine Schlacke zu bilden. Das Kupfer nimmt dabei fast das ganze Silicium auf. Diese Legirung ist nun leichter schmelzbar als Silber aber sehr spröde und wenig dehnbar und bildet den Ausgangspunkt für andere kupferreichere Legirungen. Die Legirung mit 5%, Silicium hat helle Bronzefarbe, ist in Härte und Zähigkeit dem Eisen ähnlich, sehr dehnbar und gut zu bearbeiten und vielleicht für Kriegsgeräthe verwendbar. Sie lässt sich feilen, sägen, drehen wie Eisen, ohne wie die gewöhnliche Bronze die Werkzeuge zu verschmieren, ist schmelzbar wie Zinnbronze und durchaus dehnbar. Die daraus gefertigten Drähte sind mindestens eben so zähe wie Eisendrähte. Deville nennt die Verbindung Kupferstahl. Die anderen Legirungen sind um so härter, je mehr Silicium sie enthalten. verlieren aber dadurch an Dehnbarkeit. Sie sind durchaus homogen und geben das Silicium durch Saigern nicht ab.*)

§. 299.

9. Arsenkupfer oder Weisskupfer.

Wenn man gleiche Theile Kupferfeile und Arsen unter einer Kochsalzdecke schmilzt, erhält man eine weissgraue oder weisse, sehr glänzende, politurfähige, aber stark anlaufende, spröde und feinkörnige Legirung, die bald nach der Formel $Cu^4 As^3$, bald nach $Cu^3 As$ zusammengesetzt ist, und demnach entweder 37 oder 54%, Arsen enthält. Eine derartige Composition wird in China unter dem Namen Pétong fabricirt, ist glänzend weiss aber viel schwerer zu bearbeiten als Messing. Auch bei uns ist sie früher unter dem Namen Weisskupfer, weisser Tombak oder argent haché in Gebrauch gewesen, indem man sie stark versilbert in den Handel brachte. Man stellte sie dar durch Schmelzen von Kupfer mit weissem Arsenik und schwarzem Fluss, oder indem man 16 Th. Kupfer und 1 Th. arsenigsauren Kalk unter einer Decke von Borax, Kohlenstaub und feingeschmolzenem Glase schmolz. Das Neusilber hat übrigens diese gewiss nicht ungefährliche Verbindung jetzt ganz aus dem Verkehre verdrängt.

---

*) Compt. rend. 45. 163.

§. 300.

10. Antimonkupfer.

75 Th. Kupfer und 25 Th. Antimon geben eine spröde, blätterige, krystallinische, in das Violette spielende Legirung, die eine schöne Politur annimmt. Sie verliert ihre violette Farbe bei 50% Antimon, und wird bei noch grösserem Antimongehalt glänzend weiss. Sie ist bis jetzt ohne Anwendung.

11. Bleikupfer.[*]

Kupfer und Blei legiren sich schwer, namentlich wenn ein Metall vorherrscht; am schwersten die mit vielem Blei, weil es das Kupfer zu sehr abkühlt und zu leicht oxydirt. Man erhitzt das Kupfer am besten unter Luftabschluss sehr stark, fügt das geschmolzene Blei hinzu, gibt schnell ein heftiges Feuer und rührt bis zum Giessen beständig um. Technisch wichtig ist nach Guettier die Legirung aus 50 Blei und 50 Kupfer für Bleche und Tafeln, die keine ausserordentliche Dauer erfordern, da sie billig und leicht schmelzbar sind. — Wenn man die geschmolzene Legirung langsam erkalten lässt, so sondert sie sich in 2 Schichten, die obere ist bleihaltiges Kupfer, die untere kupferhaltiges Blei; beim schnellen Abkühlen bleibt die Masse homogen. Erhitzt man aber diese Verbindung, so fliesst das leichter schmelzbare kupferhaltige Blei ab, und lässt das schwerer schmelzbare bleihaltige Kupfer zurück. Hierauf beruht der Saigerprocess.

Auch als Hartlothe für Kupfer eignen sich nach Domingo einige Bleikupferlegirungen, da sie sich leicht feilen und schmieden lassen, leicht schmelzen und dabei keinen Borax gebrauchen. Er schmilzt 100 Theile Kupfer unter wiederholtem Zusatz kleiner Stangen von Weinstein und fügt im Momente des Schmelzens 25, 20 oder 18 Theile Blei hinzu, rührt um, giesst in Stäbe aus oder granulirt die Masse durch Eingiessen in Wasser. Die Legirungen sind fest und von rother Farbe; die vorzüglichste und festeste scheint die mit 20 Th. Blei zu sein, die also nach Procenten 16.6% Blei und 83.4% Kupfer enthält, die beiden andern Legirungen enthalten nach Procenten 80 Kupfer, 20 Blei und 84.7 Kupfer, 15.3 Blei.

§. 301.

12. Eisenkupfer.

Hierher gehört eigentlich das Schwarzkupfer, welches zwar nach seiner sehr wechselnden Zusammensetzung hinlänglich, aber fast noch gar nicht nach seiner selbstständigen Verwerthung untersucht worden ist. Wesentliche Beimengung desselben ist das Eisen. Kupfer und Eisen verbinden sich schwierig

[*] Moniteur industr. 1848 p. 1261 und Polyt. Notizbl. 1855 p. 47.

direct und es machen schon kleine Mengen von Eisen das Kupfer spröde und hart, weshalb das Eisen, wie es beim Garmachen geschieht, vollständig beseitigt werden muss. Dagegen wird das Eisen durch Zusatz von etwa 5% Kupfer nach einer bestimmten Richtung hin in seinen Eigenschaften nicht unwesentlich verbessert. Riemann erhielt aus 100 Eisen und 5 Kupfer, die er im Essenfeuer zusammenschmolz, eine sehr harte, dichte und gleichartige Legirung vom spec. Gewicht 7.46, die er zur Anfertigung von Ambossen vorschlug. Dagegen ist für Stahl das Kupfer nach Faraday ein ungeeigneter Zusatz, da es schon bei 2% denselben spröde macht. Nach Gmelin*) hat ein Gemisch von 2 Kupfer und 1 Eisen grosse Festigkeit; bei grösserem Eisengehalt nimmt die Härte zwar zu, aber die Festigkeit ab.

---

*) Handbuch der anorgan. Chemie III. 458.

Fünfter Theil.

Edellegirungen.

Cap. 13. Fünfte Gruppe. Neusilber,

Legirungen von Kupfer, Zink und Nickel.

§. 302. Charakter der Gruppe.

Das Neusilber ist im Allgemeinen zusammengesetzt aus 55 Theilen Kupfer, 25 Theilen Zink und 20 Theilen Nickel, so dass man es als Messing mit einem Zusatz von $\frac{1}{4}$ bis $\frac{1}{3}$ Nickel ansehen kann. Die hierher gehörigen Legirungen würden also eigentlich die vierte Gruppe bilden müssen, indem sie sich durch ihren Zinkgehalt wesentlich an die drei ersten anschliessen. Bedenkt man indessen, dass das Kupfer, obwohl es noch immer durchschnittlich 50—55 % ausmacht, dennoch hier aufhört, der vorherrschende Bestandtheil zu sein, so ist dadurch allein schon die Stellung dieser Legirungen hinter der ächten Bronze gerechtfertigt. Dazu kommt noch, dass auch die Verwendung zu Tischgeräthen und Luxusartikeln aller Art, die in der schönen, silberartigen Farbe, der vortrefflichen Politur und der geringen Oxydirbarkeit wohl begründet ist, diese Compositionen in die Nähe der aus Edelmetallen zusammengesetzten Legirungen verweist.

Waren die früheren Gruppen wesentlich aus Kupfer, Zink und Zinn zusammengesetzt, so tritt hier ein neues Metall, das Nickel, in die Verbindung ein. Wenn auch quantitativ untergeordnet, beherrscht es doch auffallend die anderen Metalle und ertheilt vorzugsweise den Legirungen ihre schätzenswerthen Eigenschaften. — Man hat zwar früher versucht, das Nickel durch Mangan zu ersetzen, und, wie am Schluss des Capitels weiter besprochen werden wird, auch recht schöne Compositionen erhalten, musste aber doch schliesslich, seiner leichten Oxydirbarkeit wegen, von der ferneren Anwendung dieses Metalles abstehen.

§. 303.

Geschichtliches. In China wurde das Neusilber schon lange unter dem Namen Packfong oder Packtong, d. i. Weisskupfer gebraucht und wahrscheinlich aus Nickelerz mit Kupfer und Zink zusammengeschmolzen. Von dort aus kam es vor etwa 150 Jahren zuerst nach Europa und wurde zu hohen Preisen gekauft, ohne jedoch anfangs Nachahmung zu finden. Die erste bekannte Analyse datirt von 1776 und wurde von Engström ausgeführt, der Kupfer, Nickel, Zink und Eisen darin fand. Die Zusammensetzung ist übrigens, wie die unten angeführten Analysen ergeben, sehr verschieden, indem im chinesischen Packfong der Gehalt an Kupfer zwischen 26 und 46. das Zink zwischen 25 und 41 %, das Nickel endlich zwischen 15 und 37 % wechselt.

Die erste europäische neusilberartige Mischung wurde um 1770 in Suhl dargestellt und zu Gewehrgarnituren und Sporen verwendet, ohne indess sonderlichen Anklang zu finden. Alte Schlackenhalden von eingegangenen Bergwerken bei Suhl enthalten nämlich weisse Metallkörner, welche noch jetzt durch Pochen und Waschen gewonnen und als suhler Weisskupfer in den Handel gebracht werden. Sie enthalten nach Brandes: 8.75 Nickel, 88 Kupfer, 0.75 Schwefel und Antimon, 1.75 Eisen, Kiesel- und Thonerde. Aus ihnen wurde durch Zusatz von Zink und Zinn die Legirung bereitet, die nach Keferstein aus 40.4 Kupfer, 25.4 Zink, 31.6 Nickel, 2.6 Zinn bestand. Es geht aus dieser letzteren Angabe hervor, dass jene Metallkörner häufig auch einen weit grösseren, als den von Brandes angeführten Nickelgehalt haben mussten, da sich sonst unmöglich die von Keferstein notirten quantitativen Verhältnisse hätten finden können.

Die eigentliche Veranlassung zur Einführung des Neusilbers in die Technik gab wohl eine vom Verein zur Beförderung des Gewerbfleisses in Preussen gestellte Aufgabe: eine Legirung für den grossen Betrieb zu erfinden, die im Ansehn dem 12löthigen Silber gleich käme, sich vielfach bearbeiten und namentlich als Speise- und Küchengeräth gebrauchen liesse, ohne nachtheilige Eigenschaften für die Gesundheit zu haben. Nach vielfachen Versuchen errichteten 1824 die Gebrüder Henniger in Berlin eine Fabrik für Neusilber und Weisskupferwaaren, während gleichzeitig Dr. Geitner in Schneeberg dieselbe Legirung darstellte und als Argentan in den Handel brachte. — Auch in Frankreich und England fand die Legirung schnell Eingang, doch wurde in Frankreich der Name Neusilber nicht gestattet, sondern der Name Maillechort octroyirt.

Eigenschaften des Neusilbers.

§. 304. Gewicht, Festigkeit, Härte, Klang, Dehnbarkeit.

1. Das specifische Gewicht ist in der Regel grösser, als es der Rechnung nach sein sollte, es tritt also eine Verdichtung ein. Nur in einem Falle,

bei dem französischen Maillechort, ergiebt die Beobachtung 7.18, während es der Rechnung nach 8.6 betragen sollte. Die Ausdehnung scheint eine Folge des Eisenzusatzes zu sein. Das Gewicht wechselt zwischen 7.18 und 8.948, wornach also der Cubikfuss Neusilber 443.95 bis 553.26 Zollpfund und der Cubikzoll 8.08 bis 10.07 Loth wiegen würde. Draht und Blech sind schwerer als gegossenes Metall.

2. Die Festigkeit des Neusilbers ist grösser als die des Messings; die absolute Festigkeit, auf Stücke von 1 Quadratzoll Querschnitt berechnet, beträgt für:

hartgezogenen Draht 91700—104000 Pfd.,

ausgeglühten Draht 64700—66200 Pfd.

3. Die Härte und Zähigkeit ist grösser als die des Messings und Silbers. Neusilber fühlt sich stets fettig an und man hat darin ein durchaus sicheres Merkmal, um neusilberne, nachgeahmte Münzen von ächt silbernen zu unterscheiden.

Der Klang ist schön, indessen etwas härter und schärfer als der des Silbers.

4. An Dehnbarkeit steht Neusilber dem Messing wenig nach, doch ist sie nicht unter allen Umständen gleich und richtet sich natürlich nach der Zusammensetzung und der Behandlung. Da das gegossene Metall nach dem Erstarren krystallinisch ist, so muss es jedesmal dunkelroth geglüht und wieder völlig erkaltet werden, bevor man es wieder hämmert und walzt. Ist das krystallinische Gefüge einmal zerstört, so lässt es sich wie Messing bearbeiten. Indessen muss man es, da es gern kantenrissig wird, beim Walzen öfters ausglühen und wieder vollständig erkalten lassen. Das chinesische, so wie gutes deutsches Neusilber, lässt sich auch in der Dunkelrothglühhitze bearbeiten, zerfällt aber in stärkerer Hitze unter dem leisesten Hammerschlage. Gewalztes oder gehämmertes Neusilber hat einen dichtkörnigen oder feinzackigen Bruch.

305. Farbe, Magnetismus, Schmelzpunkt.

5. Die Farbe des Neusilbers nähert sich der des Silbers, ist indessen auch bei den besten Sorten in der Regel etwas grauer. Eine Verminderung des Nickels, so lange sie in gewissen Grenzen bleibt, beeinträchtigt die Silberfarbe wenig; überschreitet man diese Grenze, so geht die Legirung in das Gelbliche oder Graue oder wird, wenn sie auch anfänglich weiss ist, doch nach kurzer Zeit gelb und messingartig. Selbst ein Zusatz von Silber, wie in den schweizerischen Scheidemünzen, kann nicht davor schützen. Legirungen, die nur Kupfer und Nickel enthalten, sind bei 15 % Nickel noch röthlich, bei 25 % aber silberweiss und sehr haltbar. Der Glanz des Neusilbers ist schön; auch ist es höchst politurfähig.

6. Der Magnetismus, den das reine Nickel zeigt, geht in dem Neusilber verloren; die geringste Eisenmenge soll denselben aber wieder herstellen.

7. Der Schmelzpunkt. Neusilber schmilzt in starker Rothgluth oder anfangender Weissgluth, wobei, falls der Luftzutritt nicht vollkommen abgehalten wird, ein Theil des Zinkes mit weissem Lichte verbrennt. Dass es in der Rothgluth noch schmiedbar ist, in der Weissgluth aber sehr spröde wird, zerspringt und sich sogar pulverisiren lässt, ist schon oben erwähnt.

§. 306. Verunreinigungen des Neusilbers.

8. Von Verunreinigungen sind namentlich Eisen und Arsen zu erwähnen. Eisen verbindet sich nur in geringer Menge mit dem Neusilber. Setzt man grössere Mengen hinzu, so bilden sie mit etwas Kupfer, Nickel und Kohlenstoff eine besondere Legirung, die gleich Oeltropfen auf dem Neusilber schwimmt. Chinesisches Metall enthält in der Regel 2—3 % Eisen. Es macht die Legirung viel weisser und compakter, aber auch viel härter, spröder und schwerer zu bearbeiten, und daher für manche Zwecke durchaus unbrauchbar, während es für andere Zwecke von entschiedenem Vortheil ist. Man schmilzt das Eisen (nach anderen Angaben lieber Stahl) zuerst mit einem Theile des Kupfers, und dieses Gemisch dann mit dem eigentlichen Neusilber.

Arsen macht die Legirung spröde und kaum bearbeitbar; es liegt daher im Interesse des Fabrikanten, seine Beimengung durch Anwendung reiner Materialien zu vermeiden. Ein Gehalt des Kupfers an Silber, oder des Nickels an Kobalt schadet nicht nur nicht, sondern wirkt im Gegentheile auf Geschmeidigkeit und Farbe vortheilhaft. Blei macht auch in geringen Mengen das Neusilber spröde, wird aber demselben, da es zugleich die Farbe erhöht, doch zuweilen für Gusswaaren in einigen Procenten zugesetzt. Zinn bildet selten einen Bestandtheil der Legirung. Es macht dieselbe sehr spröde und hart und nur für Gusswaaren tauglich, giebt ihr aber bei gleichzeitiger Abwesenheit des Zinkes vorzüglichen Glanz und Klang. Derartige Legirungen empfehlen sich also für Reflectoren und Glocken.

§. 307.

9. Chemisches Verhalten. Die verhältnissmässig geringe Neigung zur Oxydation macht das Neusilber zur Anfertigung der verschiedensten Luxus- und Essgeräthe geeignet, und lassen sich gute Sorten auch auf dem Probirstein kaum vom 12löthigen Silber unterscheiden. Befeuchtet man aber den Strich mit Salpetersäure, so wird er rascher gelöst als Silber und auf Zusatz von Salzsäure erfolgt keine Trübung. Es versteht sich von selbst, dass man bei dem Versuche darauf zu achten hat, nicht etwa versilbertes Neusilber anzuwenden. — Da es mit der Zeit an der Luft mit gelblicher Farbe anläuft, so muss man es öfter mit Sand, Asche und Ziegelmehl, oder besser mit verdünnter Schwefelsäure putzen. Unter concentrirtem Essig färbt sich das Neusilber grünschwarz, unter Wein dunkelbraun, unter Kochsalzlösung rothbraun, unter Salmiak- oder Weinsäurelösung schwarz mit grünen Flecken, unter

Oxalsäure schwarz. — Uebrigens wird es, wenn es gut ist, von sauren Flüssigkeiten weit weniger angegriffen als Kupfer und Messing, mehr indessen als 12löthiges Silber und ist daher zur Aufbewahrung solcher Flüssigkeiten nicht zu empfehlen.

Was den Arsengehalt anlangt, der der allgemeinen Einführung des Neusilbers sehr lange hindernd in den Weg trat und in Sachsen sogar ein Verbot seiner Verwendung für den Tischgebrauch herbeiführte, — so hat sich dieser, seit man reineres Nickel darzustellen lernte, mehr und mehr verringert und fast auf Null reducirt. Schubarth sagt: „Ein Löffel von Neusilber, aus 50 Kupfer, 32.5 Zink, 18.75 Nickel bestehend, verlor, mit Essig behandelt, kaum 1 Gran mehr, als ein Löffel aus 12löthigem Silber; ähnlich verhielt es sich beim Bestreichen mit Olivenöl und Butter. Was den Arsengehalt des Neusilbers betrifft, so ist ein geringer Antheil von 0.4 % ohne allen nachtheiligen Einfluss, und die Bedenklichkeit zu weit getrieben, wenn man das Neusilber deshalb für nachtheilig halten wollte."

Darstellung des Neusilbers.

§. 308. Die Materialien.

Die zum Neusilber zu verwendenden Materialien müssen rein sein, da man nur in diesem Falle ein fehlerfreies Product erwarten kann. Man nimmt am liebsten russisches Kupfer, da das deutsche meist zu viel Eisen und Blei enthält, das englische aber nicht frei von Arsen ist. Als Zink soll das chinesische jedem anderen vorzuziehen sein, möchte aber kaum zur Verwendung kommen; schlesisches Zink wird dem belgischen oder westphälischen selbst in Iserlohn, dem Hauptorte westphälischer Zinkgewinnung, vorgezogen. — Nickel wird am besten als Schwamm oder Pulver angewendet, da feste Stücke zu schwer schmelzen. Reines Nickel ist silberweiss bis stahlgrau, von hakigem Bruch, starkem Glanz, bedeutender Härte und einem spec. Gewicht von 8.4 (gegossen) bis 8.9 (geschmiedet). Es ist schweissbar, schmilzt aber erst in der strengsten Weissgluth. Man gewinnt es aus dem Kupfernickel und der Kobaltspeise, indem daraus zuerst auf verschiedene Art das Oxyd dargestellt und dies dann mit Kohle reducirt wird. Das Nickel muss vor der Verwendung geprüft werden. Man schmilzt zu dem Zwecke ein kleines Gussstück aus 8 Theilen Kupfer, 3½ Zink und 4 Theilen des zu prüfenden Nickels und untersucht nun, bis zu welchem Winkel man eine 3—4 Zoll lange, 2 Zoll breite und ½ Zoll dicke Platte biegen kann. Bricht sie, noch ehe 90° erreicht sind, so ist das Nickel schlecht. Aus gutem Nickel gegossenes Argentan lässt sich nach beiden Richtungen biegen.

Das Kupfer und Zink müssen für gutes Neusilber stets in dem Verhältniss von 8 : 3 stehen. Der Verdampfung des Zinkes wegen, die hier bei der sehr gesteigerten Hitze und dem anhaltenden Schmelzen viel grösser ist, als bei der Messingfabrikation, nimmt man $3\frac{1}{2}$ Zink. Das Nickel darf nie weniger als $\frac{1}{4}$, nie mehr als $\frac{3}{4}$ vom Kupfer betragen; zu wenig Nickel macht die Legirung gelb, zu viel Nickel macht sie zu hart. Auch wenn man Abfälle und Feilspäne von Neusilber einschmilzt, muss man auf die Verdampfung des Zinks Rücksicht nehmen und mindestens 4% Zink zusetzen, um den Zinkverlust auszugleichen.

§. 309. Englisches Verfahren.

In England schmilzt man zuerst das Zink mit der Hälfte seines Gewichtes Kupfer und giesst in dünne Platten aus, die man noch heiss in kleine Stücke zerschlägt. Andernseits schmilzt man das übrige Kupfer mit dem Nickel unter einer Decke von Steinkohlenpulver und etwas Talg im bedeckten Tiegel unter öfterem Umrühren. Nach gänzlichem Schmelzen nimmt man eine Probe der Steinkohlendecke heraus, untersucht, ob sich derselben Nickel in Körnerform beigemengt hat und schmilzt in diesem Falle noch anhaltend unter Umrühren bis zur Vereinigung alles Nickels. Man trägt nun die erste Legirung unter Umrühren nach und nach ein und hält dabei die Masse stets mit Kohlenpulver bedeckt.

Weniger Brennmaterial und Arbeit kostet folgende Darstellung. Man mischt $7\frac{1}{2}$ Pfd. Kupfergranalien mit $\frac{1}{2}$ Pfd. Zink und allem (2—3 Pfund) Nickel und schmilzt unter einer Decke und unter öfterem Umrühren wie vorher bei möglichstem Luftabschluss. Sobald die Masse fliesst, setzt man noch $1\frac{1}{2}$ Pfund einer Legirung aus 1 Zink und $\frac{1}{2}$ Kupfer hinzu, verstärkt die Hitze und fügt nach und nach noch 2 Pfd. Zink hinzu. Es soll weniger Zink als bei der ersten Methode verbrennen, nämlich auf obige $14\frac{1}{2}$ Pfd. Masse etwa $\frac{1}{2}$ Pfd. Zink. Dies würde 3.45% von der ganzen Legirung, aber 14.33% vom zugesetzten Zink ausmachen, allemal also noch ein sehr ansehnlicher Verlust sein.

§. 310. Berlin'er Verfahren.

In berliner Fabriken verwendet man passauer Tiegel, die 10—15 Pfund fassen. Man schmilzt entweder zuerst eine Legirung aus Kupfer und Nickel und trägt in diese nach und nach das, um Explosionen zu vermeiden, vorher stark erhitzte Zink ein; — oder man bringt unten in den Tiegel Kupfer, dann etwas Nickel und Zink, dann Kupfer, wieder Nickel und Zink und schliesst endlich mit einer Schicht Kupfer und einer Decke Kohlenstaub. Man schmilzt nun unter Umrühren mit einem Eisenstabe, damit sich das strengflüssige Nickel völlig auflöse. Man fügt nun den Rest vom Nickel und Kupfer vollends hinzu und kurz vor dem Ausgiessen noch ein Stückchen Zink, um die Dünnflüssigkeit zu befördern. Das Gemisch wird um so ductiler, je länger es geschmolzen wird. Die Giessflasche, die ziemlich stark angewärmt werden muss, besteht aus 2 gusseisernen Platten von $1\frac{1}{2}$ Zoll Dicke, $8-9\frac{1}{2}$ Zoll Breite und

12—13 Zoll Länge, zwischen welche ein schmiedeiserner Schienenkranz von 3—4 Linien Dicke gelegt und durch Schrauben befestigt wird. Sandformen haben sich für Neusilber nicht bewährt, indem dasselbe darin zu langsam, daher krystallinisch erstarrt und dadurch leicht zerklüftet. Die Schlacken und die auf dem geschmolzenen Metall sich bildende Haut von Zinkoxyd müssen sorgfältig abgezogen werden. Man giesst nun im starken Strahle ohne abzusetzen aus. Wenn sich die gegossene Platte unmittelbar nach dem Ausgiessen etwas stark ausdehnt und dann wieder zusammenzieht, so dass sich in Folge der Zusammenziehung oben am Gusse ein trichterförmiges Loch zeigt, so darf dies als ein Beweis angenommen werden, dass die Platte rein und zusammenhängend gegossen ist. Nach Verlauf einer halben Stunde kann die Flasche geöffnet und die Platte herausgenommen werden.

Die Anwendung grösserer Tiegel, um aus ihnen 2 Platten nach einander zu giessen, ist unzweckmässig. Man kann dann die erste Platte nur im schwachen Strahle giessen und das Metall hat für die zweite Platte nicht mehr die gehörige Hitze; beide Umstände sind aber beinahe jedesmal die Ursache, dass der Guss der Platten misslingt.

§. 311. Reinigung der Gussplatten.

Bei einer regelmässig gegossenen und im Gusse gut ausgefallenen Platte zieht sich alle in der flüssigen Masse enthaltene Unreinigkeit nach oben hin und bildet einen zwei bis drei Finger breiten schwarzen Rand, der als unrein abgesägt, bei einer künftigen Schmelzung aber wieder zugesetzt wird. Unreinigkeiten an der Seite werden mittelst der Feile und durch Schaben beseitigt. Etwa vorkommende Gussgruben werden mit einem halbrunden Meissel ausgehauen, weil sie sich sonst beim Walzen zudrücken und Schiefer verursachen. Zweckmässig ist es, zuerst das Metall in Stangenform zu giessen, die Stangen von allen Unreinigkeiten sorgsam zu befreien, nochmals zu schmelzen und nun in Tafeln zu giessen.

Die englischen Gussflaschen haben die Eingussöffnung unten seitlich. In diese passt ein steinerner Trichter, so dass das Metall die Flasche von unten aufsteigend ausfüllt. Der Trichter besteht aus 2 parallelopipedischen Stücken, die genau abgeschliffen und auf der Schliffseite mit einer dreikantigen Rinne versehen sind, so dass sie beim Zusammenlegen einen Gusskanal von 1 Quadratzoll bilden. Die innere Fläche der Gussform überzieht man vor dem Guss mit Russ, die des Trichters mit Terpentinöl und Lampenschwarz und wärmt vor dem Guss stark an.

§. 312. Vermeidung der Oxydbildung.

Um jede Spur von Oxyd, welche beim Gusse zur Entstehung von Höhlen und Blasen und beim Walzen zur Bildung von Schiefern Veranlassung giebt, sorgfältig zu beseitigen, wendet man jetzt in einigen Fabriken folgendes

Verfahren an. Man füllt ein einerseits offenes 10 Zoll langes, $\frac{1}{2}$ Zoll weites irdenes Rohr mit einer reducirenden Mischung aus 1 Pech und 8 Russ und stellt es so in den Tiegel, dass das offene Ende den Boden des Tiegels berührt. Das Rohr ist dabei in einem durchbohrten Deckel festgekittet, der das Rohr hält und den Spritzverlust verhindert. Die Masse schmilzt durch die Hitze des Metalles, fliesst auf den Boden des Tiegels und reducirt beim Aufsteigen die noch übrigen oxydirten Theile. Die Reduction ist vollendet, wenn die etzten Spuren von aufsteigenden Gasen verschwunden sind.

Auch aus Nickeloxyd hat man Neusilber bereitet, indem dasselbe mit $\frac{1}{10}$ Kohlenstaub, $\frac{1}{10}$ Sand und $\frac{4}{10}$ Potasche in den Tiegel gebracht, das Kupfer zugesetzt und nun geschmolzen wird. Man setzt darauf das stark angewärmte Zink in kleinen Stücken hinzu und verfährt übrigens wie vorher.

§. 313. Das Walzen der Platten.

Das Walzen der Neusilberplatten muss mit einiger Vorsicht geschehen. Sind sie, wie oben angegeben, gehörig gereinigt, so werden sie auf dem Amboss mit dem Hammer, jedoch nicht zu stark, überschlagen, dann geglüht und nach dem Erkalten mit dem Hammer noch einmal bedeutend stärker bearbeitet. Hält die Platte diese beiden Touren ohne Risse zu bekommen aus, so ist sie nach nochmaligem Ausglühen für das Walzwerk vorbereitet. Nachdem sie 3 — 4 mal durch die Walze gegangen ist, wird sie wieder geglüht; hat sie aber 2 — 3 Glühhitzen überstanden, ohne rissig zu werden, so kann sie bei der folgenden Behandlung immer mehr angestrengt werden, bis das Blech auf die gewünschte Dicke gebracht ist.

Uebersicht der zu dieser Gruppe gehörigen Legirungen.

§. 314.

a. Kupfer und Nickel.

Nickel legirt sich auch ohne Zink ziemlich leicht mit dem Kupfer, ohne dessen Dehnbarkeit wesentlich zu beeinträchtigen. Die Legirung ist um so weisser, je reicher sie an Nickel ist, so dass nach Frick schon eine Verbindung von 10 Kupfer und 4 Nickel, also 71.43 Cu + 28.57 Ni vollkommen weiss und auf dem Probirstein nicht vom Silber zu unterscheiden ist. Abgesehen von dem ziemlich hohen Preise und ihrer Strengflüssigkeit, hat sie aber den Nachtheil, an der Luft leichter anzulaufen, als eine mit Zink versetzte Composition. Für den Gebrauch werden diese Legirungen zu gewissen Münzen verwendet, von denen die amerikanischen Scheidemünzen sehr schön von Ansehn, röthlich, sehr leicht und hart sind, die belgischen, in Folge des grösseren Nickelgehaltes mehr silberartig und unveränderlich. Es enthalten:

amerikanische Münzen . . . . 82 — 85 Cu   18 — 15 Ni
belgische Münzen . . . . 75 „   25 „

§. 315.

b. Kupfer, Zink, Nickel (eigentliches Neusilber).

Benennung der Legirungen.	Cu	Zn	Ni
Allgemeine Vorschrift für Neusilber	55	25	20
oder nach R. Wagner	50 – 66	19—31	13—18
Chinesisches Neusilber nach Keferstein enthält*)	26.3	36.8	36.8
(es ist weicher als das unsere und sehr geschmeidig)			
Chinesisch, nach Fyfe, weniger gut, enthält	43.8	40.6	15.6
Chines. Tutenag, vorzüglich zum Giessen, sehr schmelzbar, aber			
hart, schwer zu walzen, gleicht in Farbe dem Electrum . .	45.7	36.9	17.4
In Sheffield 4 Sorten, welche verlangen:			
ordinäre Artikel, auch Draht ziemlich gelb, 8 Cu, 3½ Zn, 2 Ni.	59.3	25.9	14.8
weiss wie 12 löth. Silber, schön, für Gürtler, 8 Cu, 3½ Zn, 3 Ni.	55.2	24.1	20.7
Electrum, bläulicher Schein, gleich dem hochpolirten Silber, läuft			
weniger an als dieses, gleicht dem besten chinesischen, 8 Cu,			
3½ Zn, 4 Ni	51.6	22.6	25.8
Strengflüssig, nickelreichste Composition, die noch kalt bearbeitet			
werden kann, schwer schmelzbar, schwer zu bearbeiten und			
hart, schönes Ansehn: Cu 8, Zn 3½, Ni 6	45.7	20	34.3
Tutenag, leicht schmelzbar, hart, schwer zu walzen, zu Gusswaaren,			
ordinär: Cu 8, Zn 6½, Ni 3	45.7	37.2	17.1
In Berlin werden nach Schubarth verarbeitet: Prima	52	26	22
Secunda	59	30	11
Tertia	63	31	6
Französisches Neusilber, enthält nach d'Arcet	50	31.3	18.7
oder nach demselben	50	30	20
Franz. Neus., verlangt nach de Chaval 3½ Cu, 1½ chines. Zn, 1 Ni	58.3	25	16.7
Wiener Neusilber nach v. Gersdorff, verlangt für: Löffel und			
Gabeln Cu 2, Zn 1, Ni 1. Zwar nicht sehr weiss, aber hart,			
nicht anlaufend	50	25	25
Messer und Gabelhefte, Lichtscheeren, 12 löthigem Silber gleich,			
Cu 5, Zn 2, Ni 2	55.6	22.2	22.2
Gut zu walzen und zu verarbeiten, dem Silber am ähnlichsten;			
Cu 3, Zn 1, Ni 1	60	20	20
oder auch gut zu walzen Cu 60, Zn 25, Ni 20	57.1	23.8	19.1
Deutsche Sorten enthalten nach Bolley	54	28	18
oder	54.4	29.1	17.5

*) Wenn im Folgenden die Ausdrücke „enthält" und „verlangt" gebraucht
werden, so bezeichnet der erste Ausdruck die in einem fertigen Neusilber gefundenen
Mengen, „verlangt" dagegen die zu einem bestimmten Neusilber erforderlichen Mengen.
Da eine Verdampfung des Zinkes, überhaupt auch anderweitiger Verlust durch Verschlackung nie ganz zu vermeiden ist, so muss die Zusammensetzung des fertigen Neusilbers natürlich einen geringeren Zinkgehalt ergeben.

Benennung der Legirungen.	Cu	Zn	Ni
Die von Fricke bereiteten Legirungen verlangen:			
Cu 10, Zn 7, Ni 1, gelbweiss, wenig ductil	55.5	39	5.5
Cu 10, Zn 5, Ni 1, noch blassgelb, aber ductil	62.5	31.2	6.3
Cu 8, Zn 5, Ni 3, dem Silber gleich, hart, sehr zäh und dehn-			
bar, durch Ablöschen weich, spec. Gewicht 8.556	50	18.8	31.2
dem 12 löthigen Silber an Farbe und Klang gleich, härter als			
Silber, sonst wie die vorige	53.4	29.1	17.5
Alfenide nach Holley enthält	59	30	10

Nach Levol enthält eine unter dem Namen Alfenide verkaufte Legirung von weisser Farbe 25 %, Nickel, eine gelbliche 12 %. In Berlin verkauft man als Alfenide ordinäre und dann galvanisch versilberte Neusilberarten. Aehnliche Mischungen, nur mit neuen hochtrabenden Namen sind Argyroide von Moreau in Paris, Argyrophan von Wolf in Dresden, Semilargent u. s. w.

§. 316.

Endlich gehört hierher noch das Neusilberschlagloth. Es ist Neusilber mit mehr oder weniger Zink; der geringste Zinkzusatz ist der vortheilhafteste hinsichtlich der Festigkeit und Haltbarkeit des Lothes. Man rechnet in England 4 Theile Zink auf 5 Theile ordinäres Neusilber, dies würde, mit Berücksichtigung des unvermeidlichen Zinkverlustes ungefähr geben: Cu 34.9 Zn 56.4 Ni 8.7. Die Legirung wird nach dem Schmelzen in dünne Platten ausgegossen und noch heiss pulverisirt. Sie lässt sich schwer pulvern und die Bruchstücke haben ein mattes, etwas faseriges Gefüge. Zeigen sie sich glasglänzend und spröde, so enthalten sie zu viel Zink, lassen sie sich nicht pulvern, so haben sie zu wenig Zink. Ein Zusatz von Nickel in dem einen, von Zink in dem anderen Falle verbessert den Fehler. Uebrigens kann man auch gewöhnliches Neusilber vortrefflich als Loth für feine Eisen- und Stahlwaaren benutzen, da es nicht nur dünn fliesst, sondern sich auch in der Farbe wenig unterscheidet.*)

c. Kupfer, Zinn, Nickel.

Für Gusswaaren verwendet man 30 Cu, 17 Sn, 10 Ni (52.5 Cu, 28.8 Sn, 17.7 Ni), für Glockenmetall und Zapfenlager 50 Cu, 25 Sn, 25 Ni, zu Spiegeln für Reflectoren Cu 32, Sn 15½, Ni 2 (64.6 Cu, 31.3 Sn, 4.1 Ni).

Es sind dies Neusilbersorten, in denen das Zink vollständig durch Zinn ersetzt ist. Sie werden sich sämmtlich nur zu Gusswaaren eignen, wozu namentlich die erste Legirung sehr brauchbar sein soll. Die zweite Legirung ist stahlartig, mit einem Stich in's Röthliche, zeigt beim Schleifen einen sehr

---

*) Andere Schlaglothe siehe §. 177, 215, 292.

schönem Glanz, ist sehr hart, wenig dehnbar und von schönem Klang, daher zum Glockenguss geeignet. Der Bruch ist anfangs krystallinisch, bei wiederholtem Umschmelzen aber feinkörnig wie Messing. Sie hat ein specifisches Gewicht von 8.948 und wird von Schwefelwasserstoffgas und Luft nicht angegriffen. Als Zapfenlager ist sie unverwüstlich, daher trotz des hohen Preises von 25 Sgr. pro Pfund vortheilhaft.*) Die letzte dieser Legirungen eignet sich ihres Glanzes wegen vorzüglich zum Spiegelmetall. Man thut übrigens gut, beim Schmelzen eine kleine Menge Arsen zuzusetzen, um die Oxydation des Zinnes zu verhüten. Ein Zusatz von etwas Silber soll auch gute Wirkung thun. Wichtig ist es, dem Spiegel eine gewisse Dicke zu geben, da das Metall sehr spröde ist.**)

§. 318.

d. Kupfer, Zink, Nickel, Eisen.

Bezeichnung der Legirung.	Cu	Zn	Ni	Fe
Chinesisches Packfong, beste Sorte, in China für ½ des Silbergewichtes verkauft; Ausfuhr verboten; spec. Gew. 8.432; Politur schön, enthält nach Fyfe	40.4	25.4	31.6	2.6
Weiss, aber hart und ziemlich spröde, verlangt nach v. Gersdorff Cu 20, Zn 10, Ni 10, Fe 1	48.8	24.4	24.4	2.4
Für zu löthende Waaren, weiss, spröde und hart, verlangt nach Dumas	53	23	22	2
Pariser Maillechort, spec. Gew. 7.18, enthält nach Henry	65.4	13.4	16.8	3.4
oder, zugleich etwas arsenhaltig	66.6	13.6	9.3	Spur
Alfenide nach Rochet, schlecht, zu Tischgeräthen, enthält	59.1	30.2	9.7	1.0
Neusilber von Sheffield, sehr elastisch, enthält	58.2	25.5	13.3	3.0
Dem Neusilber soll gleichen: 2 Cu, ½ Zn, 1 Ni, 1 Fe, also	47.1	5.9	23 5	23.5

Es ist dies höchst unwahrscheinlich, da die Legirung äusserst strengflüssig und spröde sein, das viele Eisen sich auch wahrscheinlich überhaupt nicht mit dem Neusilber legiren würde.

e. Kupfer, Zink, Nickel, Kobalt.

				Co
Englisches Neusilber, etwas gelber als deutsches, enthält nach Smith	60	17.8	18 8	3.4
Englisches Neusilber, sehr elastisch, nach Elsner	57	25	15	3

f. Kupfer, Zink, Nickel, Zinn.

				Sn
Suhler Weisskupfer zu Gewehrgarnituren nach Kersstein	40.4	25.4	31.6	2.6

g. Kupfer, Zink, Nickel, Blei.

				Pb
Gusswaaren, Leuchter, Sporen, Glocken verlangen entweder Cu 2, Zn 1, Ni 1, Pb 0.12	48.5	24.3	24.3	2.9
oder Cu 5, Zn 2, Ni 2 Pb 0 18	54.5	21.8	21.8	1.9
zu löthende Gusswaaren nach Gersdorff, verlangen	57	20	20	3
Neusilber, sehr silberartig, soll enthalten	57.8	27.1	14.3	0.8
Gusswaaren, nach Karmarsch, verlangen Cu 60, Zn 20, Ni 20, Pb 3	58.3	19.4	19.4	2 9

*) Elsner, Mittheilungen für 1861 u. 1862 pag. 86.
**) Polytechn. Notizblatt 1854 pag. 86.

h. Kupfer, Zink, Nickel, Chrom.

Parkes in Birmingham[*]) legirt verschiedene Metalle mit Chrom und Nickel. Die hierher gehörige Legirung stellt er dar, indem er gleiche Theile Nickeloxyd und Chromoxyd oder 2 Theile Chromoxyd und 1 Theil Nickelpulver mischt, die Masse im Tiegel mit Kohle und einem Fluss reducirt und nun 20 Theile von dem erhaltenen Chromnickel mit 60 Theilen Kupfer und 20 Theilen Zink legirt. Diese Legirung, deren Verwendung und Eigenschaften übrigens nicht angegeben werden, würde, da das Aequivalent von Nickel und Chrom ziemlich gleich ist, in beiden Fällen gleiche Theile Nickel und Chrom enthalten, also ungefähr zusammengesetzt sein aus 60 Cu, 20 Zn, 10 Ni, 10 Cr.

§. 319.

i. Kupfer, Zink, Nickel, Eisen, Blei.

	Cu	Zn	Ni	Fe	Pb
Ein Neusilber aus Sheffield, sehr weiss, aber spröde, verlangt: 60 Cu, 20 Ni, 20 Zn, 2 Fe, 3 Pb	57.1	19.0	19.0	3	1.9

k. Kupfer, Zink, Nickel, Eisen, Zinn.

					Sn
Dem 12löthigem Silber gleich, und leicht zu bearbeiten, verlangt:	55	17	23	3	2

l. Neusilber von Toucas in Paris.

Toucas[**]) erhält eine silberartige Legirung durch Zusammenschmelzen von 4 Theilen Nickel, 5 Theilen Kupfer und je einem Theil Zinn, Blei, Zink, Eisen und Antimon. Man wird gut thun, einerseits eine Legirung von Kupfer, Nickel und Eisen, andrerseits eine zweite von den leichtschmelzbaren Metallen zu machen und diese dann entweder geschmolzen oder in kleinen Stücken der ersteren zuzusetzen. Sie ist sehr hart, hämmerbar und kann zu Blech gewalzt werden. Die Farbe gleicht dem Silber, die Politur ist schön, auch lässt sie sich gut versilbern. Für gegossene Artikel, namentlich für Pferdegeschirr kann der Zinkzusatz vermehrt werden, wodurch sie leichtflüssiger und dem Silber noch ähnlicher wird. Bei obigen Verhältnissen würde sie etwa enthalten:

35.7 Cu, 7.1 Zn, 28.6 Ni, 7.2 Fe, 7.1 Pb, 7.2 Sn, 7.1 Sb.

m. Amerikanisches Neusilber von Haggemacker.

Es enthält 96 Kupfer, 36 Zink, 24 Nickel, 1 Kobalt, 1 Eisen, 2 Zinn, 2 Silber, 4 Mangan, also nach Procenten:

Cu 58, Zn 21.7, Ni 14.5, Co 0.6, Fe 0.6, Sn 1.2, Ag 1.2, Mn 2.4.

n. Chinasilber nach Meurer.

Es ist characterisirt durch einen Gehalt an Silber, der theils mit dem Metalle legirt erscheint, theils, da es nur stark versilbert in den Handel

---

[*] London Journal 1852 p. 287.
[**] Le Technologiste, März 1857 p. 309.

kommt, die Oberfläche bedeckt. Geräthschaften und Luxuswaaren aus China-
silber (auch unter den Namen Alpakasilber und Perusilber verkauft)
sollen den silbernen vorzuziehen sein, indem sie bei Anwendung von kochendem
Essig auch nicht die geringste Veränderung zeigten, wie dies bei Neusilber
und 12 löthigem Silber der Fall war. Sie sind von grosser Dauer und wenigstens
zu Anfange absolut unschädlich und weit besser als Sachen von 13 löthigem
Silber; ausserdem ⅓ billiger. Sie enthalten nach Procenten:

Cu 65.24, Zn 19.52, Ni 13, Co und Fe 0.12, Ag 2.05.

§. 320.

e. Kupfer, Zink, Mangan.

Unter dem Namen Weisskupfer wurde längere Zeit hindurch von Zernecke
in Berlin eine ursprünglich von Bergmann dargestellte Legirung verarbeitet,
die als der Vorläufer des Neusilbers anzusehen ist. Sie war aus

Kupfer 57.1, Zink 23.2, Mangan 19.7

zusammengesetzt, wobei also Mangan die Stelle des später angewendeten Nickels
vertrat. Zu ihrer Darstellung wurden Kupfergranalien mit dem doppelten
Gewichte pulverisirten Braunstein und ¹/₁₀ Kohlenpulver in den Schmelztiegel
fest eingedrückt und erhitzt. Die dadurch erhaltenen röthlich weissen aber
sich schnell an der Luft bräunenden Metallkörner wurden dann mit Zinkzusatz
unter einer Kohlendecke geschmolzen. Die Legirung war sehr weiss, silber-
ähnlich und klingend, wurde aber später durch das Neusilber um so leichter
verdrängt, als selbst der bedeutende Zusatz von Zink dieselbe zwar härter und
dichter, aber nicht viel luftbeständiger machen konnte. Mit Essig behandelt,
soll sie sich nicht stärker als 12löthiges Silber oxydirt haben.

Cap. 14. Sechste Gruppe. Münzmetalle,

d. i. Legirungen des Kupfers mit edelen Metallen.

§. 321. Allgemeine Bemerkungen.

Der hohe Preis und die durch zu grosse Weichheit bedingte starke Abnutzung der edelen Metalle bei ihrer Verarbeitung zu Luxusartikeln und Münzen
machten eine Legirung mit Kupfer um so rathsamer, als dieses, wenn es nicht
in zu grosser Menge dem Gold und Silber zugesetzt wird, die Farbe der Metalle nicht wesentlich beeinträchtigt, ja sogar den Legirungen mit Platin und
Quecksilber eine schöne Goldfarbe ertheilt und ausserdem das Silber klingender
macht. Das Kupfer tritt in den Legirungen dieser Gruppe in quantitativer
Beziehung gegen die anderen Metalle bedeutend zurück. Während in allen

vorigen Gruppen das Kupfer als Hauptmetall mit anderen Metallen, wie Zink, Zinn, Blei und Nickel versetzt wurde, um in seinen Eigenschaften verändert und verbessert zu werden, dient es hier als Zusatz zu Silber und Gold, um diese zur Verarbeitung tauglicher und geschickter zu machen. Es darf indessen eine bestimmte Grenze nicht überschreiten, und beträgt nur in den Silberscheidemünzen und den Platinlegirungen mehr als die Hälfte.

Je nachdem das eine oder das andere der vier edlen Metalle, Gold, Silber, Platin oder Quecksilber in der Legirung vorherrschen, ergeben sich 4 Unterabtheilungen, die natürlich in ihren Eigenschaften wesentlich von einander abweichen.

A. Silberlegirungen.

§. 322. Berechnung der Legirungen nach Mark- und Tausendtheilen.

Sie bestehen der Hauptsache nach immer aus Silber mit untergeordnetem, in den Scheidemünzen aber vorwaltendem Kupfer. Legirungen mit mehr wie 50 % Kupfer nennt man im Allgemeinen Billon. Der Zusatz von Kupfer findet seinen Grund nur zum Theil in einer Ersparniss an edlem Metall, und erscheint um so angemessener, da die Legirung vor dem unversetzten Metall in Bezug auf Härte und Klang wesentliche Vorzüge hat.

Der Gehalt der zu Münzen und Geräthen verwendeten Silberlegirungen wurde früher nach Mark, Loth und Grän, seit 1857 nach Tausendtheilen (millièmes) angegeben. Da der bei weitem grösste Theil unserer Münzen noch aus der früheren Zeit stammen und die frühere Berechnung der Münzmetalle sich in der Praxis jedenfalls noch lange halten wird, so ist es nöthig, dies Verhältniss hier näher zu erörtern.

Die Mark, eines der ältesten deutschen Gewichte, ist gleich ½ Pfund und war in den verschiedenen Staaten demnach verschieden. Im Jahre 1524 wurde die kölnische Mark als allgemeines deutsches Münzgewicht bestimmt, und für den Gebrauch in 16 Loth, à 4 Quentchen, à 4 Pfenniggewicht, à 2 Hellergewicht, à 128 Richtpfennige, also in 65536 Richtpfennigtheile getheilt. Ausserdem wurde die Marke auch in 8 Unzen, à 19 Engels, à 32 holländische As oder Äschen getheilt, was für die Mark 4864 Äschen betrug. Endlich theilte man die Mark noch in 4020 kölnische As oder Ducaten-As.

Da das kölnische Urgewicht verloren gegangen war, hatte die Mark in verschiedenen Ländern verschiedenes Gewicht bekommen und nach mehreren Zwischenstufen nahm man 1838 die preussische Mark als Norm an, nannte sie allgemeine deutsche Münzmark, deutsche Vereinsmark, oder kölnische Mark und theilte sie in 16 Loth à 18 Grän, also in 288 Grän. Sie ist gleich 233,855 franz. Grammes. In Oestreich hatte man 2 Marken, die wiener Mark = 288,644 Grammes und die wienerkölnische Mark = 233.870 Grammes; es sind also 5 wiener Mark = 6 wienerkölnische Mark.

Reines Silber nennt man Feinsilber, 16 Loth davon eine feine Mark, 16 Loth legirtes Silber eine rauhe oder beschickte Mark. Der Feingehalt dieser letzteren heisst Korn, der Kupferzusatz Schrot. Silber mit $^1/_{16}$ Kupfer heisst 15löthig, mit 7 Loth Silber 9 Loth Kupfer 7löthig u. s. w.

§. 323. Specifisches Gewicht der Legirungen.

Im Allgemeinen dehnen sich die Legirungen von Silber und Kupfer aus, indem sie sich bilden, so dass sie, wenigstens die Münzmetalle, ein geringeres specifisches Gewicht zeigen, als sie der Rechnung nach haben sollten. Die Ausdehnung scheint um so grösser, je mehr der Silbergehalt wächst, und beträgt nach Karmarsch für 13löth. Silber (mit 81.2% Silber) $^4/_{12}$, für 11löthiges (68.7% Silber) $^2/_{12}$, für 9löthiges (56.2%) $^3/_{12}$%. Beim späteren Prägen werden sie nachher wieder verdichtet, und zwar nimmt auch hier die Verdichtung mit dem Silbergehalt, sowie mit dem Drucke zu, ist daher grösser bei geprägten als bei blos gewalzten Legirungen, wiegt aber die durch das Zusammenschmelzen hervorgebrachte Ausdehnung nur zum kleinen Theile auf.

Der Einfluss der Bearbeitung auf das spec. Gewicht ergibt sich aus den Angaben von Baudrimont, nach welchen Münzsilber mit $^9/_{10}$ Silber und $^1/_{10}$ Kupfer folgende Gewichte hat:

gegossen, langsam erkaltet 10.5988
gehämmert 10.2208
gewalzt 10.0894
Silberdraht 10.3169
geprägt 10.3916
geprägt und ausgeglüht . . . . . . 9.9330.

§. 324. Hydrostatische Silberprobe von Karmarsch.

Karmarsch*) gründet auf das spec. Gewicht seine hydrostatische Silberprobe, die er für solche Fälle vorschlägt, in denen die weiter unten zu besprechende Cupellation oder die nasse Probe unzulässig sind, wie z. B. bei geprägten Münzen, Medaillen und Kunstwerken; — die indessen wegen des oben berührten Einflusses der Bearbeitung nicht für gegossene und wenig bearbeitete Waaren Anwendung finden kann, auch die Anwesenheit aller anderen Metalle ausser Kupfer und Silber natürlich ausschliesst. Für Münzen u. s. w. ist sie nach Karmarsch in so weit genau, dass sie durchschnittlich nur einen Fehler von $^9/_{1000}$ veranlasst. Nach einer von ihm aufgestellten Formel:

$$n = \frac{L - K}{p} = \frac{L - 8.814}{0.00519}$$

---

*) Mittheilungen des Gewerbe-Vereins für Hannover 1847 p. 1034, Polytechn. Notizbl. 1848 p. 214

worin n den Feingehalt in Grän, L das spec. Gewicht der Legirung, K das spec. Gewicht des Kupfers, p die Vermehrung des spec. Gewichts durch den Silbergehalt ausdrückt, gibt er folgende practische Methode der Bestimmung an: „Man bestimmt irgend wie das spec. Gewicht der Legirung, zieht davon die Zahl 8.814 ab, hängt dem Rest 2 Nullen an und dividirt durch 579. Der Quotient gibt den Feingehalt in Gränen an."

Um übrigens die Berechnung des Feingehaltes aus dem spec. Gewichte zu ersparen, stellt Karmarsch folgende Tabelle auf, die den dem spec. Gewichte entsprechenden Feingehalt angibt und von mir durch Hinzufügung des Feingehaltes nach tausend Theilen erweitert worden ist.

§. 325.

Tabelle zur Berechnung des Feingehaltes aus dem spec. Gewichte.

Spec. Gew.	Feingehalt nach			Spec. Gew.	Feingehalt nach		
	Loth.	Grän.	Tausend-theilen.		Loth.	Grän.	Tausend-theilen.
9.127	3	—	187.5	9.463	6	4	388.9
9.138	3	2	194.4	9.474	6	6	395.9
9.150	3	4	201.4	9.486	6	8	402.8
9.161	3	6	208.3	9.497	6	10	409.8
9.173	3	8	215.3	9.509	6	12	416.7
9.185	3	10	222.2	9.520	6	14	423.7
9.196	3	12	229.1	9.532	6	16	430.6
9.208	3	14	236.1	9.544	7	—	437.6
9.219	3	16	243.1	9.555	7	2	444.5
9.231	4	—	250.0	9.567	7	4	451.5
9.242	4	2	257.0	9.578	7	6	458.4
9.254	4	4	263.9	9.590	7	8	465.4
9.266	4	6	270.9	9.602	7	10	472.3
9.277	4	8	277.8	9.613	7	12	479.3
9.289	4	10	284.8	9.625	7	14	486.2
9.300	4	12	291.7	9.636	7	16	493.1
9.312	4	14	298.7	9.648	8	—	500.0
9.324	4	16	305.6	9.659	8	2	507.0
9.335	5	—	312.5	9.671	8	4	513.9
9.347	5	2	319.4	9.683	8	6	520.9
9.358	5	4	326.4	9.694	8	8	527.8
9.370	5	6	333.3	9.706	8	10	534.8
9.382	5	8	340.3	9.717	8	12	541.7
9.393	5	10	347.2	9.729	8	14	548.7
9.405	5	12	854.2	9.740	8	16	555.6
9.416	5	14	361.1	9.752	9	—	562.6
9.428	5	16	368.1	9.764	9	2	569.5
9.439	6	—	375.0	9.775	9	4	576.5
9.451	6	2	382.0	9.787	9	6	583.4

Spec. Gew.	Feingehalt nach			Spec. Gew.	Feingehalt nach		
	Loth.	Grän.	Tausend-theilen.		Loth.	Grän.	Tausend-theilen.
9.798	9	8	590.4	10.146	12	14	798.7
9.810	9,	10	597.3	10.157	12	16	805.6
9.822	9	12	604.3	10.169	13	—	812.6
9.833	9	14	611.2	10.181	13	2	819.5
9.845	9	16	618.2	10.192	13	4	826.5
9.856	10	—	625.1	10.204	13	6	833.4
9.868	10	2	632.1	10.215	13	8	840.4
9.879	10	4	639.0	10.227	13	10	847.3
9.891	10	6	646.0	10.238	13	12	854.3
9.903	10	8	652.8	10.250	13	14	861.2
9.914	10	10	659.8	10.262	13	16	868.1
9.926	10	12	666.7	10.273	14	—	875.0
9.937	10	14	673.7	10.285	14	2	882.0
9.949	10	16	680.6	10.296	14	4	888.9
9.961	11	—	687.6	10.308	14	6	895.9
9.972	11	2	694.5	10.319	14	8	902.8
9.984	11	4	701.5	10.331	14	10	909.8
9.995	11	6	708.4	10.343	14	12	916.7
10.001	11	8	715.4	10.354	14	14	923.7
10.018	11	10	722.3	10.366	14	16	930.6
10.030	11	12	729.3	10.377	15	—	937.5
10.042	11	14	736.2	10.389	15	2	944.4
10.053	11	16	743.2	10.400	15	4	951.4
10.065	12	—	750.0	10.412	15	6	958.3
10.076	12	2	757.0	10.424	15	8	965.3
10.088	12	4	763.9	10.435	15	10	972.2
10.099	12	6	770.9	10.447	15	12	979.2
10.111	12	8	777.8	10.458	15	14	986.1
10.123	12	10	784.8	10.470	15	16	993.1
10.134	12	12	791.7	10.482	16	—	1000.0

§. 326. **Härte und Farbe der Legirungen, das Woisssieden, das Reinigen alter Silberwaaren.**

Härte. Ein Zusatz von Kupfer macht das Silber härter, zäher und klingender, ohne die Dehnbarkeit desselben wesentlich zu beeinträchtigen. Die geringste Abnutzung zeigen 13½löthige Legirungen, also von 0.844, welches Verhältniss Karmarsch demnach als das für Münzen geeignetste vorschlägt. Aber die augenblickliche Mehrausgabe für das Kupfer, welches dadurch in grösserer Menge erforderlich ist und die Umprägungskosten lassen den Vortheil verschwinden, während Gewicht, Eleganz u. s. w. für das feinere Korn entscheiden.

Die Farbe der Legirungen wird durch das Kupfer nicht sehr beeinträchtigt und bleibt noch ziemlich weiss, wenn auch das Kupfer bereits 50 % beträgt.

Ein grösserer Kupfergehalt zieht aber in das Röthliche. wie es bei den kleinen Silberscheidemünzen der Fall ist. Um ihnen wenigstens für ihr erstes Auftreten in der Gesellschaft einen Empfehlungsbrief mitzugeben. werden sie **weiss gesotten**. Sie werden zu diesem Zwecke bei Luftzutritt ausgeglüht, wodurch sich das Kupfer oberflächlich oxydirt und nun mit einer Lösung von 3 Loth Kochsalz, $1\frac{1}{2}$ Loth Weinstein und 1 Maass Wasser gekocht, bis alles Kupferoxyd der Oberfläche gelöst ist und die Münze nun durch einen dünnen Ueberzug von Feinsilber rein weiss und matt erscheint. Auch durch Kochen in mit 40 Theilen Wasser verdünnter Schwefelsäure oder in einer Lösung von zweifach schwefelsaurem Kali erreicht man seinen Zweck. Den Glanz erhält die Münze durch das Prägen.

Blind gewordene Silberwaaren zu reinigen, wird folgendes Verfahren empfohlen. Man befeuchtet ein Gemenge von 2 Th. Weinstein, 3 Th. Schlämmkreide und 1 Th. Alaun mit Essig, trocknet das Ganze aus, pulverisirt es dann abermals und bewahrt es wohlverstopft auf. Beim Gebrauch wird das Pulver mit Spiritus oder Wasser zu einem Teig geknetet. dieser auf das Silber aufgestrichen, nach dem Trocknen nochmals mit Alkohol befeuchtet und mit feiner Bürste oder Leinewand gerieben bis zur erwünschten Weisse. Zuletzt spült man mit Wasser ab.

Waren die Silberwaaren durch Ansetzen von Schwefelsilber gelb geworden, so werden sie gereinigt, indem man sie in eine kochende Lösung von Kali oder Borax bringt und an mehreren Stellen mit einem Zinkstäbchen berührt; besser ist ein Sieb von Zink. Die Lösung muss gut kochen. eine Kalilösung muss mässig, eine solche von Borax sehr concentrirt sein.

§. 327. Stöchiometrisches Verhältniss der Silberlegirungen.

Silber und Kupfer zusammengeschmolzen sind nicht homogen.[*]) Levol in Paris, von der Münzverwaltung beauftragt, den Grund dieser Ungleichheit aufzusuchen, wies nach, dass der Silbergehalt bei Legirungen mit weniger als 70% Silber im Inneren geringer ist, als an der Oberfläche, bei Legirungen mit mehr als 70% Silber dagegen geringer an der Oberfläche als im Innern. Eine Legirung aus 3 Aequivalent Silber und 4 Aequivalent Kupfer, $Ag^3 Cu^4$, deren berechneter Silbergehalt 71.89% ist, scheint durchaus homogen zu sein. mag sie nun in offenen oder rings geschlossenen Gefässen geschmolzen werden. Es scheint dies die einzige chemische Verbindung von Silber und Kupfer. die existirt, da alle anderen von Levol dargestellten Legirungen, $Ag\,Cu$, $Ag\,Cu^2$. $Ag^2\,Cu^3$ u. s. w. nicht homogen waren, daher als Gemenge der Legirung $Ag^3\,Cu^4$ mit Silber oder Kupfer anzusehen sind. Die berechnete Dichtigkeit der Legirung war 9.998, die gefundene 9.9045. Bei der französischen Münz-

---

*) Annales de chim. et des phys. XXXVI. p. 193 u. XXXIX. p. 163.

legirung mit 0.900 Silber fand Levol durchschnittlich im Mittelpunkte 8.33 Tausendtheil mehr Silber, als an der Oberfläche.

Legirungen von Gold und Kupfer in verschiedenen Verhältnissen geschmolzen, zeigten sich überall homogen; ebenso Legirungen von Gold und Kupfer; doch musste während des Schmelzens stark umgerührt werden.

Probiren der Silberlegirungen.

§. 328. a. Probiren auf dem Probirstein und durch Cuppellation.

Die älteste der Silberproben ist die auf dem Probirstein, wobei man die fragliche Legirung mit dem Strich einer in ihrer Zusammensetzung bekannten Probirnadel vergleicht. Sie wird schon von Plinius, Buch 33 Cap. 9. 43. erwähnt, indem er behauptet, man könne dadurch sofort auf einen Scrupel, wie viel Gold, Silber oder Kupfer in einer Erzstufe enthalten sei, und zwar auf eine bewundernswürdige, nie trügende Weise angeben. Heutiges Tages steht die Probe in weniger gutem Rufe. Das erhaltene Resultat ist nur ein annäherndes und kann namentlich zu grossen Irrthümern Veranlassung geben, wenn das zu untersuchende Stück durch Versilberung oder Weisssieden an der Oberfläche einen grösseren Silbergehalt hat, als im Innern.

Nicht viel zuverlässiger ist die Cupellation. Man schmilzt hier die Legirung in einer aus ³/₄ ausgelaugter Buchenasche und ¹/₄ Knochenasche angefertigten Schale mit um so mehr reinem Blei zusammen, je geringer der Silbergehalt ist. Man macht die Kapelle in einer Muffel glühend, trägt das Blei, dann die Silberprobe ein, Kupfer und Blei oxydiren sich und ziehen sich in die poröse Masse der Kapelle. Sobald die Oberfläche des Silbers blank und oxydfrei erscheint, ist die Cupellation beendigt. Nach dem Erkalten wird das Silberkorn gewogen und so der Feingehalt berechnet. Zwei nach einander angestellte Proben müssen auf ¹/₁₀₀ übereinstimmen, wenn sie Gültigkeit haben sollen. Uebrigens giebt die Cupellation den Silbergehalt stets etwas zu gering an und kann auch bei sonst guter Arbeit die Differenz ¹/₁₀₀₀ betragen.

§. 329. b. Probiren auf nassem Wege.

Diesem Uebelstande abzuhelfen wurde die Probe auf nassem Wege 1828 von Gay-Lussac angegeben, bei der der Fehler auf ¹/₁₀₀₀ reducirt wird. Sie beruht auf der Fällung des Silbers durch Kochsalz.

Man löst 0.5417 durch wiederholtes Umkrystallisiren gereinigtes Kochsalz in Wasser und verdünnt die Lösung genau auf 1 Litre; 100 Gramm dieser Flüssigkeit fällen dann 1 Gramm Silber. Man überzeugt sich von der richtigen Zusammensetzung dieser Normalkochsalzlösung, indem man 1 Gramm Feinsilber in Salpetersäure löst und damit 100 Gramm der Kochsalzsolution fällt. Man darf in der abfiltrirten Flüssigkeit weder bei Zusatz von Silberlösung, noch in einer zweiten Probe bei Zusatz von Kochsalzlösung einen Niederschlag erhalten.

— Fernerhin löst man 1 Gramm der zu bestimmenden Legirung in etwa 10 Gramm Salpetersäure vom specifischen Gewicht 1.178 auf und versetzt aus einer Burette tropfenweise mit der Kochsalzlösung, so lange ein Niederschlag erfolgt, dessen Absetzen man durch Schütteln und Umrühren befördert. — Die verbrauchte Menge der Auflösung liest man an den Theilstrichen der in Cubikcentimeter, also Grammenvolumen getheilten Burette ab und erhält dadurch sofort den Feingehalt in Procenten; verbrauchte man also z. B. 86.5 Grammen Salzlösung, so enthält die Legirung 86.5 %, Feinsilber. — Ein Gehalt der Legirung an Blei würde die Richtigkeit des Resultates beeinträchtigen, muss also vorher durch Cupellation oder durch Fällung mit Schwefelsäure beseitigt werden.

Das Münzwesen.

a. Die deutschen Münzfüsse.

§. 330. Münzverschlechterung im Mittelalter, ältere Münzfüsse vor 1748.

Die im Mittelalter den Bischöfen, grossen und kleinen weltlichen Fürsten, Städten und einzelnen grösseren Kaufleuten zugestandene Erlaubniss, Geld zu prägen, führte schon vor, namentlich aber im 30jährigen Kriege zu grenzenlosen Verwirrungen. Das Geld wurde immer schlechter und schlechter und die Lebensbedürfnisse stiegen auf eine unerhörte Höhe, so dass z. B. ein Speciesthaler, der 1596 auf 84 Kreuzer gesetzt war, 1622 mit 600 Kreuzern und in Chursachsen sogar mit 14—15 Thlr. in kleinen Münzen bezahlt werden musste.

Diesen Uebelständen abzuhelfen, wurden endlich Münzverträge geschlossen, und bestimmte Münzfüsse eingerichtet. Solche waren 1623 der 13½ Guldenfuss, 1667 der zinnaische oder 15¾ Guldenfuss, 1690 der leipziger oder 18 Guldenfuss, nach denen die Mark Feinsilber zu 13½, 15¾ und 18 Gulden ausgeprägt wurde.

§. 331. Der 20- und 24 Guldenfuss, der 14 Thalerfuss.

1748 führte Franz I. den 20 Guldenfuss, 1749 der Churfürst von Baiern den 24 Guldenfuss ein, nach denen die Mark fein Silber zu 20 und 24 Gulden ausgebracht wurde; ersterer wurde 1753 auch von Baiern angenommen und heisst seitdem der Conventionsfuss, die Hauptmünze desselben aber Conventionsgulden. Er war bis 1857 der in Oesterreich herrschende. Friedrich der Grosse, die Ausfuhr seiner besseren Münzen befürchtend, führte auf den Rath des Generalmünzdirector Graumann 1750 den 21 Gulden-, 14 Thaler- oder Graumann'schen Münzfuss ein, der zwar im siebenjährigen Kriege sistirt, seit 1764 aber wieder hergestellt wurde. Im siebenjährigen Kriege wurden nämlich nach der Besetzung von Dresden 1756 die dortigen Münzen an die preuss. Juden Ephraim, Itzig & Comp. verpachtet, die nun mit sächsischen Stempeln ein sehr schlechtes Geld prägten und 1760 die Mark zu 31—33 Thalern, später sogar zu 45 Thalern ausbrachten, so dass 1 Louisd'or zuletzt mit 20 Thalern in Guldenstücken bezahlt wurde. Andere deutsche Staaten folgten. Diese Münzen wurden später eingezogen und coursiren nur noch einzeln als Ephraimiten und Mittel-Augustd'or.

§. 332. Regulirung der Scheidemünze in Preussen.

Seit 1772 wurde in Preussen viel Scheidemünze in $\frac{1}{14}$, $\frac{1}{4}$ und $\frac{1}{30}$ Thaler- stücken nach einem 21 Thalerfusse geprägt, so dass 3 Thlr. Scheidemünze nur den Silberwerth von 2 Thlr. Courant hatten. Eingeschmuggeltes birminghamer Geld aus weiss gesottenem Messing vermehrte den Uebelstand. Nach dem tilsiter Frieden strömte all dieses Geld nach den östlichen Provinzen, wodurch das Courant aus dem Verkehr verschwand und die Scheidemünze von selbst auf ihren Metallwerth herabgedrückt wurde. Dies zu legalisiren, setzte, da die Umprägung zu kostspielig war, die Krone die Scheidemünze 1808 auf $\frac{2}{3}$, 1811 auf $\frac{4}{7}$ ihres Nennwerthes herab, so dass 42 Groschen auf einen Thaler gingen. Bei diesem letzten Satze blieb noch ein kleiner Gewinn beim Ein- schmelzen, so dass der Staat diese Münzen nun einziehen und umprägen konnte.

Nach dem Münzgesetz von 1821 wurden die sogenannten guten Groschen beseitigt, der 14 Thalerfuss beibehalten, der Thaler aber zu 30 Groschen, den sogenannten Silbergroschen, ausgeprägt. Von Courantmünzen wurden blos $\frac{1}{1}$ und $\frac{1}{6}$ Stücke, von Scheidemünze (nach dem 16 Thalerfusse) $\frac{1}{30}$, $\frac{1}{60}$ und seit 1843 $\frac{1}{12}$ Thalerstücke ausgemünzt und die Menge der Scheidemünzen überhaupt auf das Nothwendige beschränkt.

Aehnliche Umwälzungen fanden in den süddeutschen Ländern, die nach dem 24 Guldenfusse rechneten, statt. Auch hier wurde durch zu viele, gering- haltige Scheidemünze von 3 und 6 Kreuzern die gute Münze verdrängt, die schlechte Münze im Auslande nicht angenommen, das Land dagegen mit alten französischen Thalern zu 6 Livres (ecu neuf, in Deutschland Laubthaler genannt), und mit den niederländischen Kronen- oder brabanter Thalern überschwemmt, da diese in Deutschland bei dem Mangel inländischer Thalerstücke einen höheren Werth hatte, als in Frankreich und Holland.

In Folge davon sahen sich die südwestdeutschen Regierungen gezwungen. während sie den 24 Guldenfuss gesetzlich fortdauern liessen, seit 1807 selbst Kronenthaler zu prägen, die, obgleich etwas geringer, doch für 2 fl. 42 Kr. passirten, und es entstand so ein Kronthalerfuss, von welchem $24\frac{6}{11}$ fl. auf die feine Mark gingen.

§. 333. Die münchener und die allgemeine deutsche Münzconvention.

Diesen gesammten Uebelständen abzuhelfen, wurde den 25. August 1837 die münchener Münzconvention für Süddeutschland abgeschlossen, nach der der Kronthalerfuss als ein $24\frac{1}{2}$ Guldenfuss blieb. Als Hauptmünze sollten Gulden zu 60 Kreuzer mit 90 % Silber, Scheidemünze aber in 3 und

6 Kreuzern mit $33\frac{1}{3}$ % Silber (diese nach einem 27 Guldenfuss) geprägt werden.

Schon im folgenden Jahre wurde auch dieser Münzfuss wieder geändert und am 30. Juli 1838 zu Dresden die allgemeine deutsche Münzconvention abgeschlossen, nach welcher in den Zollvereinstaaten Thaler und Gulden Hauptmünzen blieben, und 14 Thlr. oder $24\frac{1}{2}$ Gulden aus einer feinen Mark geprägt wurden. Der Thaler gilt also $\frac{7}{4}$ Gulden, der Gulden $\frac{4}{7}$ Thaler. Als Vereinsmünzen werden die 2 Thaler- oder $3\frac{1}{2}$ Guldenstücke mit 90 % Silber geprägt, von denen 63 auf 10 Mark Feinsilber gehen. Die Legirung der Thalerstücke bleibt 12 löthig, hat also 75 % Silber; die $\frac{1}{6}$ Thalerstücke aber werden $8\frac{1}{3}$ löthig (52.5 % Silber), die Scheidemünze $3\frac{3}{5}$ löthig, (22.2 % Silber) ausgeprägt, und zwar die Scheidemünze zu 16 Thalern aus der Mark Feinsilber.

$106\frac{1}{2}$ Groschen wiegen 1 Mark, enthalten 64 Grän Feinsilber,

480   „   „ $4\frac{1}{2}$ „   „   1 Mark   „

30   „   „ $4\frac{1}{2}$ Loth   „   1 Loth   „

Andere Staaten haben andere Legirungsverhältnisse für Scheidemünze, so ist sie in

Sachsen $3\frac{2}{3}$, Hessen 5, Baiern $5\frac{1}{2}$, Oesterreich $5\frac{1}{2}$ löthig, also

„   22.9;   „   31.2,   „   33.3,   „   42 procentig.

§. 334. Die wiener Münzconvention.

Nach der letzten, der wiener Münzconvention, endlich vom 24. Januar 1857 wurde die bisherige Rechnung nach Mark beseitigt und als Münzgewicht das Zollpfund von 500 Gramm angenommen, nach welchem der Silberwerth nun in Tausendtheilen bezeichnet wird.

Man unterscheidet darnach:

den 30 Thalerfuss oder die norddeutsche Währung,

den 45 Guldenfuss oder die österreichische Währung,

den $52\frac{1}{2}$ Guldenfuss oder die süddeutsche Währung,

nach denen also 1 Pfund Feinsilber zu 30 Thlr., 45 oder $52\frac{1}{2}$ Gulden ausgeprägt wird. Die Währungen verhalten sich also wie 4 : 6 : 7, und es sind: 4 preuss. Thlr. = 6 österr. Gulden à 20 Sgr. = 7 süddeutsche Gulden à $17\frac{1}{2}$ Sgr. Alle Münzen bis mit $\frac{1}{6}$ Thlr. oder $\frac{1}{4}$ fl. sind Grobcourant und enthalten $\frac{900}{1000}$ Silber. Die Scheidemünze wird zu $34\frac{1}{2}$ Thlr. aus 1 Pfund Feinsilber ausgebracht. Es enthalten also an Feinsilber:

	nach dem alten Münzfusse,	nach dem neuen Münzfusse
1 Thaler	16.704 Gramm	16.667 Gramm
1 Gulden rheinisch	9.548 „	9.524 „
1 Gulden österreichisch	11.693 „	11.111 „

Die neuen Thaler sind demnach den alten fast durchaus gleichwerthig, da das geringe Mehrgewicht der letzteren (0.23 % oder $^4/_5$ Pfennig) eben nur der schon nach 8—9 jährigem Umlauf durch den Gebrauch verursachten Abnutzung entspricht.

Als Normalgehalt der Kupfermünzen ist seit 1857 festgesetzt, dass aus einem Zoll-Centner Kupfer 105 Thaler, $157^1/_2$ österreichische oder $183^3/_4$ süddeutsche Gulden, jedenfalls aber nicht mehr als 112 Thlr., 168 österr., oder 196 süddeutsche Gulden geschlagen werden.

§. 335. Münzen in Frankreich, Belgien, England und Russland.

In Frankreich und Belgien wird der Gehalt nach Millièmes bestimmt und sämmtliche Silbermünzen enthalten 0.900 oder 90 % Silber; 1 Franc wiegt 5 Gramme, 200 Francs also 1 Kilogramm legirtes Silber; also enthalten $222^2/_9$ Francs 1 Kilogramm Feinsilber.

Die englische Legirung ist noch feiner als die französische und enthält in 40 Theilen 37 Theile Feinsilber, also 0.925 oder 92.5 %. Man prägt aus dem Troy-Pfund (373.248 Gr.) Silber von 0.925 mill. 66 Schilling, aus einem Troy-Pfund Feinsilber also $71^{19}/_{37}$ Schilling. Alle Silbermünzen haben den gleichen Gehalt, die Scheidemünze besteht daher nur aus Kupfer.

In Russland ist die Hauptmünze der Silberrubel zu 100 Kopeken; er hat $83^1/_2$ Probe und nach dem Ukas von Alexander I. vom 20. Juni 1810 wiegen 100 Silberrubel genau 5 Pfund 6 Solotnik $= 5^1/_{16}$ russ. Pfund. Die Probe von $83^1/_2$ bezeichnet die Anzahl von Solotnik feinem Metall, welche in dem russischen Pfund von 96 Solotnik feinem Metall enthalten sind. 96 russische Solotnik sind $=$ 288 deutschen Grän, also 1 Solotnik $=$ 3 Grän. Darnach lässt sich die russische Bezeichnung in die deutsche so übertragen:

$$\frac{83^1/_2}{96} = \frac{250}{288} \text{ oder } 83^1/_2 \text{ Probe} = 13 \text{ Loth 16 Grän fein.}$$

Die Untertheile des Rubels in Stücken von 25, 20, 15, 10 und 5 Kopeken sind Silberscheidemünze und haben jetzt denselben Gehalt wie der Rubel, während sie früher in der Regel 12 löthig, in einzelnen Fällen sogar nur 6 oder 7 löthig waren. Zu den letzteren gehören namentlich die zur Erhöhung der Farbe mit Arsenik legirten Menzikoff'schen Griwen zu 10 Kopeken vom Jahre 1726.

b. Fabrikation der Münzen.

§. 336. Vorbereitungen.

Zur Anfertigung der Münzen wird Gold oder Silber nach dem vorgeschriebenen Münzfusse mit Kupfer legirt. Man schmilzt die Metalle, damit die Währung richtig bleibe, unter einer Decke von Kohlen, prüft die geschmolzene Masse auf die Richtigkeit des Feingehaltes und giesst dieselbe in gusseiserne Formen zu Zainen aus, die 15 Zoll lang, 3—4 Linien dick und von der

doppelten Breite der zu prägenden Münzen sind. Diese werden nun im Streck-
werke unter wiederholtem Ausglühen zu Münzschienen von der vorgeschriebenen
Dicke ausgewalzt und dabei nach zwei bis dreimaligem Durchgange durch die
Walze wieder ausgeglüht, weil sie sonst zu hart werden und sich beim ferneren
Walzen nicht mehr ausdehnen. Man schmiedet sie dann in Längen von 4 Fuss,
theilt diese, wenn sie, wie in England, den drei bis vierfachen Durchmesser
des Münzstückes zur Breite haben, mit einer Kreisscheere auch der Länge nach
und walzt zuletzt auf dem Feinstreckwerke nochmals aus.

Auf der Ausstückelungsmaschine oder dem Durchschlag werden
nun, unter Anwendung eines Hebelwerks, Fallwerks oder einer Druckschraube,
die einzelnen Platten ausgeschnitten, die in Europa jetzt ohne Ausnahme kreis-
förmig sind. Nord-Amerika hat zum Theil 8eckige goldene, Japan ebensolche
bronzene Münzen, letztere sind gegossen. Ein geschickter Arbeiter kann von
den kleinen Scheiben zu Scheidemünzen in einer Stunde 6 — 7000 Platten
ausschlagen.

Die Münzen werden nun vollkommen gereinigt, untersucht und dann justirt,
d. h. ihrem Gewicht nach vollständig berichtigt, und zwar die grösseren, bis
zu $\frac{1}{4}$ Thlr. herunter, einzeln, die kleineren al marco, d. h. so, dass man untersucht, ob auch die vorschriftsmässige Zahl von Stücken auf die Mark gehen.
Die zu schweren Scheiben werden durch Feilen oder Abhobeln leichter gemacht
und von Neuem justirt, die zu leichten aber eingeschmolzen.

Nach dem Justiren werden die Münzplatten feingesotten. Die Platten
erscheinen nämlich nach der Bearbeitung zum Theil blank, in der Regel aber,
durch das wiederholte Ausglühen schwarz von einer Oxydschicht. Man kocht
sie in einem Kessel mit sehr verdünnter Schwefelsäure, wodurch die Platten
zwar ganz rein weiss, aber nicht glänzend, sondern matt erscheinen. Da sie
durch das Sieden $\frac{3}{16}$ — 2 % an Gewicht verloren haben, so werden sie nochmals
justirt und dann gerändert und geprägt. Bei den neueren Münzwerken geschieht
das Ründeln und Prägen gleichzeitig, bei den älteren aber hat man besondere
Ründel- oder Kräuselwerke.

§. 337. Das Prägen.

Das eigentliche Prägen wird in dem mit Balancier und Schraube ver-
sehenem Prägewerke zwischen zwei tief gravirten Stahlstempeln bewirkt, die
gehärtet und wieder gelb angelassen sind und zwischen denen eine jede Münz-
platte einem augenblicklichen Stosse ausgesetzt wird. Die Maschine arbeitet
mit einer bedeutenden Geschwindigkeit und ist im Stande, in einer Stunde an
2000 Thalerstücke, bei sehr angestrengter Thätigkeit sogar in 11 Stunden
110,000 Stücke zu liefern. Bei grossen Medaillen, die ein sehr erhabenes
Gepräge haben, geht die Arbeit bedeutend langsamer, da sie wohl 6 — 10 mal
geprägt und zwischen jeder Prägung durch Glühen wieder weich gemacht
werden müssen.

Das Prägewerk oder Stosswerk, welches seit Anfang des 18. Jahrhunderts, wenigstens zu den grösseren Münzsorten allgemein gebräuchlich war, ist trotz vielfacher in neuerer Zeit damit vorgenommenen Verbesserungen mit sehr fühlbaren Mängeln behaftet: es nimmt wegen der Kreisbewegung seines langen Schwengels einen grossen Raum in Anspruch, erfordert viele Menschenhände zum Betriebe, erzeugt sehr heftige Stösse und unterliegt häufigen Reparaturen. Man wendet daher seit 1847 in allen grösseren Münzstätten die von Uhlhorn mit Benutzung des Knichebels construirten Prägewerke an, die höchst vollkommen und ohne Erschütterungen, und dabei weit schneller, als das beste Prägewerk arbeiten. Sie liefern in der Minute 36—40 grosse, oder 50—60 mittlere, oder 60—75 kleine Münzen. Ein vor der Maschine sitzender Arbeiter lässt die Münzplatten mit einer Bewegung der Finger wie beim Geldzählen in einen Trichter fallen; unterhalb desselben holt der Mechanismus Platte nach Platte weg, schickt sie auf den Unterstempel, prägt sie durch einen raschen Druck des Oberstempels, stösst sie als fertige Münze bei Seite und leitet sie durch eine schräg abwärts gehende Rinne in den Sammelkasten. Besonders scharfsinnig erdachte Vorrichtungen bringen augenblicklich die Maschine zum Stillstand und verhindern jede Beschädigung der Maschine, wenn in der Zuführung der Platten nach dem Stempel eine Unregelmässigkeit vorfällt, z. B. keine Platte anlangt, oder die ankommende eine falsche Lage nimmt, oder das geprägte Stück unrichtiger Weise auf dem Stempel geblieben ist.

Die Hauptseite oder Avers enthält das Bild des Königs oder das Landeswappen, die Rückseite oder Revers die Schrift. Die den Kopf umgebende Schrift heisst Umschrift oder Legende, steht die Schrift in horizontalen Reihen, so heisst sie Inschrift, Inscription. Steht unter dem Wappen ein Querstrich und darunter Schrift, Buchstaben oder Verzierung, so heisst dies Abschnitt, Basis oder Epergue. Der einzelne Buchstabe auf dem Avers heisst Münzbuchstabe und deutet den Ort der Prägung an, da früher in grösseren Ländern an verschiedenen Orten geprägt wurde, was jetzt eingestellt ist.

Da es unmöglich ist, die Münzen vollkommen genau abzuwiegen oder zu justiren, so ist den Münzmeistern eine kleine Abweichung, Remedium oder Toleranz nachgelassen. Diese Abweichung darf indess nach der Convention von 1857 nicht über $\frac{1}{1000}$ im Feingehalte, bei einzelnen Thalerstücken im Gewicht nicht über $\frac{4}{1000}$, bei Doppelthalern nicht über $\frac{3}{1000}$ betragen.

Als Entschädigung für die Münzkosten lässt der Staat die Münzen meist zu einem etwas höheren Preise ausprägen, als das Silber gekauft wurde. Man nennt dies den Schlagschatz oder Prägschatz. Er beträgt in Preussen nur 5 Sgr. für die Mark Feinsilber, da die Mark Feinsilber mit $13\frac{3}{4}$ Thlr. gekauft und mit 14 Thlr. ausgeprägt wird. Während bei ganzen Thalern der Staat etwas gewinnt, indem das Prägelohn für 14 Thlr. noch nicht 5 Sgr. beträgt, setzt er bei $\frac{1}{6}$ Stücken etwas zu. Bei Scheidemünzen ist der Schlagschatz viel bedeutender. Sie werden die Mark zu 16 Thlr. ausgebracht, der Schlagschatz beträgt also $\frac{1}{8}$, also 12$\frac{1}{2}$ Procent; da aber die Prägekosten noch nicht 2$\frac{1}{2}$% ausmachen, so gewinnt der Staat dabei über 10 Procent.

§. 338.   Falsche Münzen.

Falsche Münzen sind solche, deren Metallwerth geringer ist, als er der Vorschrift nach sein soll, mögen sie nun vollständig aus unedlen Metallen, oder aus solchen mit geringem Zusatz edler Metalle gefertigt sein. Früher häufiger gegossen, weil auf diese Art die Herstellung billiger und bequemer war, scheinen sie gegenwärtig in der Regel geprägt zu werden, wodurch das Ansehen derselben dem der ächten Münzen weit ähnlicher wird. Der Aufschwung, den die Fabrikation geprägter, mit Wappen, Köpfen und Inschriften verzierter Knöpfe genommen hat, scheint auch diesem verbrecherischen Industriezweige zu Gute gekommen zu sein. Blei und Zinn werden jetzt kaum mehr als Material dazu verwendet, da solche Münzen weich und ohne allen Klang sind und daher sehr leicht von den ächten unterschieden werden können. Ein Zusatz von etwas Kupfer oder Arsen giebt dem Zinn Klang, Härte und silberähnliche Farbe, so dass solche Münzen beim flüchtigen Ansehen kaum von den ächten zu unterscheiden sind. Nicht weniger gefährlich sind Münzen von versilbertem Messing oder Neusilber. Sie fühlen sich in der Regel, namentlich gilt dies von den neusilbernen, fettig an und werden dadurch leicht erkannt.

Auch das Ansehen verräth in vielen Fällen die Fälschung, da falsche Münzen selten mit der Sorgfalt und Genauigkeit angefertigt sind, wie die ächten Münzen, und ein meist auffallend stumpfes und verwischtes Gepräge, fehlerhafte Buchstaben u. s. w. zeigen. In §. 325 ist eine Tabelle zur Berechnung des Feingehaltes aufgestellt worden, nach welcher selbst 3löthiges Silber, also solches mit 187.5 Tausendtheilen Feinsilber noch immer ein specifisches Gewicht über 9 zeigt. Das Gewicht steigt mit dem Feingehalte. Da nun alle gangbaren Silbermünzen einen weit höheren Gehalt haben (vergl. §. 339), so lässt sich aus dem spec. Gewichte unfehlbar die Aechtheit derselben erkennen. Bleihaltige könnten in dieser Beziehung zu Irrthümern Veranlassung geben, werden aber, wie oben bemerkt, leicht an der Klanglosigkeit erkannt. Beispielsweise enthalten sächsische $\frac{1}{3}$Thalerstücke (nach §. 339) 8 Loth 6 Grän und müssen also nach §. 325 ein specifisches Gewicht von 9.683 zeigen. Süddeutsche Guldenstücke enthalten 14 Loth 7$\frac{1}{2}$ Grän Feinsilber und haben ein specifisches Gewicht von 10,319. Alle aus Kupfer, Messing, Neusilber, Bronze u. s. w. angefertigten und versilberten Münzen haben ein geringeres specifisches Gewicht, und zwar solche aus Kupfer von 8.2—8.7, solche aus Bronze von 8.7—8.8, und endlich die aus Neusilber von 7.2—8.9.

Auch durch folgende Probeflüssigkeit kann man ein ächtes Silberstück leicht von einem falschen unterscheiden. Man mischt 4 Theile Schwefelsäure mit 32 Theilen Wasser und löst darin 3 Th. rothes chromsaures Kali. Bringt man einen Tropfen dieser Flüssigkeit auf einen ächten Thaler oder Gulden, so wird die Stelle sogleich purpurroth, bei unächten oder stark mit Kupfer legirten aber nicht.

Wie beträchtlich die Zahl der circulirenden falschen Münzen ist, zeigt folgende Zusammenstellung in Steffen's Kalender für 1865:

1. und 2. Badensche Gulden und ½ Gulden, von 1856, bläulich weiss, fettig.

3. Baierische Gulden, gegossen statt geprägt.

4. und 5. Baierische Thaler- und Zweithaler-Stücke, schlechter Klang, bläulich weiss.

6. — 8. Französische 5 Francstücke von Zinn, schlecht geprägt; mit dem Bild Ludwig's XVIII., von 1823, Louis Philipp's von 1833, Napoleon's von 1852.

9. und 10. Französische 20 Francstücke: mit Napoleon III., 1859, aussen Gold, innen Blei, oder von 1860, vergoldetes Silber, zu leicht.

11. Oesterr. Silbergulden, Composition täuschend, Bild und Schrift etwas schräg.

12. und 13. Oesterreichische Vereinsthaler, 1858, 1860, Gewicht und Gepräge täuschend, Klang schlecht.

14. — 16. Preussische Friedrichsd'or 1754, 1760, 1761.

17. — 19. Preuss. Thaler: Friedr. Wilh. III. 1829, Messing, versilbert; ebensolche 1826, mit dem Adler auf dem Revers; solche von 1766, zu gross und bleich.

20 und 21. Preussische ½ und 1/12 Stücke, letztere mit dem Bilde Wilhelm's I., 1863, Form und Schrift schlecht, Gewicht und Klang abweichend.

22. Sächs. ½ Stücke, täuschend, indessen schlechter Klang, geringes Gewicht.

23. — 29. Sächsische und preussische Doppelthaler, Kronthaler, baierische, preussische, sächsische Thaler, die abgesägte Silberplatte auf Zinn gelöthet, oder aus Zinn oder Zink mit Glaspulver gemischt (?) und gegossen.

In meinem Besitze befinden sich:

30. — 33. Preussische Thaler: Friedrich Wilhelm II., 1792, Hartblei mit Decke von versilbertem Messing, schlecht, ohne Klang: Friedrich II., 1784 und Friedrich Wilhelm II., 1791, Neusilber, gut gegossen, versilbert: Friedrich Wilhelm III., 1838, schön geprägt, Randschrift ungleich.

34. — 38. Preussische ½ Thalerstücke mit dem Bilde Friedrich's II., von 1760, 1776, 1778, 1774, und Friedrich Wilhelm's II. von 1797, die ersten drei von Neusilber, die letzteren von versilbertem Messing, schlechtes Gepräge.

39. — 42. Preuss. ½ Thalerstücke: Friedr. II., 1755 und 1764, aus Bronze gegossen, versilbert, Gepräge schlecht; Friedr. II., 1766, aus Kupfer geprägt. Schrift schlecht; Friedr. Wilh. II., 1797, aus Neusilber geprägt, Zeichnung schlecht.

43. — 46. Preussische 1/12 Stücke: Friedrich II., 1766, 1767, versilbertes Kupfer, sehr gut geprägt; Friedrich II., 1766, Bronze gegossen: Friedrich Wilhelm IV., 1843, gegossen, schlecht in Schrift und Zeichnung.

47 und 48. Braunschweiger 1/12 St., 1805 und 1826, aus Bronze und versilbert.

49 und 50. Sächsische 1/12 Stücke, 1843 aus Tombak, 1844 aus Bronze, beide vortrefflich geprägt.

§. 339.

Uebersicht der in Deutschland gangbarsten Münzen nach ihrem Gehalt und Werth in preussischem Gelde.

Bezeichnung der Stücke.	Werth nach Groschen.	Löthigkeit.		Tausend-theile Silber.
		Loth.	Grän.	
Nach dem 14 Thaler- oder 24½ Guldenfuss.				
Einthalerstücke, Hamburger 2 Markstücke	30	12	—	750.0
Hannöversche Thaler von 1839	30	15	16	993.1
Speciesthaler von Bremen	42	13	9	843.9
⅓ Thalerstücke, Oldenburg	10	10	—	625.1
$\frac{1}{12}$ Thalerstücke, Oldenburg-Birkenfeld	2½	6	—	375.0
⅓ Thalerstücke, Sachsen, 1855	10	8	6	520.9
⅙ und $\frac{1}{12}$ Thalerstücke, Preussen, Hessen, Hannover, Sachsen	5 und 2½	8	6	520.9
4 Schilling, Hannover	2½	8	—	500.0
2 Thaler oder 3½ fl.-Stücke, Vereinsmünze	60	14	7⅕	900.0
1, ½, ¼ Guldenstücke süddeutsch, à Gulden	$17\frac{1}{7}$	14	7⅕	900.0
Scheidemünze, in ½ und 1 Groschen-Stücken				
Preussen	—	3	10	222.0
Sachsen	—	3	12	229.1
Kurhessen	—	5	—	312.5
süddeutsch, 6 und 3 Kreuzer à 4 Pf.	—	5	6	333.3
Nach dem 20 Guldenfuss von 1748 und 1753, (nur österreichisch)				
Speciesthaler oder 2 Gulden- und 1 Guldenstücke à . .	21	13	6	833.4
30 Kreuzerstücke	10½	10	—	625.1
20 Kreuzerstücke	7	9	6	583.4
10 Kreuzerstücke	3½	8	12	541.7
10 Kreuzerstücke von 1848 auch	3⅓	8	—	500.0
Holländische Nationalsilbermünzen	—	14	$5\frac{3}{16}$	893.0
Holländ. Fabrikations- und Handelsmünzen	—	13	16	868.1
Holländische Silberruiter	—	14	17¾	936.9
Französische, belgische, römische, süddeutsche Silbermünzen	—	14	7⅕	900.0
Englische Silbermünzen	—	14	14⅖	925.0

Schweizerische Scheidemünze. Das Bestreben, der kleineren Scheidemünze ein weniger unehrenhaftes Ansehen zu verleihen, als das Scheidemünzsilber darbietet, wenn es abgegriffen ist, führte in der Schweiz seit 1850 zur Einführung eines silberhaltigen Argentans für diese Zwecke, ohne dass jedoch die Absicht vollkommen erreicht ist, da die Münzen durch den Gebrauch zwar nicht roth werden, wohl aber eine nicht angenehme, schmutzig gelbe Farbe annehmen. Ausserdem kann der geringe Silbergehalt nur schwierig und mit grossen Kosten wieder gewonnen werden, sowie auch das Metall unbrauchbar ist, um etwa durch Zusatz von besserem Silber höher hinauf legirt zu werden. Die Legirung enthält in den

	Silber.	Kupfer.	Zink.	Nickel.
Zwanzig-Rappen	15	50	25	10
Zehn-Rappen	10	55	25	10
Fünf-Rappen	5	60	25	10

§. 340. c. Silbergeräthe.

Zu Silbergeräthen aller Art wird Silber von verschiedenem Gehalt verarbeitet, theils nach Bestimmung der einzelnen Staaten und unter deren Aufsicht, theils nach Gewohnheit. Silber von solchem vorgeschriebenen Feingehalte heisst Probesilber. Es hält an Feinsilber in:

	Loth.	Grän.	Tausendtheilen.
Preussen, Sachsen, Hannover, Tischgeräthe	12	—	750.0
Oesterreich, Baiern, Dänemark	13	---	812.5
Schweden	13	4½	828.1
Frankreich und Belgien, theils	15	3²'₃	950.0
theils	12	14'₃	800.0
England	14	14'₃	925.0

§. 341. d. Silberschlagloth.

Gelöthet werden Silberwaaren, sowie feine Arbeiten von Stahl, Messing und Kupfer mit Silberschlagloth,*) d. h. Compositionen aus wenig Silber mit vielem Kupfer, oder mit Kupfer und Zink, wofür man gern, des bequemeren Schmelzens wegen, Messing nimmt. Das ohne Zink gefertigte ist vollkommen dehnbar und bricht nicht. Für manche Zwecke eignen sich recht gut Silberscheidemünzen oder 12löthiges Silber. Die Silberarbeiter unterscheiden hartes Silberschlagloth zum ersten Löthen und weiches Silberschlagloth zum Nachlöthen solcher Gegenstände, an denen sich schon gelöthete Stellen befinden, die also ein leichter schmelzbares Loth erfordern. Beide Arten enthalten in der Regel nur Silber, Kupfer und Zink. Appelbaum schmilzt gleiche Theile Feinsilber und gutes Messing unter einer Boraxdecke, fügt für weiches Loth noch ¹/₁₆ Zinn hinzu, rührt gut um, giesst in Stangenformen aus, walzt zu Blech aus und zerschneidet dies, nachdem er es noch weiss gesotten, in Stücke. Nach der Angabe von Prechtl**) setzt man zusammen:

hartes Silberschlagloth aus:	Silber.	Kupfer.	Zink.	Zinn.
4 Silber, 3 Messing, also	57.1	28.6	14.3	—
2 Silber, 1 Messing	66.7	23.3	10.0	—
19 Silber, 10 Messing, 1 Kupfer, also	66.3	25.7	11.0	—
nach Appelbaum 1 Silber, 1 Messing, also	50.0	33.4	16.6	—
weiches Schlagloth aus:				
7 Theilen zwölflöth. Silbers, 1 Th. Zink	68.8	23.0	8.2	—
16 „ „ „ 3 „	67.1	22.4	10.5	—
nach Appelbaum 1 Silber, 1 Messing, ¹/₁₆ Zinn . .	48.3	32.3	16.1	3.3

---

*) Andere Schlaglothe siehe §. 177, 215, 260.

**) Prechtl, technol. Encycl. Th. 9 p 448.

Eine in England zu Silberwaaren mit Ausnahme von Tischgeräthen verarbeitete, sehr weisse und geschmeidige Legirung erhält man durch Zusammenschmelzen von gleichen Theilen Kupfer und Silber mit einem Zusatz von Arsen und zwar aus 49 Silber, 49 Kupfer, 2 Arsen.

§. 342. e. Legirungen von Rouolz und Fontenay.

Als Ersatz für Silber liessen sich Ruolz und Fontenay eine Legirung aus 20 Silber, 25—31 Nickel und 55—49 Kupfer in England patentiren. Möglichst reines Kupfer und Nickelpulver werden zuerst unter Zusatz von Holzkohlen und Borax geschmolzen und das Silber dann zugesetzt. Später nahmen sie 49 Kupfer, 31 Nickel und 20—40 Silber. Sollen Gusswaaren gefertigt werden, so schmilzt man die Legirung mit einer Mischung von gleichen Theilen Holzkohlenpulver und zweifach phosphorsaurem Kalk, die man vorher zum Rothglühen erhitzte, oder glüht die Legirung von 100 Theilen zweifach phosphorsaurem Kalk, 50 Theilen Sand, 75 Theilen Borax und 10 Theilen Kohle. Am besten soll es sein, 100 Theile der Legirung auf 15 Theile der phosphorhaltigen Mischung zu nehmen. Die Quantität des aufgenommenen Phosphors hängt von der Dauer der Erhitzung ab. Man kann auch zuerst Phosphorkupfer darstellen, indem man 8 Theile Kupfer und 1 Theil des Gemenges von zweifach phosphorsaurem Kalk und Kohle 10 Stunden lang stark glüht, die erhaltene Masse körnt und deren Phosphorgehalt bestimmt und nun die obigen Verhältnisse in der Art zusammenschmilzt, dass in der Legirung $1/_{1000}$—$^{20}/_{1000}$ Phosphor enthalten sind. Der Phosphor macht die Legirung leicht schmelzbar, dünn und rein fliessend, sehr dicht, homogen, blasenfrei und weiss, zugleich aber auch spröde, so dass sich dieselbe nicht schmieden lässt. Soll dieses letztere der Fall sein, so muss man die Legirung unter Holzkohlen anhaltend zur Rothgluth erhitzen und auf diese Art den Phosphor wieder entfernen.

Nach Procenten berechnet, würden die von Ruolz vorgeschlagenen Legirungen enthalten:

	Silber.	Kupfer.	Nickel.
bei 49 Kupfer, 31 Silber, 30 Nickel	28.2	44.5	27.3
bei 49 Kupfer, 31 Silber, 40 Nickel	25.8	40.8	33.4
dem 14löthigen Silber gleicht die Legirung aus	20.0	50.0	30.0

Aehnlich ist eine durch Zusammenschmelzen von 10 Theilen Neusilber und 6 Theilen Silber erhaltene Legirung, die nach Procenten enthalten würde:

37.5 Silber, 37.5 Kupfer, 12.5 Zink, 12.5 Nickel.

§. 343. Niello. — Abel's Legirungen. — Silberbronze.

Niello oder schwarzes Email zur Verzierung der silbernen Tuladosen erhält man nach Keowlys, indem man 1 Loth Silber, 6 Loth Kupfer und 10

_____

*) Chem. Gazette. Juni 1855.

Loth Blei schmilzt, mit trocknem Holze umrührt, dazu $1\frac{1}{2}$ Pfund Schwefel und 1 Loth Salmiak mischt und einige Zeit erhitzt, bis der Ueberschuss des Schwefels verjagt ist. Die Masse wird darauf in ein˙Gefäss ausgegossen, dessen Boden˙ mit Schwefelblumen bedeckt ist, nach dem Erkalten schmilzt man nochmals um und giesst in Stangenformen. Die mit dieser Composition zu verzierenden Silberwaaren werden gravirt, das pulverisirte Niello mit Gummiwasser eingetragen, unter der Muffel eingeschmolzen und zuletzt polirt.

Als vorzüglich dehnbar und geschmeidig, zu Draht- und Plattirarbeiten brauchbar empfiehlt Abel[*]) in Paris 8 Legirungen von Silber, Kupfer und Kadmium, die zuerst im Kohlentiegel geschmolzen, dann im Graphittiegel unter Zusatz von Holzkohle, Borax und Harz, nöthigenfalls noch mit etwas Kadmium umgeschmolzen werden. Folgendes sind die angegebenen Verhältnisse:

Silber.	Kupfer.	Kadmium,	Silber.	Kupfer.	Kadmium.
980	15	5	666	—	334
950	15	35	666	25	309
900	18	82	666	50	284
800	20	180	500	50	450

Schliesslich mag hier noch erwähnt werden, ein silberhaltiges englisches Bronzepulver, welches mit etwa 5 Procent Oel versetzt ist. Es enthält:

	Silber.	Kupfer.	Zink.	Zinn.
in der besseren Sorte . . .	4.7	86.9	8.4	—
in der geringeren Sorte . .	4.7	71.4	9.6	14.2

B. Goldlegirungen.

§. 344. Berechnung nach Karat und Tausendtheilen.

Beim Golde führt die Legirung den Namen Karatirung. Eine Mark Feingold enthält 24 Karat, das Karat 8 Grän, die Mark also 288 Grän oder 16 Loth. Reines Gold ist also 24 karätig, solches mit $\frac{1}{12}$ fremden Metallen ist 22 karätig. Neunkarätiges Gold enthält $\frac{3}{8}$ Gold und $\frac{5}{8}$ fremdes Metall, nach Procenten also 37.5 Theile Gold, 62.5 Theile Zusatz, 7 karätiges enthält $\frac{7}{24}$ Gold, also 29.16 % und 70.84 % Zusatz u. s. w.

Der Zusatz besteht in der rothen Karatirung aus Kupfer, in der weissen aus Silber, in der gemischten aus beiden Metallen. In Frankreich und neuerdings bei uns wird der Feingehalt wie beim Silber nach Tausendtheilen (millièmes) bezeichnet; Gold von 0.840 hat also 840 Theile Feingold und 160 Theile Zuschlag, ist also Gold von $20\frac{1}{4}$ Karat.

§. 345. Specifisches Gewicht, Geschmeidigkeit, Härte, Farbe.

Das specifische Gewicht der Kupfer-Goldlegirungen ist geringer, als es der Rechnung nach sein sollte: es findet also bei der Legirung eine Aus-

---

[*) Jacobson, chem.-techn. Repertor. 1863 p. 57.

dehnung statt, die noch stärker ist bei einem gleichzeitigen Zusatz von Silber. Es beträgt das Gewicht für 22 Gold + 1 Kupfer 17.157 anstatt 18.749 und für 22 Gold, 1 Kupfer, 1 Silber 17.344, anstatt, wie die Rechnung ergeben würde, 18.409.

Die Geschmeidigkeit des Goldes wird durch den Kupferzusatz nicht wesentlich beeinträchtigt, namentlich wenn man reines, galvanisch gefälltes Kupfer anwendet. Indessen darf die Legirung doch nicht sofort nach dem Gusse gehämmert, sondern muss vorher wiederholt ausgeglüht werden, da sie sonst leicht reisst. Die beobachtete Sprödigkeit des 18 karätigen Goldes ist zuweilen in einem Eisengehalte des zugesetzten Kupfers zu suchen, oft aber auch in einer fehlerhaften Darstellung der Legirung. Chaudet, Probirer in der Pariser Münze, wendet eine Legirung von 990 Kupfer und 10 Gold an, um dehnbares Gold von 18 Karat oder 0.750 zu erhalten. Diese Legirung nämlich, in bestimmtem Verhältniss mit Gold gemischt, giebt eine dehnbare Verbindung, während die unmittelbare Verbindung der Metalle in obigem Verhältniss ein sprödes Metall erzeugt.

Die Härte wächst durch den Zusatz von Silber oder Kupfer, aber nur bis zu einem gewissen Grade. Die Legirung mit $\frac{1}{12}$ Kupfer, also mit 8.3 % Kupfer und 91.7 Gold ist härter als Feingold, aber noch sehr dehnbar und vom specifischen Gewicht 17.257. Die Legirung mit $\frac{1}{7}$, also 14.29 % Kupfer und 85.71 % Gold ist die härteste aller Mischungen. Bei einem grösseren Gehalt an Kupfer nimmt die Härte wieder ab.

Farbe., Gold und Kupfer sind in allen Proportionen ohne wesentliche Farbenveränderung mischbar; die Farbe ist rothgelb und nur bei sehr bedeutendem Kupfergehalte fast roth. Ein Zusatz von Silber macht die Farben blasser und zieht sie etwas in's Grünliche; die gemischte Legirung aus Gold, Silber und Kupfer liegt der Farbe nach mitten inne.

§. 346. Chemisches Verhalten.

Legirungen von Gold und Kupfer fand Levol stets homogen in allen Theilen, entgegengesetzt den Silberkupferlegirungen. Das Kupfer lässt sich aus der Mischung nicht vollständig durch Schmelzen an der Luft entfernen, selbst nicht, wenn, wie bei der Kupellation, viel Blei zugefügt wird; nur bei gleichzeitigem Zusatz von der ungefähr dreifachen Silber- und der 24 fachen Bleimenge zum Goldkupfer zieht sich alles Kupfer als Kupferoxyd-Bleioxyd in die Kapelle. — Kupferreiche Legirungen, die dunkel angelaufen sind, lassen sich leicht durch Ammoniak reinigen, welches das Kupfer und Kupferoxyd oberflächlich auszieht. Münzen und Schmucksachen werden meist gefärbt, um das Kupfer aus der Oberfläche zu entfernen und reines Gold zu erhalten. Man bewirkt dies durch Sieden in Schwefelsäure oder in einer Lösung von Salpeter, Kochsalz und Alaun. Auch die früher §. 145 erwähnte Anwendung des Glühwachses gehört hierher.

§. 347. a. Goldmünzen.

Das reinste verarbeitete Gold wird in den Ducaten verwendet. Die ungarischen haben nur 3 Gran Silber (gar kein Kupfer), also 285 Grän oder 989.58 Millièmes Gold. Die von den Jahren 1765 und 1806 haben 284 Grän oder 986.11 Mill. Die hamburger und holländischen Ducaten, die badenschen Rheingoldducaten und meisten baierischen Goldmünzen, haben 270 Grän, also 937.50 Mill.; nur die baierischen Goldgulden vom Jahre 1803 haben 224 Grän oder 777.77 Mill.

Englische Goldmünzen enthalten $^1/_{12}$ Kupfer, also 264 Grän oder 916.66 Mill. Denselben Gehalt haben die österreichischen Souverainsd'ore (nur die vom Jahre 1791 sind $^1/_4$ Grän reicher), so wie die meisten russischen Goldmünzen, mit Ausnahme der Speciesducaten vom Jahre 1700 an, die 279 Grän oder 968.75 Mill.; der Andreasducaten von 1718, die 225 Grän oder 781.25 Mill., und der Imperialducaten von 1797, die 284 Grän oder 986.11 Mill. enthalten.

Die preussischen Friedrichsd'ore enthalten mehr Kupfer. Vom Jahre 1764 bis 1821 prägte man sie mit einem Feingehalte von 261 Grän oder 906.25 Mill., seit dieser Zeit mit 260 Grän oder 902.77 Mill. Es wiegen daher jetzt 35 Friedrichsd'or genau 1 Mark, und jede Mark Feingold liefert 38$^{10}/_{13}$ Friedrichsd'or. Rechnet man dies Goldstück zu 5 Thaler Goldwährung, so wird jede Mark reines Gold zu 193$^1/_{13}$ Thaler Gold ausgebracht. Auch die sächsischen Augustd'ore, die badenschen Zehn- und Fünfgulden haben denselben Gehalt, während die übrigen deutschen Goldmünzen mit einem 1—4 Grän geringeren Feingehalte ausgeprägt sind.

Die französischen Goldmünzen, 20 und 40 Francstücke, enthalten einen Zusatz von $^1/_{10}$ Kupfer, sind also bei einem Feingehalte von 259.2 Grän oder 900 Mill. den Friedrichsd'oren fast gleich im Korn. 155 Napoleonsd'ore wiegen 1 Kilogramm. Denselben Gehalt haben die belgischen und schweizerischen Goldmünzen, so wie die nach dem Gesetz vom 4. Mai 1857 im Zollverein geprägten Kronen und halben Kronen. Die Krone wird zu $^1/_{50}$ Zoll-Pfund ($^3/_5$ Loth), die halbe Krone zu $^1/_{100}$ Pfund ($^3/_{10}$ Loth) feinen Goldes ausgeprägt. Da ihr Rauhgewicht zum Feingewicht = 1000 : 900, so wiegen 45 Kronen oder 90 halbe Kronen je ein Pfund. Goldmedaillen werden in Frankreich mit einem etwas geringeren Gehalt, zu 263.81 Grän oder 916 Mill. ausgeprägt. Die Goldmünzen der nordamerikanischen Vereinstaaten enthalten 258.97 Grän oder 899.22 Millièmes.

§. 348. b. Schmucksachen und Geräthe.

In den meisten Ländern ist für die Verarbeitung zu Schmucksachen Probegold, d. h. ein nach gesetzlich bestimmten Verhältnissen legirtes Gold vorgeschrieben. So sind in den österreichischen Staaten für alle Waaren, deren

Gowicht über 4 Ducaten beträgt, nur folgende 3 Arten von Probegold gestattet, die mit den Nummern 1, 2. 3 bezeichnet werden. No. 1, 7 Karat 10 Grän (0.326), No. 2. 13 Karat 1 Grän (0.546), No. 3. 18 Karat 5 Grän (0.767). Das Gold darf darin nur in fünferlei Weise legirt werden: a. mit Kupfer allein, b. mit Silber allein, c. mit ⅓ Kupfer. ⅓ Silber. d. mit ½ Kupfer, ⅓ Silber, e. mit ⅓ Kupfer, ⅔ Silber. Zu kleineren Arbeiten wird oft 6 karätiges (0.275) oder Joujou-Gold verwendet. sogar 3 und 2½ karätiges, in welchem Falle dann die Farbe durch Vergoldung verbessert wird. In England wird vorzugsweise Gold von 22 Karat (0.917) verarbeitet. In Frankreich. Belgien, Venetien sind vorgeschrieben 0.920 (22 Kar. 1 Grän). 0.840 (20 Kar. 2 Grän) und zu Bijouterien 0.750 (18 Karat). Davon machen indessen die wunderbar zierlichen venetianischen Kettchen eine Ausnahme, die 0.906 (21¾ Karat) fein sind. In Preussen verarbeitet man 8, 14 und 18 karätiges Gold, also 0.333, 0.583 und 0.750; seltener wird Ducatengold verwendet.

Hierher gehört auch das zu geringeren Schmucksachen verwendete nürn-berger Gold, welches aus 16 Theilen Kupfer, 1 Theil Silber und 1 Theil Gold zusammengeschmolzen wird, nach Procenten also enthält:

88.9 Kupfer, 5.5 Gold, 5.5 Silber.

Woolf in Birmingham verwendet eine dem feinen Golde täuschend ähnliche Legirung, die aus 90—100 Kupfer, 5 — 7½ Aluminium und 2½ Gold besteht. Dies ergiebt nach Procenten entweder

90 Kupfer, 7½ Aluminium, 2½ Gold,

oder, wenn man auf 100 Theile Kupfer nur 5 Theile Aluminium nimmt:

93 Kupfer. 4.7 Aluminium, 2.3 Gold.

Interessant sind die Legirungen von Kupfer und Gold mit Palladium. Dieses seltene Metall, von der Härte, der Farbe und dem Glanze des Platin, hat die Eigenschaft, die Farbe der Legirungen, zu denen man es verwendet, sehr stark in's Weisse zu ziehen; es gleicht in dieser Beziehung dem Platin und Zinn. Selbst eine Legirung von 80 % Kupfer oder Gold mit 20 % Palladium ist schön weiss, hart und ductil. Bei gleichen Theilen Palladium und Kupfer oder Palladium und Gold wird die Legirung gelbgrau und spröde, oder doch bedeutend weniger ductil, als die Metalle für sich.

Eine Legirung von 6 Theilen Palladium, 11 Silber, 18 Gold und 13 Kupfer, also nach Procenten:

12.5 Palladium, 22.9 Silber, 37.5 Gold, 27.1 Kupfer

ist für Zapfenlager in Uhren empfohlen worden, da sie nicht rostet, hart ist und durch die Reibung der Axen nur wenig abgenutzt wird.

Besondere Legirungen werden angewendet, um Gold von verschiedenen Farben zu Verzierungen auf Goldarbeiten herzustellen. So erhält man grünes

Gold aus 2—3 Theilen Gold und 1 Theil Silber, blassgelbes aus 500 Gold, 375 Silber, 125 Kupfer, blassrothes aus 600 Gold, 200 Silber, 200 Kupfer, hochrothes aus 500 Gold und 500 Kupfer, endlich blaues Gold aus 750 Gold und 250 Eisen.

Von ähnlicher Zusammensetzung sind auch einige von Abel in Paris vorgeschlagene Goldlegirungen von verschiedener Farbe, von denen indessen nur die letzte Kupfer enthält. Nämlich:

75.0 Gold, 16.6 Silber, — Kupfer, 8.4 Kadmium.
75.0 „ 12.5 „ — „ 12.5 „
74.6 „ 11.4 „ 9.7 „ 4.3 „

Von ihnen sind die erste und dritte Legirung grün, die mittlere gelbgrün.

§. 349. c. Goldlothe.

Alle Legirungen des Goldes mit anderen Metallen sind natürlich leichter schmelzbar als Feingold und daher als Loth für dieses zu verarbeiten. Sie sind um so strengflüssiger, je mehr sie Gold enthalten, während der Schmelzpunkt im Verhältniss der zugesetzten Menge von Silber und Gold sinkt.

Die gewöhnlich verwendeten Lothe haben folgende Zusammensetzung:

Bezeichnung.	Nach Procenten		
	Kupfer.	Silber.	Gold.
Für 14karätige und bessere Waaren.			
8 Kupfer, 9 Silber, 16 Gold	24.2	27.3	48.5
½ „ ½ „ 2 18karät. Gold	33.4	16.6	50.0
3 Th. 14kar. Gold, 1 Th. 12löth Silber . . .	37.50	18.75	43.75
2 „ 1 „	26.1	25.0	38.9
9 Th. 18kar. Gold, 2 Th. Feinsilber, 1 Kupfer .	27.1	16.7	56.2
12 „ 7 „ 3 . . .	27.2	31 8	40.9
3 „ 2 „ 1	29.2	33.3	37.5
Für geringere Goldwaaren, 2 Th. Kupfer, 1 Gold	67.7	—	33.3
2 Th. Silber, 1 Gold	—	67.7	33.3
gleiche Theile 14kar. Gold u. 12löth. Silber . .	33.3	37.5	29.2
1 Theil 18 kar. Gold, 2 Silber, 1 Kupfer . . .	31.3	50.0	18.7
Emaillirloth, sehr strengflüssig, für zu emaillirende Waaren	25	7	68
oder 16 Th. 18 kar. Gold, 3 Silber, 1 Kupfer . . .	25	15	60

Endlich sind hier noch zwei sehr leichtflüssige aber ziemlich spröde Goldlothe zu erwähnen, die aus 42 (248) Kupfer, 50 (480) Silber, 58 (100) Gold zusammengeschmolzen, und nachdem der Tiegel sich etwas abgekühlt hat, mit 10 (47) Zink versetzt werden. Sie enthalten nach Procenten:

entweder: 26.25 Kupfer, 6.25 Zink, 31.25 Silber, 36.25 Gold.
oder: 28.20 „ 5.10 „ 54.70 „ 11.90 „

C. Platinkupfer.

§. 350. Schmucksachen, Schreibfedern, Spiegel, Münzen.

Legirungen aus Platin mit Kupfer sind in ihrer Farbe dem Golde durchaus ähnlich, sehr geschmeidig und auch der Schwere nach vom Fabrikengolde kaum zu unterscheiden. So schon eine Legirung aus gleichen Theilen Platin und Kupfer. Noch besser und dem sechzehnkarätigen Golde ähnlich werden die Legirungen durch Zusatz von Zink. Sie sind sehr streckbar, hart, nehmen eine ausserordentlich schöne Politur an, rosten nicht und werden nur von kochender concentrirter Salpetersäure angegriffen. Ihrer Unveränderlichkeit und ihres Glanzes wegen sind sie zu Metallspiegeln für optische Instrumente, sowie ihrer wirklich schönen Farbe und täuschenden Goldähnlichkeit wegen zum Ersatz des Goldes für Schmucksachen sehr geeignet. Bei ihrer Anfertigung werden Platin und Kupfer zuerst unter Kohlen- und Boraxdecke geschmolzen und später das Zink zugesetzt. Der hohe Preis des Platin's verhindert indessen leider die ausgedehnte Benutzung der empfehlenswerthen Compositionen. Gute Resultate erhält man bei Anwendung folgender Verhältnisse:

nach Theilen			nach Procenten		
15 Platin,	10 Kupfer,	1 Zink.	57.69 Platin,	38.46 Kupfer,	3.85 Zink.
16 „	7 „	1 „	66.66 „	29.16 „	4.16 „
7 „	16 „	1 „	29.16 „	66.66 „	4.16 „
3 „	13 „	— „	18.75 „	81.25 „	— „

Durch Zusatz von Zinn und etwas Arsen zu den vorigen Metallen wird das Gemisch sehr weiss, hart und höchst glänzend. Man verwendet es als Cooper's Spiegelmetall zu den Metallspiegeln in Reflectoren, die aus 6 Platin, 35 Kupfer, 2 Zink, 1 Arsen, 16½ Zinn, nach Procenten also aus

9.91 Platin, 57.85 Kupfer, 3.31 Zink, 1.66 Arsen, 27.27 Zinn

bestehen und bei der unbedeutenden Platinmenge sich also auch durch ihre Billigkeit empfehlen.

Das Metallgemisch, welches man durch Zusammenschmelzen des rohen Platins mit Kupfer und Silber erhält, ist trefflich zu elastischen Drähten, und, weil es von der Luft und von den meisten Säuren nicht angegriffen wird, zu elastischen Federn, von denen man in dieser Hinsicht eine Unveränderlichkeit verlangt.

Auch Silber fügt man in einzelnen Fällen den Legirungen zu. Eine zuweilen zu Schreibfedern, die nicht rosten, verwendete Legirung besteht aus 4 Theilen Platin, 3 Theilen Silber, 1 Theil Kupfer, nach Procenten also aus:

50 Platin, 37.5 Silber, 12.5 Kupfer.

Zu Bijouterien verarbeitet man in Paris ein Metall aus 2 Platin, 5 Kupfer, 2 Messing, 1 Silber, 1 Nickel. Nach Procenten enthält es:

18.18 Platin, 57.57 Kupfer, 6.06 Zink, 9.09 Silber, 9.09 Nickel.

Die seit 1828 in Russland geprägten, jetzt aber meist wieder eingezogenen Platinamünzen sind keine Legirung, sondern bestehen aus dem reinen und unvermischten Metall. — Die von den Zahnärzten angewendeten Bleche und Drähte enthalten kein Kupfer, sondern bestehen entweder aus 2 Theilen Platin und 1 Theil Gold, oder aus 2 Theilen Platin, 1 Theil Silber und 1 Theil Palladium. Der Engländer Hatchet erhielt durch Zusammenschmelzen von 15 Gold und 1 Platin ein gelblich weisses Metallgemisch von so grosser Dehnbarkeit und Elasticität, dass man selbst Uhrfedern daraus verfertigen könnte; auch dieses ist also kupferfrei. Bemerkenswerth ist es, dass die metallische Verbindung des Goldes und Platins selbst dann noch weiss ist, wenn sie auch elfmal so viel Gold als Platin enthält. Die Legirungen des Platins sind um so schmelzbarer, je weniger Platin darin enthalten ist.

D. Quecksilber-Kupfer oder Kupfer-Amalgame.

§. 351.

Ein von französischen Zahnärzten zum Plombiren der Zähne verwendetes Kupferamalgam*) fand Pettenkofer zusammengesetzt aus 3 Theilen Kupfer und 7 Theilen Quecksilber. Es ist feinkörnig, krystallinisch und sehr fest und hart. Im heissen Wasser erhitzt, wird es weich, knetbar und plastisch wie Thon und erhärtet nach einigen Stunden wieder, ohne sein Volum zu verändern, eignet sich also vortrefflich zum Auskitten hohler Zähne, da es ausserdem weder von Wasser noch von verdünnten Säuren oder Alkalien, von Weingeist oder Aether angegriffen wird. Man erhält diese Legirung, wenn man 100 Theile Quecksilber in mässig erwärmter Schwefelsäure löst und den Krystallbrei unter Wasser von 60—70 Grad mit dem aus 232.5 bis 300 Theilen Kupfervitriol durch Eisen gefällten Cementkupfer verreibt und zuletzt etwas Quecksilber zusetzt, bis die Masse gehörig bildsam geworden ist. Leichter und schneller gelangt man zum Ziel, wenn man das fein vertheilte Kupfer (3 Theile) mit einigen Tropfen einer Auflösung von salpetersaurem Quecksilberoxydul benetzt, und dann unter warmem Wasser mit 7 Theilen Quecksilber in einer erwärmten Schale anhaltend zusammenreibt. Das aus Paris bezogene Amalgam ergab bei einer Analyse von König: 31.016 Kupfer, 0.020 Eisen, 68,986 Quecksilber.

Nach Gulielmo**) verreibt man 4½ pulverisirten Kupfervitriol mit 3½ Quecksilber, 1 feinstem Eisenpulver und 12 Wasser von 50—60° in einer Porzellanschale und entfernt dann das adhärirende Kupfer und Eisen unter Umrühren und Schlämmen, das überflüssige Quecksilber durch Auspressen. Die Arbeit ist indessen ziemlich umständlich und liefert kein besseres Resultat, als die vorige Methode.

---

*) Liebig und Kopp, Jahresbericht für 1847 und 1848 p. 1036.
**) Wieck, illustr. Gewerbezeitung 1863 p. 228.

§ 352. Imitirtes Münzgold.

Eine Legirung mag schliesslich noch angeführt werden, die dadurch eine traurige historische Berühmtheit erlangte. dass Heinrich VI. von England im Jahre 1440 drei industriösen Ehrenmännern Fauceby, Kirkeby und Ragny, und dann bis 1452 noch 8 andern Menschen gleichen Schlages das Privilegium gab, aus ihr falsche Goldmünzen anzufertigen, mit denen Frankreich und England überschwemmt wurden. Eine von mir aus gleichen Theilen Kupfer und Quecksilber durch Zusammenschmelzen gebildete Legirung zeigte in Folge der unvermeidlichen bedeutenden Verflüchtigung des Quecksilbers eine Zusammensetzung von 86.4 Kupfer und 13.6 Quecksilber, hatte ein specifisches Gewicht von 10.64, glich in Farbe dem 16karätigen Golde, nahm eine treffliche Politur an, lief nur schwer an und liess sich sehr gut hämmern, strecken und prägen.

Sechster Theil.

Legirungen mit ganz untergeordnetem Kupfer.

Cap. 15. Siebente Gruppe.

Weisses Lagermetall, oder Legirungen, in denen Kupfer untergeordnet ist, dagegen Zink, Zinn, Eisen oder Antimon den Hauptbestandtheil bilden.

§ 353. Character der Gruppe.

Diese Legirungen weichen in so fern wesentlich von den früheren Gruppen ab, als sich hier das Verhältniss, in welchem die Metalle gemischt sind, geradezu umkehrt, so dass als das Hauptmetall nicht mehr das Kupfer, sondern das zugesetzte Metall anzusehen ist. Die Menge des Kupfers verringert sich bis auf Bruchtheile eines Procentes und steigt im Mittel nicht über 5 %; Legirungen mit 10 und mehr Procent Kupfer sind durchaus als Ausnahmen anzusehen.

In der Benutzung schliessen sich dieselben theils an die Zapfenlager der dritten Gruppe, theils, in den als Britanniametall zusammen zu fassenden Legirungen, an das Neusilber an. Darnach werden natürlich auch Zusammensetzung und Eigenschaften der einzelnen wieder wesentlich von einander abweichen.

A. Lagermetalle.

§. 354. Vorzüge und Nachtheile im Vergleich zum Rothguss; Zusammensetzung.

Nach der Metalllegirung unterscheiden sich die Axenlager in solche von Rothguss (aus 74 — 86 % Kupfer legirt mit Zinn, zuweilen noch mit Zink und Blei) und Weissguss. Erstere sind theurer, schwerer darzustellen, fester, härter, schwerer schmelzbar und greifen bei mangelhafter Schmiervorrichtung die Axenschenkel mehr an. Letztere sind billiger, leicht zu ergänzen durch Eingiessen in die Axlagerkasten, aber weniger fest, weicher und leichter schmelzbar, so dass sie beim Warmlaufen leicht verderben. Sie nutzen jedoch die Axschenkel nicht merklich ab und sind bei richtiger Composition sehr dauerhaft, indem sie sich selbst wenig abnutzen und den Axenschenkeln grosse Politur geben. Nach practischen Angaben soll eine Legirung sich dann zu Zapfenlagern am besten eignen, wenn ein dünnes, auf eine Platte ausgegossenes Stück bei zweimaligem Hin- und Herbiegen bricht, und dann ein silberfarbenes, feinkörniges Ansehn hat.

Das vorherrschende Metall der weissen Lager ist mit 60 — 90 % in den meisten Fällen zwar das Zinn, häufig aber auch Blei, Eisen oder Zink, oder, indem sich 2 Metalle ungefähr zu gleichen Theilen in jene Menge theilen, Zinn und Antimon, Zinn und Blei, oder Zink und Blei. Man sieht also, es kann, mit Ausnahme des Kupfers, jedes der gewöhnlich in diesen Legirungen auftretenden Metalle Hauptmetall sein, während die übrigen zurücktreten. Kupfer ist stets untergeordnet, deshalb aber doch nicht entbehrlich. Eine Legirung von 75 Theilen Zinn und 25 Theilen Antimon, oder nach Karmarsch von 85 % Blei und 15 % Antimon, mit oder ohne einen Zusatz von Zinn ist zwar schon ganz brauchbar für gewöhnliche Zapfenlager, für schwere Belastungen indessen ist ein Zusatz von Kupfer erforderlich.

§. 355. **Resultate der Versuche auf bairischen Staatsbahnen.**

Sehr umfassende und genaue Untersuchungen über die zu Axenlagern verwendbaren Legirungen sind in der königl. bairischen Wagenbauanstalt zu Nürnberg*) angestellt worden.

Die untersuchten Zapfenlager bestanden aus:

No.	nach Gewichtstheilen.				nach Procenten.			
	Zinn.	Kupfer.	Antimon.	Zink.	Zinn.	Kupfer.	Antimon	Zink.
1	192	8	1	—	95.5	4.0	0.5	—
2	30	2	—	1	90.9	6.1	—	3.0
3	48	1	4	—	90.4	1.9	7.7	—
4	50	1	5	—	89.3	1.8	8.9	—
5	24	1	2	—	88.9	3.7	7.4	—
6	20	1	2	—	87.0	4.3	8.7	—
7	21	5	1	—	77.8	18.5	3.7	—
8	29	11	—	5	64.5	26.4	—	11.1
9	8	1	5	—	61.6	7.7	30.7	—
10	1	5	—	—	16.7	83.3	—	—

Man erhielt dabei folgende Resultate:

1. Das verwendete Zinn muss möglichst rein sein, am besten ist englisches Blockzinn.

2. Kleinere Zapfen veranlassen eine grössere Reibung als grosse Zapfen.

3. Den geringsten Reibungswiderstand leistet die Legirung bei etwa 90 % Zinn; also bleiben für Kupfer und Antimon zusammen 10 %. Steigt der Zinn-

---

*) Zeitschrift des niederösterr. Gewerbe-Vereins 1849 p. 306.

gehalt wie in No. 1 auf 95.5 %, so wird die Legirung zu weich; ebenso nimmt der Reibungswiderstand zu, wenn der Zinngehalt unter 90 % sinkt.

4. Den geringsten Widerstand zeigen demnach No. 3 und 4, in denen sich das Verhältniss des Kupfers zum Antimon wie 1 zu 4 und wie 1 zu 5 stellt.

5. Starkes Vorwalten von Antimon, wie in No. 9 mit 30 %, erhöht den Reibungswiderstand bedeutend, während ein starkes Uebermaass von Kupfer, wie in No. 7 und 8 nicht schädlich wirkt.

6. Antimon und Zink scheinen sich ohne Nachtheil vertreten zu können, da No. 2 und 7 ziemlich denselben Reibungswiderstand zeigten.

7. Die Legirung No. 5 ist sehr ungünstig, sowohl in Bezug auf die Reibung als in Bezug auf schädliche Erwärmung; auch No. 6 zeigte starken Widerstand.

8. Die Erwärmung der Lager steht in gleichem Verhältniss zum Reibungswiderstande.

9. Die auf Grund dieser Resultate bei der Königl. baierischen Wagenbauanstalt angenommene Legirung für Lager besteht aus

Zinn 90, Kupfer 2, Antimon 8,

und entspricht bezüglich der Dauer, wie des leichten und kalten Ganges allen Anforderungen.

§. 356. Resultate auf hannöverischen und französischen Bahnen.

Aehnliche Resultate erhielten Kirchweger und Karmarsch bei den auf hannöverschen Eisenbahnen angestellten Versuchen. Namentlich bewährte sich eine aus

86.81 Zinn, 5.57 Kupfer, 7.62 Antimon

zusammengeschmolzene Legirung durch jahrelangen Gebrauch sowohl für Lager aller Art, selbst unter dem schwersten Druck, wie für Dampfkolben Liederungsringe u. s. w.*) Auch auf den preussischen Bahnen**) werden für schwere wie leichte Wagenlager Legirungen von Zinn, Antimon und Kupfer oder Blei, Antimon und Kupfer in verschiedenen quantitativen Verhältnissen angewendet. Nur Locomotiven haben zum Theil noch Lager aus Rothguss. Die Einzelnheiten in Bezug auf Zusammensetzung der hannöverschen und preussischen Legirungen werden weiter unten angegeben werden.

Bei der grossen Verschiedenheit dieser Legirungen, die sowohl von der relativen Menge der dazu verwendeten Metalle, als auch von der Art, dieselben zu legiren, abhängig ist, kann man sich nicht wundern, wenn einmal auch abweichende, also ungünstige Resultate erzielt worden sind. So ergaben namentlich die auf der französischen Nordbahn***) angestellten Versuche, dass die

---

*) Mittheilungen des Gew.-Vereins für Hannover 1853 p. 149 und 1854 p. 201.

**) Eisenbahnzeitung. 1859, No. 26.

***) Le Technologiste 1852 p. 603.

weissen Lagermetalle nicht immer den Vorzug vor den gelben, kupferreichen Legirungen verdienten und dass sich namentlich auch das Antifrictionsmetall nicht bewährte. Sie zeigten bedeutend grössere Reibung als Bronze, wurden zum Theil schon nach einem halben Jahre unbrauchbar und sollen sich nur bei schwacher Belastung und mittlerer Geschwindigkeit anwenden lassen. Leider sind nähere Angaben über die daselbst geprüften Legirungen mir nicht bekannt geworden. Selbst die Bezeichnung „Antifrictionsmetall" ist unzuverlässig, da darüber mehrere Vorschriften existiren, nach denen die Composition bestehen soll aus

       5 Kupfer,   14   Zinn: 80 Zink, 1 Nickel, oder
       5.5   „   14.5   „   80 - „   oder
       5.5   „   14.5 Antimon 80   „

Vergleicht man übrigens diese als Antifrictionsmetalle bezeichneten Compositionen mit den auf den hannöverschen und preussischen Eisenbahnen gebräuchlichen, so fällt sofort in die Augen, dass bei ihnen an Stelle des theueren Zinnes das billigere Zink als Hauptbestandtheil verwendet worden ist, dem also jedenfalls die nachtheilige Wirkung zugeschrieben werden muss.

Uebersicht der weissen Lagermetalle.

§ 357. a. Mit vorherrschendem Zinn.

Auf preussischen Eisenbahnen angewendet, für Fahrzeuge mit geringerer Belastung, auf der:

	Kupfer.	Zinn.	Antimon.
Westphälischen Eisenbahn, ging 7000 Meilen ohne Reparatur	7	82	11
Magdeburg-Halberstädter Bahn	11	74	15
Saarbrücker, Berlin-Anhalter, Oberschlesische, Niederschlesisch-Märkische Bahn, sehr empfohlen	5	85	10
Aachen-Düsseldorfer	7	76	17
Bergisch-Märkischen	8	80	12
Bei allen Fahrzeugen, auch Locomotiven,			
Neisse-Brieger Bahn	6	83	11
Rheinischen Bahn	6	82	12
Magdeburg-Leipziger Bahn	3	91	6

Für die hannoversche Eisenbahn werden nach Kirchweger 19 Kupfer geschmolzen, dazu 26 Antimon und 118 Lammzinn (Bankazinn ist weniger gut), gut umgerührt, in Platten gegossen. Von dieser Legirung werden 54 Theile mit 59 Lammzinn geschmolzen. Die Legirung ist sehr zähe und giebt auf der Drehbank lockige Späne, wird aber nach wiederholtem Umschmelzen etwas verändert, so dass sie sich wohl noch zu Lagern, aber nicht mehr zu Dampfkolben und Liederungsringen eignet. Die Zusammensetzung beträgt nach obigen Angaben: 5.57 Kupfer, 86.81 Zinn, 7.62 Antimon.

Karmarsch empfiehlt folgende Legirungen als Lagermetalle:

	Kupfer.	Zinn.	Antimon.	Kupfer.	Zinn.	Antimon.
a.	1	24	2	3.70	88.89	7.41
b.	1	16	3	5.0	80.0	15.0
c.	1	13	2	6.25	81.25	12.50
d.	2	73	18	9.0	73.0	18.0
e.	8	58	16	9.76	70.73	19.51
f.	8	80	16	7.69	76.92	15.39
g.	3	10	1	21.44	71.42	7.14

Die letzte Legirung, englischen Ursprunges, hat mehr Kupfer als Antimon, ist härter und zäher, aber auch theurer, als die übrigen. Die Legirung d eignet sich namentlich für kleine Lager, die weniger auszuhalten haben, ist sehr fest und lässt sich trocken poliren. Ein Zusatz von Blei soll hier, wie in den meisten übrigen Fällen, durchaus schädlich sein, indem es die Festigkeit verringert.

Englisches Lagermetall:[*] 16 Antimon werden geschmolzen, dazu 14½ Blockzinn gesetzt und unter Kohlen- oder Talgdecke geschmolzen, dazu dann 8 Theile geschmolzenes Kupfer gesetzt, gut umgerührt und noch 43½ bis 65 Blockzinn zugesetzt. Dies ergiebt:

	Kupfer.	Zinn.	Antimon.
bei einem Zusatz von 43½ Zinn	9.75	70.73	19.52
bei einem Zusatz von 65 Zinn	7.80	76.70	15.50
Ein anderes englisches Lager verlangt	2	72	26
Lager der bairischen Staatsbahnen, dauerhaft, leichter, kalter Gang	2	90	8

Kingstone's Metall**[**] für Lagerfutter und Liderungen: 9 Th. Kupfer werden geschmolzen, dazu 24 Zinn gesetzt; nach dem Erkalten schmilzt man die Masse um und setzt noch 108 Theile Zinn, und nachdem das Metall fast bis zum Erstarrungspunkte abgekühlt ist, noch 9 Theile vorher stark erwärmtes Quecksilber unter Umrühren dazu. Die Legirung würde nach Procenten enthalten 6 Kupfer, 88 Zinn, 6 Quecksilber. Eine Legirung für Kolbenringe enthielt nach Seger 3.34 Kupfer, 66.33 Zinn, 7.12 Antimon, 22.86 Blei, 0.29 Eisen.

§. 358. b. Mit vorherrschendem Zink.

	Kupfer	Zinn.	Zink.
Pumpenbähne, die keinen Grünspan ansetzen	7	21	72
Walzen in Kattundruckereien, untersucht von Reindel ***[***])	5.6	15.8	78.3
Zapfenlager aus Cu 2, Sn 14. Zn 32	4.2	29.3	66.5

Fenton's Antifrictionsmetall zu Zapfenlagern für Maschinen und Dampfwagen, sowie zu Hähnen tauglich, empfiehlt sich durch Haltbarkeit, Bil-

---

*) London-Journal 1846 p. 305.
**) Repertory of patent invent. 1853 p. 291.
***) Dingler, polyt. Journal 132 p. 319.
Bischoff, das Kupfer.   20

ligkeit und Leichtigkeit und hat so geringe Reibung, dass man im Vergleich
zu Messinglagern 50 % Oel beim Schmieren sparen soll. Es lässt sich wegen
seiner Leichtflüssigkeit in eisernen Kesseln schmelzen und nachher leichter
bearbeiten als Messing. Bei der Darstellung ist möglichst niedere Temperatur
anzuwenden, um das krystallinische Erstarren beim Giessen zu verhindern.
Es besteht aus 5.5 Kupfer, 14.5 Zinn, 80 Zink; nach anderen Angaben aus
5.5 Kupfer, 14.5 Antimon, 80 Zink.

Zapfenlager*) einem Fabrikanten in Manchester patentirt. Es wird für
so erheblich besser als andere Sorten gehalten, dass viele londoner Maschinen-
bauer entweder vom Besitzer des Patentes direct die Lager, oder doch das
Metall beziehen, um die Legirung um die Wellen in die gusseisernen Lager zu
giessen. Es ist weiss, leicht schmelzbar, sehr geeignet für schwere Wellen,
die sich mit grosser Geschwindigkeit drehen und enthält nach Becker neben
Spuren von Blei 5.69 Kupfer, 17.47 Zinn, 76.14 Zink.

Englisches Lagermetall,**) erhalten durch Zusammenschmelzen von
80 Theilen Zink mit 13½ Theilen Zinn, 5½ Theilen Kupfer und ¼ Theil
Messing. Die hallische Zuckersiederei liess darnach Lager giessen; die Reibemaschine ging mit der Geschwindigkeit von 600 Umgängen in jeder Minute 11
Tage und Nächte, ohne dass das Lager eine Spur von Abnutzung erkennen
liess. Die Zusammensetzung würde mit Berücksichtigung des verbrennenden
Zinkes etwa ergeben 7.4 Kupfer, 14.9 Zinn, 67.7 Zink. Hodges in Chemnitz
empfiehlt für Zapfenlager 5 Kupfer, 10 Antimon, 8.5 Zink.

Ein Metall für Gusswaaren**) enthielt 9 Kupfer, 1 Eisen, 90 Zink.
Die Legirung ist feinkörnig, fast silberweiss, oxydirt sich weniger als Zink,
ist ganz homogen und verschmiert beim Arbeiten die Feilen nicht. Sie bronzirt
sich vorzüglich gut. Man taucht zu diesem Zwecke das mit Salzsäure und
Wasser gebeizte Stück in eine verdünnte Lösung von Kupferchlorid und erwärmt es über Kohlenfeuer. Je nach der Concentration der Lösung und der
Hitze erhält man verschiedene Farben. Taucht man das bronzirte Stück dann
nochmals in eine sehr verdünnte Lösung desselben Salzes und setzt es der
Luft aus, so überzieht es sich bald mit schöner Patina.

Unoxydirbares Gusseisen von Sorel in Paris, eine der vorigen ähnliche
Composition vom Ansehn und Bruch des Zinkes, ist hart wie Stabeisen, zäher
als Gusseisen, lässt sich feilen und bohren und rostet nicht. Sie eignet sich
vortrefflich zu Gusswaaren und, da sie sich sehr gut bronzirt und billig ist,
namentlich für öffentlich aufzustellende Statuen; sie verlangt 10 Kupfer, 10 Eisen,
80 Zink.

---

*) Zeitschrift des Vereins deutscher Ingenieure 1861. V. 278.
**) Gewerbevereinsbl. der Provinz Preussen 1848 p. 29.
***) Neukranz, Gewerbebl. IV. 153.

Antifrictionslager von Schmidt; man soll drontheimer Kupfer, Banka-zinn und reines Zink nehmen, Kupfer und Nickel zuerst schmelzen und dann zu dem in einem zweiten Gefässe geschmolzenen Zink und Zinn unter gutem Umrühren zusetzen. Es verlangt 5 Kupfer, 14 Zinn, 80 Zink, 1 Nickel.

Pierrot's Metall, als Ersatz des Kupfers in den meisten Fällen anwend-bar, erhält man, wenn man 15 Theile Kupfer, 550 Theile Zink, 50 Theile Zinn und 20 Theile Blei in der angegebenen Reihenfolge schmilzt. Es soll härter werden durch einen grösseren Zusatz von Kupfer und Antimon, weicher durch einen Zusatz von 1 — 3 Theilen Wismuth. Obige Verhältnisse ergeben nach Procenten 2.27 Kupfer, 83.33 Zink, 7.57 Zinn, 3.79 Antimon, 3.03 Blei.

§. 359. c. Mit vorherrschendem Eisen.

Hartshone's Metall für Lagerschalen, patentirt in England,[*]) billig und sehr brauchbar. Man schmilzt 2 Kilogramme Eisen, 188 Gramm Kupfer, 31 Gramm Zinn und ebensoviel Antimon; die Legirung giebt durch Verlust 2 Kilogramm. Vertheilen wir den Verlust gleichmässig, so enthält sie 8.35 Kupfer, 1.38 Zinn, 1.38 Antimon, 88.89 Eisen.

Französisches Lagermetall, weissgrau, in's Gelbliche, sehr hart, er-setzt mit 25 Kupfer, 5 Zinn, 70 Eisen vielfach die Bronze.

d. Mit vorherrschendem Blei.

Maschinenlager auf der Magdeburg-Wittenberger Eisenbahn[*]) enthalten 8 Kupfer, 80 Blei, 12 Antimon.

e. Mit vorherrschendem Zink und Blei.

Kniess, Lagermetall[***]) enthält 3 Kupfer, 15 Zinn, 40 Zink, 42 Blei.

f. Mit vorherrschendem Zink und Antimon.

Dewarance's Zapfenlagermetall oder Patentlagermetall, namentlich für Locomotivenbüchsen, eine weisse und harte Legirung, die sich vorzüglich für solche Zwecke eignet, wo ein weniger rasches Erhitzen bei der Reibung, sowie geringe Abnutzung zu berücksichtigen sind. Die Dauerhaftigkeit dieser auch von Karmarsch empfohlenen Legirung erhellt aus dem Umstande, dass eine Locomotive auf der Liverpool-Manchesterbahn 959 preussische Meilen zu-rücklegte, ohne einer Ausbesserung zu bedürfen. Sie besteht aus 6 Zinn, 8 Antimon, 4 Kupfer, also nach Procenten aus 22.2 Kupfer, 33.3 Zinn, 44.5 Antimon.

---

[*]) Deutsche Gewerbezeitung 1861 p. 38.
[**]) Eisenbahnzeitung 1859 No. 26.
[***]) Deutsche Gewerbezeitung 1861 p. 33.

B. Britannia-Metall.

§. 360. Allgemeine Zusammensetzung. Vorzüge vor dem Zinn.

Unter Britannia-Metall versteht man Legirungen von sehr wechselnder Zusammensetzung, in denen Zinn den Hauptbestandtheil ausmacht; indessen gehören auch Compositionen hierher mit vorherrschendem Zink oder Antimon. Diese 3 Metalle finden sich ziemlich in allen hierher gehörigen Legirungen, immer verbunden mit einer durchaus untergeordneten, selten über 5 % betragenden Menge von Kupfer. In einigen zu Gusswaaren bestimmten Compositionen steigt der Kupfergehalt auf etwa 11 %; es werden sogar 2 Fälle mit 25 und 28 % Kupfer angeführt, die indessen ziemlich zweifelhaft sind. Das Britanniametall schliesst sich daher in seiner Zusammensetzung den weissen Lagermetallen an, unterscheidet sich aber von diesen durch das regelmässige Fehlen des Bleies. Es wird namentlich zu Tisch- und Speisegeräthen aller Art verwendet. Die Darstellung wurde zuerst in England versucht, wo es noch jetzt am häufigsten verarbeitet wird, und ging aus dem Bestreben hervor, das Zinn durch andere Metallzusätze härter, steifer, politurfähiger und klingender zu machen. Zur Erreichung dieses Zweckes sind Antimon und Kupfer vorzüglich brauchbar. Während aber das letztere den Schmelzpunkt des Metalles, wenn es in Menge zugesetzt wird, bedeutend erhöht und die weisse Farbe in das Gelbe zieht, beeinträchtigt ein Uebermaass von Antimon nicht nur die Geschmeidigkeit der Mischung, sondern kann auch, nach Karmarsch, als ein giftiges und den Pflanzensäuren nicht widerstehendes Metall unter manchen Umständen Gefahr für die Gesundheit herbeiführen. Die älteren Compositionen enthielten stets mehr oder weniger Blei, da bleihaltiges Zinn beim Giessen die Formen weit besser ausfüllt, als unvermischtes. Das Zinn wird aber dadurch zugleich weich und bei grösserem Zusatze unansehnlich und zum Anlaufen derartig geneigt, dass man das Blei jetzt ganz aus der Composition weglässt.

Auch das Kupfer fehlt zuweilen, so dass die Legirung nur aus Zinn mit Antimon, oder Zink mit Wismuth besteht. Compositionen dieser Art müssen hier, als nicht zu den Kupferlegirungen gehörig, übergangen werden und finden überhaupt, den kupferhaltigen gegenüber, nur eine untergeordnete Anwendung.

§. 361. Eigenschaften des Britanniametalles.

Das specifische Gewicht des aus Birmingham bezogenen Britanniametalles fand Karmarsch*) am Blech = 7.339, an einem gegossenen Stücke = 7.361; also geringer nach der Bearbeitung durch die Walze. Auch bei wiederholtem Versuche, Gussstücke zu Blech zu strecken, fand sich dasselbe Resultat. Als Grund dieser, von den gewöhnlichen Erfahrungen abweichenden

---

*) Verhandlungen des niederösterreich. Gewerbevereins 1853 p. 3.

Erscheinung kann man, wie die beim Walzen entstandenen Kantenrisse ver-
muthen lassen, vielleicht annehmen, dass die Theilchen eine Neigung haben,
sich unter dem Drucke von einander zu entfernen, weil ihnen die nöthige Geschmeidigkeit fehlt, um sich inniger zwischen einander hineinzupassen.

Die Festigkeit des Britanniametalles gleicht ungefähr der des Zinnes, ist
also bedeutend geringer als die des Messings. Nach Karmarsch erforderte ein
Draht von 0.026 pariser Zoll Dicke eine Belastung von $3^1/_4$—$3^1/_2$ Cölln. Pfund,
um abgerissen zu werden. Es würde dies auf den Quadratzoll im Mittel 4992
Zoll-Pfund betragen.

An Härte übertrifft es bedeutend das reine, noch vielmehr also das bleihaltige Zinn. Es ist dies eine Folge des Antimongehaltes. Es lässt sich gut
zu dünnem Blech auswalzen, wird aber dabei leicht kantenrissig. Die zink-
und eisenreichen Legirungen sind dagegen spröde und nur zu Gusswaaren verwendbar. Auch in Stampfen prägen und zu dünnem Draht ziehen kann man
dasselbe. Die daraus dargestellten Bleche sind in solchem Grade geschmeidig,
dass sie nur durch vielfach wiederholtes Hin- und Herbiegen abgebrochen
werden können. Es lässt sich sehr gut feilen, ohne den Hieb mehr zu verstopfen als Messing es thut, und nimmt beim Schleifen und Poliren einen sehr
schönen Glanz an.

Der Bruch ist dichtkörnig oder feinzackig.

Die Farbe ist in der Regel etwas bläulicher, als die des reinen Zinnes
und gleicht dann fast der des Platin; manche Compositionen aber sind entschieden silberweiss.

Der Klang der Legirung ist hell und schön und lässt das Britannia-
metall zur Anfertigung von Tischglocken sehr geeignet erscheinen.

Chemisches Verhalten. An der Luft läuft das Britanniametall nicht
leicht an. Gegen Pflanzensäuren, z. B. Essig, verhält es sich nach den Versuchen
von Karmarsch wie reines Zinn: es verliert an den vollständig eingetauchten
Stellen nichts von seinem Glanze und wird nur an dem Rande der Flüssigkeit
sehr unbedeutend angegriffen. Man darf also schliessen, dass Britannia-Gefässe
nicht mehr gesundheitliche Bedenken in der Anwendung erwecken können, als
zinnerne.

§. 362. Darstellung und Verarbeitung.

Man schmilzt in der Regel zuerst das Kupfer mit dem Antimon und einem
Theile des Zinnes und mischt diese Legirung im geschmolzenen Zustande unter
das übrige Zinn, wobei man durch starkes Umrühren die innige Mischung zu
bewirken sucht. Die Verarbeitung geschieht theils durch Guss, theils als Blech.
Leonhard Tournay verwendet zu Tischservicen und Verzierungen eine silberähnliche Legirung, die er erhält, indem er 200 Theile Zinn im Tiegel zum
Rothglühen erhitzt, 64 Theile linsengrosse Stückchen Glockengut nach und

nach zusetzt und das Ganze unter Umrühren in 300 Theile geschmolzenes Zinn einträgt. *)

Gegossen werden nicht nur Löffel, Gabeln, Dosen aller Art, sondern auch bauchige und zwar sehr künstliche Stücke. Die Gussformen bestehen aus 2 oder mehreren Stahl- oder Messingstücken und sind für gewisse Gegenstände ziemlich complicirt und daher sehr kostbar. Karmarsch sah einen grossen Thee- topf, wozu die Form nicht weniger als 70 Pfund Sterling (467 Thlr.) gekostet hatte. Die Formen sind häufig guillochirt, um schon durch den Guss gewisse Muster zu erzeugen. Sie werden auf der inneren Seite mit pulverisirtem Blut- stein oder ähnlichen Stoffen leicht ausgepinselt, um das Anhaften des Metalles an der Form zu verhüten. Die Form muss eine gewisse Hitze erlangt haben, ehe jeder Guss fehlerfrei wird, weshalb beim Anfange des Giessens die meisten Stücke verworfen werden müssen. Der Arbeiter sitzt vor dem Kessel mit ge- schmolzenem Metall, hat die Form zwischen den Knieen und giesst mit einem Löffel das Metall ein. Pfeifenabgüsse, die Griffe zu Vorlegelöffeln, Töpfe u. s. w. werden hohl gegossen, indem man das Metall in die Form ein- und durch die- selbe Oeffnung schnell wieder ausgiesst (stürzt). Es bleibt blos eine dünne Wand an der Form, während das innere Metall wieder ausfliesst. Die Angüsse werden abgeschnitten und das Stück dann durch Schleifen, Schaben, Drehen u. s. w. weiter bearbeitet.

§. 363.

Das Löthen geschieht durch ein Gasometer von der Construction der in den Leuchtgas-Fabriken gebrauchten. Es ist mit Luft gefüllt und durch Wasser wie gewöhnlich abgesperrt. Indem, von dem die Luft ableitenden Mittel- rohre nach den vier Seiten Röhren abgehen und diese an ihrem Ende wieder in je zwei durch Hähne verschliessbare Löthrohrspitzen ausgehen, können an einem Gasometer 8 Mann arbeiten. Die Arbeit ist bequemer, sicherer und namentlich sauberer, als bei Anwendung des Löthrohres oder Löthkolbens. — Zum Löthen nimmt man das gewöhnliche Klempnerloth oder Schnellloth (also Zinn mit Blei), welches in ganz dünne bandartige Streifen ausgegossen wird. Man taucht diese Streifen entweder in Boraxpulver oder in ein Gemisch von Oel und Colophonium. Als Lampen dienen Gas- oder Oelflammen.

Das Blech wird namentlich auf der Drehbank durch Drücken über Holzfutter weiter verarbeitet. Die Arbeit ist sehr leicht und unterscheidet sich in nichts von dem entsprechenden Drücken des Tombakbleches. Auch unter Fallwerken zwischen Stampfe und Oberstampfe wird das Blech vielfach geprägt, und zwar namentlich solche Stücke, die ihrer Form wegen sich nicht zum Drücken auf der Drehbank eignen.

Die im Rohen fertigen Waaren werden nun entweder aus der Hand, oder, wenn sie grosse schlichte Flächen haben, auf hölzernen lederbekleideten Scheiben

---

*) Jacobson, chem. techn. Repertorium 1863 p. 58.

mit sehr feinem halbfeuchtem Sande oder Schmirgel und dann auf der Handfläche mit trocknem Tripelpulver oder wiener Kalk polirt, zum Theil auch durch Reiben mit dem Polirstahle. Der grössere Theil der Arbeiten wird galvanisch versilbert und dann nochmals mit dem Polirstahle oder mit Leder und pariser Roth polirt. Das Putzen geschieht vorsichtig mit etwas pariser Roth und Wasser mittelst eines weichen leinenen Lappens; man wäscht darauf mit kochendem Wasser ab, trocknet und reibt mit weichem Leder oder Leinewand. Die Anwendung von Bürsten ist möglichst zu vermeiden, da die glatten Stellen leicht darunter leiden.

Unter dem Namen Similor kommen mit Tombak galvanisch überzogene Sachen in den Handel, die ziemlich goldähnlich aussehen. Der Auflösung von Kupfer und Zink soll eine kleine Menge Gold zugesetzt werden, um die Farbe zu erhöhen, dennoch laufen sie mit der Zeit schwärzlich an.

Uebersicht der Britannia-Metalle.

§. 364. Mit vorherrschendem Zinn. a. Mit 3 Metallen.

	Kupfer.	Zinn.	Antimon.
Leonhard Tournay's silberähnliche Legirung zu Tafelservicen	9.0	91.0	—
Britannia, gegossene Löffel, nach Baumgärtl (5 Zinn, 1 Antimon, ½ Kupfer)	1.8	81.9	16.3
Britannia von Lüdenscheidt	4	72	24
Britannia-Blech von Birmingham, nach Faisst	1.5	90.6	7.8
oder	1.4	91.5	7.0
Gegossen, von Birmingham nach Heeren, ausser Spuren von Blei und Eisen	0.09	90.71	9.20
Blech, von Birmingham nach Heeren	0.03	90.57	9.40
Diese letzten Legirungen scheinen offenbar aus 9 Zinn, 1 Antimon zusammengesetzt, indem Eisen, Blei und Kupfer nur als Verunreinigungen anzusehen sind.			
Asberry's Patentmetall, gegossen, nach Baumgärtl aus 3 Zinn, 1 Antimon, ½ Kupfer	2.8	77.8	19.4
Harter Spiauter*), 48 Zinn, 4 Ant, 1 Kupfer . .	1.9	90.6	7.5
Metal d'Alger, weiss, hellklingend, leichtflüssig, zu Tischklingeln verwendet	5	94	1
Hechmann's blaue Bronze**)	0.16	96.93	2.91

Er schmilzt 100 Zinn, 3 Antimon, ¼ Kupfer, schlägt die Legirung in Metallschlägerformen zu feinen Blättern aus, verreibt diese zu Pulver, färbt die weisse Bronze durch Schütteln mit Schwefelwasserstoffwasser goldgelb, wäscht sie gut aus, trocknet und färbt sie durch Erhitzen in einem Oelbade, dem er ¼ Kolophonium zugesetzt hat, blau.

---

*) Bester Spiauter enthält blos 100 Zinn und 17 Antimon, kein Kupfer.
**) Polyt. Notizbl. 1861 p. 123.

	Kupfer.	Zinn.	Wismuth.
Metal d'Alger, sehr weiss, politurfähig, hart, luftbeständig, Ton voll, nicht schnarrend, zu Tischklingeln, nach Kästner aus 800 Zinn, 5 Wismuth, 17 oder 20 Kupfer	2.1	97.3	0.6
oder	2.4	97.0	0.6
			Zink.
White metal, Weissmetall,*) 10 Zinn, 2 Messing, 3 Zink	9.0	67.7	24 3

§. 365. b. Mit 4 Metallen.

	Kupfer.	Zinn.	Zink.	Wismuth.
Zur Verzinnung des Eisens eignet sich eine Legirung von 10 Zinn, 1 Zink, 1 Wismuth, 1 Messing; sie ist sehr weiss, hart und klingend	5.1	76.9	10.3	7.7
				Blei.
Gemeiner Spiauter, 7 Zinn, 1 Blei, ¼ Kupfer, ¼ Zink, dauerhaft, glänzend, zähe	4.4	82.3	1.5	11.8
Pewter, Kaffeemaschinen, 56 Zinn, 8 Blei, 4 Kupfer, 1 Zink	5.7	81.2	1.6	11.5
				Antimon.
Britannia, nach Karmarsch, 100 Zinn, 7 Antimon, 2 Kupfer, 2 Messing . . .	3.1	90.1	0.5	6.3
Britanniablech, nach Köller, durch Zusammenschmelzen von 2 Kupfer oder Messing, 6 Zinn, 21 Antimon und Eingiessen in 175 Theile geschmolzenes Zinn . . .	1.0	85.7	2.9	10.4
Tutaniablech, englisch, ½ Messing, 2 Antimon, 10 Zinn	2.7	80.0	1.3	16.0
Tutania, deutsch, ½ Messing, 2 Antimon, 24 Zinn	0.7	91.4	0.3	7.6
			Wismuth.	
Pewter, in Blechform, nach Bolley, 100 Zinn, 8 Antimon, 2 Wismuth und 2 oder 8 Kupfer, also	1.8	89.3	1.8	7.6
oder	6.8	84.7	6.8	1.7
Engström's Tutania oder Königinmetall, 8 Anti., 1 Wismuth, 4 Kupfer geschmolzen, unter 100 geschmolz. Zinn gemischt	3.5	88.5	0.9	7.1
			Quecksilber	
Pholin's in Belgien patentirtes silberartiges Metall, aus ½ Kilogr. Kupfer, 2½ K. Ant., 10 Kilo Zinn, 2 Gr. Quecksilber	3.84	76.93	Spur	19.23
Nach einer anderen, unwahrscheinlichen Angabe aus ½ Kupfer, 2½ Antimon, 10 Zinn, 2 Quecksilber	3.3	66.7	13.3	16.7
			Nickel.	
Chaventrés Legirung zu Messerbestecken**)	1.5	91.0	0.5	7.0

*) Gewerbevereinsblatt der Prov. Preussen 1848 p. 31.

**) Brevêts d'invention, T. 65 p. 266.

Das Gerippe der Bestecke wird aus verzinntem Eisenblech gemacht, um dieses dann die Legirung gegossen, die sich durch schöne, silberartige Farbe, Klang und Glanz auszeichnen soll.

§. 366. c. Mit 5 Metallen. — Moussiers Metal anglais.

	Kupfer.	Zinn.	Ant.	Zink.	Wism.
Britannia, nach Karmarsch: je 1 Theil Messing, Antimon, Wismuth und Zinn werden geschmolzen und zuletzt noch 16 Th. Zinn zugesetzt*) . . .	3.6	85.0	5.0	1.4	5.0
Britannia, besonders schön und silberähnlich nach Wagner; einziger Fall mit Arsen	0.81	85.64	9.66	3.06	Arsen. 0.83
Pewter, häufig zusammengesetzt aus 50 Zinn, 4 Blei, 4 Antimon, 1 Kupfer, 1 Wismuth	1.6	83.3	6.6	Blei. 6.6	Wism. 1.6

Moussier, Metal anglais,**) zu Hausgeräthen aller Art, soll zusammengeschmolzen werden aus 440 Theilen englischem Zinn, 10 Theilen russischem Kupfer, 1 Theil Messing, 1 Theil Schwefelnickel, ½ Theil Schwefelwismuth, 4 Theilen Antimon und 1 Theil Wolframerz. Die Mischung ist ziemlich wunderlich und namentlich unbegreiflich, was Schwefelnickel, Schwefelwismuth und Wolframerz hier sollen. Sie würde nach obigen Verhältnissen ausser Spuren von Arsen, Eisen und Mangan nach Procenten etwa enthalten: Kupfer 2.3, Zinn 96.3, Antimon 0.9, Nickel 0.2, Zink 0.1, Wismuth 0.1, Wolfram 0.1.

§. 367. 2. Mit vorherrschendem Zink.

Ostindisches Bidery nach Hamilton:***) 123.6 Zink werden mit 4.6 Kupfer und 4.14 Blei unter einer Decke von Wachs und Harz zusammengeschmolzen, in Thonformen gegossen, auf der Drehbank abgedreht und dann mit Blumen und Ornamenten in Gold und Silber verziert. Zu dem Zwecke wird die Oberfläche mit Kupfervitriollösung geschwärzt, die Zeichnung eingeritzt, mit dem Grabstichel gravirt, die Vertiefungen mit Gold und Silber ausgefüllt, polirt und dann das Stück durch Eintauchen in eine Beize aus Salmiak, Salpeter, Kochsalz und Kupfervitriol geschwärzt, so dass nun die goldenen und silbernen Zeichnungen auf schwarzem Grunde hervortreten. Auf der londoner Ausstellung im Jahre 1851 waren Vasen, Theekannen, Schalen, Teller u. s. w., ausgezeichnet durch Schönheit der Form und der Oberfläche. Sie stammen aus Ostindien und haben ihren Namen von der Stadt Bider.

Nach Heine soll das Bidery erhalten werden, indem man 16 Kupfer, 4 Blei, und 2 Zinn zusammenschmilzt und auf 3 Theile der Legirung noch 16 Theile Zink, also auf jene 22 Theile 117½ Zink zusetzt, giesst und wie vorher behandelt.

---

*) Eine Angabe von Tanner, nach welcher der letzte Zinnzusatz wegbleibt, ist jedenfalls irrig.

) Le Technologiste 1850 p. 196. — *) Le Technologiste 1852 p. 561.

Diese Legirungen enthalten also nach obigen Verhältnissen:

	Kupfer.	Zinn.	Zink.	Blei.
nach Hamilton	3.5	—	93.4	3.1
mit Berücksichtigung von 3% Zinkverlust .	3.6	—	93.2	3.2
nach Heine	11.4	1.4	84.3	2.9
und mit Berücksichtigung von 3% Zinkverlust	11.8	1.5	83.8	2 9

§. 368. 3. Mit vorherrschendem Zinn und Zink.

Eine hämmerbare, fast weisse Legirung erhält man, wenn man $2^1/_4$ Theil Kupfer und $1^1/_4$ Eisen in einem Tiegel schmilzt, dann zuerst 64 Theile Zinn allmälig und in so kleinen Quantitäten zusetzt, dass die Masse nicht erstarrt, und darauf ebenso $33^1/_2$ Theil Zink. Es soll dabei nur $1^0/_0$ Zink verbrennen. Man kann auch 3 Theile Kupfer, 1 Eisen, 48 Zinn und 50 Zink in derselben Art zusammenschmelzen, wobei dann 2 % Zink verbrennen und eine ähnliche Legirung erhalten wird. Sie enthält:

	Kupfer.	Zinn.	Zink.	Eisen.
im ersten Falle	2.25	64	33,50	1.25
im zweiten Falle	3	48	48	1

§. 369. 4. Mit vorherrschendem Antimon.

	Kupfer.	Zinn.	Zink.	Antimon.
Weisses Metall, sehr spröde, zu Gusswaaren und Knöpfen aus 2 Antimon, ½ Messing, ¼ Zinn, also	10	20	6	64

Zweifelhaften Ursprunges und Werthes, und bei dem hohen Preise des Wismuthes jedenfalls zu theuer, scheinen folgende von Tenner angegebene Legirungen:

Tutania oder Britannia aus 1 Kupfer, 1 Wismuth, 2 Antimon, also: Kupfer 25, Wismuth 25, Antimon 50.

Tutania aus 8 Theilen Messingblech, 8 Theilen einer Mischung aus Kupfer und Arsen, erhalten durch Mischen oder Cämentiren, 8 Zinn, 8 Wismuth, 8 Antimon; sie würde, wenn man Kupfer und Arsen als Cu^4 As berechnet, etwa enthalten:

28.5 Kupfer, 20 Zinn, 6.5 Zink, 20 Wismuth, 20 Antimon, 5 Arsen.

Das Britannia-Metall enthält also in der Regel nur 1—5 % Kupfer; den Hauptbestandtheil bilden 67—97 % Zinn, neben 1—24 % Antimon. Letzteres herrscht nur einmal, in einem Knopfmetalle vor; eben so wie Zink nur im Bidery, dem Zinn nicht selten gänzlich fehlt, die Hauptmasse bildet. Wismuth, Blei u. s. w. sind im Ganzen selten und untergeordnet.

§. 370.

C. Letternmetall.

Von einem zu Buchdruckerlettern zu verwendenden Metalle verlangt man, dass es, da die Typen gegossen werden, leicht schmelzbar sei und die Form scharf ausfülle, und dass es hart genug sei, um dem Druck der Presse zu widerstehen, ohne jedoch das Papier zu zerschneiden. Man verwendet dazu im Allgemeinen eine kupferfreie Legirung, nämlich 80 Theile Blei und 20 Theile Antimon, oder auch 75 Theile Blei und 25 Antimon, giebt auch wohl einen kleinen Zusatz von Kupfer, nämlich auf 10 Pfund Metall 1 Loth Kupfer, also etwa $1/3$%, wodurch die Legirung einen Stich in's Rothe erhält, der von den Buchdruckern gewünscht wird. Die Legirung wird dadurch, ohne an Härte zu verlieren, etwas geschmeidiger, so dass sie weniger leicht unter dem Druck der Presse zerspringt. Auch einen Zusatz von Zinn giebt man zuweilen, wenn bei zu starker Hitze sich die Legirung im Kessel kugelförmig zusammenballte.

Da aber das Antimon beim Umgiessen zum Theil verdampft, so dass die Legirung ungleichmässig ausfällt, so nimmt Besley*) vorzugsweise Blei, dem er der grösseren Härte wegen Nickel und Kobalt, und, um die Legirung zäher und gleichmässiger zu machen, Kupfer und Zinn hinzufügt. Ein Zusatz von Wismuth endlich befördert das schnelle Erstarren. Er schmilzt zuerst Kupfer mit Nickel, Kobalt und Wismuth zusammen und setzt der geschmolzenen Masse dann die für sich angefertigte Legirung von Blei, Zinn und Antimon hinzu. Es ist nicht angegeben, in welcher Art das Kobalt zugesetzt werden soll, ob etwa als Kobaltoxydul, während man vielleicht Kohle zur Reduction hinzufügt, oder ob etwa gar unter Kobalt, das unter diesem Namen käufliche Arsen zu verstehen ist. Als beste Mischung wird angegeben:

	nach Theilen	nach Procenten.
Blei . . .	100	57.80
Antimon . .	30	17.34
Zinn . . .	20	11.56
Nickel . .	8	4.62
Kobalt . .	5	2.90
Kupfer . .	8	4.62
Wismuth .	2	1.16
	173	100.00

Eine Composition zu Buchdruckerlettern und Stereotypen von Ehrhardt in Stuttgart**) besteht der Hauptsache nach aus reinem Zink, welches durch Zusatz von Zinn, Blei und Kupfer geschmeidig und härter gemacht wird. Kupfer und Blei sollen weniger wichtig sein und die Legirung bald nur aus

---

*) Report. of Pat. invent. 1856 p. 489.
**) Kunst- und Gewerbeblatt für Baiern, 1852.

Zinn und Zink, oder aus Zinn, Zink und Kupfer, oder endlich aus allen 4 Metallen bestehen. Man schmilzt zuerst das Zinn, fügt dann das Blei, diesem das Zink und zuletzt das Kupfer hinzu. Das beste Mischungsverhältniss ist nach Ehrhardt 89 — 93 Zink, 3 — 6 Zinn, 2—4 Blei, 2—4 Kupfer, also nach Procenten etwa:

89 Zink, 4 Zinn, 3 Blei, 4 Kupfer, oder

93   „   3   „   2   „   2   „